Erbringung hybrider Leistungsangebote in Wertschöpfungsnetzwerken

Provision of Product-Service Systems in Corporate Value Networks

Von der Fakultät für Maschinenwesen
der Rheinisch-Westfälischen Technischen Hochschule Aachen
zur Erlangung des akademischen Grades eines
Doktors der Ingenieurwissenschaften
genehmigte Dissertation

vorgelegt von

Julian Maximilian Kreß

Berichter/in:

Univ.-Prof. Dr.-Ing. Dipl.-Wirt. Ing. Günther Schuh
apl. Prof. Dr.-Ing. Wolfgang Boos

Tag der mündlichen Prüfung: 19. September 2022

Diese Dissertation ist auf den Internetseiten der Universitätsbibliothek online verfügbar.

ERGEBNISSE AUS DER PRODUKTIONSTECHNIK

Julian Maximilian Kreß

Erbringung hybrider Leistungsangebote in Wertschöpfungsnetzwerken

Herausgeber:
Prof. Dr.-Ing. T. Bergs
Prof. Dr.-Ing. Dipl.-Wirt. Ing. G. Schuh
Prof. Dr.-Ing. C. Brecher
Prof. Dr.-Ing. R. H. Schmitt

Band 40/2022

WZL | RWTH AACHEN UNIVERSITY

Fraunhofer IPT

Bibliografische Information der Deutschen Nationalbibliothek
Die Deutsche Nationalbibliothek verzeichnet diese Publikation in der Deutschen Nationalbibliografie; detaillierte bibliografische Daten sind im Internet über https://portal.dnb.de abrufbar.

Julian Maximilian Kreß:

Erbringung hybrider Leistungsangebote in Wertschöpfungsnetzwerken

1. Auflage, 2022

Gedruckt auf holz- und säurefreiem Papier, 100% chlorfrei gebleicht.

Apprimus Verlag, Aachen, 2022
Wissenschaftsverlag des Instituts für Industriekommunikation und Fachmedien an der RWTH Aachen
Steinbachstr. 25, 52074 Aachen
Internet: www.apprimus-verlag.de, E-Mail: info@apprimus-verlag.de

Druck: CPI Druckdienstleistungen GmbH, Ferdinand-Jühlke-Straße 7 I 99095 Erfurt

ISBN 978-3-98555-128-6

D 82 (Diss. RWTH Aachen University, 2022)

Vorwort

Die vorliegende Arbeit entstand während meiner Tätigkeit als wissenschaftlicher Mitarbeiter am Lehrstuhl für Produktionssystematik des Werkzeugmaschinenlabors WZL der Rheinisch-Westfälischen Technischen Hochschule (RWTH) Aachen. Die Erstellung dieser Dissertationsschrift wäre ohne die Unterstützung zahlreicher Personen nicht möglich gewesen, denen ich an dieser Stelle danken möchte.

Mein Dank gilt zuallererst Herrn Professor Günther Schuh, der mir die Möglichkeit zur Anfertigung meiner Dissertation ermöglicht hat. Seine visionäre und motivierende Art während meiner studienbegleitenden Tätigkeiten auf dem Aachener Campus im Vorfeld zu meiner Tätigkeit als wissenschaftlicher Mitarbeiter haben maßgeblich zu meiner Entscheidung zu einer Promotion an seinem Lehrstuhl beigetragen. Das Vertrauen in meine Person sowie die mir übertragene Verantwortung im Vorfeld und während meiner Zeit am Lehrstuhl im Rahmen von verschiedenen Projekten haben meine persönliche Entwicklung entscheidend geprägt.

Für die Übernahme des Koreferats danke ich Herrn Professor Wolfgang Boos. Herrn Professor Georg Jacobs danke ich für die Übernahme des Prüfungsvorsitzes sowie Herrn Professor Bernd Markert für die Übernahme des Prüfungsbeisitzes.

Auch gilt mein herzlicher Dank meinen Oberingenieuren, die meinen Weg am Werkzeugmaschinenlabor WZL unterstützend begleitet und geprägt haben. Zunächst ist an dieser Stelle Dr. Christian Dölle zu nennen, der mich als wissenschaftlicher Mitarbeiter einstellte und mich mit seinem Vertrauen bei der Ideenfindung und ihrer Konkretisierung unterstütze. Darüber hinaus möchte ich mich insbesondere bei Dr. Maximilian Kuhn bedanken, der mich während meines gesamten Promotionsprozesses begleitete. Er unterstützte mich zunächst als mein Gruppenleiter bei der Diskussion und Konkretisierung erster Ideen und nachfolgend als mein Oberingenieur bis zur kritischen Durchsicht der finalen Dissertationsschrift. Unser stets offener Austausch sowie ihr kritisches und ehrliches Feedback haben zum erfolgreichen Abschluss meiner Promotion entscheidend beigetragen.

Ein großer Dank gebührt zudem meinen Kolleginnen und Kollegen in der Abteilung Innovationsmanagement. Durch die freundschaftlich-kollegiale Zusammenarbeit und den Zusammenhalt auch in herausfordernden Phasen, werde ich mit positiven Erinnerungen auf die gemeinsame Zeit am WZL zurückblicken. Besonders danke ich Jonas Tittel und Annika Becker, die mich nicht nur als Kollegen, sondern insbesondere auf der freundschaftlichen Ebene durch unsere offenen Gespräche in herausfordernden Phasen meiner Promotion und meinen Projekten immer unterstützt und motiviert haben. Bei Dr. Christian Tönnes, Dr. Merle-Hendrikje Jank und Dr. Johanna Ays bedanke ich mich für die Unterstützung in meiner Anfangszeit am Lehrstuhl. Dr. Christian Mattern, Dr. Jan Koch, Dr. Manuel Ebi, Hendrik Lauf, Alexander Keuper, Stefan Perau, Carsten Boßmann und Benjamin Lender danke ich für unsere erfolgreichen gemeinsamen Projekte. Meine Zeit am WZL wurde zudem durch Dr. Alexander Menges, Michael Mendl-Heinisch, Christina Ruschitzka und Matthias Mertens geprägt.

Bedanken möchte ich mich ebenfalls bei meinen studentischen Mitarbeitern für die guten Diskussionen und ihre wertvolle Unterstützung. Hervorheben möchte ich hier Jan Jakob Tönnis, Markus Schmitz, Maximilian Köhler und Robert Naumenko.

Ein großer Dank gilt auch meinen Aachener Freunden Daniel Voiges, Maximilian Spraul und Felix Meyer, die durch unsere regelmäßigen Aktivitäten und Urlaube zur notwendigen Entschleunigung nach anstregenden Arbeitsphasen beigetragen haben.

Von besonderem Wert ist für mich meine Freunschaft mit Philipp Langhammer, dem ich an dieser Stelle für die langjährige verlässliche Freundschaft sowie seine fortwährende Unterstützung abseits meiner Tätigkeit am Lehrstuhl danken möchte.

Der größtmögliche Dank jedoch gebührt meiner Familie, allen voran meiner Mutter Irmgard und meinem Stiefvater Thomas, die mich auf meinem Weg insbesondere auch in schweren Phasen immer bedingungslos unterstützt haben. Meine persönliche Entwicklung und meinen beruflichen Werdegang sowie den erfolgreichen Abschluss meiner Promotion haben sie durch ihren Rückhalt, ihren motivierenden Zuspruch und ihre unterstützenden Ratschläge maßgeblich geprägt. Ein nicht weniger großer Dank gilt meiner Freundin und „Teampartnerin“ Sandra für ihren liebevollen Rückhalt, ihre Aufmunterung in herausfordernden Momenten sowie das Verständnis für die vielen entgangenen Stunden in den letzten Jahren. Für eure bedingungslose Unterstützung an jedem neuen Tag danke ich euch zutiefst. Euch widme ich diese Arbeit.

Bonn, im November 2022

Julian Maximilian Kreß

Zusammenfassung

Im Zuge einer fortschreitenden Globalisierung sehen sich Unternehmen der produzierenden Industrie einer steigenden Wettbewerbsintensität ausgesetzt. Infolgedessen ist eine Differenzierung auf der Basis einer Qualitäts- oder Kostenführerschaft für viele Unternehmen zukünftig nur noch schwer realisierbar. Als Reaktion verfolgen Unternehmen der produzierenden Industrie daher vermehrt eine Transformation von einem Produktanbieter zu einem Lösungsanbieter und dem Angebot von ganzheitlichen Lösungen. Die Übernahme von kundenseitigen Wertschöpfungsanteilen führt jedoch einerseits zu einer Komplexitätsverschiebung von der Kunden- auf die Anbieterseite andererseits zum Bedarf nach vielfältigeren Ressourcen und Kompetenzen. Um diesen Herausforderungen zu begegnen, agieren Unternehmen vermehrt in Wertschöpfungsnetzwerken. Notwendige Kompetenzen und die Beherrschung der gestiegenen Komplexität sowie die strategische Ausrichtung für einen langfristigen Unternehmenserfolg werden dabei oftmals nicht systematisch berücksichtigt.

Das Ziel der Arbeit besteht daher in der Entwicklung einer Methodik, welche die Konzeption des Wertschöpfungsnetzwerks unter Berücksichtigung der genannten Aspekte unterstützt und damit zur Steigerung der Profitabilität der Erbringung hybrider Leistungsangebote beiträgt.

Die Arbeit umfasst vier Teilmodelle. Im ersten Schritt gilt es, eine Strukturierung und komplexitätsorientierte Beschreibung hybrider Leistungsangebote zu erarbeiten. Basierend auf der Strukturierung des hybriden Leistungsangebots werden im zweiten Schritt hybride Leistungsmodule bestimmt und ihr strategischer Beitrag für das zugrundeliegende Geschäftsmodell eruiert. Im dritten Schritt wird die Entscheidung unterstützt, welche hybriden Leistungsmodule durch den Anbieter des hybriden Leistungsangebots und welche durch Partner innerhalb des Wertschöpfungsnetzwerks erbracht werden sollten. Hierbei erfolgt eine integrierte Betrachtung des strategischen Beitrags, der erforderlichen Kompetenzen und der Komplexität der Erbringung hybrider Leistungsmodule. Im abschließenden vierten Schritt erfolgt die Allokation hybrider Leistungsmodule im Wertschöpfungsnetzwerk und die Erarbeitung von Normstrategien zur kooperativen Einbindung von Partnern.

Summary

In the course of advancing globalization, companies in the manufacturing industry are increasingly facing intense competition. As a result, differentiation on the basis of quality or cost leadership will be difficult to achieve for many companies in the future. In response, companies in the manufacturing industry are therefore pursuing a transformation from a product provider to a solution provider offering holistic solutions. However, the takeover of customer value-added shares leads on the one hand to a shift in complexity from the customer to the supplier side and on the other hand to the need for more diverse resources and competencies. To meet these challenges, companies are increasingly operating in corporate value networks. However, it turns out that the consideration of necessary competencies, the handling of the increased complexity and the strategic orientation for a long-term business success are not systematically taken into account.

The aim of the thesis is therefore the development of a methodology that supports the conception of the corporate value network taking into account the aforementioned aspects and thus contributing to the increase of profitability of the provision of product-service systems.

The thesis is devided in four sub-models. The first step is to develop an adequate structure including a complexity-oriented description of product-service systems. Based on the structuring of the product-service system, modules of the product-service system (PSS modules) are defined in the second step and their strategic contribution to the underlying business model is determind. In the third step, the decision is supported which PSS modules should be provided by the provider of the product-service system and which should be provided by partners within the corporate value network. This involves an integrated consideration of the strategic contribution, required competencies and complexity of the provision of the PSS modules. Within the final fourth step, PSS modules are allocated in the corporate value network and standard strategies for the cooperative integration of partners are developed.

Inhaltsverzeichnis

Verzeichnis der Abbildungen

Verzeichnis der Tabellen

Verzeichnis der Abkürzungen

acatech	Deutsche Akademie der Technikwissenschaften
at al.	et alii
bspw.	beispielsweise
bzgl.	bezüglich
bzw.	beziehungsweise
B2B	business-to-business
BMWi	Bundesministerium für Wirtschaft und Energie
DIN	Deutsches Institut für Normung
d.h.	das heißt
DMM	Domain Mapping Matrix
DSM	Design Structure Matrix
dt.	deutsch
DWDS	Digitales Wörterbuch der deutschen Sprache
engl.	englisch
etc.	et cetera
f.	folgende
ff.	fortfolgende
F&E	Forschung und Entwicklung
ggf.	gegebenenfalls
HLB	Hybrides Leistungsbündel

IKT	Informations- und Kommunikationstechnik
IGTA	Idicula-Gutierrez-Thebeau-Algorithmus
IPSS	Industrielle Produkt-Service Systeme
i.S.	im Sinne
i.S.d.	im Sinne der
i.S.v.	im Sinne von
IT	Informationstechnik
KMU	kleine und mittelständische Unternehmen
LBS	Leistungsbestandteil
M&A	Mergers and Acquisitions
MDS	multidimensionale Skalierung
MDM	Multiple-Domain Matrix
Nr.	Nummer
OEM	Original Equipment Manufacturer (Originalausrüstungshersteller)
PSS	Produkt-Service System
sog.	sogenannte
s.a.	siehe auch
u.a.	unter anderem
VDI	Verein deutscher Ingenieure
vgl.	vergleiche
vs.	versus
z.B.	zum Beispiel

Verzeichnis der Formelzeichen

a_p	Anzahl der vom Partner p (mit p = 1, …, r) zu erbringenden Leistungsmodule
a_i, b_i	Koordinaten der Punkte A und B
C_c	Kompetenzcluster C (mit c = 1, …, t)
$d(A, B)$	Distanz zwischen zwei Punkten A und B
$d(\overrightarrow{KS_1}, \overrightarrow{KS_2})$	Distanz zwischen den Kompetenzvektoren $\overrightarrow{KS_1}$ und $\overrightarrow{KS_2}$
E_{lm}	Erfüllungsgrad der Kompetenzanforderungen des Leistungsmoduls lm (mit lm = 1, …, p)
E_p^{LB}	Durchschnittlicher Erfüllungsgrad der Kompetenzanforderungen des fokalen Unternehmens bzgl. des durch Partner p (mit p = 1, …, r) zu erbringenden Leistungsbündels
g_{kt}	Gewichtung des Komplexitätstreibers kt (mit kt = 1, …, 10)
g_z	Normierte relative Gewichtung des strat. Ziels z (mit z = 1, …, n)
G_z	Normierte Gewichtung des strat. Ziels z (mit z = 1, …, n)
G_{ges}	Summe aller normierten Gewichtungen
K_k	Kompetenz k (mit k = 1, …, q)
$Kritikalität_{kt}$	Kritikalität des Komplexitätstreibers kt (mit kt = 1, …, 10)
KS_k^{ist}	Kompetenzstärke des fokalen Unternehmens bezogen auf die Kompetenz k (mit k = 1, …, q)
$KS_k^{soll,c}$	Bedeutung der Kompetenz k (mit k = 1, …, q) innerhalb des Kompetenzclusters c (mit c = 1, …, t)

$KS_{k,lm}^{soll}$	Bedeutung der Kompetenz k (mit k = 1, …, q) für die Erbringung des Leistungsmoduls lm (mit lm = 1, …, p)
$\overrightarrow{KS_{lm}}$	Kompetenzvektor zur Erbringung des Leistungsmoduls lm (mit lm = 1, …, p)
$\overrightarrow{KV_{lm}}$	Komplexitätsvektors des Leistungsmoduls lm (mit lm= 1, …, p)
$\left\|\overrightarrow{KV_{lm}}\right\|$	Betrag des Komplexitätsvektors des Leistungsmoduls lm (mit lm= 1, …, p)
$\left\|\overrightarrow{KV}\right\|_{max}$	Größter Betrag eines Komplexitätsvektors KV eines Leistungsmoduls
$\left\|\overrightarrow{KV}\right\|_{min}$	Kleinster Betrag eines Komplexitätsvektors KV eines Leistungsmoduls
$kw_{kt,lm}$	Komplexitätswert des Komplexitätstreibers kt (mit kt = 1, …, 10) des Leistungsmoduls lm (mit lm= 1, …, p)
$KW_{kt,lm}$	Gewichteter Komplexitätswert des Komplexitätstreibers kt (mit kt = 1, …, 10) des Leistungsmoduls lm (mit lm= 1, …, p)
KW_{lm}	Normierter Komplexitätswert eines Leistungsmoduls lm (mit lm= 1, …, p)
KW_{p}^{LB}	Durchschnittlicher Komplexitätswert der Leistungsmodule des Leistungsbündels von Partner p (mit p = 1,…, r)
LM_{lm}	Leistungsmodul LM (mit lm = 1, …, p)
$max. Kritikalität$	Maximaler Wert der Kritikalität aller Komplexitätstreiber
$M(fok.\ UN)$	Menge der vom fokalen Unternehmen zu erbringenden Leistungsmodule
M_{lm}	Menge der erforderlichen Kompetenzen eines Leistungsmoduls lm (mit lm = 1, …, p)
M_{p}	Menge der von Partner p (mit p = 1,…, r) zu erbringenden Leistungsmodule
PI_{lm}	Profitabilitätsindex eines Leistungsmoduls lm (mit lm = 1, …, p) (entspricht dem Greedy-Index)

S_f	Spaltensumme der Teilfunktion f (mit f = 1, …, m)
S_{ges}	Summe aller Spaltensummen
S_{max}	Maximale Zeilensumme der strat. Ziele
S_{min}	Minimale Zeilensumme der strat. Ziele
sb_f	Strategischer Beitrag der Teilfunktion f (mit f = 1, …, m)
sb_{lm}	Strategischer Beitrag des Leistungsmoduls lm (mit lm = 1, …, p)
SB_{lm}	Normierter strategischer Beitrag des Leistungsmoduls lm (mit lm = 1, …, p)
sb_{max}	Größter strategischer Beitrag aller Leistungsmodule
SB_{max}	Obergrenze des strategischen Gesamtbeitrags eines Partners
sb_{min}	Kleinster strategischer Beitrag aller Leistungsmodule
sb_{lk}	Strategischer Beitrag der Leistungskomponente lk (mit lk = 1, …, o)
SB_p^{LB}	Strategische Bedeutung des Leistungsbündels des Partners p (mit p = 1,…, r) im Verhältnis zur strategischen Bedeutung des Leistungsbündels des fokalen Unternehmens
$SB_{verb.}(t)$	Verbleibender strategischer Beitrag zum Zeitpunkt t
$SB_{verb.}(t_o)$	Verbleibender strategischer Beitrag zum Startzeitpunkt t_o
$SB_{verb.}(t-1)$	Verbleibender strategischer Beitrag zum Zeitpunkt t-1
S_z	Zeilensumme des strat. Ziels z (mit z = 1, …, n)
$w_{z,f}$	Wechselwirkung zwischen dem strat. Ziel z (mit z = 1, …, n) und der Teilfunktion f (mit f = 1, …, m)
$w_{f,lk}$	Wechselwirkung zwischen der Teilfunktion f (mit f = 1, …, m) und der Leistungskomponente lk (mit lk = 1, …, o)

1 Einleitung

1.1 Motivation

Produzierende Unternehmen sehen sich im Zuge einer fortschreitenden Globalisierung einer steigenden internationalen Wettbewerbsintensität ausgesetzt.[1] Die erhöhte Wettbewerbsintensität hat eine Erosion der Margen physischer Produkte und Maschinen zur Folge, welche insbesondere das Neumaschinengeschäft determiniert.[2] Verstärkt wird der Druck auf die produzierende Industrie zusätzlich dadurch, dass sich die Leistungsfähigkeit physischer Produkte, insbesondere des Hochtechnologiebereichs, physikalischen Grenzen nähert und teilweise bereits ausgereizt ist.[3] Eine physische und technische Differenzierung ist daher zeit- und kostenintensiver denn je. In der Folge ist eine Differenzierung auf der Basis einer Qualitäts- oder Kostenführerschaft für Unternehmen aus Hochtechnologiebranchen und an Hochlohnstandorten, wie den westlichen Industriestaaten, zukünftig nur noch schwer realisierbar.[4] Hinzu kommt, dass Kunden mehr und mehr Wertschöpfungstätigkeiten aufgrund gestiegener Komplexität sowie der Konzentration auf ihre eigenen Kernkompetenzen auf den Produktanbieter übertragen.[5]

Als Reaktion auf die beschriebenen Herausforderungen verfolgen Unternehmen der produzierenden Industrie eine Transformation von einem Produktanbieter zu einem Lösungsanbieter.[6] Durch die Hinzunahme von kundenseitigen Wertschöpfungsanteilen und somit der Erweiterung des eigenen Nutzenversprechens erfolgt das Angebot von ganzheitlichen Lösungssystemen.[7] Statt einer Konzentration auf singuläre Pro-

---

1 Vgl. Bundesministerium für Wirtschaft und Energie (2019), Schlaglichter der Wirtschaftspolitik, S. 2.

2 Vgl. Döbler et al. (2020), Der zweite Frühling für den Maschinenbau, S. 10.

3 Vgl. Engeser (2014), Die Macht der Daten schlägt in allen Branchen durch.

4 Vgl. Schuh et al. (2020), Agile Entwicklung und Produktion im Internet of Production, S. 481f.

5 Vgl. Emmrich et al. (2015), Geschäftsmodell-Innovation durch Industrie 4.0, S. 25; Kölsch und Aurich (2019), Innovative Serviceprodukte für individualisierte, verfügbarkeitsorientierte Geschäftsmodelle, S. 1.

6 Vgl. Illner et al. (2019), Digitale Angebote erfolgreich vermarkten, S. 7f.

7 Vgl. Schuh und Dölle (2021), Sustainable Innovation, S. 90f.

dukte und eine technische Differenzierung rückt die Fokussierung auf den tatsächlichen Kundennutzen und die Erreichung einer Nutzenführerschaft in den Vordergrund.[8] Hierzu werden ausgehend von dem zu erzeugenden Kundennutzen Sach- und Dienstleistungen zu hybriden Leistungsangeboten verknüpft und im Rahmen neuartiger Geschäftsmodelle vermarket.[9] So wird beispielsweise im Rahmen von verfügbarkeits- oder ergebnisorientierten Geschäftsmodellen anstelle des Verkaufs singulärer physischer Produkte, wie einer Werkzeugmaschine, durch die Hinzunahme von Dienstleistungen vermehrt die Verfügbarkeit oder das produzierte Ergebnis verkauft. Hierdurch können die Kundenbindung intensiviert, Margen erhöht und neue Erlösströme generiert werden.[10]

Durch den beschriebenen Wandel zum Lösungsanbieter und die Übernahme von kundenseitigen, oftmals komplexen Wertschöpfungsanteilen, kommt es neben der Erweiterung des Leistungsangebots zu einer Komplexitätsverschiebung von der Kunden- auf die Anbieterseite.[11] Durch die Hinzunahme und die Verknüpfung von Sach- und Dienstleistungen entstehen somit immer komplexere Zusammenhänge in einem erweiterten Leistungsangebot, um die Kundenanforderungen befriedigen zu können.[12] Die Erweiterung des Leistungsangebots geht darüber hinaus mit einem Bedarf nach vielfältigeren Ressourcen und Kompetenzen einher.[13] Ein singulär agierendes Unternehmen weist diese in den meisten Fällen jedoch nicht auf, weshalb es für die Erbringung hybrider Leistungsangebote auf Partner angewiesen ist.[14] Zur Beherrschung der Komplexität sowie zur Auflösung von Ressourcen- und Kompetenzdefiziten bei der Erbringung hybrider Leistungsangebote agieren Unternehmen daher vermehrt in Wertschöpfungsnetzwerken.[15] Durch Wertschöpfungsnetzwerke wird der Zielkonflikt zwischen einer hohen Spezialisierung und der Konzentration auf Kernkompetenzen sowie dem Angebot eines kundennutzenzentrierten hybriden Leistungsangebots

[8] Vgl. Meier und Uhlmann (2012), Hybride Leistungsbündel, S. 3.

[9] Vgl. Burr (2016), Service Engineering bei technischen Dienstleistungen, S. 347f.

[10] Vgl. Meffert et al. (2019), Aus Konkurrenten werden Partner, S. 4ff.

[11] Vgl. Green et al. (2017), Two strands of servitization, S. 40.

[12] Vgl. Seiter et al. (2020), Innovationen und Kooperationen, S. 20.

[13] Vgl. Bagheri et al. (2019), Customer knowledge transfer challenges, S. 198.

[14] Vgl. Kölsch et al. (2019), Grundlagen zu Produkt-Service Systemen, S. 12; Lins et al. (2019), Befähigungssystem für die Transformation zu hybrider Wertschöpfung, S. 853; Ricciotti (2020), From value chain to value network, S. 207; Chowdhury et al. (2018), Smart Product-Service Systems (Smart PSS), S. 28.

[15] Vgl. Stich et al. (2021), Wertschöpfungsnetzwerke in Zeiten von Infektionskrisen, S. 13; Schuh et al. (2020), Industrie 4.0 Maturity Index, S. 34f.

durch die Ausnutzung komplementärer Kompetenzen der Netzwerkpartner aufgelöst.[16] Der Anbieter des hybriden Leistungsangebots, zumeist das fokale Unternehmen des Wertschöpfungsnetzwerks, muss dabei entscheiden, welche Teilleistungen des hybriden Leistungsangebots es eigenständig erbringen kann und wo es aufgrund mangelnder Kompetenzen auf Partner angewiesen ist.[17] Strategische Überlegungen, wo die Einbindung von Partnern größtmöglichen Nutzen stiftet ohne dabei die eigene Wettbewerbsposition langfristig zu gefährden, erfahren dabei nur unzureichende Betrachtung.[18] Insbesondere die Konfiguration komplementärer Kompetenzen unter Einbeziehung der eigenen Fähigkeiten und unter Berücksichtigung wettbewerbsstrategischer Aspekte stellt viele Unternehmen vor große Herausforderungen. Hieran scheitern viele Unternehmen, weshalb branchenübergreifend großer Aufholbedarf besteht.[19] Auch in Bezug auf den Umgang mit der Beherrschung der gestiegen Komplexität agiert die Mehrzahl der produzierenden Unternehmen nach wie vor innerhalb der eigenen Unternehmensgrenzen und in den klassischen Strukturen ihrer Industrie. Sie versuchen oftmals der Komplexität mit einer Standardisierung ihrer Prozesse oder einem komplizierten rechtlichen Rahmenwerk zu begegnen.[20]

Die Potenziale der gemeinschaftlichen Erbringung hybrider Leistungsangebote wurden bereits erkannt.[21] Jedoch fehlt es an einer integrierten Methodik, welche das fokale Unternehmen als Anbieter eines hybriden Leistungsangebots befähigt, ein effizientes Wertschöpfungsnetzwerk unter Einbeziehung notwendiger Kompetenzen aufzubauen, die gestiegene Komplexität auf der Anbieterseite zu beherrschen und sich so wettbewerbsstrategisch für einen langfristigen Unternehmenserfolg auszurichten.

1.2 Zielsetzung der Arbeit

Vor dem Hintergrund der in der Motivation erläuterten Ausgangssituation sowie den bestehenden Herausforderungen besteht das Ziel der vorliegenden Arbeit in der Steigerung der Profitabilität der Erbringung hybrider Leistungsangebote des fokalen Unternehmens. Hierzu gilt es insbesondere, notwendige Kompetenzen für die Erbringung

16 Vgl. Becker et al. (2008), Wertschöpfungsnetzwerke von Produzenten und Dienstleistern, S. 23.

17 Vgl. Gackstatter et al. (2019), Business Ecosystems, S. 5; Becker et al. (2008), Wertschöpfungsnetzwerke von Produzenten und Dienstleistern, S. 25.

18 Vgl. Pidun et al. (2020), Why Do Most Business Ecosystems Fail?, S. 4.

19 Vgl. Lyman et al. (2018), Corner Stone Of Future Growth, S. 9f.; Pidun et al. (2020), Why Do Most Business Ecosystems Fail?, S. 3f.

20 Vgl. Deiser (2020), Organizing for Business Ecosystem Leadership, S. 13f.

21 Vgl. Schroeck et al. (2020), Ecosystem-driven portfolio strategy, S. 8f.

von Teilleistungen des hybriden Leistungsangebots sowie die mit der Erbringung verbundene Komplexität der Teilleistungen zu berücksichtigen.

Zur Umsetzung dieser Zielsetzung soll in dieser Arbeit eine Methodik entwickelt werden, die es dem anwendenden, fokalen Unternehmen ermöglicht, ein Wertschöpfungsnetzwerk aufzubauen, um ein hybrides Leistungsangebot gemeinschaftlich mit Partnern in einem Wertschöpfungsnetzwerk zu erbringen. Dabei soll das fokale Unternehmen zudem dazu befähigt werden, die Komplexität im Kontext der Erbringung hybrider Leistungsangebote zu beherrschen, eigene Kompetenzen sowie die Kompetenzen möglicher Partner bestmöglich zu konfigurieren und sich wettbewerbsstrategisch vorteilhaft zu positionieren.

Ausgehend von einer Strukturierung und Dekomposition des hybriden Leistungsangebots, soll zunächst die Entscheidung unterstützt werden, welche Teilleistungen des hybriden Leistungsangebots durch das fokale Unternehmen und welche Teilleistungen durch Partner innerhalb des Wertschöpfungsnetzwerks erbracht werden sollen. Bei dieser Erbringungsentscheidung sollen erforderliche Kompetenzen sowie die Komplexität im Kontext der Erbringung der Teilleistungen einbezogen werden. Die zu entwickelnde Methodik soll zudem dabei unterstützen, die einzelnen zu erbringenden Teilleistungen auf mögliche Wertschöpfungspartner zu allokieren. Darüber hinaus gilt es, Empfehlungen abzuleiten, wie die möglichen Wertschöpfungspartner kooperativ eingebunden werden sollten. Zusammenfassend lässt sich die Zielsetzung der vorliegenden Arbeit daher wie folgt formulieren:

Die **Zielsetzung der Arbeit** ist die Entwicklung einer Methodik zur Steigerung der Profitabilität der Erbringung hybrider Leistungsangebote in Wertschöpfungsnetzwerken durch eine kompetenz- und komplexitätsbasierte Allokation von zu erbringenden Teilleistungen auf Wertschöpfungspartner.

Folgende Teilziele werden basierend auf der übergeordneten Zielsetzung differenziert:

- Entwicklung eines **Beschreibungsmodells** zur Strukturierung und komplexitätsorientierten Beschreibung hybrider Leistungsangebote
- Entwicklung eines **Erklärungsmodells** zur Ermittlung hybrider Leistungsmodule und ihrer Geschäftsmodellrelevanz
- Entwicklung eines **Entscheidungsmodells** zur systematischen Identifikation von Erbringungsmöglichkeiten hybrider Leistungsmodule
- Entwicklung eines **Entscheidungsmodells** zur Allokation hybrider Leistungsmodule auf Partner innerhalb eines Wertschöpfungsnetzwerks

KUBICEK empfiehlt zur gezielten Ausrichtung des Forschungsprozesses die Formulierung grundlegender Forschungsfragen.[22] Vor dem Hintergrund der dargelegten Zielsetzung lässt sich nachfolgende Hauptforschungsfrage zur Konzeption der vorliegenden Arbeit formulieren:

„Wie lassen sich hybride Leistungsangebote komplexitätsorientiert dekomponieren und bewerten, sodass die Profitabilität der Leistungserbringung im Wertschöpfungsnetzwerk systematisch gesteigert werden kann?“

In der Folge wird der forschungsmethodische Ansatz vorgestellt, mit dem die Hauptforschungsfrage beantwortet werden soll.

1.3 Forschungskonzeption

Im vorliegenden Kapitel wird der dieser Arbeit zugrundeliegende forschungsmethodische Prozess dargelegt. Hierzu erfolgt initial eine Einordnung der Arbeit anhand der Wissenschaftssystematik nach ULRICH UND HILL (vgl. Abbildung 1-1).

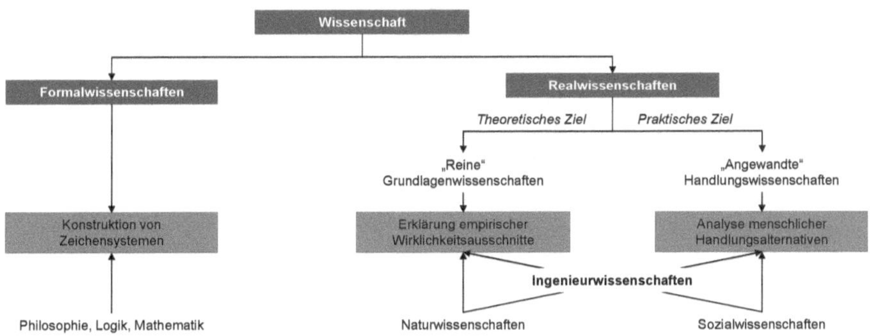

Abbildung 1-1: Wissenschaftssystematik nach ULRICH UND HILL[23]

Grundsätzlich lässt sich eine Einteilung der Wissenschaft in die Formalwissenschaften und die Realwissenschaften vornehmen. Zu den erstgenannten zählen beispielsweise die Mathematik, die Logik oder auch die Philosophie, welche das Ziel verfolgen Zeichensysteme zu konstruieren. Realwissenschaften hingegen verfolgen die empirische Beschreibung, Erklärung und Gestaltung von Wirklichkeitsausschnitten. Sie lassen

[22] Vgl. Kubicek (1977), Heuristische Bezugsrahmen und heuristisch angelegte Forschungsdesigns, S. 25.

[23] Ulrich und Hill (1976), Wissenschaftstheoretische Grundlagen (Teil I), S. 305.

sich in „reine“ Grundlagenwissenschaften, die mit der Erklärung empirischer Wirklichkeitsausschnitte ein theoretisches Ziel fokussieren, und „angewandte“ Handlungswissenschaften, die mit der Analyse menschlicher Handlungsalternativen auf ein praktisches Ziel abzielen, differenzieren. Zu den Grundlagenwissenschaften werden die Naturwissenschaften, wie die Physik oder die Chemie, gezählt. Die Psychologie oder die Soziologie hingegen werden den Handlungswissenschaften zugeschrieben.

Die vorliegende Arbeit, welche die Erbringung hybrider Leistungsangebote in Wertschöpfungsnetzwerken adressiert, ist inhaltlich den Ingenieurwissenschaften zuzuschreiben. Nach ULRICH UND HILL ist sie damit eindeutig den Realwissenschaften zugeordnet. Grundsätzlich bilden die Ingenieurwissenschaften ein Bindeglied zwischen den Grundlagen- und Handlungswissenschaften, weshalb ihre Zuordnung zu einer der beiden Bereiche allgemeingültig nicht möglich ist. Begründet ist dies darin, dass die Ingenieurswissenschaften reale Praxisprobleme aufgreifen und durch einen Verzicht auf Geschlossenheit und vollkommene Mathematisierung charakterisiert sind[24], womit sie nicht als „reine Theorie“ einzuordnen sind.[25] Dies trifft auch auf die vorliegende Arbeit zu, da die zugrundeliegende Idee für das Forschungsvorhaben im Kontext von institutsseitigen Forschungsprojekten sowie Beratungsprojekten in der Industrie entstanden ist, womit ein unmittelbarer Zusammenhang mit der Praxis besteht (vgl. Kapitel 3.1). Die verfolgte Zielsetzung der zu entwickelnden Methodik besteht darüber hinaus darin, handelnde Führungskräfte bei der Etablierung von Wertschöpfungsnetzen durch Handlungs- und Entscheidungsalternativen zu unterstützen. Auch wenn einzelne Methodenschritte der Gesamtmethodik durch mathematische Modelle unterstützt werden, bspw. zur Automatisierung des Vorgehens oder zur Quantifizierung einzelner Entscheidungsgrößen, besteht kein Anspruch auf Vollständigkeit. Vielmehr liegt ein Fokus auf dem praktischen Ziel der Erarbeitung menschlicher Handlungsalternativen, sodass diese Arbeit den Handlungswissenschaften zugeordnet wird.

Nach KUBICEK ist es erforderlich den Forschungsprozess insbesondere als Lernprozess zu verstehen und darin beabsichtigte zu lösende Probleme auf der Grundlage von Erfahrungswissen zunächst präziser zu definieren.[26] Hierbei sind für ihn Forschungsfragen von zentraler Bedeutung, mit denen das Vorverständnis des Forschers zum Ausdruck gebracht wird. Basierend auf dem erlangten Erfahrungsgewinn werden nachfol-

[24] Vgl. Ulrich und Hill (1976), Wissenschaftstheoretische Grundlagen (Teil I), S. 308.

[25] Vgl. Schlößer (2020), Auslegung prototypischer Produktinkremente, S. 7.

[26] Vgl. Kubicek (1977), Heuristische Bezugsrahmen und heuristisch angelegte Forschungsdesigns, S. 14.

gend im Rahmen des Forschungsprozesses neue, das Verständnis detaillierende Fragestellungen formuliert. KUBICEK bezeichnet diesen Prozess als iterative Heuristik.[27] Die Explizierung des Vorverständnisses des Forschers findet dabei ihm Rahmen der Konstruktionsstrategie empirischer Forschung initial mittels eines heuristischen Bezugsrahmens statt, in dem durch Annahmen, Fragen und Interpretationsmuster ein als generell anzusehendes Problem umrissen wird.[28] Das Vorverständnis der vorliegenden Arbeit ist im heuristischen Bezugsrahmen in Abbildung 1-2 dargelegt. Eine weitere Detaillierung erfolgt nachfolgend durch die Ableitung von Teilforschungsfragen.

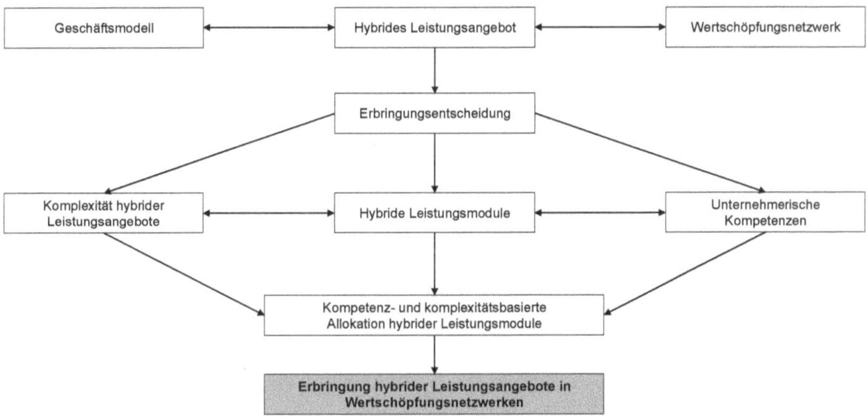

Abbildung 1-2: Heuristischer Bezugsrahmen der vorliegenden Arbeit

Wie bereits bei der in Kapitel 1.2 dargelegten Zielsetzung sowie ihren Teilzielen, wird nachfolgend die Hauptforschungsfrage des vorliegenden Forschungsvorhabens mittels Teilforschungsfragen detailliert. Im Kontext der modelltheoretischen Einordnung und der Ableitung von Teilmodellen in Kapitel 4 werden die Teilforschungsfragen erneut aufgegriffen. Durch die Ableitung von Teilforschungsfragen wird eine systematische Bearbeitung des Forschungsvorhabens angestrebt:

- Wie lassen sich hybride Leistungsangebote strukturieren und komplexitätsorientiert beschreiben?
- Wie lassen sich hybride Leistungsmodule ermitteln und ihre Geschäftsmodellrelevanz bestimmen?

[27] Vgl. Kubicek (1977), Heuristische Bezugsrahmen und heuristisch angelegte Forschungsdesigns, S. 14.
[28] Vgl. Kubicek (1977), Heuristische Bezugsrahmen und heuristisch angelegte Forschungsdesigns, S. 16.

- Wie lassen sich durch das fokale Unternehmen und durch Partner zu erbringende hybride Leistungsmodule ermitteln?
- Wie lassen sich hybride Leistungsmodule in einem Wertschöpfungsnetzwerk auf Partner verteilen?

Nachdem die Arbeit nach der Wissenschaftssystematik nach ULRICH UND HILL den angewandten Handlungswissenschaften zugeschrieben worden ist sowie das entsprechende Vorverständnis mittels der Erarbeitung eines heuristischen Bezugsrahmens dargelegt wurde, erfolgt nun die Schilderung des angestrebten Forschungsprozesses. Hierzu muss zunächst entschieden werden, welchem wissenschaftlichen Ansatz gefolgt werden soll. In der Betriebswirtschaftslehre, welche ebenfalls den angewandten Handlungswissenschaften zugeschrieben wird, werden der faktortheoretische Ansatz nach GUTENBERG[29], der systemtheoretische Ansatz nach ULRICH[30] sowie der entscheidungstheoretische Ansatz nach HEINEN[31] unterschieden.[32] Im Gegensatz zu den Ansätzen nach GUTENBERG oder HEINEN weist der Ansatz nach ULRICH eine besondere Nähe zu den Ingenieurswissenschaften auf. Als weiteres Charakteristikum ist anzuführen, dass der Ansatz nicht als reine Theorie zu verstehen ist, sondern reale Problemstellungen der Unternehmensführung fokussiert.[33] Aufgrund der dargelegten Praxisorientierung folgt der Forschungsprozess dem systemtheoretischen Ansatzes nach ULRICH.

Wie bereits angeklungen, ergeben sich die in dieser Forschungsarbeit thematisierten praxisrelevanten Probleme aus den Erfahrungen, die der Autor im Rahmen seiner Tätigkeit als wissenschaftlicher Mitarbeiter am Lehrstuhl für Produktionssystematik des Werkzeugmaschinenlabors WZL der RWTH Aachen University erworben hat. Unter der Anwendung einer umfassenden Literaturanalyse über verschiedene, im Kontext der vorliegenden Arbeit relevante Forschungsgebiete, wird die Erfassung und Interpretation problemrelevanter Theorien und Verfahren sichergestellt. Hierdurch wird insbesondere der Forderung nach einer interdisziplinären Forschungsarbeit nachgekommen. Die Bearbeitung von Forschungs- und Beratungsprojekten während der Anfertigung der vorliegenden Forschungsarbeit werden darüber hinaus dazu genutzt, erarbeitete Methodenschritte und Modelle zu überprüfen. Eine abschließende Validierung der erarbeiteten Lösungselemente erfolgt mittels eines detaillieren Fallbeispiels.

---

29 Vgl. Gutenberg (1951), Grundlagen der Betriebswirtschaftslehre.
30 Vgl. Ulrich (1968), Die Unternehmung als produktives soziales System.
31 Vgl. Heinen (1968), Einführung in die Betriebswirtschaftslehre.
32 Vgl. Ulrich und Hill (1976), Wissenschaftstheoretische Grundlagen (Teil I), S. 308f.
33 Vgl. Ulrich und Hill (1976), Wissenschaftstheoretische Grundlagen (Teil I), S. 308; Mattern (2018), Steigerung der Kollaborationsproduktivität in der interdisziplinären Produktentwicklung, S. 7.

Der beschriebene Forschungsprozess der vorliegenden Arbeit, basierend auf dem systemtheoretischen Ansatz nach ULRICH, ist abschließend in Abbildung 1-3 dargestellt.

Abbildung 1-3: Forschungsprozess der vorliegenden Arbeit[34]

1.4 Aufbau der Arbeit

Der Aufbau der Arbeit ist an den im vorherigen Kapitel beschriebenen Forschungsprozess nach ULRICH angelehnt und ist diesem in Abbildung 1-4 gegenübergestellt.

In einem ersten, einleitenden Kapitel wurde die Einführung in die Thematik der Arbeit fokussiert, indem das Thema motiviert und die Zielsetzung definiert wurde.

Im zweiten Kapitel werden grundlegende Begrifflichkeiten definiert sowie zentrale theoretische Grundlagen beschrieben. Hierbei wird das Verständnis von hybriden Leistungsangeboten, Geschäftsmodellen einschließlich des Nutzenversprechens, Wertschöpfungsnetzwerken sowie das Verständnis von Komplexität im Kontext sowohl der Systemtheorie als auch der zuvor genannten inhaltlichen Schwerpunkte dieser Arbeit thematisiert.

Das dritte Kapitel verfolgt die Zielsetzung den zugrundeliegenden Forschungsbedarf herauszustellen. Initial erfolgt dazu die Beschreibung der Herausforderungen in der Praxis, gefolgt von der Darstellung bestehender wissenschaftlicher Ansätze. Auf der

[34] In Anlehnung an Ulrich (1984), Management, S. 193.

Basis des Objekt- und Zielbereichs sowie der Lösungshypothese und hieraus resultierender Bewertungskriterien, werden die bestehenden Ansätze in der Folge bewertet und der Forschungsbedarf abgeleitet.

Auf der Grundlage des identifizierten Forschungsbedarfs erfolgt die Konzeption der Methodik zur Erbringung hybrider Leistungsangebote in Wertschöpfungsnetzwerken. Hierzu werden initial die inhaltlichen und formalen Anforderungen an die zu entwickelnde Methodik formuliert, bevor die Konzeption des Grobkonzepts bestehend aus vier Schritten erarbeitet wird. Abschließend werden die Schritte im Kontext der Modelltheorie diskutiert und in vier Teilmodelle der übergeordneten Gesamtmethodik überführt.

Im fünften Kapitel wird das Grobkonzept der vier Teilmodelle ausgearbeitet, womit eine Detaillierung der Methodik zur Erbringung hybrider Leistungsangebote in Wertschöpfungsnetzwerken erzielt wird.

Das sechste Kapitel dient der Validierung der entwickelten Methodik. Hierzu wird diese anhand eines Anwendungsbeispiels in der Praxis erprobt und anhand der Ergebnisse kritisch reflektiert.

Das letzte und siebte Kapitel bildet den Abschluss der vorliegenden Arbeit, indem die Ergebnisse zusammengefasst werden und im Rahmen eines Ausblicks der weitere Forschungsbedarf aufgezeigt wird.

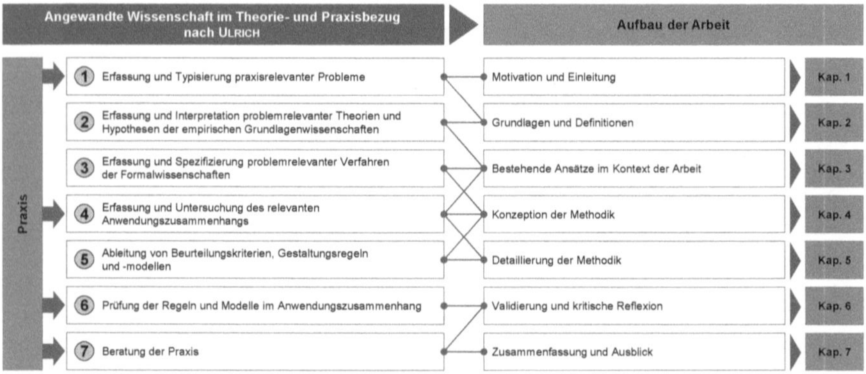

Abbildung 1-4: Aufbau der vorliegenden Arbeit[35]

[35] In Anlehnung an Ulrich (1984), Management, S. 193.

2 Grundlagen und Definitionen

Das zweite Kapitel unterliegt der Zielsetzung, relevante Grundlagen und Definitionen im Kontext der Methodik zur Erbringung hybrider Leistungsangebote in Wertschöpfungsnetzwerken darzulegen. Dem im Abbildung 1-2 dargestellten heuristischen Bezugsrahmen der vorliegenden Arbeit folgend, werden hierzu in Kapitel 2.1 zunächst relevante Begrifflichkeiten im Kontext hybrider Leistungsangebote definiert, bevor auf die Strukturierung hybrider Leistungsangebote eingegangen wird. Hierbei wird eine Betrachtung sowohl aus der Sach- als auch der Dienstleistungsperspektive verfolgt. In Kapitel 2.2 wird nachfolgend ein einheitliches Verständnis des Geschäftsmodellbegriffs erarbeitet sowie dessen Dimensionen erläutert. Hierbei liegt ein zentrales Augenmerk auf dem Nutzenversprechen als relevantes Kernelement eines jeden Geschäftsmodells. Im dritten Kapitel 2.3 werden Wertschöpfungsnetzwerke thematisiert. Aufbauend auf grundlegenden Begrifflichkeiten, wie der Wertschöpfung und der Wertschöpfungskette, wird zunächst ein Verständnis über Kooperationen und Unternehmensnetzwerke im Allgemeinen erläutert und abschließend der zentrale Begriff des Wertschöpfungsnetzwerks spezifiziert. In Kapitel 2.4 wird Komplexität auf der Grundlage der Systemtheorie betrachtet. Dabei wird Komplexität zunächst aus der externen Perspektive in Bezug auf hybride Leistungsangebote erörtert sowie nachfolgend aus der internen Perspektive hinsichtlich der Komplexitätsbeherrschung behandelt. Hierbei wird ebenfalls die quantitative Bewertung von Komplexität thematisiert. Das zweite Kapitel schließt mit einem Zwischenfazit in Kapitel 2.5 ab.

2.1 Hybride Leistungsangebote

Hybride Leistungsangebote determinieren den Objektbereich der vorliegenden Arbeit. Dementsprechend werden an dieser Stelle Grundlagen in diesem Kontext aufgearbeitet, indem zunächst relevante Begrifflichkeiten definiert werden (vgl. Kapitel 2.1.1). Im Anschluss werden unterschiedliche Klassifikationen hybrider Leistungsangebote vorgestellt (vgl. Kapitel 2.1.2), bevor abschließend Ansätze zu deren Strukturierung erläutert werden (vgl. Kapitel 2.1.3).

2.1.1 Relevante Begrifflichkeiten

Nachfolgend erfolgt die Erläuterung relevanter Begrifflichkeiten im Kontext hybrider Leistungsangebote. Um den Begriff des hybriden Leistungsangebots zu verstehen, werden zunächst die einzelnen Bestandteile des Begriffs in Form der Begrifflichkeiten Produkt bzw. Sachleistung und Dienstleistung gegeneinander abgegrenzt, bevor hierauf aufbauend hybride Leistungsangebote besteht aus Sach- und Dienstleistungsanteilen diskutiert werden.

2.1.1.1 Produkt und Sachleistung

Nach KOTLER ET AL. kann ein **Produkt** „alles sein, das einem Markt angeboten wird, um einen Wunsch oder ein Bedürfnis zu erfüllen“[36]. Basierend auf dieser durch das Marketing geprägten Begriffsdefinition stellt ein Produkt den Oberbegriff für Sach- und Dienstleistungen dar. Ein ebenso umfassendes Begriffsverständnis ist im DUDEN hinterlegt, wonach ein Produkt ein Erzeugnis bzw. ein Ergebnis menschlicher Arbeit beschreibt.[37] Dieses Verständnis korreliert auch mit der DIN ISO EN 9001:2015, welche ein Produkt als das Ergebnis eines Prozesses versteht, wobei es materiell oder immateriell, eine Hard- oder Software oder auch eine Information oder Wissen sein kann.[38] Dem Begriffsverständnis folgend, existieren grundsätzlich sowohl Sach- als auch Dienstleistungsprodukte. Im Rahmen der Konstruktionsmechanik wird der Begriff „Produkt“ jedoch aus einer technischen Sichtweise definiert, wodurch der Begriff des „technischen Produkts“ durch führende Vertreter, wie FELDHUSEN ET AL.[39], LINDEMANN[40], PONN[41] oder in der VDI-Richtlinie 2221[42] geprägt wurde und häufig synonym mit dem Sachleistungsbegriff verwendet wird. Solche technischen Produkte oder **Sachleistungen** werden von KORTHALS als „mehrgliedrige physische Erzeugnisse mit mehr oder weniger komplexem Funktionsprinzip, deren Funktion im Kern auf mechanischen Prinzipien beruht, heute aber auch durch umfassenden Einsatz von Elektrik, Elektronik und Software realisiert bzw. unterstützt wird“[43] definiert. Im Kontext von hybriden Leistungsangeboten ergänzen GOEDKOOP ET AL. ihre Definition um den

---

[36] Kotler et al. (2015), Marketing-Management, S. 408.
[37] Vgl. Dudenredaktion (o. J.), "Produkt" auf Duden online.
[38] Vgl. DIN EN ISO 9001 (2015).
[39] Vgl. Feldhusen und Grote (2013), Pahl/Beitz Konstruktionslehre.
[40] Vgl. Lindemann (2009), Methodische Entwicklung technischer Produkte.
[41] Vgl. Ponn (2007), Situative Unterstützung der methodischen Konzeptentwicklung technischer Produkte.
[42] Vgl. VDI 2221 - Blatt 1 (2019).
[43] Korthals (2014), Wertstromanalyse in der Produktentwicklung, S. 15f.

Zweck der Befriedigung von Kundenbedürfnissen und legen damit folgendes Verständnis zugrunde: „A product is a tangible commodity manufactured to be sold. It is capable of falling on your toes and of fulfilling a user's need"[44]. Im Rahmen der vorliegenden Arbeit wird sich der (technischen) Sichtweise der Konstruktionsmethodik angeschlossen und der Produktbegriff synonym zum Sachleistungsbegriff verstanden. In Anlehnung an SCHENKEL[45] und KUNTZKY[46] sowie GOEDKOOP ET AL.[47] wird eine Sachleistung in der vorliegenden Arbeit wie folgt definiert:

Eine **Sachleistung** ist die materielle, durch Produktion entstandene Leistung eines Unternehmens, die auf einem Zusammenwirken von Mechanik, Elektronik und Software beruht, womit sie ein mechatronisches System darstellt. Sachleistungen stiften für den Abnehmer einen Nutzen, der zur Befriedigung seiner Bedürfnisse führt.

2.1.1.2 Dienstleistung

Der Dienstleistungsbegriff wird seit den 1960er Jahren diskutiert, wobei eine einheitliche und allgemein anerkannte Definition ausstehend ist. Bestehende Definitionsansätze können grundsätzlich in enumerative, negative und konstitutive Ansätze unterschieden werden.[48] Dennoch wurde Einigkeit darüber erzielt, dass nur eine Definition anhand konstitutiver, begriffsbildender Merkmale eine wissenschaftliche Auseinandersetzung mit dem Dienstleistungsbegriff erlaubt und die charakteristischen Eigenschaften von Dienstleistungen strukturiert und systematisiert herausstellt.[49] Zur Differenzierung des Dienstleistungsbegriffs hat sich eine hierarchische Strukturierung in unterschiedliche Dienstleistungsklassen durchgesetzt (vgl. Abbildung 2-1).

---

[44] Goedkoop et al. (1999), Product Service systems, S. 17.

[45] Vgl. Schenkl (2015), Wissensorientierte Entwicklung von Produkt-Service-Systemen, S. 33.

[46] Vgl. Kuntzky (2013), Entwicklung von Produkt-Service-Systemen, S. 20.

[47] Vgl. Goedkoop et al. (1999), Product Service systems, S. 17.

[48] Vgl. Schenkl (2015), Wissensorientierte Entwicklung von Produkt-Service-Systemen, S. 33; Meffert et al. (2018), Dienstleistungsmarketing, S. 13.

[49] Vgl. Corsten und Gössinger (2007), Dienstleistungsmanagement, S. 21; Bullinger und Schreiner (2006), Service Engineering, S. 55; Baureis (2013), Kompetenzen für hybride Leistungsbündel, S. 14.

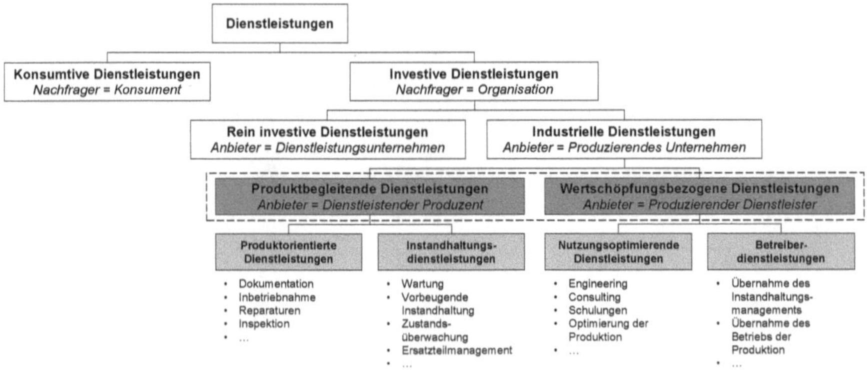

Abbildung 2-1: Differenzierung des Dienstleistungsbegriffs nach BURIANEK[50]

Investive Dienstleistungen, wie sie im B2B-Markt vorzufinden sind, können in rein investive Dienstleistungen sowie industrielle Dienstleistungen unterschieden werden. Industrielle Dienstleistungen, als Angebot eines produzierenden Unternehmens, werden wiederum in produktbegleitende und wertschöpfungsbezogene Dienstleistungen untergliedert.[51] Sie sind im Kontext von hybriden Leistungsangeboten und im Rahmen der vorliegenden Arbeit von besonderem Interesse.

Zur Ableitung konstitutiver Dienstleistungsmerkmale werden nach ENGELHARDT ET AL. drei Dimensionen der Leistung unterschieden, welche Dienstleistungen aufweisen:[52]

- **Potenzialdimension:** Beschreibung der Fähigkeit und Bereitschaft zur Erbringung der nachgefragten Leistung durch den Dienstleistungsanbieter[53] sowie der hierfür notwendigen Potenzialfaktoren[54]
- **Prozessdimension:** Initiierung und Begleitung der Dienstleistungserbringung durch entsprechende Prozesse unter Beteiligung des Dienstleistungsnachfragers[55]

[50] Buriánek (2009), Vertragsgestaltung bei hybriden Leistungsangeboten, S. 16.

[51] Vgl. Buriánek (2009), Vertragsgestaltung bei hybriden Leistungsangeboten, S. 15f.

[52] Vgl. Engelhardt et al. (1993), Leistungsbündel als Absatzobjekte, S. 398f.

[53] Vgl. Hilke (1989), Grundprobleme und Entwicklungstendenzen des Dienstleistungs-Marketing, S. 11.

[54] Vgl. Kleinaltenkamp (1998), Begriffsabgrenzung und Erscheinungsformen von Dienstleistungen, S. 37.

[55] Vgl. Garbe (1998), Industrielle Dienstleistungen, S. 10; Corsten (1990), Betriebswirtschaftslehre der Dienstleistungsunternehmungen, S. 18f.

- **Ergebnisdimension:** Immaterielles bzw. intangibles Dienstleistungsergebnis[56]

Basierend auf den drei Dienstleistungsdimensionen lassen sich konstitutive Charakteristika von Dienstleistungen im Einklang mit der Konstruktivdefinition ableiten.[57] Abbildung 2-2 stellt die konstruktiven Dienstleistungseigenschaften in Abgrenzung zu Sachleistungseigenschaften dar.

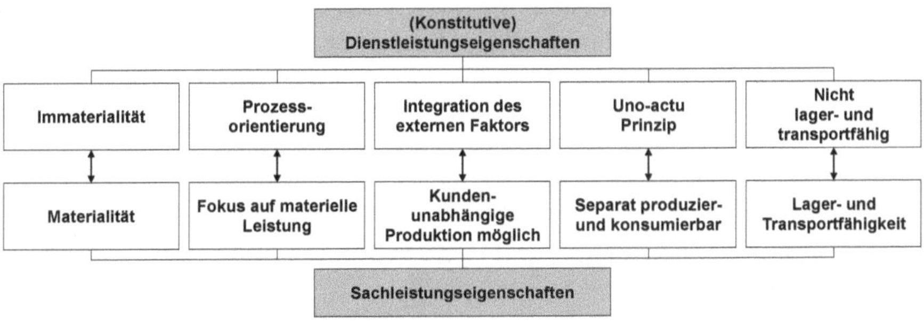

Abbildung 2-2: Konstitutive Eigenschaften von Dienstleistungen[58]

Zunächst ist die **Immaterialität** der Dienstleistung als konstitutives Merkmal basierend auf der Ergebnis- und Potenzialdimension zu nennen.[59] Sie ergibt sich aus der fehlenden Greifbarkeit und Substanzlosigkeit der Leistung.[60] Aus der Prozessdimension ergibt sich die **Integration eines externen Faktors** im Sinne eines nachfragenden Wirtschaftsakteurs oder in Form eines Gutes.[61] Beim externen Faktor handelt zumeist um den Kunden selbst und/oder seine Wirtschaftsobjekte, die integrativ am Leistungserstellungsprozess mitwirken und zum Leistungsergebnis beitragen.[62] Ebenfalls aus der

[56] Vgl. Hilke (1989), Grundprobleme und Entwicklungstendenzen des Dienstleistungs-Marketing, S. 15.

[57] Vgl. Kuntzky (2013), Entwicklung von Produkt-Service-Systemen, S. 13; Aurich et al. (2006), Life cycle oriented design of technical Product-Service Systems, S. 1484.

[58] In Anlehnung an Kuntzky (2013), Entwicklung von Produkt-Service-Systemen, S. 15; Herrmann et al. (2010), Joint Framework for Product Service Systems, S. 454; Baureis (2013), Kompetenzen für hybride Leistungsbündel, S. 15; Schenkl (2015), Wissensorientierte Entwicklung von Produkt-Service-Systemen, S. 35.

[59] Vgl. Kleinaltenkamp (1998), Begriffsabgrenzung und Erscheinungsformen von Dienstleistungen, S. 35.

[60] Vgl. Hilke (1989), Grundprobleme und Entwicklungstendenzen des Dienstleistungs-Marketing, S. 13; Fließ (2009), Dienstleistungsmanagement, S. 10.

[61] Vgl. Engelhardt et al. (1993), Leistungsbündel als Absatzobjekte, S. 404.

[62] Vgl. Galipoglu und Wolter (2017), Typologien industrienaher Dienstleistungen, S. 171f.

Prozessdimension lässt sich die **Prozessorientierung** der Dienstleistung ableiten, welcher zur Simultanität der Dienstleistungsrealisierung und Dienstleistungskonsumierung führt und als **uno-actu-Prinzip** dargelegt wird.[63] Auf Basis der Merkmale der Immaterialität sowie des uno-actu-Prinzips ergibt sich abschließend ein weiteres zentrales Charakteristikum der Dienstleistung, die **Nicht-Lagerfähigkeit**.[64]

Für die vorliegende Arbeit bilden die drei Dienstleistungsdimensionen in Kombination mit den Dienstleistungseigenschaften die Definition des Dienstleistungsbegriffs. Nach MEFFERT ET AL. ist jedoch anzumerken, dass der aus dem englischen Sprachraum stammende Begriff „Service" im deutschsprachigen Raum gemeinhin für Zusatzdienstleistungen, wie Wartungen oder Reparaturen, verwendet wird. Diese deutschsprachige, zumeist umgangssprachliche Verwendung steht jedoch mit der englischen und angloamerikanischen Begriffsverwendung im Widerspruch, da der Servicebegriff bedeutungsgleich mit dem verwendeten Begriff der Dienstleistung verwendet wird.[65] Der Begriff Service wird daher im weiteren Verlauf dieser Arbeit synonym mit dem Dienstleistungsbegriff verwendet.

2.1.1.3 Hybride Leistungsangebote

Produzierende Unternehmen forcieren verstärkt einen Wandel vom Anbieter von Sachleistungen hin zu einem ganzheitlichen Serviceanbieter und dem Angebot von integrierten Sach- und Dienstleistungen, auch bekannt als Servitization.[66] Dieser Trend ist insbesondere im Maschinen- und Anlagenbau zu beobachten, wo Sach- und Dienstleistungen zu integrierten hybriden Marktleistungen verschmelzen.[67] Obwohl sich die Auseinandersetzung mit hybriden Leistungsangeboten in den letzten zwei Jahrzehnten intensiviert hat, begann die Diskussion der zugrundeliegenden Annahme, dass Kunden anstelle physischer Produkte ganzheitliche Lösungen ihrer Probleme fordern, bereits früher. So konstatiert der Wirtschaftswissenschaftler THEODORE LEVITT bereits im Jahre 1983: „People buy expectations, not things. They buy the expectations of benefits promised by the vendor"[68]. Einer ähnlichen Ansicht folgt auch US-Ökonom PETER DRUCKER: „What the customer buys and considers value is never a product. It is always utility, that is, what a product or service does for him"[69].

[63] Vgl. Meffert et al. (2018), Dienstleistungsmarketing, S. 35.

[64] Vgl. Garbe (1998), Industrielle Dienstleistungen, S. 11.

[65] Vgl. Meffert et al. (2018), Dienstleistungsmarketing, S. 15.

[66] Vgl. Baines et al. (2009), The servitization of manufacturing, S. 547.

[67] Vgl. Mittag (2019), Systematik zur Gestaltung der Wertschöpfung, S. 14.

[68] Levitt (1983), After the Sale Is Over, S. 5.

[69] Drucker (2007), Management, S. 47.

Seine Wurzeln hat der Begriff „hybrid“ in dem griechischen Wort „hybrida“ und bedeutet gebündelt, vermischt oder aus Verschiedenem zusammengesetzt.[70] In der Betriebswirtschaft wird unter einem hybriden Leistungsangebot im Allgemeinen ein integriertes Bündel aus Sach- und Dienstleistungen verstanden.[71] In der wissenschaftlichen Literatur wird jedoch eine Vielfalt unterschiedlicher Begriffe, wie beispielswiese „hybrides Produkt“[72], „Produkt-Service System“ (respektive deren Abkürzung „PSS“)[73], „Hybrid Offerings“ (dt.: „Hybride Angebote“)[74], synonym verwendet, die den Sachverhalt jedoch in ähnlicher Art und Weise beschreiben. Die englischsprachige Literatur wird von den Begriffen „Product-Service Systems“ und „Solution“ determiniert.[75] Als eine der Ersten propagierten ENGELHARDT UND KLEINALTENKAMP, dass grundsätzlich keine Sachleistung ohne einen Anteil an Dienstleistungen existieren und vermarkt werden kann und somit grundsätzlich bei jeder Art eines vermarktbaren Gutes ein (hybrides) Leistungsbündel vorliegend ist.[76] Zwar existiert neben der Vielfalt der Bezeichnungen auch eine Vielfalt an unterschiedlichen Definition dieser Begriffe[77], wobei diese jedoch weitgehend synonym verwendet werden und im Kern diesem Ansatz und dieser Erkenntnis folgen.[78]

Eine vielbeachtete Definitionen von hybriden Leistungsangeboten ist die aus dem Jahr 1999 stammende Definition von GOEDKOOP ET AL.: „A Product Service system (PS system) is a marketable set of products and services capable of jointly fulfilling a user's need. The PS system is provided by either a single company or by an alliance of companies. It can enclose products (or just one) plus additional services. It can enclose a service plus an additional product. And product and service can be equally important for the function fulfilment“[79]. Kern der Definition ist die Bündelung von Sach- und Dienstleistungen, um integriert eine Menge an Kundenbedürfnissen zu erfüllen. Auch MONT betont diesen Aspekt in seinem Verständnis von hybriden Leistungsangeboten,

[70] Vgl. DWDS (o. J.), "hybrid" auf DWDS online.

[71] Vgl. Bienzeisler und Ganz (2010), Management hybrider Wertschöpfung, S. 8.

[72] Kölsch et al. (2019), Grundlagen zu Produkt-Service Systemen, S. 6; Burianek et al. (2007), Typologisierung hybrider Produkte, S. 6.

[73] Baines et al. (2007), State-of-the-art in product-service systems, S. 1543.

[74] Huikkola und Kohtamäki (2017), Solution providers' strategic capabilities, S. 753.

[75] Vgl. Hakanen (2014), Co-creation of integrated service solutions, S. 21.

[76] Vgl. Engelhardt et al. (1993), Leistungsbündel als Absatzobjekte, S. 408f.

[77] Eine Übersicht verschiedener Definitionen liefert Schenkl (2015), Wissensorientierte Entwicklung von Produkt-Service-Systemen, S. 36f.

[78] Vgl. Kölsch et al. (2019), Grundlagen zu Produkt-Service Systemen, S. 5.

[79] Goedkoop et al. (1999), Product Service systems, S. 18.

wobei er jedoch das erbringende Netzwerk an Unternehmen und die hierfür notwendige Infrastruktur mit einschließt.[80] Die ebenfalls weitverbreitete Definition von BAINES ET AL. geht hingegen vom physischen Produkt aus, welches um zusätzliche Dienstleistungen erweitert wird[81] und betont damit weniger den integrativen Charakter hybrider Leistungsangebote. Deutschsprachige Definitionen hybrider Leistungsangebote, wie die von BURIANEK ET AL.[82] oder die durch das DEUTSCHE INSTITUT FÜR NORMUNG[83], folgen zumeist den Definitionen von GOEDKOOP ET AL. und MONT und betonen den integrativen Charakter von Sach- und Dienstleistungen.

In Anlehnung an die erwähnten Definitionen sowie den Verständnis von MANZINI UND VEZZOLI[84] sowie TUKKER UND TISCHNER[85] soll bei der Begriffsdefinition hybrider Leistungsangebote eine Schwerpunktlegung auf den enthaltenen Leistungen sowie die gemeinsame Nutzenbefriedigung durch integrierte Sach- und Dienstleistungen erfolgen. Ein hybrides Leistungsangebot wird somit wie folgt definiert:

Ein **hybrides Leistungsangebot** setzt sich aus auf die gemeinsame Erfüllung eines Kundennutzens ausgerichteten materiellen Sachleistungen sowie immateriellen Dienstleistungen zusammen. Es enthält mindestens eine Sachleistung und eine Dienstleistung, wobei der Sach- und Dienstleistungsanteil unterschiedlich ausgeprägt sein kann.

Der Definition folgend, können hybride Leistungsangebote je nach Zusammensetzung ihres Sach- und Dienstleistungsanteils unterschiedlich ausgeprägt sein, weshalb nachfolgend eine Klassifikation hybrider Leistungsangebote thematisiert wird.

2.1.2 Klassifikation hybrider Leistungsangebote

Kapitel 1.1 hat aufgezeigt, dass Unternehmen der produzierenden Industrie aufgrund der wachsenden Vergleichbarkeit von Produkten sowie einfachen Dienstleistungen einen Wandel zum Lösungsanbieter vollziehen.[86] In der Folge rückt verstärkt das Angebot und der Verkauf einer „Lösung“ in Form eines hybriden Leistungsangebots anstelle einer Einzelleistung in den Vordergrund.[87]

---

80 Vgl. Mont (2002), Clarifying the concept of product-service system, S. 239.
81 Vgl. Baines et al. (2007), State-of-the-art in product-service systems, S. 1543.
82 Vgl. Burianek et al. (2007), Typologisierung hybrider Produkte.
83 Vgl. PAS 1094 (2009) (Mittlerweile zurückgezogen)
84 Vgl. Manzini und Vezzoli (2003), A strategic design approach, S. 851.
85 Vgl. Tukker und Tischner (2006), Product-services as a research field, S. 1552.
86 Vgl. Böhmann und Krcmar (2006), Komplexitätsmanagement als Herausforderung, S. 81.
87 Vgl. Baines et al. (2007), State-of-the-art in product-service systems, S. 1543.

Für die zielgerichtete Entwicklung und das Angebot hybrider Leistungsangebote, welche in ihrer spezifischen Sach- und Dienstleistungszusammensetzung variieren[88], hat sich eine Klassifikation der unterschiedlichen Arten hybrider Leistungsangebote als hilfreich erwiesen.[89] In der wissenschaftlichen Literatur existieren verschiedene Klassifikationslogiken[90], wobei die sich die Klassifikation nach TUKKER durchgesetzt hat und weit verbreitet ist.[91] TUKKER orientiert sich bei seiner Klassifikation an der Zusammensetzung des hybriden Leistungsangebots, also dem Grad des Dienst- und Sachleistungsanteil, und fokussiert die Art des erzeugten Kundennutzens. Er greift damit den Grundgedanken hybrider Leistungsangebote im Sinne der Bereitstellung einer ganzheitlichen Lösung zur Erhöhung des Kundennutzens auf und nimmt eine Unterteilung hybrider Leistungsangebote anhand ihres Dienst- und Sachleistungsanteils in drei Hauptkategorien vor: Produktorientierte, nutzungsorientierte und ergebnisorientierte Leistungsangebote (vgl. Abbildung 2-3).[92] Diese dreistufige Klassifikationslogik geht einher mit dem Wandel produzierender Unternehmen zu einem ganzheitlichen Lösungsanbieter.[93]

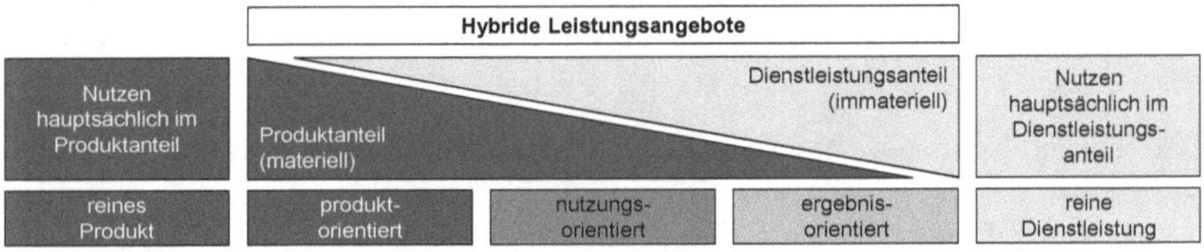

Abbildung 2-3: Klassifikation hybrider Leistungsangebote nach TUKKER[94]

Die Bandbreite reicht hierbei vom Extrem des reinen (physischen) Produkts, über produktorientierte hybride Leistungsangebote mit einem geringen Dienstleistungsanteil bis hin zu ergebnisorientierten hybriden Leistungsangeboten, bei denen der Dienstleistungsanteil dominiert, bis hin zum Extrem der reinen Dienstleistung. Nachfolgend werden die drei Hauptkategorien nach TUKKER kurz erläutert:[95]

88 Vgl. Spath und Demuß (2006), Entwicklung hybrider Produkte, S. 472.

89 Vgl. Kuntzky (2013), Entwicklung von Produkt-Service-Systemen, S. 24.

90 Vgl. Meier et al. (2010), Industrial Product-Service Systems, S. 611; Baines et al. (2007), State-of-the-art in product-service systems, S. 1546.

91 Vgl. Reim et al. (2015), Product–Service Systems (PSS) business models, S. 73; Baines et al. (2009), Towards an operations strategy for product-centric servitization, S. 499.

92 Vgl. Tukker (2004), Eight types of product–service system, S. 248ff.

93 Vgl. Schuh et al. (2004), Fit for Service, S. 18f.

94 Tukker (2004), Eight types of product–service system, S. 248.

95 Vgl. Tukker (2004), Eight types of product–service system, S. 248f.

Produktorientierte Leistungsangebote

Das Geschäftsmodell ist klassisch auf den Verkauf von Sachleistungen ausgerichtet und wird beibehalten, wobei diese um Dienstleistungen ergänzt werden. Diese Dienstleistungen adressieren die Aufrechterhaltung der Funktionsfähigkeit der Sachleistung über den Lebenszyklus oder Finanzierungsangebote sowie Verbrauchsmaterialien.

Nutzungsorientierte Leistungsangebote

Die Sachleistung steht nach wie vor im Zentrum des Leistungsangebots, jedoch ist das Geschäftsmodell nicht mehr so stark auf den reinen Verkauf von Sachleistungen ausgerichtet. Darüber hinaus verbleibt die Sachleistung im Eigentum des Anbieters und wird dem Kunden durch Vermietung, Leasing oder Sharing zur Verfügung gestellt. Das Verkaufsobjekt ist damit die Nutzung der Sachleistung.

Ergebnisorientierte Leistungsangebote

Bei einem ergebnisorientierten Leistungsangebot vereinbaren Anbieter und Abnehmer ein Resultat, ohne jedoch vorab die Art und Weise der Leistungserbringung zu spezifizieren. Der Anbieter übernimmt vermehrt die Wertschöpfungsaktivitäten des Kunden, der für das Ergebnis als Verkaufsobjekt bezahlt.

Wie erläutert, können hybride Leistungsangebote unterschiedliche Schwerpunkte aufweisen, wobei es für ein allgemeines Verständnis essenziell ist, diese in einer einheitlichen Art und Weise zu strukturieren. Dementsprechend wird auf eine Strukturierung hybrider Leistungsangebote im Folgenden eingegangen.

2.1.3 Strukturierung hybrider Leistungsangebote

Gängige Ansätze zur Strukturierung im Kontext hybrider Leistungsangebote werden im Folgenden vorgestellt, da im methodischen Lösungsteil dieser Arbeit verschiedene Elemente dieser Ansätze aufgegriffen werden. Neben Methoden und Ansätzen zur Strukturierung von Sach- und Dienstleistungen ist ein Verständnis von Modularität im Zusammenhang mit hybriden Leistungsangeboten wichtig.

2.1.3.1 Strukturierung von Sachleistungen

Technische Produkte bzw. Sachleistungen erfüllen grundsätzlich Funktionen, welche auf Kundenanforderungen fußen und damit die Bedürfnisse der Kunden befriedigen.[96]

[96] Vgl. Sabisch (1996), Produkte und Produktgestaltung, S. 1439.

Diese kundenorientierte Sichtwiese ist um eine technische Sichtweise zur Beschreibung der die einzelnen Funktionen erfüllenden Bauteile zu ergänzen.[97] Zur Identifikation von Interdependenzen zwischen diesen beiden Sichtweisen hat sich die Produktarchitektur, welche Produkte aus einer technischen und aus einer funktionalen Perspektive betrachtet, etabliert. Im Folgenden wird daher erläutert, wie Sachleistungen mithilfe einer Produktarchitektur strukturiert werden können. Das Konzept der **Produktarchitektur** wurde in der wissenschaftlichen Literatur maßgeblich durch ULRICH[98] geprägt.[99] Nach dem Verständis von ULRICH ist die Produktarchitektur als „the scheme by which the function of a product is allocated to physical components"[100] definiert. ULRICH legt darüber hinaus folgende drei Charakteristika dar, um seine Definition der Produktarchitektur zu detaillieren: „(1) the arrangement of functional elements; (2) the mapping from functional elements to physical components; (3) the specification of interfaces among interacting physical components"[101]. Auf der Definition nach ULRICH baut GÖPFERT auf, sodass die Produktarchitektur aus (1) der Funktionsstruktur des Produkts (Dekomposition der Gesamtfunktion in Teilfunktionen sowie Beschreibung der Beziehungen), (2) der Produktstruktur des Produkts (Visualisierung der physischen Zusammensetzung von Komponenten sowie deren Beziehungen) und (3) der Transformation zwischen der Funktions- und Produktstruktur (Beschreibung des Produkts basierend auf der Ableitung des Zusammenhangs zwischen funktionaler und physischer Perspektive) besteht.[102] Die beschriebenen drei Kernelemente der Produktarchitektur sind in Abbildung 2-4 visualisiert.

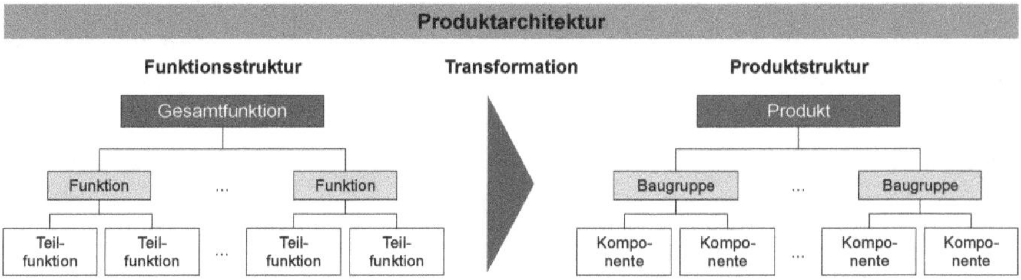

Abbildung 2-4: Transformation der Funktionsstruktur in eine Produktstruktur[103]

[97] Vgl. Ponn und Lindemann (2011), Konzeptentwicklung und Gestaltung technischer Produkte, S. 141.
[98] Vgl. Ulrich (1995), The role of product architecture.
[99] Vgl. Barg (2018), Kontextbezogene Auslegung von Produktbaukästen, S. 14.
[100] Ulrich (1995), The role of product architecture, S. 420.
[101] Ulrich (1995), The role of product architecture, S. 420.
[102] Vgl. Göpfert (1998), Modulare Produktentwicklung, S. 91f.
[103] In Anlehnung an Göpfert (1998), Modulare Produktentwicklung, S. 75.

Innerhalb der Produktarchitektur beschreibt die **Funktionsstruktur** die Dekomposition der vom Kunden geforderten Gesamtfunktion eines Produkts in seine Teilfunktionen.[104] Die Gesamtfunktion verkörpert die kundenseitigen Anforderungen an ein Produkt[105], wobei eine Funktion nach FELDHUSEN ET AL. das Ziel einer Aufgabenerfüllung verfolgt und den Zusammenhang zwischen Eingangs- und Ausgangsgrößen spezifiziert.[106] Nach CUTHERELLS Ausführungen ermöglicht die systematische Strukturierung und Visualisierung der Funktionsdekomposition den Rückschluss auf Wechselwirkungen bzw. funktionale Beziehungen.[107] Dieser Aspekt ist nach GÖPFERT als Beziehungsaspekt bekannt.[108] Die Funktionsstruktur weist hierbei neben einem Beziehungsaspekt ebenfalls einen hierarchischen Aspekt auf, der auf die Dekomposition der Gesamtfunktion in immer detaillierte Teilfunktionen abzielt.[109]

Bis zu welchen Grad eine Dekomposition erfolgen sollte, wird durch das Abbruchkriterium determiniert, dass einer Teilfunktion eine physische Produktkomponente zugewiesen werden können muss. Dies wird bei einem zu hohen Detaillierungsgrad der Dekomposition nicht mehr gewährleistet.[110] Nach FELDHUSEN ET AL. wird eine Dekomposition bis auf die dritte Hierarchieebene als praxistauglich angesehen.[111] Die Ableitung von physischen Komponenten basierend auf der Funktionsdekomposition erfolgt innerhalb der Produktstruktur.

Die Beschreibung eines Produkts aus technischer Sicht mittels Baugruppen und Einzelteilen wird als **Produktstruktur**[112] bezeichnet.[113] Sie dient der Dekomposition des Produkts in seine physischen Elemente (Baugruppen und Komponenten) und zur Beschreibung der Beziehungen und Schnittstellen zwischen diesen.[114] Die Beziehungen sind dabei mehrheitlich physische Schnittstellen, wie z.B. eine mechanische Verbindungen, können aber auch der Übertragung von Energie, Informationen oder Materie

[104] Vgl. Schuh und Riesener (2017), Produktkomplexität managen, S. 89.

[105] Vgl. Dellanoi (2006), Kommunalitäten bei der Entwicklung variantenreicher Produktfamilien, S. 39.

[106] Vgl. Feldhusen et al. (2013), Technische Systeme, S. 242.

[107] Vgl. Cutherell (1996), Product Architecture, S. 217.

[108] Vgl. Göpfert (1998), Modulare Produktentwicklung, S. 93f.

[109] Vgl. Göpfert (1998), Modulare Produktentwicklung, S. 9f.

[110] Vgl. Göpfert (1998), Modulare Produktentwicklung, S. 92ff.; Cornet (2002), Plattformkonzepte in der Automobilentwicklung, S. 42.

[111] Vgl. Feldhusen et al. (2013), Technische Systeme, S. 265.

[112] Auch teilweise als Baustruktur bezeichnet (vgl. Göpfert (1998), Modulare Produktentwicklung, S. 91f.).

[113] Vgl. Feldhusen et al. (2013), Technische Systeme, S. 255.

[114] Vgl. Schuh und Riesener (2017), Produktkomplexität managen, S. 90.

dienen.[115] Als Pendant zur Funktionsstruktur weist die Produktstruktur ebenfalls einen Hierarchie- und Beziehungsaspekt auf.[116]

Das dritte Element der Produktarchitektur stellt der **Transformationsprozess** zwischen Funktions- und Produktstruktur dar (vgl. Abbildung 2-4). Basierend auf den Erläuterungen von GÖPFERT, handelt es sich bei dem Transformationsprozess um einen höchst iterativen Prozess, da die Entwicklung von Funktions- und Produktstruktur parallel und nicht sequenziell erfolgt.[117] Nur durch einen kontinuierlichen Wechsel zwischen beiden Perspektiven der Strukturformen in Kombination mit zahlreichen Iterationsschleifen lassen sich diese aufeinander abstimmen und ein optimales Endergebnis der Produktarchitektur erzeugen.[118]

Das Verständnis und die Definition des Produktarchitekturbegriffs[119] der vorliegenden Arbeit erfolgt in Anlehnung an die Definitionen nach BARG[120] und RUDOLF[121]:

Die **Produktarchitektur** ordnet Teilfunktionen physischen Komponenten zu, wobei sie sich aus Produkt- und Funktionsstruktur sowie deren Transformationsbeziehungen zusammensetzt.

Nachdem die Strukturierung von Sachleistungen im vorliegenden Abschnitt dargelegt worden ist, wird im Folgenden die Strukturierung von Dienstleistungen diskutiert.

2.1.3.2 Strukturierung von Dienstleistungen

Grundsätzlich lassen sich analog zu Sachleistungen in einer Produktarchitektur auch Dienstleistungen in Teilbestandteile dekomponieren, um so die Wechselwirkungen zwischen den Bestandteilen und ihren Einfluss auf die Gesamtdienstleistung offenzulegen.[122] Dienstleistungsarchitekturen sind jedoch im Gegensatz zu Produktarchitekturen in der Praxis bislang weniger verbreitet. Gründe hierfür sind die Heterogenität von Dienstleistungen, der menschliche Einfluss und die zeitgleich erfolgende Produktion und Verwendung der Dienstleistung (uno-actu-Prinzip).[123]

---

[115] Vgl. Schuh und Riesener (2017), Produktkomplexität managen, S. 90.
[116] Vgl. Göpfert (1998), Modulare Produktentwicklung, S. 96ff.
[117] Vgl. Göpfert (1998), Modulare Produktentwicklung, S. 100.
[118] Vgl. Clausing (1998), Total quality development, S. 234.
[119] Weitere Definition liefern Meier (2007), Produktarchitekturtypen globalisierter Unternehmen, S. 44 sowie Weber (1998), Konzept eines Modells zur Produktentwicklung, S. 50.
[120] Vgl. Barg (2018), Kontextbezogene Auslegung von Produktbaukästen, S. 16.
[121] Vgl. Rudolf (2013), Produktionsgerechte Baukastengestaltung, S. 14.
[122] Vgl. Böhmann und Krcmar (2006), Modulare Servicearchitekturen, S. 379f.
[123] Vgl. Voss und Hsuan (2009), Service Architecture and Modularity, S. 542.

VOSS UND HSUAN folgen dem Verständnis von SIMON[124] und definieren die Dienstleistungsarchitektur als "the way that the functionalities of the service system are decomposed into individual functional elements to provide the overall services delivered by the system"[125]. Im Gegensatz zur Produktarchitektur, wo die Dekomposition auf oberster Ebene eines Produkts begonnen wird, schlagen VOSS UND HSUAN eine Dienstleistungsarchitektur bestehend aus vier Ebenen in einer Top-down-Vorgehensweise vor: Industrie, Dienstleistungsunternehmen, Dienstleistungsbündel und Dienstleistungsbestandteil.[126] Eine stärkere Analogie zur Produktarchitektur weisen die Ausführungen von BURR auf, welcher zu folgender Definition kommt: „Die Servicearchitektur bezeichnet die strukturierte Dekomposition einer komplexen Dienstleistung in Teildienstleistungen inklusive Festlegung von technischen und organisatorischen Schnittstellen zwischen den Teildienstleistungen“[127]. BURR beginnt seine Dekomposition auf höchster Ebene mit einer komplexen Dienstleistung und baut die Dienstleistungsarchitektur mittels folgender vier Schritte auf: (1) Zerlegung der Gesamtfunktion in Teilfunktionen, (2) Zerlegung der Gesamtdienstleistung in Teildienstleistungen, (3) Zuordnung von Teilfunktionen und -dienstleistungen zu organisatorischen Einheiten und (4) Definition von standardisierten Schnittstellen.[128] MANNWEILER UND AURICH konzeptionieren in ihrem Ansatz zur Konfiguration von Produkt-Service Systemen eine gemeinsame Sach- und Dienstleistungsstruktur, welche sie mit einer Funktionsstruktur verknüpfen und legen hierbei eine hierarchische Dekomposition des Produkt-Service Systems zugrunde.[129] Trotz des Umstandes, dass eine Dekomposition von Dienstleistungen in die entsprechenden Ebenen in Analogie zur Produktstruktur nicht eindeutig definiert ist[130] und in der unternehmerischen Praxis noch keine verbreitete Anwendung findet, wird basierend auf den Erläuterungen deutlich, dass eine Dienstleistungsstrukturierung in Analogie zu einer Produktstruktur grundsätzlich möglich ist. Diesem Verständnis schließt sich die vorliegende Arbeit an. Auf der Grundlage der Strukturierung von Sach- und Dienstleistungen erfolgt im nachfolgenden Abschnitt die Erläuterung der Strukturierung hybrider Leistungsangebote unter Einbeziehung der Systemtheorie sowie des Verständnisses von Modularität.

---

[124] Vgl. Simon (1962), The Architecture of Complexity.
[125] Voss und Hsuan (2009), Service Architecture and Modularity, S. 546.
[126] Vgl. Voss und Hsuan (2009), Service Architecture and Modularity, S. 546ff.
[127] Burr (2016), Service Engineering bei technischen Dienstleistungen, S. 15.
[128] Vgl. Burr (2016), Service Engineering bei technischen Dienstleistungen, S. 172.
[129] Vgl. Mannweiler und Aurich (2013), Modularization of Products and Services, S. 38f.
[130] Vgl. Brax et al. (2017), Service modularity and architecture, S. 689.

2.1.3.3 Modularität hybrider Leistungsangebote im Kontext der Systemtheorie

Zur Strukturierung hybrider Leistungsangebote ist insbesondere das Verständnis der Begriffe Modularität und Modul von zentraler Bedeutung. Die Ableitung eines allgemeingültigen Verständnisses des Begriffs Modularität sowie die Definition des Modulbegriffs erfolgt daher nachfolgend anhand des Verständnisses der Systemtheorie. Unterstrichen wird die Eignung dieses Argumentationsgangs dadurch, dass hybride Leistungsangebote als Systeme aufgefasst werden können.[131]

In Bezug auf die systemorientierte Managementlehre sind ULRICH, PROBST, GOMEZ, LUHMANN sowie MALIK als die wichtigsten Vertreter der Systemtheorie anzusehen.[132] Grundsätzlich kann ein System nach ULRICH UND PROBST als „ein aus Teilen bestehendes Ganzes"[133] angesehen werden. Der Definition folgend, bedeutet das „Ganze", dass das System nach außen über seine Systemgrenze zur (System-)Umwelt abgegrenzt ist, wodurch es von anderen Dingen unterscheidbar ist.[134] Systeme stehen zumeist jedoch mit ihrer Umwelt in Wechselwirkung, sodass man von offenen Systemen spricht.[135] In der Konsequenz kann ein System nur dann verstanden werden, wenn es im Kontext der (System-)Umwelt und somit als Teil eines Gesamtsystem betrachtet wird.[136] Nach innen wiederum besteht ein System aus verschiedenen „Teilen", zwischen denen Beziehungen erkennbar oder herstellbar sind.[137] LUHMANN spricht im Rahmen der Eigenschaft der Beziehung zwischen den Elemente auch von „Interdependenz"[138], wohingegen BEER für diesen Sachverhalt den Begriff „Konnektivität"[139] einführt. Trotz der Verwendung verschiedener Begrifflichkeiten, sind sich die Autoren jedoch bezüglich der umfangreichen Beziehungen zwischen Elementen als Charakteristikum von Systemen einig. Darüber hinaus weist der Begriff „Teil" im zuvor dargelegten Verständnis von ULRICH UND PROBST darauf hin, dass es sich um ein kleineres Element eines größeren, umfassenden „Ganzen" handelt.[140] Die Frage, wie die System-

---

[131] Vgl. Burianek et al. (2007), Typologisierung hybrider Produkte, S. 8.

[132] Vgl. Brexendorf (2012), Komplexität in Kooperationen, S. 52.

[133] Ulrich und Probst (1995), Anleitung zum ganzheitlichen Denken, S. 28.

[134] Vgl. Trier et al. (2013), Systemtheorie und Modell, S. 44.

[135] Vgl. Patzak (1982), Systemtechnik, S. 25f.

[136] Vgl. Ulrich und Probst (1995), Anleitung zum ganzheitlichen Denken, S. 50ff.

[137] Vgl. Ulrich (1975), Der allgemeine Systembegriff, S. 33.

[138] Luhmann (1964), Funktionen und Folgen formaler Organisation, S. 23.

[139] Beer (1962), Kybernetik und Management, S. 24.

[140] Vgl. Ulrich und Probst (1995), Anleitung zum ganzheitlichen Denken, S. 27.

grenzen zu definieren sind und damit die Frage, was das entsprechende System umfasst, ist durch die zugrundeliegende Problemstellung, die untersucht und beantwortet werden soll, bestimmt.[141]

Auch SIMON baut auf dem Verständnis der Systemtheorie auf und liefert einen ersten Anhaltspunkt zur Definition des Modularitätsbegriffs, indem er den Begriff „nearly decomposable"[142] für hierarchische Systeme verwendet. Nach seinem Verständnis sind innerhalb eines hierarchischen Systems Beziehungen zwischen einzelnen Elementen von Subsystemen stärker ausgeprägt, als zwischen den Subsystemen selbst.[143] SIMON folgert hieraus, dass das kurzzeitige Systemverhalten eines Subsystems nahezu unabhängig von dem Verhalten anderer Subsysteme sein müsse.[144] **Modularität** beschreibt somit den Grad zu dem sich ein allgemeines System in Subsysteme gliedern lasst, wobei der Prämisse gefolgt wird, dass die internen Beziehungen zwischen Elementen eines Subsystems von höherer Intensität sind als die Wechselwirkungen zu anderen Subsystemen.[145] Auch BALDWIN UND CLARK legen ihren Ausführungen ein ähnliches Verständnis zugrunde und definieren Modularität als „building a complex product or process from smaller subsystems that can be designed independently yet function together as a whole"[146].

In der Übertragung des dargelegten Modularitätsverständnisses auf das System „hybrides Leistungsangebot" stellt das hybride Leistungsangebot das Gesamtsystem dar, wobei es in Subsysteme zerlegt werden kann. Die Subsysteme entsprechen hierbei grundsätzlich (Leistungs-)Modulen, die sich unter Berücksichtigung der Beziehungen zwischen den Systemelementen ergeben. Systemelemente sind im Kontext hybrider Leistungsangebote einzelne Leistungskomponenten, wobei Sach- und Dienstleistungskomponenten unterschieden werden können. Der beschriebene Modularitätsgedanke im Kontext der Systemtheorie übertragen auf ein hybrides Leistungsangebot ist in Abbildung 2-5 visualisiert.

[141] Vgl. Ulrich und Probst (1995), Anleitung zum ganzheitlichen Denken, S. 33.
[142] Simon (1962), The Architecture of Complexity, S. 477.
[143] Vgl. Simon (1962), The Architecture of Complexity, S. 477.
[144] Vgl. Simon (1962), The Architecture of Complexity, S. 474.
[145] Vgl. Breunig (2017), Produktarchitekturgestaltung mechatronischer Baukastensysteme, S. 32.
[146] Baldwin und Clark (1997), Managing in an Age of Modularity, S. 84.

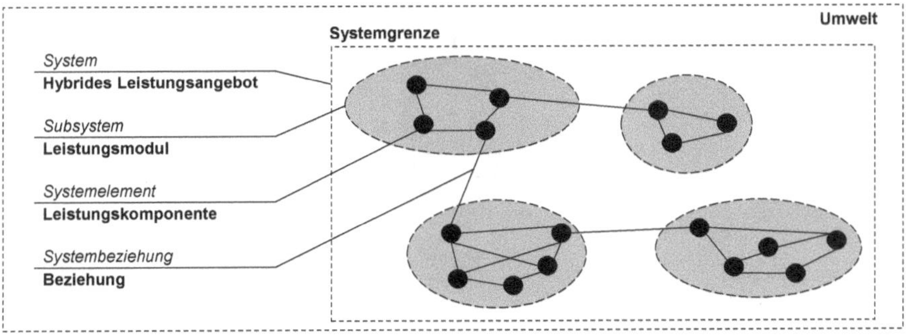

Abbildung 2-5: Modularität im Kontext hybrider Leistungsangebote[147]

Aufgrund der vielfachen Nutzung der Systemtheorie im Kontext hybrider Leistungsangebote existiert in der bestehenden wissenschaftlichen Literatur, trotz der Verwendung unterschiedlicher Begriffe, ein grundsätzlich einheitliches Verständnis des Modulbegriffs. Demnach ist ein **Modul** als eine Einheit zu verstehen, dessen Elemente untereinander stärker miteinander vernetzt sind als mit Elementen anderer Einheiten (Module)[148], wodurch es als (funktional) relativ unabhängig angesehen werden kann[149]. MEIER ET AL. nutzen dieses Modulverständnis zur Strukturierung hybrider Leistungsangebote und definieren den Begriff des „Leistungsmoduls"[150]. Hiernach setzen sich hybride Leistungsangebote aus Leistungsmodulen zusammen, welche hybrider Natur sein können, also Sach- und Dienstleistungsanteile vereinen, oder reiner Natur sein können, womit sie entweder nur Sach- oder nur Dienstleistungsanteile beinhalten.[151] Ein Leistungsmodul erfüllt dabei eine oder mehrere Funktionen und damit Kundenanforderungen alleine oder in Kombination mit anderen Leistungsmodulen.[152] Dem grundlegenden Verständnis nach MEIER ET AL. soll im Rahmen der vorliegenden Arbeit gefolgt werden, sodass sich eine Strukturierung hybrider Leistungsangebote unter Berücksichtigung der Systemtheorie nach Abbildung 2-6 ergibt.

[147] In Anlehnung an Ulrich (1975), Der allgemeine Systembegriff, S. 35 ff.; Ulrich und Probst (1995), Anleitung zum ganzheitlichen Denken, S. 28

[148] Vgl. Baldwin und Clark (2000), Design rules, S. 63.

[149] Vgl. Feldhusen et al. (2013), Technische Systeme, S. 258.

[150] Meier et al. (2005), Hybride Leistungsbündel, S. 529.

[151] Vgl. Meier et al. (2005), Hybride Leistungsbündel, S. 530; Meier und Uhlmann (2012), Hybride Leistungsbündel, S. 7.

[152] Vgl. Bochning et al. (2017), Assistenzsystem, S. 99; Mannweiler und Aurich (2013), Modularization of Products and Services, S. 38.

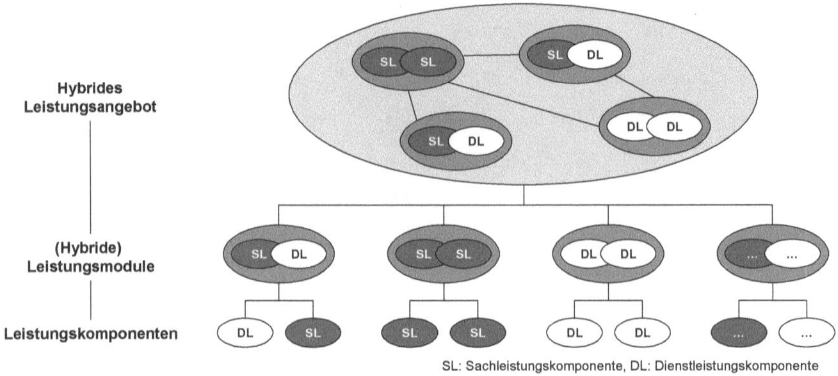

Abbildung 2-6: Strukturierung hybrider Leistungsangebote[153]

Darüber hinaus soll abschließend eine Definition des Begriffs Leistungsmodul für die vorliegende Arbeit formuliert werden:

Ein **Leistungsmodul** ist ein Subsystem des Systems „hybrides Leistungsangebot", welches durch starke interne Wechselwirkungen seiner Elemente sowie schwache Wechselwirkungen zu anderen Subsystemen charakterisiert ist. Es setzt sich aus seinen Elementen, den sog. **Leistungskomponenten** zusammen, wobei zwischen Sach- und Dienstleistungskomponenten unterschieden wird. Je nach Ausprägung seiner Komposition kann es hybrider Natur sein und eine oder mehrere Funktionen des hybriden Leistungsangebots erfüllen. Aufgrund seiner relativen Unabhängigkeit von anderen Leistungsmodulen kann es eigenständig erbracht werden.

Für Leistungsmodule und Leistungskomponenten sowie ihre Teilkategorien (Sach- bzw. Dienstleistungskomponente) wird im weiteren Verlauf auch allgemein der Begriff des Leistungsbestandteils verwendet, sofern eine detailliertere Differenzierung nicht notwendig ist.

Die Komposition des hybriden Leistungsangebots ist auf die Erfüllung eines Kundennutzens ausgerichtet. Der adressierte Kundennutzen ist im sog. Nutzenversprechen des dem hybriden Leistungsangebot zugrundeliegenden Geschäftsmodells spezifiziert. Nachfolgend werden daher Grundlagen zu Geschäftsmodellen, dem Nutzenversprechen und seiner Analyse mittels Value Proposition Canvas erläutert.

[153] In Anlehnung an Meier et al. (2005), Hybride Leistungsbündel, S. 530.

2.2 Geschäftsmodelle produzierender Unternehmen

Die aktuellen wirtschaftlichen Rahmenbedingungen erfordern von vielen produzierenden Unternehmen die Transformation von traditionellen, zumeist produktbasierten Geschäftsmodellen zu ergebnisorientierten Geschäftsmodellen.[154] Daher werden nachfolgend zunächst relevante Begrifflichkeiten erläutert und definiert (vgl. Kapitel 2.2.1) bevor zentrale Dimensionen und insbesondere das sog. Nutzenversprechen von Geschäftsmodellen erläutert werden (vgl. Kapitel 2.2.2). Aufbauend auf dem grundlegenden Begriffsverständnis, wird das Value Proposition Canvas zur Analyse des Nutzenversprechens vorgestellt (vgl. Kapitel 2.2.3).

2.2.1 Relevante Begrifflichkeiten

Der Begriff des **Geschäftsmodells** ist historisch gewachsen, weshalb in der wissenschaftlichen Literatur bisher keine allgemeingültige Definition existiert. Die bestehende Literatur ist sehr heterogen und Begriffe, wie Geschäftsstrategie, Geschäftskonzept, Ertragsmodell oder auch Wirtschaftsmodell werden synonym verwendet.[155] Begründet ist die vorzufindende Heterogenität insbesondere dadurch, dass Geschäftsmodelle aus dem Blickwinkel unterschiedlicher Fachdisziplinen sowie Forschungsfelder heraus untersucht werden.[156] Nach WIRTZ können Definitionen des Geschäftsmodellbegriffs nach den drei disziplinären Basisansätzen der Technologieorientierung, der Organisationsorientierung sowie der Strategieorientierung unterschieden werden.[157] Für die Ableitung eines einheitlichen Begriffsverständnisses des Geschäftsmodellbegriffs im Kontext dieser Arbeit wird nachfolgend dem strategieorientierten Basisansatz[158] gefolgt. Dies ist darin begründet, dass der strategieorientierte Ansatz im Besonderen Wettbewerbsaspekte, Wertschöpfung und Kernkompetenzen fokussiert[159],

[154] Vgl. Kindström und Kowalkowski (2014), Service innovation in product-centric firms, S. 97f.

[155] Vgl. Boßlau et al. (2017), Geschäftsmodelle für Industrielle Produkt-Service Systeme, S. 301.

[156] Vgl. Boßlau et al. (2017), Geschäftsmodelle für Industrielle Produkt-Service Systeme, S. 301.

[157] Vgl. Wirtz (2010), Business Model Management, S. 29f.

[158] Wichtige Vertreter des strategieorientierten Ansatzes sind u.a. Hamel (2002), Leading the revolution; Chesbrough und Rosenbloom (2002), The role of the business model; Christensen et al. (2009), Wie Sie Ihr Geschäftsmodell neu erfinden; Magretta (2002), Why Business Models Matter; Osterwalder und Pigneur (2010), Business Model Generation; Wirtz (2010), Business Model Management; Zollenkop (2006), Geschäftsmodellinnovation.

[159] Vgl. Wirtz (2010), Business Model Management, S. 56; Ballon (2007), Business Modelling as the Configuration of Control and Value, S. 7; Normann und Ramírez (1993), From value chain to value constellation, S. 66ff.

wodurch eine enge Wechselwirkung zwischen Geschäftsmodellen und der Unternehmensstrategie entsteht[160]. Hiernach werden Geschäftsmodelle als Managementkonzept zur unternehmensübergreifenden Beschreibung, Analyse und Gestaltung unternehmerischer Geschäftstätigkeit verstanden.[161] Es umfasst damit die ganzheitliche Darstellung der zur Umsetzung einer Unternehmensstrategie notwendigen Produktionsfaktoren[162] und veranschaulicht die Geschäftsidee sowie die notwendigen Mittel und Wege zu dessen erfolgreicher Realisierung[163].

Obwohl die meisten Autoren und bestehenden wissenschaftlichen Ansätze einem der drei Basisansätze folgen, wird der Geschäftsmodellbegriff von verschiedenen Autoren unterschiedlich interpretiert.[164] Eine enumerative Definition des Geschäftsmodellbegriffs verfolgen beispielsweise TIMMERS[165] sowie AMIT UND ZOTT[166], die Geschäftsmodelle als Architektur bzw. vereinfachte Beschreibung der Unternehmung verstehen. Fokussiert wird hierbei die Darstellung der Geschäftsprozesse und Akteure bzw. der Arbeits-, Material- und Informationsflüsse sowie der Erlösströme. TEECE fokussiert in seinem Geschäftsmodellverständnis den Kundennutzen, womit er stärker den bereits erläuterten Sachverhalt der Transformation zu ergebnisorientierten Geschäftsmodellen aufgreift. Geschäftsmodelle beschreiben für ihn maßgeblich den Kundennutzen und die darauf aufbauende Reaktion des Anbieterunternehmens, wie es den versprochenen Kundennutzen durch Elemente seiner Wertschöpfungskette realisiert.[167] SCHALLMO hingegen definiert ein Geschäftsmodell als „die Grundlogik eines Unternehmens, die beschreibt, welcher Nutzen auf welche Weise für Kunden und Partner gestiftet wird“[168] und „wie der gestiftete Nutzen in Form von Umsätzen an das Unternehmen zurückfließt“[169], womit er eine ähnlich Ausrichtung wie MAGRETTA[170] verfolgt.

---

[160] Vgl. Wirtz (2010), Business Model Management, S. 14; Kagermann und Österle (2007), Geschäftsmodelle 2010, S. 16; Chesbrough und Rosenbloom (2002), The role of the business model, S. 2ff.

[161] Vgl. Köster (2014), Systematik zur Entwicklung von Geschäftsmodellen, S. 24.

[162] Vgl. Wirtz (2010), Business Model Management, S. 56.

[163] Vgl. Nagl (2018), Der Businessplan, S. 4.

[164] Einen Überblick über die verschiedenen Untersuchungsschwerpunkte der Geschäftsmodelldefinition liefern Literaturüberblicke wie Zott et al. (2011), The Business Model, S. 1024; Schallmo (2013), Geschäftsmodell-Innovation, S. 26f.; Bieger und Reinhold (2011), Das wertbasierte Geschäftsmodell, S. 17ff. oder auch Reim et al. (2015), Product–Service Systems (PSS) business models, S. 65.

[165] Vgl. Timmers (1998), Business Models for Electronic Markets, S. 3.

[166] Vgl. Amit und Zott (2001), Value creation in E-business, S. 511.

[167] Vgl. Teece (2010), Business Models, Business Strategy and Innovation, S. 173f.

[168] Schallmo (2013), Geschäftsmodell-Innovation., S. 22.

[169] Schallmo (2013), Geschäftsmodell-Innovation, S. 22.

[170] Vgl. Magretta (2002), Why Business Models Matter, S. 87.

Im Rahmen der Definition nach OSTERWALDER UND PIGNEUR wird die Wertschöpfung eines Unternehmens stärker berücksichtigt und ein Geschäftsmodel wie folgt definiert: „A business model is nothing else than the value a company offers to one or several segments of customers and the architecture of the firm and its network of partners for creating, marketing and delivering this value and relationship capital, in order to generate profitable and sustainable revenue streams“[171]. Zusammengefasst beschreibt ein Geschäftsmodell damit „the rationale of how an organization creates, delivers, and captures value“[172]. Diese Arbeit folgt dem dargelegten Verständnis von OSTERWALDER UND PIGNEUR sowie TEECE in Anlehnung an ÜBELHÖR[173], sodass ein Geschäftsmodell dementsprechend wie folgt definiert wird:

Das **Geschäftsmodell** beschreibt, wie ein Unternehmen Produkte und Dienstleistungen erstellt und dadurch Kundennutzen und Werte schafft, um Wettbewerbsdifferenzierung sowie Kundenbindung zu erreichen.

Wie in den dargelegten Definitionen des Geschäftsmodellbegriffs bereits angeklungen, weist ein Geschäftsmodell unterschiedliche Dimensionen auf. Diese werden in der Folge erläutert, wobei ein Schwerpunkt auf dem Nutzenversprechen liegt.

2.2.2 Dimensionen von Geschäftsmodellen

Ein Geschäftsmodell ist durch zentrale Merkmale charakterisiert. Sie dienen der Beschreibung des Prozesses des strategischen Managements aus einer marktorientierten und ressourcenbasierten Perspektive.[174] Zu diesem Zweck entwickeln OSTERWALDER UND PIGNEUR das sog. Business Model Canvas, welches die Visualisierung und Prüfung der Realisierbarkeit von Geschäftsmodellen unterstützt (vgl. Abbildung 2-7).[175] Das Business Model Canvas kann als ein Werkzeug zur Entwicklung von Geschäftsmodellen angesehen werden kann.[176] Es besteht aus neun Bausteinen, sog. „building blocks“, die aufzeigen, wie ein Unternehmen beabsichtigt, monetären Mehrwert zu kreieren.[177]

[171] Osterwalder und Pigneur (2002), An e-Business Model Ontology, S. 2.
[172] Osterwalder und Pigneur (2010), Business Model Generation, S. 14.
[173] Vgl. Übelhör (2019), Industrieunternehmen und die Transformation von Geschäftsmodellen, S. 456f.
[174] Vgl. Schuh et al. (2017), Geschäftsmodell-Innovationen, S. 4.
[175] Vgl. Osterwalder und Pigneur (2010), Business Model Generation.
[176] Vgl. Nagl und Bozem (2018), Geschäftsmodelle 4.0, S. 7.
[177] Vgl. Osterwalder und Pigneur (2010), Business Model Generation, S. 15.

Basierend auf dem Kern ihrer Geschäftsmodelldefinition, wonach ein Geschäftsmodell als „die Grundlogik, wie eine Organisation Werte schafft“[178] verstanden wird, entwickeln BIEGER UND REINHOLD einen wertbasierten Geschäftsmodellansatz.[179] Der Ansatz besteht aus sechs Dimensionen, welche aufeinander aufbauen (vgl. Abbildung 2-7). GASSMANN ET AL. fokussieren in ihrem Ansatz, welcher auch als „magisches Dreieck eines Geschäftsmodells“[180] bezeichnet wird, den Kunden, welcher im Zentrum ihres Modells platziert ist (vgl. Abbildung 2-7). Nach SCHALLMO beinhaltet ein Geschäftsmodell fünf Dimensionen, die sich aus verschiedenen Elementen zusammensetzen (vgl. Abbildung 2-7).[181] Bei der Entwicklung seines Ansatzes setzt er auf den zuvor genannten Ansätzen sowie auf OSTERWALDER[182] auf und gliedert das Geschäftsmodell in fünf Dimensionen, wobei die Nutzendimension entsprechend einer Geschäftsmodelldefinition im Zentrum seines Modells steht.[183]

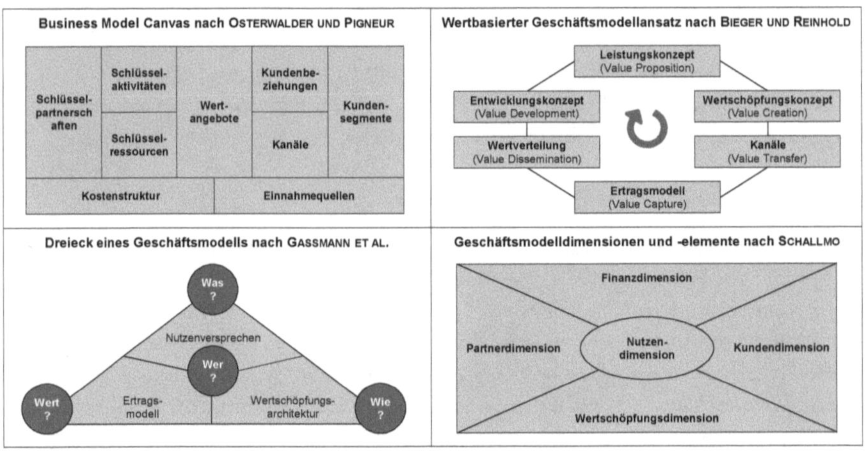

Abbildung 2-7: Relevante Geschäftsmodellansätze[184]

[178] Bieger und Reinhold (2011), Das wertbasierte Geschäftsmodell, S. 32.

[179] Vgl. Bieger und Reinhold (2011), Das wertbasierte Geschäftsmodell, S. 32f.

[180] Gassmann et al. (2013), Geschäftsmodelle entwickeln, S. 6.

[181] Vgl. Schallmo (2013), Geschäftsmodell-Innovation, S. 22.

[182] Vgl. Osterwalder (2004), The Business Model Ontology.

[183] Vgl. Schallmo (2013), Geschäftsmodell-Innovation, S. 22.

[184] In Anlehnung an Osterwalder und Pigneur (2010), Business Model Generation, S. 44; Bieger und Reinhold (2011), Das wertbasierte Geschäftsmodell, S. 33; Schallmo (2013), Geschäftsmodell-Innovation, S. 22; Gassmann et al. (2013), Geschäftsmodelle entwickeln, S. 6.

Trotz der Vielzahl an unterschiedlichen Ausprägungsformen der Geschäftsmodellansätze und seiner Dimensionen, herrscht in der Literatur weitestgehend ein einheitliches Verständnis darüber, dass Geschäftsmodelle im Wesentlichen aus vier Dimensionen bestehen.[185] Für ein übergreifendes Verständnis sollen diese vier Dimensionen kurz erläutert werden:[186]

Die **Kundendimension** beantwortet zunächst die Frage nach dem Zielkunden und den relevanten Kundensegmenten, die mit dem Geschäftsmodell adressiert werden sollen. Hieran anschließend geht die **Wertschöpfungsdimension** der Frage nach, wie das Nutzenversprechen erzielt werden kann und welche unternehmensinternen und -externen Ressourcen, Aktivitäten und Prozesse entlang der Wertschöpfungskette benötigt werden. Die **Erlös- bzw. Ertragsdimension** erläutert, wie mit dem Geschäft Wert erzielt wird und wie die Ertragsmechanik innerhalb des Geschäftsmodells ausgestaltet ist. Die zentrale Dimension der meisten Geschäftsmodellansätze und Definitionen stellt die **Nutzendimension**, auch bekannt unter dem Begriff der Value Proposition (dt. Nutzenversprechen), dar. OSTERWALDER UND PIGNEUR, die den Begriff des Nutzenversprechens nachhaltig geprägt haben, definieren den Begriff wie folgt: „The Value Propositions Building Block describes the bundle of products and services that create value for a specific Customer Segment. [...] It solves a customer problem or satisfies a customer need. Each Value Proposition consists of a selected bundle of products and/or services that caters to the requirements of a specific Customer Segment. In this sense, the Value Proposition is an aggregation, or bundle, of benefits that a company offers customers"[187].

---

185 Vgl. Morris et al. (2005), The entrepreneur's business model; Baden-Fuller und Mangematin (2013), Business models; Schuh et al. (2017), Geschäftsmodell-Innovationen, S. 4f.; einen umfangreichen Vergleich der Häufigkeit der genutzten Geschäftsmodellelemente liefert zudem Nagl und Bozem (2018), Geschäftsmodelle 4.0, S. 14.

186 Vgl. Schuh et al. (2017), Geschäftsmodell-Innovationen, S. 5; Gassmann et al. (2013), Geschäftsmodelle entwickeln, S. 6; Bieger und Reinhold (2011), Das wertbasierte Geschäftsmodell, S. 32; Osterwalder und Pigneur (2010), Business Model Generation, S. 20ff.; Schallmo (2018), Geschäftsmodelle erfolgreich entwickeln und implementieren, S. 50ff.

187 Osterwalder und Pigneur (2010), Business Model Generation, S. 22.

In Anlehnung an das Verständnis von OSTERWALDER UND PIGNEUR sowie IVENS[188], wird das Nutzenversprechen für die vorliegende Arbeit wie folgt definiert:

Das **Nutzenversprechen** (engl. Value Proposition) beschreibt, welcher Wert bzw. Nutzen für den Kunden durch das Angebot der Leistungen des Unternehmens erzeugt wird. Im Kern des Nutzenversprechens stehen Leistungen. Neben Sachleistungen (physischen Produkten) kann es sich auch um Dienstleistungen oder um eine Kombination von beidem (hybride Leistungsangebote) handeln. Das Bündel von Leistungen erfüllt wiederum bestimmte Funktionen, die für den Kunden Wert stiften.

Mit dem Wandel vieler produzierender Unternehmen vom reinen Produkt- zum Lösungsanbieter ändert sich auch das Nutzenversprechen von der Fokussierung auf das reine Kernprodukt hin zur Lösung kundenindividueller Problemstellungen.[189] Zur Analyse und Definition eines Nutzenversprechens wird daher nachfolgend das Value Proposition Canvas erläutert.

2.2.3 Value Proposition Canvas

Zur systematischen Definition eines kundenzentrierten Nutzenversprechens entwickelten OSTERWALDER ET AL., neben dem Business Model Canvas, das sog. „Value Proposition Canvas“[190] (vgl. Abbildung 2-8).

Das Value Proposition Canvas ist zweiteilig aufgebaut. Mittels des sog. **„Customer Profile“ (dt. Kundenprofil)** wird das Kundensegment analysiert, um den Kunden und seine Bedürfnisse zu verstehen.[191] Unter Zuhilfenahme der sog. **„Value Map“ (dt. Wertkarte)** wird systematisch herausgestellt, wie die Kundenbedürfnisse zu adressieren sind und Kundennutzen gestiftet werden soll.[192] Mit dem sog. **„Fit“** gilt es sicherzustellen, dass identifizierte Produkte und Services in der Wertkarte definierte Kundenbedürfnisse im Kundenprofil in einem ausreichenden Maße adressieren. Hierdurch wird gewährleistet, dass mittels des abgeleiteten Nutzenversprechens Kundennutzen gestiftet wird und dieser für den Kunden von hoher Attraktivität ist.[193]

---

188 Vgl. Ivens (2019), Wertschöpfungsorientierte Unternehmensführung S. 455f.
189 Vgl. Häckel und Übelhör (2019), Digitale Geschäftsmodelle in der Industrie, S. 175.
190 Osterwalder et al. (2014), Value Proposition Design.
191 Vgl. Osterwalder et al. (2014), Value Proposition Design, S. 3 und S. 10ff.
192 Vgl. Osterwalder et al. (2014), Value Proposition Design, S. 3 und S. 26ff.
193 Vgl. Osterwalder et al. (2014), Value Proposition Design, S. 3 und 40ff.

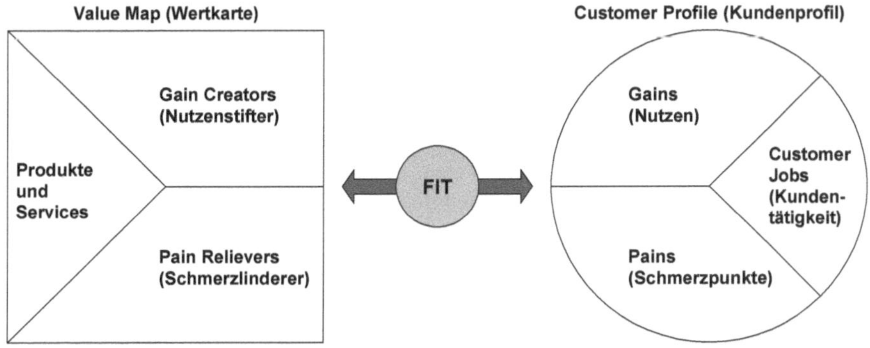

Abbildung 2-8: Value Proposition Canvas nach OSTERWALDER ET AL.[194]

Zur Gewährleistung der Kundenzentrierung wird zunächst das **Kundenprofil** aufgebaut, wobei drei Teilkategorien unterschieden werden. Zunächst werden sog. **„Customer Jobs" (dt. Kundentätigkeiten)** identifiziert, mit denen Tätigkeiten erfasst werden, die der Kunde ausführen will. Hierbei wird eine strikte Kundenperspektive eingenommen.[195] Aufbauend auf den Kundentätigkeiten werden sog. **„Pains" (dt. Schmerzpunkte)** und sog. **„Gains" (dt. Nutzen)** herausgearbeitet. Erstere stellen Herausforderungen, Hindernisse oder Risiken im Zusammenhang mit den Kundentätigkeiten und ihrer Ausführung dar.[196] Letztere hingegen beschreiben ein Ergebnis oder einen konkreten Nutzen, den der Kunde zu erreichen versucht.[197] Sowohl Kundentätigkeiten, als auch damit zusammenhängende Schmerzpunkte und Nutzen sind jeweils hinsichtlich ihrer Wichtigkeit zu priorisieren, da nicht alle in einem Nutzenversprechen gleichermaßen adressiert werden können.[198]

Nach der Erarbeitung des Kundenprofils ist die entsprechende **Wertkarte** zu definieren. Hierzu werden zunächst alle im Angebot befindlichen Produkte und Services eines Unternehmens aufgelistet. Diese können dabei helfen, identifizierte Kundentätigkeiten auszuführen und Kundenbedürfnisse zu befriedigen.[199] Basierend auf den Produkten und Services des Unternehmens gilt es in einem weiteren Schritt sog. **„Pain**

[194] Osterwalder et al. (2014), Value Proposition Design, S. 8f.
[195] Vgl. Osterwalder et al. (2014), Value Proposition Design, S. 12f.
[196] Vgl. Osterwalder et al. (2014), Value Proposition Design, S. 14f.
[197] Vgl. Osterwalder et al. (2014), Value Proposition Design, S. 16f.
[198] Vgl. Osterwalder et al. (2014), Value Proposition Design, S. 20f.
[199] Vgl. Osterwalder et al. (2014), Value Proposition Design, S. 29.

Relievers“ (dt. Schmerzlinderer) und sog. **„Gain Creators“ (dt. Nutzenstifter)** herauszuarbeiten. Schmerzlinderer beschreiben, wie die Produkte und Services des Unternehmens zuvor identifizierte Schmerzpunkte des Kunden reduzieren oder beseitigen können, die bei der Durchführung der Kundentätigkeiten auftreten.[200] Abschließend sind Nutzenstifter herauszustellen. Sie beschreiben, wie die Produkte und Services des Unternehmens zuvor identifizierte und vom Kunden gewünschte Nutzen adressieren, indem gewünschte Resultate erzielt, Nutzen erzeugt und Erwartungen befriedigt werden.[201] Bei der Ableitung von Schmerzlinderern und Nutzenstiftern gilt es, sich auf die wichtigsten Schmerzpunkte und Nutzen des Kundenprofils zu fokussieren.[202] Mittels der bereits erwähnten Durchführung des Fits wird eine angemessene Adressierung der für den Kunden wichtigsten Tätigkeiten, Schmerzpunkte und Nutzen im Rahmen des Nutzenversprechens sichergestellt und harmonisiert.[203]

Hybride Leistungsangebote, welche auf die Erfüllung eines zentralen Nutzenversprechens ausgelegt sind, erfordern im Rahmen ihrer Erbringung ein breites Spektrum an erforderlichen Kompetenzen. Diese weist ein singulär agierendes Unternehmen in den meisten Fällen jedoch in Gänze nicht auf, sodass Unternehmen mit der Transformation zum Lösungsanbieter vermehrt in Wertschöpfungsnetzwerken agieren (vgl. Kapitel 1.1). Relevante Begrifflichkeiten und Grundlagen im Kontext von Wertschöpfungsnetzwerken werden daher im Folgenden beschrieben.

2.3 Wertschöpfungsnetzwerke produzierender Unternehmen

Das Ziel der zu entwickelnden Methodik ist die Erbringung hybrider Leistungsangebote in Wertschöpfungsnetzwerken. Ausgehend von den Begriffsdefinitionen Wert, Wertschöpfung sowie Wertschöpfungskette (vgl. Kapitel 2.3.1) erfolgt mit der Einführung zu Kooperationen und Unternehmensnetzwerken sowie ihrer grundlegenden Ausprägungsformen (vgl. Kapitel 2.3.2) die systematische Ableitung, Abgrenzung sowie das Verständnis des Begriffs Wertschöpfungsnetzwerk (vgl. Kapitel 2.3.3).

2.3.1 Relevante Begrifflichkeiten

Nachfolgend werden die relevanten Definitionen zu Wertschöpfungsnetzwerken vorgestellt, die für das Verständnis von Unternehmensnetzwerken im Allgemeinen und

[200] Vgl. Osterwalder et al. (2014), Value Proposition Design, S. 31.
[201] Vgl. Osterwalder et al. (2014), Value Proposition Design, S. 33.
[202] Vgl. Osterwalder et al. (2014), Value Proposition Design, S. 34.
[203] Vgl. Osterwalder et al. (2014), Value Proposition Design, S. 44ff.

zur Herleitung eines eindeutigen Verständnisses des Begriffs Wertschöpfungsnetzwerk im Spezifischen von Bedeutung sind.

2.3.1.1 Wert und Wertschöpfung

Die Begriffe **Wert** und **Wertschöpfung** prägen durch ihre häufige Verwendung die heutige Managementliteratur.[204] Zur Ableitung eines eindeutigen Begriffsverständnisses wird im Kontext des Wertschöpfungsmanagements zunächst das Konzept der Geschäftsprozesse herangezogen.[205] Nach GAITANIDIS sind Geschäftsprozesse „die Abfolge von Aktivitäten, die in einem logischen inneren Zusammenhang dadurch stehen, dass sie im Ergebnis zu einem Produkt bzw. einer Leistung führen, die durch einen Kunden(-prozess) nachgefragt wird“[206]. Geschäftsprozesse werden damit vollzogen, um ein Produkt oder eine Dienstleistung zu erstellen und zu vermarkten.[207] Der Geschäftsprozess weist damit eine Ergebnisorientierung auf, die mit dem Prozessergebnis auf einen für interne oder externe Kunden geschaffenen Wert abzielt.[208] PORTER spricht in diesen Zusammenhang anstatt von Geschäftsprozessen auch von Wertaktivitäten, da durch einen Prozess bzw. eine Aktivität Wert geschaffen wird.[209] Andere Autoren, wie MÜLLER-STEWENS UND LECHNER[210] oder BENGER[211] sprechen stattdessen von Wertschöpfung.[212] BECKER fokussiert den Begriff Wertschöpfung aus der betriebswirtschaftlichen Perspektive, wonach diese den „Mehrwert bestimmt, den ein Betrieb aufgrund seiner betrieblichen Leistungserstellung den Vorleistungswerten hinzugefügt hat“[213]. Auf Basis der erläuterten Ansätze folgt die Arbeit nachfolgendem Begriffsverständnis:

Wertschöpfung umfasst die Abfolge von Prozessen, die in einem inneren logischen Zusammenhang stehen und als Prozessergebnis zur Schaffung eines betrieblichen Mehrwerts führen. Sie bezeichnet den Wert, der dem Gesamtwert der Vorleistungen aufgrund der betrieblichen Leistungserstellung hinzugefügt wird.

---

[204] Vgl. Piller et al. (2017), Interaktive Wertschöpfung kompakt, S. 7.

[205] Vgl. Sucky (2019), Von der Wertschöpfung zum Wertschöpfungsmanagement, S. 344.

[206] Gaitanides (1996), Prozesskettenmanagement, Sp. 1683.

[207] Vgl. Gaitanides und Scholz (1994), Prozeßmanagement, S. 166.

[208] Vgl. Sucky (2019), Von der Wertschöpfung zum Wertschöpfungsmanagement, S. 345.

[209] Vgl. Porter (1985), Competitive advantage, S. 39.

[210] Vgl. Müller-Stewens und Lechner (2011), Strategisches Management, S. 369.

[211] Vgl. Benger (2007), Gestaltung von Wertschöpfungsnetzwerken, S. 95.

[212] Eine umfassende Diskussion des Wertschöpfungsbegriffs liefern Redlich (2011), Wertschöpfung in der Bottom-up-Ökonomie, S. 22f. sowie Janello (2010), Wertschöpfung im digitalisierten Buchmarkt, S. 9f.

[213] Becker (1999), Begriff und Funktionen des Controlling, S. 6.

Der Definition folgend, umfasst Wertschöpfung grundsätzlich die Abfolge von (Wertschöpfungs-)Prozessen, sodass sich in der Summe eine Wertschöpfungskette ergibt. Dieses Verständnis wird im nachfolgenden Abschnitt detailliert.

2.3.1.2 Wertkette und Wertschöpfungskette

Das analytische Instrument der sog. **Wertkette** (engl. Value Chain) wurde durch PORTER[214] entwickelt und vorgestellt. Mithilfe der Wertkette verfolgt er das Ziel der Untersuchung von Ursachen von Wettbewerbsvorteilen, um diese zu optimieren und nachhaltig zu stärken.[215] Nach PORTER ist jedes Unternehmen „eine Ansammlung von Tätigkeiten, durch die sein Produkt entworfen, hergestellt, vertrieben, ausgeliefert und unterstützt wird“[216]. Diese Aneinanderreihung von Tätigkeiten lässt sich in einer Wertkette darstellen und unterscheidet sich dabei zwischen einzelnen Unternehmen, weshalb sie eine entscheidende Ursache von Wettbewerbsvorteilen sein kann (vgl. Abbildung 2-9).[217] Wettbewerbsvorteile spiegeln sich dabei in Kostenvorteilen oder einer Differenzierung gegenüber Wettbewerbern wider. Im Rahmen der Wertkette unterscheidet PORTER zwischen neun Wertaktivitäten, welche als „die physisch und technologisch unterscheidbaren, von einem Unternehmen ausgeführten Aktivitäten“[218] definiert sind. Der Definition folgend schafft ein Unternehmen aus diesen Wertaktivitäten demnach ein Produkt für seine Abnehmer. Die Gewinnspanne als zweiter Teil des Gesamtwerts der Unternehmung ist die Differenz zwischen dem Gesamtwert eines Produkts (derjenige Betrag, den ein Kunde für das jeweilige Produkt zu zahlen bereit ist) und den Gesamtkosten, die dem Unternehmen aufgrund der Durchführung der Aktivitäten entlang der Wertkette entstanden sind.[219]

Wertaktivitäten differenzieren sich hinsichtlich ihrem primären oder unterstützendem Charakter: Primäre Wertaktivitäten fokussieren die physische Erstellung, Lieferung und Betreuung des Produkts. Unterstützende Wertaktivitäten hingegen gewährleisten die Möglichkeit der kontinuierlichen Ausführung der primären Aktivitäten.[220] Das Modell der Wertkette nach PORTER beschreibt damit die (Einzel-)Unternehmung, welche in strategische Aktivitäten, die sog. Wertaktivitäten, unterteilt ist, wobei das Ziel der Diagnose und Optimierung von Wettbewerbsvorteilen verfolgt wird.

---

214 Vgl. Porter (1985), Competitive advantage.
215 Vgl. Porter (1985), Competitive advantage, S. 59.
216 Porter (2014), Wettbewerbsvorteile, S. 65.
217 Vgl. Porter (2014), Wettbewerbsvorteile, S. 66.
218 Porter (2014), Wettbewerbsvorteile, S. 66.
219 Vgl. Porter (2014), Wettbewerbsvorteile, S. 66.
220 Vgl. Porter (2014), Wettbewerbsvorteile, S. 67ff.

Abbildung 2-9: Modell der Wertkette nach PORTER[221]

Synonym, insbesondere in der deutschsprachigen Literatur, wird häufig der Begriff der **Wertschöpfungskette** verwendet. JOHNSON UND LAWRENCE definieren die Wertschöpfungskette als „die Glieder (oder Stufen) des Transformationsprozesses, den ein Produkt oder eine Leistung durchläuft, vom Ausgangsmaterial bis zur endlichen Verwendung"[222]. Die Wertschöpfungskette ist dadurch gekennzeichnet, dass sie durch eine sequenzielle Verknüpfung von Aktivitäten, einem Produkt oder einer Leistung Wert hinzufügt, wobei dies innerhalb einer Unternehmung, jedoch auch über dessen Unternehmensgrenzen hinweg geschehen kann.[223] Im Gegensatz zu PORTERS Definition der Wertkette, ist das betrachtete Objekt nach JOHNSON UND LAWRENCE innerhalb der Wertschöpfungskette ein Produkt oder eine Leistung und nicht die eigentliche Unternehmenstätigkeit. Im Rahmen der vorliegenden Arbeit sollen die Begriffe Wertkette und Wertschöpfungskette synonym verwendet werden, wobei folgendes Begriffsverständnis basierend auf den dargelegten Ansätzen definiert wird:

Die **Wertschöpfungskette** oder auch **Wertkette** beschreibt die sequenzielle Abfolge von wertschöpfenden Tätigkeiten zur Erstellung einer Sach- oder Dienstleistung bzw. eines hybriden Leistungsangebots, wobei am Leistungserstellungsprozess mehrere Unternehmungen beteiligt sein können.

Am Leistungserstellungsprozess können gemäß dem zuvor herausgestellten Begriffsverständnis der Wertschöpfungskette mehrere Unternehmen beteiligt sein, sodass sich eine zunehmende Vernetzung von Prozessen und beteiligten Unternehmen ergibt. Daher werden in der Folge Kooperationen und Unternehmensnetzwerke diskutiert.

---

[221] Porter (1985), Competitive advantage, S. 60.

[222] Johnston und Lawrence (1989), Vertikale Integration II, S. 82.

[223] Vgl. Ritsch (2004), Wissensorientierte Gestaltung von Wertschöpfungsnetzwerken, S. 12f.

2.3.2 Kooperationen und Unternehmensnetzwerke

Geänderte Rahmenbedingungen des Unternehmensumfelds und die Notwendigkeit zur Steigerung der Flexibilität führten in den letzten Jahrzehnten zu einer Konzentration auf die eigenen Kernkompetenzen und in der Konsequenz zu einer Reduzierung der eigenen Wertschöpfungstiefe.[224] Hierdurch sind mehr und mehr Wertschöpfungspartner in den Leistungserstellungsprozess involviert, wodurch dynamische Unternehmensnetzwerke und im Speziellen Wertschöpfungsnetzwerke in den Fokus der Betrachtung gerückt sind.[225] Im Folgenden werden zunächst die Begriffe Kooperation und Unternehmensnetzwerk diskutiert und definiert, um eine begriffliche Trennung herbeizuführen. Dies ist insbesondere vor dem Hintergrund einer fehlenden präzisen Definition und der synonymen Verwendung im Sprachgebrauch erforderlich.

2.3.2.1 Kooperationen

Der Begriff der **Kooperation** geht aus dem Lateinischen (cooperare) hervor und bedeutet Zusammenarbeit bzw. gemeinsame Aufgabenerfüllung.[226] Im allgemeinen deutschen Sprachgebrauch wird der Begriff der Kooperation für jede Form der Zusammenarbeit zwischen Partnern (Personen und/oder Institutionen) verwendet, von denen jeder eine bestimmte Teilaufgabe übernimmt, um ein gemeinsames Ziel zu erreichen.[227] Bereits in der allgemeinen Begriffsdeutung wird der kollaborative Charakter erkenntlich, sodass der Begriff der Kooperation im wirtschaftswissenschaftlichen Bereich in Verbindung mit Unternehmensnetzwerken gesetzt wird. GAUSMANN legt bei seiner Definition des Begriffs der Unternehmenskooperation die Definition nach SCHMIDT[228] zugrunde, wonach Unternehmenskooperationen die „arbeitsteilige Leistungserstellung zwischen verteilten Aufgabenträgern, Organisationseinheiten oder Organisationen"[229] fokussieren. Ein ähnliches Begriffsverständnis legt HAUPT ihrer Arbeit zugrunde und definiert Unternehmenskooperationen als „die freiwillige Zusammenarbeit von Unternehmen, die rechtlich und in den nicht der vertraglichen Zusammenarbeit unterworfenen Bereichen auch selbständig bleiben. Die Zusammenarbeit erfolgt zu dem Zwecke, [...] die Leistung der beteiligten Unternehmen zu steigern und dadurch deren

[224] Vgl. Piller et al. (2017), Interaktive Wertschöpfung kompakt, S. 17.
[225] Vgl. Schuh et al. (2011), Vernetzte Wertschöpfung und Kooperationsmanagement, S. 475f.
[226] Vgl. DWDS (o. J.), "Kooperation" auf DWDS online.
[227] Vgl. DWDS (o. J.), "Kooperation" auf DWDS online; Pampel (1993), Kooperation mit Zulieferern, S. 9.
[228] Vgl. Schmidt (1997), Unternehmenskooperationen in Deutschland.
[229] Gausmann (2009), Kundenindividuelle Wertschöpfungsnetze, S. 44.

Wettbewerbsfähigkeit zu verbessern“[230]. WEGEHAUPT ergänzt, dass es sich bei dem Kooperationsbegriff um einen Sammelbegriff handelt, der die überbetriebliche Zusammenarbeit mindestens zweier selbstständiger Partner innerhalb einer Netzwerkstruktur umfasst und die Kooperation auf der Grundlage einer gemeinsamen Zielsetzung heraus entsteht.[231] Zusammenfassend soll dieser Arbeit das folgende Begriffsverständnis in Anlehnung an WEGEHAUPT zugrunde gelegt werden:

Kooperation stellt den Oberbegriff für jegliche Ausprägungsform der freiwilligen, zwischenbetrieblichen Vernetzung und überbetrieblichen Zusammenarbeit mindestens zweier Unternehmungen dar, wobei die Partner ihre rechtliche und weitestgehend auch ihre wirtschaftliche Eigenständigkeit beibehalten.

2.3.2.2 Unternehmensnetzwerke

In der wissenschaftlichen Literatur findet der Begriff „strategische Netzwerke“[232] im Jahr 1988 durch JARILLO das erste Mal Erwähnung, womit er die nachfolgende Literatur im Themengebiet der Unternehmensnetzwerke prägte.[233] Grundsätzlich lassen sich **Unternehmensnetzwerke** als spezifische Ausprägungsform von Unternehmenskooperationen verstehen.[234] Bei der genaueren Betrachtung des Netzwerkbegriffs lassen sich hingegen die Betrachtungsweise der Soziologie, welche sich auf die interpersonelle Beziehung fokussiert und die ökonomische Sichtweise aus der Perspektive der Betriebswirtschaftslehre unterscheiden.[235] Bei der ökonomischen Sichtweise liegt der Schwerpunkt auf einzelnen Elementen eines Netzwerks oder Systems mit einer expliziten Betrachtung ihrer intra- und interorganisationalen Verknüpfung.[236] Darüber hinaus wird den einzelnen beteiligten Akteuren bei dieser Sichtweise die Verfolgung betriebswirtschaftlicher Ziele unterstellt.[237] Dies soll auch im Rahmen der vorliegenden Arbeit angenommen werden. Aus diesem Grund werden in den nachfolgenden Ausführungen Unternehmensnetzwerke maßgeblich aus der ökonomischen Perspektive betrachtet, die jedoch in Anlehnung an SYDOW verschiedene Formen und Ausprägungen, wie Konsortien, Joint Ventures oder strategische Allianzen, aufweisen können.[238] In diesem Zusammenhang stellt SYDOW eine weitverbreitete und viel zitierte Definition von

---

[230] Haupt (2003), Digitale Wertschöpfungsnetzwerke, S. 24.

[231] Vgl. Wegehaupt (2004), Führung von Produktionsnetzwerken, S. 15.

[232] JARILLO bezeichnet strategische Netzwerke in seinem Artikel als „Strategic Networks“. Der Begriff ist gleichbedeutend mit dem Synonym Unternehmensnetzwerk.

[233] Vgl. Jarillo (1988), On strategic networks, S. 31f.

[234] Vgl. Haupt (2003), Digitale Wertschöpfungsnetzwerke, S. 50.

[235] Vgl. Mittag (2019), Systematik zur Gestaltung der Wertschöpfung, S. 16.

[236] Vgl. Gausmann (2009), Kundenindividuelle Wertschöpfungsnetze S. 41.

[237] Vgl. Borchert und Urspruch (2003), Unternehmensnetzwerke, S. 10.

[238] Vgl. Sydow (2005), Strategische Netzwerke, S. 71f.

Unternehmensnetzwerken auf: „Ein Unternehmensnetzwerk stellt eine auf die Realisierung von Wettbewerbsvorteilen zielende Organisationsform ökonomischer Aktivitäten dar, die sich durch komplex-reziproke, eher kooperative denn kompetitive und relativ stabile Beziehungen zwischen rechtlich selbständigen, wirtschaftlich jedoch zumeist gegenseitig abhängigen Unternehmungen auszeichnet. Ein derartiges Netzwerk, das entweder in einer oder in mehreren miteinander verflochtenen Branchen agiert, ist das Ergebnis einer Unternehmungsgrenzen übergreifenden Differenzierung und Integration ökonomischer Aktivitäten“[239]. Dem Verständnis des Unternehmensnetzwerkbegriffs nach SYDOW soll aufgrund der weitverbreiteten Nutzung in der wissenschaftlichen Literatur sowie der Fokussierung auf ökonomische Charakteristika im Rahmen dieser Arbeit gefolgt werden. Wie der Definition entnommen werden kann, weist das Begriffsverständnis von Unternehmensnetzwerken und dem der Kooperation große Überschneidungen auf, da Unternehmensnetzwerke eine spezifische Ausprägung von Unternehmenskooperationen darstellen. Neben der Eigenschaft der zwischenbetrieblichen Kooperation rechtlich und wirtschaftlich weitestgehend selbstständiger Unternehmen zeichnen sich Unternehmensnetzwerke zudem durch folgende Aspekte aus[240], die das Begriffsverständnis nach SYDOW für die vorliegende Arbeit erweitern sollen:

- Im Vordergrund steht die Verknüpfung von betrieblichen Aktivitäten zur Erstellung eines vermarktbaren Produkts und/oder einer Dienstleistung
- Es arbeiten mindestens drei oder mehr Partner zusammen
- Funktionen und Tätigkeiten werden abgestimmt, jedoch nicht zusammengelegt
- Die Zusammenarbeit ist auf den mehrmaligen Leistungsaustausch ausgelegt

Nach der Darstellung der Charakteristika von Unternehmensnetzwerken werden nachfolgend grundlegende Formen von Unternehmensnetzwerken beschrieben.

---

239 Sydow (2005), Strategische Netzwerke, S. 79.

240 Vgl. Hess (2001), Konzerncontrolling in Unternehmensnetzwerken, S. 160f.; Gratl (2002), Management virtueller Unternehmensnetzwerke, S. 121; Wegehaupt (2004), Führung von Produktionsnetzwerken, S. 15.

2.3.2.3 Grundlegende Formen von Unternehmensnetzwerken

Zur Charakterisierung der grundlegenden Formen von Unternehmensnetzwerken soll die in der wissenschaftlichen Literatur weit verbreitete Einordnung in das Spannungsfeld zwischen Markt und Hierarchie herangezogen werden.[241] Hiernach stellen Unternehmensnetzwerke sog. hybride Organisationsformen dar, welche Elemente marktlicher als auch hierarchischer Organisationen aufweisen, weshalb sie auf einem Kontinuum zwischen diesen beiden Extremformen eingeordnet werden können (vgl. Abbildung 2-10).[242] Die **hierarchische Organisationsform** fußt auf Weisungen, z.B. durch die Unternehmensleitung, durch die eine begrenzte Anzahl von Organisationsmitgliedern koordiniert wird und ersetzt die marktliche Koordination. Darüber hinaus ist die hierarchische Beziehung auf eine längerfristige Zusammenarbeit zum Austausch unspezifizierter Leistungen mit einem kooperativen Charakter ausgelegt, wenn auch die Machtverhältnisse in ihr zwischen den Kooperationspartnern ungleich verteilt sind.[243] In der Konsequenz entsteht zwischen den Kooperationspartnern eine hohe Bindung.[244] Die **marktliche Organisationsform** hingegen am anderen Ende des Kontinuums wird durch SYDOW definiert als eine „Organisationsform ökonomischer Aktivitäten, in der beliebige Marktteilnehmer, die sich grundsätzlich (begrenzt) rational und opportunistisch verhalten und die gleichberechtigt und in ihren Handlungen weitgehend voneinander unabhängig sind, eine genau spezifizierte Leistung austauschen“[245]. Das mit einer **hybriden Organisationsform** verfolgte Ziel ist die Kombination der Vorteile beider Extremausprägungen. Durch die Aggregation komplementärer Ressourcen der verschiedenen Kooperationspartner soll aus der gemeinsamen Wertschöpfungsperspektive die Effizienz einer einheitlichen hierarchischen Organisation erreicht werden. Hierbei wird jedoch darauf geachtet, dass eine Aufrechterhaltung der Flexibilität und Autonomie der Kooperationspartner gewährleistet bleibt, wie es bei marktlichen Organisationsformen vorzufinden ist.[246] Die Einordnung der einzelnen Formen von Unternehmensnetzwerken im Kontinuum zwischen Markt und Hierarchie fußt dabei auf der Transaktionskostentheorie[247]. Die Auswahl einer adäquaten Form eines Unternehmensnetzwerks erfolgt individuell vor dem Hintergrund der gegebenen Rahmenbedingungen und der verfolgten Zielsetzung.[248]

---

[241] Vgl. Schuh et al. (2011), Vernetzte Wertschöpfung und Kooperationsmanagement, S. 494

[242] Vgl. Piller et al. (2017), Interaktive Wertschöpfung kompakt, S. 17.

[243] Vgl. Sydow (2005), Strategische Netzwerke, S. 98.

[244] Vgl. Haupt (2003), Digitale Wertschöpfungsnetzwerke, S. 26.

[245] Sydow (2005), Strategische Netzwerke, S. 98.

[246] Vgl. Piller et al. (2017), Interaktive Wertschöpfung kompakt, S. 17.

[247] Zur detaillierten Aufführung siehe Sydow (2005), Strategische Netzwerke, S. 134ff.

[248] Vgl. Schuh et al. (2011), Vernetzte Wertschöpfung und Kooperationsmanagement, S. 495f.

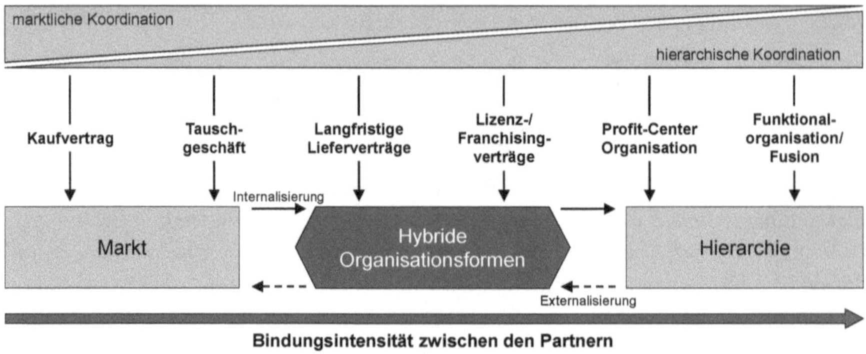

Abbildung 2-10: Organisationsformen zwischen Markt und Hierarchie[249]

Unternehmensnetzwerke lassen sich darüber hinaus in Form und Ausprägung unterscheiden[250], wobei SYDOW konstatiert: „Die Möglichkeiten der Typologisierung von Netzwerken sind grenzenlos“[251]. Bestehende Kategorisierungen von Unternehmensnetzwerken richten sich an der Zielsetzung der jeweiligen Publikation aus, sodass keine einheitliche Kategorisierung existiert. An dieser Stelle sollen jedoch einige grundlegende Formen von Unternehmensnetzwerken kurz erläutert werden, die für diese Arbeit von Bedeutung sind, wobei für eine ausführliche Beschreibung der grundlegenden Formen auf die einschlägige[252] und zitierte Literatur verwiesen wird:

Strategische Netzwerke sind im Gegensatz zu strategischen Allianzen, welche horizontale Kooperationsformen darstellen, durch vertikale bzw. laterale Kooperationsbeziehungen gekennzeichnet.[253] Die Unternehmen im strategischen Netzwerk stehen in Kunden-Lieferanten-Beziehung zueinander und tauschen ihre Leistungen über den Markt aus. Darüber hinaus ist ein strategisches Netzwerk durch die strategische Führung eines Unternehmens (fokales Netzwerkunternehmen) charakterisiert, weshalb in strategischen Netzwerken im Vergleich zur strategischen Allianz zumeist hierarchische Netzwerkstrukturen verbreitet sind.[254]

---

[249] In Anlehnung an Sydow (2005), Strategische Netzwerke, S. 104; Haupt (2003), Digitale Wertschöpfungsnetzwerke, S. 26; Kage (2018), Positionierung in technologieinduzierten Wertschöpfungsnetzwerken, S. 16.

[250] Vgl. Sydow (2005), Strategische Netzwerke, S. 71.

[251] Sydow (2010), Management von Netzwerkorganisationen, S. 379.

[252] Vergleiche für einen detaillierten Überblick insbesondere Sydow (2005), Strategische Netzwerke, S. 62ff.; Sydow (2010), Management von Netzwerkorganisationen, S. 380f.

[253] Vgl. Woratschek und Roth (2003), Kooperationen, S. 144.

[254] Vgl. Sydow (2005), Strategische Netzwerke, S. 81ff.

Strategische Allianzen werden mit dem Ziel etabliert, eigene Schwächen durch die Stärken der Kooperationspartner zu kompensieren umso die eigene Wettbewerbsposition zu sichern und langfristig zu verbessern, womit sie durch langfristige Beziehungen zwischen den beteiligten Unternehmen gekennzeichnet sind.[255] Um einen Wettbewerbsvorteil für alle Partner zu realisieren, wird die Form und der Umfang der Kooperation vertraglich vereinbart und eine strategische Führung zur Bestimmung aller geltenden Maßnahmen etabliert.[256] Neben dem Controlling durch die strategische Führungsinstanz wird durch Austausch von Ressourcen, Wissen und Fähigkeiten versucht die Verbesserung der Wettbewerbsposition abzusichern.[257]

Ein **Joint Venture** ist eine horizontale und zumeist grenzüberschreitende Kooperation zweier oder mehrerer Unternehmen zur gemeinschaftlichen Verfolgung eines gemeinsamen Zweckes.[258] Um ihre Selbstständigkeit zu wahren, errichten die beteiligten Partner ein Gemeinschaftsunternehmen mit dem die Kooperation institutionalisiert wird.[259] Das gemeinsam gegründete Gemeinschaftsunternehmen befindet sich zumeist im paritätischen Besitz der Kooperationspartner, welche gemeinsam neue Marktchancen durch die Nutzung gemeinsamer Erfolgspotenziale erschließen wollen.[260]

Unter **Konsortien** werden vertikale und horizontale Kooperationen zur gemeinschaftlichen Erfüllung dediziert abgegrenzter Aufgaben und komplexer Projekte subsumiert. Durch den Zusammenschluss können somit auch Projekte bearbeitet werden, die die Kompetenz- und Ressourcenbedarfe eines Einzelunternehmens überschreiten würden. Im Gegensatz zu den anderen grundlegenden Formen von Unternehmensnetzwerken, sind Konsortien zeitlich befristet, zumeist auf die Dauer des Projekts, und umfassen umfangreiche vertragliche Regelungen.[261]

Bei **Märkten** steht die Allokationseffizienz von Wirtschaftsgütern zwischen einzelnen Marktteilnehmern im Vordergrund. Es werden Marktmechanismen erschaffen, die Transaktionskosten zwischen den Marktteilnehmern reduzieren und somit zu einem wirtschaftlichen Handelsgeschäft zwischen den beteiligten Akteuren befähigen.[262]

---

[255] Vgl. Sydow (2005), Strategische Netzwerke, S. 63.
[256] Vgl. Bickhoff et al. (2003), Mit virtuellen Unternehmen zum Erfolg, S. 29.
[257] Vgl. Schuh et al. (2011), Vernetzte Wertschöpfung und Kooperationsmanagement, S. 488f.
[258] Vgl. Wegehaupt (2004), Führung von Produktionsnetzwerken, S. 17.
[259] Vgl. Sydow (2005), Strategische Netzwerke, S. 64.
[260] Vgl. Schuh et al. (2011), Vernetzte Wertschöpfung und Kooperationsmanagement, S. 489.
[261] Vgl. Wegehaupt (2004), Führung von Produktionsnetzwerken, S. 17.
[262] Vgl. Eisen (2001), Der Netpreneur, S. 55.

Märkte werden durch einen Organisator geschaffen und stellen Tausch- und Informationsnetzwerke dar. Ziel ist es bestehende Leistungen zwischen den Akteuren zu handeln, wodurch sie sich von anderen Grundformen von Unternehmensnetzwerken, die die gemeinsame Leistungserstellung fokussieren, unterscheiden.[263]

Zur einfachen Unterscheidung der einzelnen Grundformen von Unternehmensnetzwerken, schlagen BICKHOFF ET AL. eine Einordnung entlang der Dimensionen Zeit sowie Flexibilität vor (vgl. Abbildung 2-11).

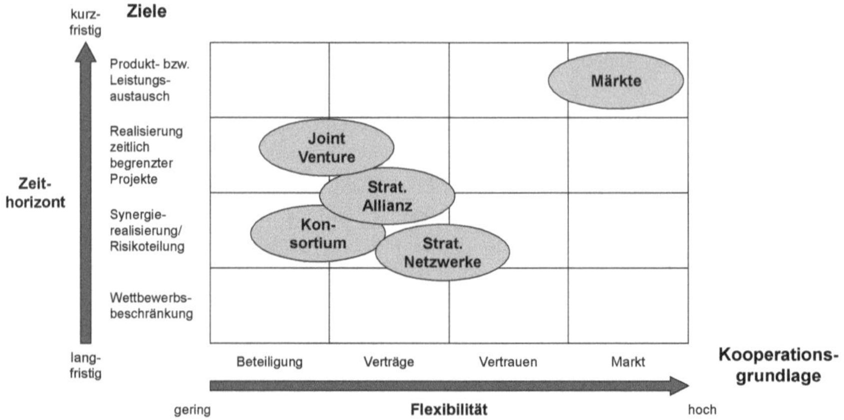

Abbildung 2-11: Grundlegende Formen von Unternehmensnetzwerken[264]

Basierend auf dem grundsätzlichen Verständnis von Unternehmensnetzwerken sowie ihrer grundsätzlichen Formen, wird im nachfolgenden Abschnitt eine definitorische Abgrenzung des Begriffs des Wertschöpfungsnetzwerks erarbeitet.

2.3.3 Wertschöpfungsnetzwerke

Der Begriff des **Wertschöpfungsnetzwerks** wird in der wissenschaftlichen Literatur und der Praxis oftmals synonym mit dem Begriff des Unternehmensnetzwerks verwendet. Für die vorliegende Arbeit soll der Begriff des Wertschöpfungsnetzwerks trotz vielfältiger Gemeinsamkeiten jedoch von dem des Unternehmensnetzwerks abgegrenzt werden.

---

[263] Vgl. Schuh et al. (2011), Vernetzte Wertschöpfung und Kooperationsmanagement, S. 490.

[264] In Anlehnung an Bickhoff et al. (2003), Mit virtuellen Unternehmen zum Erfolg, S. 28; Schuh et al. (2011), Vernetzte Wertschöpfung und Kooperationsmanagement, S. 488.

Eingeführt wurde der Begriff des Wertschöpfungsnetzwerks erstmalig von JOHNSTON UND LAWRANCE[265], welche Wertschöpfungsnetzwerke als die Kooperation zwischen mehreren Unternehmen aus aufeinanderfolgenden Stufen einer Wertschöpfungskette (vgl. Kapitel 2.3.1.2) verstanden.[266] VON STENGEL greift den bilateralen Aspekt der Kooperation auf und ergänzt die Verflechtung zu einem Netzwerk, sodass er Wertschöpfungsnetzwerke definiert als „Unternehmungsnetzwerke, in denen unternehmungsübergreifend Leistungen erstellt werden. Sie stellen Mehrfachverflechtungen von bilateralen Wertschöpfungspartnerschaften dar und unterscheiden sich von ihnen durch die Berücksichtigung, dass zur Erstellung einer Leistung die Zusammenarbeit mit mehreren Partnern erforderlich ist und in der Regel jede Unternehmung Leistungen für mehrere Abnehmer erstellt“[267]. Zu einem ähnlichen Begriffsverständnis kommen BACH ET AL., die jedoch zusätzlich die gemeinsame Erschließung von Wettbewerbsvorteilen stärker ins Zentrum ihrer Definition rücken.[268] Demzufolge wird mit einem Zusammenschluss im Wertschöpfungsnetzwerk das Ziel der Erlangung kollaborativer Wettbewerbsvorteile fokussiert, welche ein singuläres Unternehmen individuell nicht erreichen könnte. Insbesondere kann durch den Zusammenschluss in einem Wertschöpfungsnetzwerk einem Zielkonflikt zwischen einer hohen Spezialisierung auf der einen Seite und einem vielfältigen Leistungsangebot auf der anderen Seite begegnet werden, da sich die jeweiligen Partner auf ihre Kernkompetenzen fokussieren können.[269] Einzelunternehmen wird damit auf Basis des Wertschöpfungsnetzwerks ermöglicht einen höheren Kundenwert zu schaffen, wobei nach MITTAG jedes Wertschöpfungsnetzwerk auf einem entsprechenden Geschäftsmodell basiert, in dem die Geschäftslogik eines Unternehmens abgebildet ist.[270] BACH ET AL. konstatieren, dass sich Wertschöpfungsnetzwerke übergreifend insbesondere hinsichtlich zweier Differenzierungskriterien unterscheiden lassen: Steuerungsform und zeitliche Dauer der Zusammenarbeit.[271] Wertschöpfungsnetzwerke können in Bezug auf ihre Steuerungsform hinsichtlich einer monozentrischen Steuerung, in der ein fokales Unternehmen

---

[265] JOHNSTON UND LAWRANCE nutzen den Begriff der „value-adding partnership“, was der deutschen Übersetzung des Wertschöpfungsnetzwerkes gleichkommt (vgl. Johnston und Lawrence (1989), Vertikale Integration II, S. 1).

[266] Vgl. Johnston und Lawrence (1989), Vertikale Integration II, S. 64.

[267] Stengel (1999), Gestaltung von Wertschöpfungsnetzwerken, S. 18.

[268] Vgl. Bach et al. (2012), Wertschöpfungsorientierte Organisation, S. 105.

[269] Vgl. Bach et al. (2003), Geschäftsmodelle für Wertschöpfungsnetzwerke, S. 3.

[270] Vgl. Mittag (2019), Systematik zur Gestaltung der Wertschöpfung, S. 19.

[271] Vgl. Bach et al. (2003), Geschäftsmodelle für Wertschöpfungsnetzwerke, S. 5.

im Netzwerk die Steuerungsfunktion in sich vereint, und einer polyzentrischen Steuerungsform, in der jedes Unternehmen im Netzwerk die Steuerungsform übernehmen kann, unterschieden werden. Die zeitliche Dauer adressiert den Planungshorizont der kooperativen Wertschöpfung, wobei stabile Netzwerke auf eine langfristige Zusammenarbeit und dynamische Netzwerke zumeist auf eine kurzfristige, häufig einmalige Leistungserstellung ausgelegt sind.[272]

Vor dem Hintergrund der Zielsetzung dieser Arbeit und in Anlehnung an SCHEER UND LOOS, welche als besonderes Merkmal von Wertschöpfungsnetzwerken die unternehmensübergreifende Planung und Organisation des Netzwerks und der Leistungserstellung herausstellen[273], sollen Wertschöpfungsnetzwerke als monozentrische (fokale) und stabile Netzwerke verstanden werden. Dieses Verständnis deckt sich auch mit HESS, der die Langfristigkeit der gemeinsamen Zusammenarbeit betont.[274] Daraus ergibt sich folgendes dieser Arbeit zugrundeliegende Verständnis des Wertschöpfungsnetzwerkbegriffs als spezifische Ausprägungsform des Unternehmensnetzwerks:

Wertschöpfungsnetzwerke sind monozentrische, stabile Unternehmensnetzwerke, in denen sich mindestens drei Unternehmen zur Erschließung von Wettbewerbspotenzialen und zur gemeinsamen Erbringung einer (Markt-)Leistung zusammenschließen. Die Wertschöpfungspartner konzentrieren sich auf ihre Kernkompetenzen, wobei die Planung und Organisation der Leistungserbringung sowie die Netzwerkstruktur durch ein fokales Unternehmen orchestriert wird.

Nachdem die Grundlagen zu hybriden Leistungsangeboten, Geschäftsmodellen und Wertschöpfungsnetzwerken erläutert wurden, werden diese nachfolgend in die Komplexitätstheorie eingebettet.

2.4 Komplexität im Kontext der Erbringung hybrider Leistungsangebote in Wertschöpfungsnetzwerken

Zur Einordnung der erläuterten Grundlagen in die Komplexitätstheorie wird Komplexität zunächst im Allgemeinen aus der Perspektive der Kybernetik und Systemtheorie sowie des daraus resultierenden Systembegriffs definiert (vgl. Kapitel 2.4.1). Aufbauend auf dem Systemverständnis wird nachfolgend die interne und externe Dimension von Komplexität voneinander abgegrenzt und beschrieben (vgl. Kapitel 2.4.2).

[272] Vgl. Bach et al. (2003), Geschäftsmodelle für Wertschöpfungsnetzwerke, S. 5.
[273] Vgl. Scheer und Loos (2002), Internetbasierte Geschäftsmodelle, S. 29.
[274] Vgl. Hess (2002), Netzwerkcontrolling, S. 17.

Auf der Grundlage des allgemeinen Komplexitätsverständnisses sowie des Systembegriffs erfolgt die systematische Definition des Komplexitätsbegriffs im Kontext hybrider Leistungsangebote (vgl. Kapitel 2.4.3). Nachfolgend wird die Komplexitätsbeherrschung hybrider Leistungsangebote durch die gemeinschaftliche Erbringung in Wertschöpfungsnetzwerken mittels Ressourcen- und Kompetenzbündelung thematisiert. Hierbei dient der ressourcenbasierte Ansatz zur Definition relevanter begrifflicher Grundlagen (vgl. Kapitel 2.4.4). Zum Abschluss des Kapitels wird die Bewertung und Quantifizierung von Komplexität diskutiert, wobei eine Bestimmung des Komplexitätsgrads von Systemen mittels Ersatzgrößen, sog. Komplexitätstreibern, fokussiert wird (vgl. Kapitel 2.4.5).

2.4.1 Komplexität im Verständnis der Kybernetik und Systemtheorie

Komplexität wird in der heutigen Zeit in diversen Bereichen des gesellschaftlichen und wirtschaftlichen Lebens als zentrale Herausforderung diskutiert.[275] Daher ist es umso erstaunlicher, dass trotz der kontinuierlichen Auseinandersetzung mit dem Begriff der Komplexität in Wissenschaft und Forschung bislang weder ein einheitliches Begriffsverständnis noch eine Einigkeit über eine grundlegende Komplexitätstheorie erzielt worden ist.[276] Umgangssprachlich wird der Begriff Komplexität synonym mit den Begriffen Kompliziertheit, Undurchschaubarkeit, Unklarheit, Unsicherheit, Unverständlichkeit und Unübersichtlichkeit verwendet.[277] Sprachwissenschaftlich entstammt der Begriff dem lateinischen Wort „complexus“ bzw. „complectere“ und bedeutet umschlingen, umfassen, zusammenhängen oder vielschichtig.[278] Der etymologische Ursprung des Komplexitätsbegriffs legt damit nahe, dass er mehr ausdrückt als das „Unvermögen, die Dinge zu verstehen, zu erfassen und zu beeinflussen“[279], wie es im umgangssprachlichen Sinne der Fall ist. Für die vorliegende Arbeit ist die Darlegung eines einheitlichen Verständnisses des Komplexitätsbegriffs daher wesentlich.

[275] Vgl. Rennekamp (2013), Methode zur Bewertung des Komplexitätsgrades, S. 11.

[276] Vgl. Bandte (2007), Komplexität in Organisationen, S. 77.

[277] Vgl. Schlange (1994), Komplexitätsmanagement, S. 2; Kirchhof (2003), Ganzheitliches Komplexitätsmanagement, S. 11.

[278] Vgl. Dudenredaktion (o. J.), "komplex" auf Duden online.

[279] Malik (2008), Strategie des Managements komplexer Systeme, S. 185.

Ein möglicher Weg zur Ableitung einer Definition des Komplexitätsbegriffs stellt die Annäherung über charakteristische Eigenschaften von Komplexität bzw. komplexen Systemen dar.[280] Als theoretische Grundlage werden hierfür im Kontext der vorliegenden Arbeit die Kybernetik und die Systemtheorie verfolgt und das Komplexitätsverständnis in Bezug auf komplexe Systeme ausgehend von einer kybernetisch-theoretischen sowie der systemorientierten Perspektive dargelegt (vgl. Kapitel 2.1.3.3). Die **Kybernetik** wird in diesem Zusammenhang in Anlehnung an BEER als die Wissenschaft der Steuerung und Regelung von (komplexen) Systemen verschiedenster Art (u.a. technische, biologische, physikalische aber auch soziologische Systeme) im Hinblick auf Regelungs- und Steuerungsmechanismen verstanden.[281]

ASHBY als wichtiger Vertreter der Kybernetik konstatiert über komplexe Systeme Folgendes: „Complex systems [...] just do not allow the varying of only one factor at a time – they are so dynamic and interconnected that the alteration of one factor immediately acts as cause to evoke alterations in others, perhaps in a great many others"[282]. Nach ASHBY sind komplexe Systeme demnach maßgeblich durch eine hohe Dynamik sowie durch eine große Anzahl an Beziehungen bzw. einen hohen Grad an Vernetztheit charakterisiert. Das „Aufschaukeln" eines Systemelements kann eine derart starke Wirkung auf das Gesamtsystem haben, sodass dies zum „Aufschaukeln" weiterer Systemelemente führt[283], womit bereits einzelne Änderungen eine Dynamik des Gesamtsystems nach sich ziehen[284]. ULRICH, als Vertreter der **Systemtheorie**, unterstreicht die Argumentation von ASHBY und konstatiert hinsichtlich der Komplexität eines Systems: „Ein System ist mehr oder weniger komplex je nach Beziehungsreichtum zwischen seinen Elementen"[285]. Es wird deutlich, dass über die große Anzahl an Systemelementen hinaus die Anzahl und Vielfalt der Beziehungen zwischen den Elementen (sog. Interdependenz) als ein konstituierendes Merkmal komplexer Systeme berücksichtigt werden muss.[286] Zur Unterscheidung zwischen Kompliziertheit und Komplexität verschiedener Systeme führen ULRICH UND PROBST die Einordnung von Systemen anhand der Dimensionen „Anzahl und Vielfalt der Elemente" und „Dynamik und Vernetztheit" ein (vgl. Abbildung 2-12).[287]

[280] Vgl. Bandte (2007), Komplexität in Organisationen, S. 87.
[281] Vgl. Beer (1962), Kybernetik und Management, S. 21.
[282] Ashby (1956), An Introduction to Cybernetics, S. 5.
[283] Vgl. Ashby (1956), An Introduction to Cybernetics, S. 5.
[284] Vgl. Lindemann et al. (2009), Structural Complexity Management, S. 24f.
[285] Ulrich (1975), Der allgemeine Systembegriff, S. 37.
[286] Vgl. Brexendorf (2012), Komplexität in Kooperationen, S. 52.
[287] Vgl. Ulrich und Probst (1995), Anleitung zum ganzheitlichen Denken, S. 61 und S. 109.

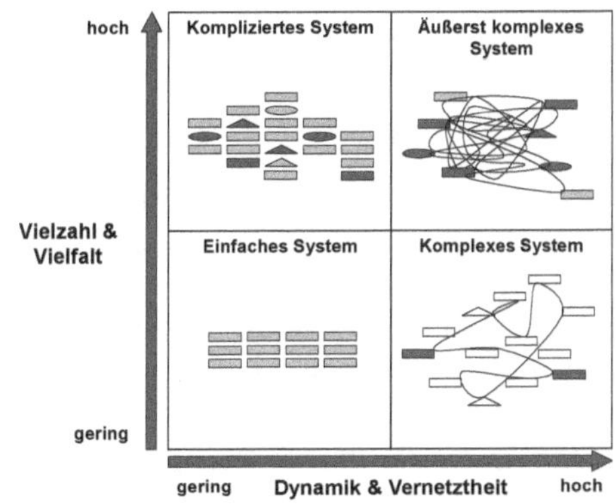

Abbildung 2-12: Abgrenzung von komplizierten und komplexen Systemen[288]

Nach ULRICH UND PROBST weisen komplizierte Systeme zwar viele und durchaus verschiedenartige Elemente auf, wodurch sie schwierig zu verstehen sein können, jedoch statisch sind und nicht kontinuierlich ihren Zustand verändern, weshalb sie letztendlich erfasst werden können. Demgegenüber sind Systeme als komplex einzustufen, wenn sie neben der Kompliziertheit auch eine hohe Dynamik, also eine kontinuierliche Zustandsänderung über den Zeitverlauf, aufweisen.[289] Somit baut auch die Systemtheorie, wie auch die Kybernetik, auf der Dynamik als zentrales Abgrenzungskriterium zwischen komplizierten und komplexen Systemen auf.[290] In Abbildung 2-12 wird dieses Charakteristikum komplexer Systeme neben einer starken Ausprägung in der Dimension Vielzahl und Vielfalt insbesondere in der Dimension Dynamik und Vernetztheit ersichtlich.

Die **Vielzahl** (Quantität) als erste der vier Komplexitätsdimensionen umfasst die Anzahl der Systemelemente und ihre Relationen zueinander[291], womit Komplexität in zwei Perspektiven entstehen kann: Durch die reine Anzahl der Elemente sowie durch die Relation der Elemente zueinander.[292] Die absolute Anzahl (Quantität) der beteiligten Systemelemente ist einer der bedeutsamsten Indikatoren der Komplexität, da sie

[288] In Anlehnung an Ulrich und Probst (1995), Anleitung zum ganzheitlichen Denken, S. 61 und S. 109; Grossmann (1992), Komplexitätsbewältigung im Management, S. 19; Schlange (1994), Komplexitätsmanagement, S. 4.

[289] Vgl. Ulrich und Probst (1995), Anleitung zum ganzheitlichen Denken, S. 57f. und 108f.

[290] Vgl. Rennekamp (2013), Methode zur Bewertung des Komplexitätsgrades, S. 12.

[291] Vgl. Kirchhof (2003), Ganzheitliches Komplexitätsmanagement, S. 17.

[292] Vgl. Mitchell (2009), Complexity, S. 12; Schlange (1994), Komplexitätsmanagement, S. 3.

die Überschaubarkeit des Systems und der möglichen Beziehungskonstellationen und Zustände erschwert.[293] Die **Vielfalt** (Qualität) als zweite Dimension steht im engen Zusammenhang mit der Vielzahl und bezeichnet die Beschaffenheit bzw. Verschiedenartigkeit der Systemelemente[294], welche jedoch nur sehr schwer quantifiziert werden kann[295]. Neben der Vielzahl und Vielfalt, wird als dritte Komplexitätsdimension die Beziehung der Elemente untereinander unterschieden, die **Interdependenz**.[296] MALIK hebt hervor, dass Komplexität „ihre Ursache im Wesentlichen in den Interaktionen von Elementen"[297] hat. Interaktionen, die auf der Grundlage von Interdependenzen und Wirkbeziehungen zwischen den Systemelementen fußen, führen im Zeitverlauf zu Zustandsänderungen des Systems[298], womit sie das dynamische Charakteristikum von Komplexität unterstützen und zu einer Komplexitätserhöhung beitragen.[299] Mit der vierten Dimension der Komplexität, der **Dynamik**, wird das Zeitverhalten von Systemen in die ganzheitliche Beschreibung von Komplexität integriert.[300] Die Dynamik beschreibt die Veränderung zwischen den Systemelementen und Einflussfaktoren mit dem Verlauf der Zeit in Art und Intensität der Beziehungen und berücksichtigt dabei auch das Hinzukommen oder Wegfallen derselben.[301]

Basierend auf der Kybernetik und der Systemtheorie und vor dem Hintergrund der wesentlichen Charakteristika komplexer Systeme in Anlehnung an ULRICH UND PROBST[302], lässt sich für die vorliegende Arbeit folgende Definition des Komplexitätsbegriffs festhalten:

---

293 Vgl. Kirchhof (2003), Ganzheitliches Komplexitätsmanagement, S. 13.

294 Vgl. Brexendorf (2012), Komplexität in Kooperationen, S. 55.

295 Vgl. Scherf (2003), Komplexität aus systemischer Sicht, S. 40.

296 Vgl. Luhmann (2009), Einführung in die Systemtheorie, S. 176.

297 Malik (2008), Strategie des Managements komplexer Systeme, S. 186.

298 Vgl. Brexendorf (2012), Komplexität in Kooperationen, S. 55.

299 Vgl. Kirchhof (2003), Ganzheitliches Komplexitätsmanagement, S. 12f.

300 Vgl. Schlange (1994), Komplexitätsmanagement, S. 3f.

301 Vgl. Gomez und Probst (2007), Die Praxis des ganzheitlichen Problemlösens, S. 22.

302 Für Problemstellungen im Rahmen des Managements produzierenden Unternehmen ist die Definition von Ulrich und Probst in der Literatur prägend (Ulrich und Probst (1995), Anleitung zum ganzheitlichen Denken); Eine detaillierte Betrachtung der verschiedenen Definitionsansätze des Komplexitätsbegriffs können zudem bei folgenden Autoren eingesehen werden: vgl. Fricker (1996), Modellierung, Analyse und Gestaltung komplexer Produktionsstrukturen, S. 23ff.; Lindemann et al. (2009), Structural Complexity Management, S. 25 ff. oder Schwenk-Willi (2001), Integriertes Komplexitätsmanagement, S. 15ff.

Komplexität ist die Eigenschaft eines Systems, die durch die **Vielzahl** und **Vielfalt** der Systemelemente, ihren Beziehungen untereinander (**Interdependenz**) sowie die Verschiedenartigkeit der Systemzustände, die das System über den Zeitverlauf aufweisen kann (**Dynamik**), resultiert.

In den deutschsprachigen Ingenieurs- und Managementwissenschaften hat sich eine Unterscheidung von Komplexität in eine externe und eine interne Dimension etabliert.[303] Dieses Verständnis und die damit einhergehende Unterscheidung zwischen externer und interner Komplexität wird daher nachfolgend erläutert.

2.4.2 Externe und interne Komplexität

Eine Unterscheidung zwischen externer und interner Komplexität in Bezug auf komplexe Systeme erfordert zunächst die Definition von Systemgrenzen, sodass eine Analyse der Komplexität und damit die Bestimmung der Höhe der Komplexität ermöglicht wird.[304] Gesellschaftliche Institutionen, wie ein Unternehmen, stellen grundsätzlich offene Systeme mit Wechselwirkungen zu ihrer Umwelt und deren Elementen dar.[305] Verschiedene Elemente der Umwelt, wie z.B. Kunden, Lieferanten oder Konkurrenten, üben bei der Verfolgung ihrer Ziele Einfluss auf den Markt und damit auf das System „Unternehmen" aus.[306] Das Unternehmen mit seinen eigenen Zielen wiederum versucht negative Störungen oder Einflüsse zu minimieren, indem es seine Strukturen bzw. seine internen Unternehmenselemente so anpasst, dass seine Integration in die Umwelt verbessert wird.[307] Komplexität als Eigenschaft eines Systems (vgl. Kapitel 2.4.1) muss somit ebenfalls in eine interne und externe Dimension unterschieden werden, wobei Wechselwirkungen zwischen interner und externer Komplexität berücksichtigt werden müssen. Grundsätzlich beschreibt die **externe Komplexität** eines Unternehmens die Komplexität, die sich aufgrund der Elemente der Umwelt ergibt, in der das Unternehmen eingebettet ist.[308] Da die externe Komplexität von der Umwelt ausgeht, ist sie vom Unternehmen nicht oder nur teilweise beeinflussbar.[309] Sie kann als Ergebnis der Marktkomplexität angesehen werden, welche sich beispielsweise in die

[303] Vgl. Schuh und Riesener (2017), Produktkomplexität managen, S. 17f.
[304] Vgl. Luczak und Fricker (1997), Komplexitätsmanagement, S. 17.
[305] Vgl. Budde (2015), Integriertes Komplexitätsmanagement, S. 28.
[306] Vgl. Rüegg-Stürm (2005), Das neue St. Galler Management-Modell, S. 22.
[307] Vgl. Ulrich und Probst (1995), Anleitung zum ganzheitlichen Denken, S. 52ff.
[308] Vgl. Budde (2015), Integriertes Komplexitätsmanagement, S. 35.
[309] Vgl. Budde (2015), Integriertes Komplexitätsmanagement, S. 36.

Kategorien Bedarfs-, Wettbewerbs- und Technologiekomplexität separieren lässt.[310] Die **interne Komplexität** eines Unternehmens umfasst demgegenüber die Komplexität innerhalb des Unternehmens und damit innerhalb eines Systems.[311] Die interne Komplexität wird darüber hinaus als das Ergebnis extern induzierter Komplexität verstanden[312] und kann durch das Unternehmen beeinflusst werden[313]. Nach WILDEMANN UND VOIGT wird sie definiert als „die Summe aller dem Unternehmen zugehörigen materiellen und immateriellen Einheiten, sowie deren statischen und dynamischen Verbindungen, die die externen Anforderungen innerhalb der Unternehmensgrenzen abbilden"[314]. Aus der Perspektive der Systemtheorie wird das Leistungsangebot als das vom Unternehmen geschaffene Abbild der externen Anforderungen verstanden, da durch dieses das Angebot für den Markt definiert ist.[315] Das Leistungsangebot weist zudem enge Wechselwirkungen zu Unternehmensstrukturen und Prozessen auf, weshalb es als zentraler Ausgangspunkt für komplexitätsorientierte Überlegungen herangezogen werden sollte.[316] Der Argumentation von WILDEMANN UND VOIGT folgend und vor dem Hintergrund der Problemstellung der vorliegenden Arbeit, fokussiert die **externe Komplexität** das hybride Leistungsangebot als Abbild der am Markt bestehenden externen Anforderungen. Die **interne Komplexität** umfasst die interne Systemperspektive des fokalen, das hybride Leistungsangebot offerierenden Unternehmens (vgl. Abbildung 2-13).

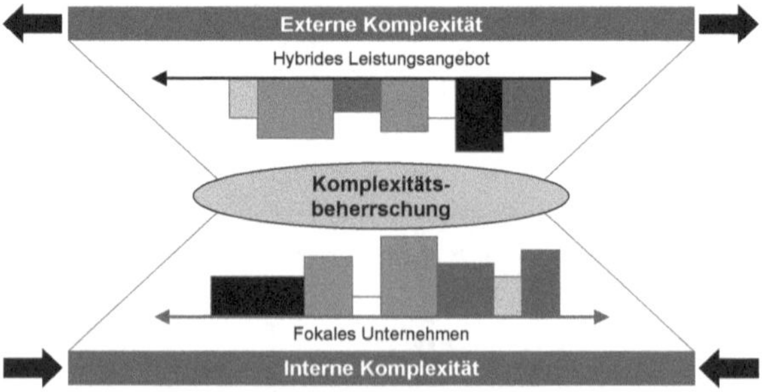

Abbildung 2-13: Externe und interne Komplexität im Kontext der Arbeit[317]

---

[310] Vgl. Bliss (2000), Management von Komplexität, S. 5f.
[311] Vgl. Bliss (2000), Management von Komplexität, S. 4f.
[312] Vgl. Budde (2015), Integriertes Komplexitätsmanagement, S. 38.
[313] Vgl. Budde (2015), Integriertes Komplexitätsmanagement, S. 40.
[314] Wildemann und Voigt (2011), Komplexitätsindex-Tool, S. 52.
[315] Vgl. Wildemann und Voigt (2011), Komplexitätsindex-Tool, S. 52.
[316] Vgl. Wildemann und Voigt (2011), Komplexitätsindex-Tool, S. 52.
[317] In Anlehnung an Kaiser (1995), Integriertes Variantenmanagement, S. 101.

Nach der Übertragung des grundsätzlichen Verständnisses von externer und interner Komplexität auf den thematischen Kontext der vorliegenden Arbeit, ist eine Detaillierung des Verständnisses beider Komplexitätsdimensionen erforderlich. Eine Detaillierung dieses Verständnisses erfolgt daher in den folgenden Abschnitten.

2.4.3 Komplexität hybrider Leistungsangebote

Im Rahmen der vorliegenden Arbeit werden hybride Leistungsangebote und seine Bestandteile als Bezugsobjekt der externen Komplexität in den Mittelpunkt der Betrachtung gestellt. Das Angebot integrierter und auf die Lösung eines spezifischen Kundenproblems ausgelegten hybriden Leistungsangebots ist der Anforderung der Erfüllung immer komplexerer Kundenbedürfnisse geschuldet.[318] Im Speziellen bedeutet dies, dass für den Kunden bei seiner Kaufentscheidung nicht mehr die Leistungsfähigkeit einzelner Leistungsbestandteile entscheidend ist, sondern die Leistungsfähigkeit der Gesamtlösung bestehend aus aufeinander abgestimmten hybriden Leistungsmodulen.[319] Verstärkt wird dieser Umstand dadurch, dass auch kundenseitig die wirtschaftliche Notwendigkeit besteht, sich auf Kernkompetenzen zu konzentrieren. In der Folge werden nicht direkt wertschöpfungsrelevante Prozesse vom Kunden an den Anbieter übertragen.[320] Hierdurch kommt es zu einer Erweiterung des Nutzenversprechens gegenüber dem Kunden, wodurch die Komplexität ansteigt.[321] Um das Nutzenversprechen nutzungs- und ergebnisorientierter Geschäftsmodelle und damit das Angebot integrierter Lösungen umsetzen zu können, müssen zusätzliche Dienstleistungsbestandteile in das Leistungsangebot integriert werden.[322] Die einzelnen Sach- und Dienstleistungsbestandteile erfordern jedoch eine technische Integration und Abstimmung aufeinander, sodass hybride Leistungsangebote wesentlich komplexere Problemlösungen darstellen, als das Angebot singulärer Sach- und Dienstleistungen.[323] In der Konsequenz steigen Umfang und Komplexität des hybriden Leistungsangebots.[324]

---

[318] Vgl. Baines et al. (2009), The servitization of manufacturing, S. 563; Kölsch und Aurich (2019), Innovative Serviceprodukte für individualisierte, verfügbarkeitsorientierte Geschäftsmodelle, S. 1.

[319] Vgl. Buriánek (2009), Vertragsgestaltung bei hybriden Leistungsangeboten, S. 29.

[320] Vgl. Meier und Uhlmann (2012), Hybride Leistungsbündel, S. 1.

[321] Vgl. Häckel und Übelhör (2019), Digitale Geschäftsmodelle in der Industrie, S. 175.

[322] Vgl. Baines et al. (2007), State-of-the-art in product-service systems, S. 1549.

[323] Vgl. Wassmus (2014), Serviceorientierung als Erfolgsfaktor und Komplexitätstreiber, S. 26.

[324] Vgl. Green et al. (2017), Two strands of servitization, S. 40.

In Bezug auf die Wahl eines adäquaten Bezugsrahmens zur Analyse der Komplexität hybrider Leistungsangebote konstatieren BURIANEK ET AL.: „Aufgrund ihrer Beschaffenheit, insbesondere der Integration von Sach- und Dienstleistungsanteilen, können diese als ein System verstanden werden“[325]. BURIANEK ET AL. bauen hierbei auf dem Systemverständnis von Dienstleistungen nach BENKENSTEIN UND GÜTHOFF[326] sowie HOMBURG UND KEBBEL[327] auf. Der Arbeit von BURIANEK ET AL. folgend, werden in der vorliegenden Arbeit hybride Leistungsangebote in Bezug auf ihre Komplexität aus systemtheoretischer Sicht verstanden.

Das hybride Leistungsangebot ist bei der Transformation zum Lösungsanbieter und damit der Verschiebung innerhalb des Produkt-Service-Kontinuums in Richtung der Serviceseite durch eine verstärkte Integration von Dienstleistungsbestandteilen geprägt.[328] Dienstleistungen sind durch die Potenzial-, Prozess- sowie Ergebnisdimension gekennzeichnet (vgl. Kapitel 2.1.1.2), womit das System „hybrides Leistungsangebot“ als Bezugsobjekt der externen Komplexität ebenfalls durch diese drei Dimensionen charakterisiert ist. Basierend auf den drei Dimensionen ergeben sich für hybride Leistungsangebote die maßgeblichen Eigenschaften: Fähigkeit und Bereitschaft zur Erbringung des nachgefragten hybriden Leistungsangebots durch den Anbieter (Potenzialdimension), Integration des externen Faktors bei der Erbringung des hybriden Leistungsangebots (Prozessdimension) sowie das zunehmend immaterielle Leistungsergebnis (Ergebnisdimension). BLOCKUS führt an, dass diese drei Dimensionen in einer engen inhaltlichen Verbindung zueinander stehen, weshalb es einer integrierten Betrachtung bedarf.[329] Daher sollen in der vorliegenden Arbeit den grundlegenden Merkmalen der Komplexität in Systemen die Dimensionen hybrider Leistungsangebote gegenübergestellt werden, sodass Komplexität hybrider Leistungsangebote wie folgt definiert wird:

Die **Komplexität hybrider Leistungsangebote** ist eine Eigenschaft des Systems „hybrides Leistungsangebot“, die durch die Vielzahl, Vielfalt, Interdependenz und Dynamik der Potenzial-, Prozess-, und Ergebnisdimension charakterisiert ist.

Nachdem die externe Komplexität in den Mittelpunkt der Betrachtung gestellt worden ist, erfolgt nachfolgend eine Konkretisierung der internen Komplexitätsdimension.

---

[325] Burianek et al. (2007), Typologisierung hybrider Produkte, S. 8.
[326] Vgl. Benkenstein und Güthoff (1996), Typologisierung von Dienstleistungen, S. 1497.
[327] Vgl. Homburg und Kebbel (2001), Komplexität als Determinante der Qualitätswahrnehmung, S. 479.
[328] Vgl. Aurich et al. (2009), Configuration of product-service systems, S. 592f.
[329] Vgl. Blockus (2010), Komplexität in Dienstleistungsunternehmen, S. 30.

2.4.4 Komplexitätsbeherrschung mittels Ressourcen- und Kompetenzbündelung

Die externe Komplexität kann durch Unternehmen nicht oder nur sehr wenig beeinflusst werden, wohingegen Unternehmen in Bezug auf die interne Komplexität Gestaltungsmöglichkeiten zur Verfügung stehen, um sich intern bestmöglich gegenüber der externen (Markt-)Komplexität zu positionieren.[330] In diesem Zusammenhang ist ASHBYS „Law of Requisite Variety“ zu erwähnen, welches besagt, dass die Varietät eines Systems – und somit auch die Komplexität – nur durch Varietät bzw. Komplexität bewältigt werden kann.[331] Unternehmen reagieren demnach auf eine komplexe Umwelt mit dem Aufbau interner Komplexität. Interne Komplexität kann somit nicht komplett reduziert werden, jedoch beherrscht werden.[332]

Das Angebot hybrider Leistungsangebote ist grundsätzlich wesentlich komplexer als das Angebot singulärer Sach- und Dienstleistungen, sodass es zur Erbringung und Komplexitätsbeherrschung eines erweiterten Leistungsangebots neuer Wertschöpfungsstrukturen bedarf (vgl. Kapitel 1.1).[333] Dies ist darin begründet, dass durch die Erweiterung des Nutzenversprechens durch die Hinzunahme Dienstleistungsbestandteile, die klassischen Kompetenzbereiche produzierender Unternehmen überschritten werden.[334] Hierdurch ist ein singuläres Unternehmen nur bedingt in der Lage integrierte und komplexe hybride Leistungsangebote anzubieten.[335] Die Zusammenarbeit mit Netzwerkpartnern hingegen versetzt Anbieter in die Lage, auch mit eingeschränkten eigenen Ressourcen und Kompetenzen, gegenüber dem Kunden als umfassender Lösungsanbieter auftreten zu können, indem Leistungsbestandteile der Gesamtlösung durch Netzwerkpartner erbracht werden.[336] Im Folgenden werden daher basierend auf dem ressourcenbasierten Ansatz die Grundlagen zu Ressourcen und Kompetenzen im unternehmerischen Kontext erläutert und vorgestellt.

---

[330] Vgl. Denk und Pfneissl (2009), Komplexität und Komplexitätsmanagement, S. 20.

[331] Vgl. Ashby (1956), An Introduction to Cybernetics, S. 206ff.

[332] Vgl. Schuh et al. (2013), Chefsache Komplexität, S. 54.

[333] Vgl. Baines et al. (2009), The servitization of manufacturing, S. 563; Esser und Seiter (2015), Industrial Service Networks, S. 2; Barquet et al. (2013), Employing the business model concept, S. 694.

[334] Vgl. Burr (2016), Service Engineering bei technischen Dienstleistungen, S. 350; Braun (2013), Vom klassischen Produzenten zum Lösungsanbieter, S. 56f.

[335] Vgl. Reim et al. (2015), Product–Service Systems (PSS) business models, S. 73.

[336] Vgl. Uhlmann und Meier (2017), Produktverständnis im Wandel, S. 5.

2.4.4.1 Ressourcenbasierter Ansatz

Der **ressourcenbasierte Ansatz**, ursprünglich aus der angelsächsischen Literatur stammend und unter der Bezeichnung „Ressource-based-view“[337] bekannt, ist einer der bedeutendsten Theorien im Fachbereich des strategischen Managements.[338] Die Theorie hat ihre Ursprünge in den 1980er Jahren[339] und stützt sich auf die Vorarbeiten von PENROSE[340] der späten 1950er Jahre. Der ressourcenbasierte Ansatz entstand als Kritik an den **marktorientierten Ansätzen** der „Market-based-view“, wonach der Erfolg auf der Basis exogen bestimmter Einflussfaktoren erklärt werden kann.[341] Die marktorientierte Denkweise wurde hierbei maßgeblich durch PORTER geprägt.[342] PORTER veröffentlichte in diesem Zusammenhang Ausführungen zu generischen Wettbewerbsstrategien sowie ihren Einflussfaktoren, welche als „Porters Five Forces Modell“ weltweite Verbreitung gefunden haben.[343] Im Gegensatz dazu fußt der ressourcenbasierte Ansatz auf der Annahme, dass sich Unternehmen hinsichtlich ihrer Ressourcen und Fähigkeiten wesentlich voneinander unterscheiden.[344] Der Annahme der Heterogenität der Unternehmen folgend, sind einzigartige Ressourcen und Kompetenzen von Unternehmen ausschlaggebend für den unternehmensindividuellen Wettbewerbserfolg und die Entstehung von Wettbewerbsvorteilen.[345] Der ressourcenbasierte Ansatz fokussiert somit interne Ressourcen und Kompetenzen und nimmt damit eine von innen nach außen gerichtete Perspektive (Inside-Out View) statt einer von außen nach innen gerichteten Perspektive (Outside-In View) ein.[346] Aufgrund ihrer Schwerpunktlegung

337 Für Details und Hintergründe zur Diskussion des ressourcenbasierten Ansatzes und seiner Entwicklung in den nachfolgenden Jahren sei an dieser Stelle auf die einschlägige Literatur nach RASCHE (vgl. Rasche (1994), Wettbewerbsvorteile durch Kernkompetenzen, S. 38) verwiesen, u.a. Wernerfelt (1984), A resource-based view of the firm; Prahalad und Hamel (1990), The Core Competence of the Corporation; Barney (1991), Firm Resources and Sustained Competitive Advantage; Tallman (1991), Strategic management models and resource-based; Rumelt (1991), How much does industry matter?; Mahoney (1995), The Management of Resources.

338 Vgl. Buriánek (2009), Vertragsgestaltung bei hybriden Leistungsangeboten, S. 70; Galavan (2015), Understanding Resources, Competences, and Capabilities, S. 2.

339 Vgl. Wernerfelt (1984), A resource-based view of the firm.

340 Vgl. Penrose (1957), The theory of the growth of the firm.

341 Vgl. Rasche (1994), Wettbewerbsvorteile durch Kernkompetenzen, S. 35.

342 Vgl. Mangoldt (2018), Ausrichtung der technologiekompetenzbasierten Diversifikation, S. 15.

343 Vgl. Porter (1997), Competitive Strategy; Porter (1985), Competitive advantage.

344 Vgl. Peteraf (1993), The Cornerstones of Competitive Advantage, S. 179.

345 Vgl. Rasche (1994), Wettbewerbsvorteile durch Kernkompetenzen, S. 37f.; Bonjour und Micaëlli (2010), Core Competence Diagnosis, S. 323; Hakanen (2014), Co-creation of integrated service solutions, S. 18f.

346 Vgl. Stengel (1999), Gestaltung von Wertschöpfungsnetzwerken, S. 73; Huikkola und Kohtamäki (2017), Solution providers' strategic capabilities, S. 753.

auf unternehmensindividuelle Ressourcen und Kompetenzen sowie ihrer ganzheitlichen Betrachtungsweise ist der ressourcenbasierte Ansatz für die vorliegende Arbeit von zentraler Bedeutung. Zu den relevantesten Begriffen im Kontext des ressourcenbasierten Ansatzes zählen die Begriffe Ressourcen, Fähigkeiten, Kompetenzen und Kernkompetenzen, welche jedoch keine einheitliche Verwendung erfahren und keiner eindeutigen Begriffsdefinition folgen.[347] FREILING spricht in diesem Kontext sogar von einer „zuweilen babylonisch anmutenden Begriffsverwirrung“[348], weshalb eine Definition oben genannter Begriffe im Kontext der Arbeit umso relevanter erscheint. Zur Systematisierung der Begriffe wird daher der Kompetenzhierarchie nach JAVIDAN gefolgt (vgl. Abbildung 2-14), welche kurz erläutert wird.

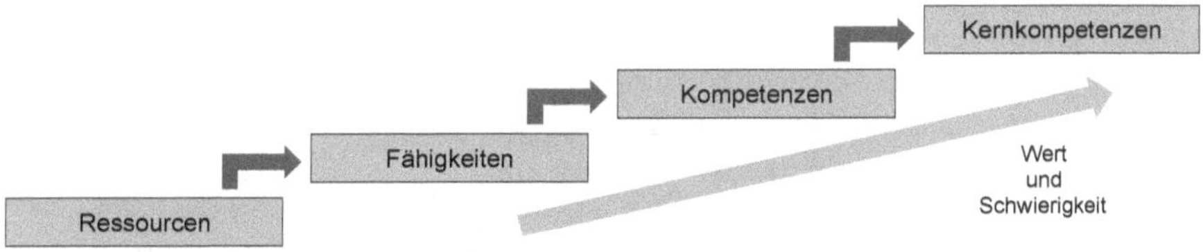

Abbildung 2-14: Kompetenzhierarchie nach JAVIDAN[349]

Innerhalb des Modells der Kompetenzhierarchie nach JAVIDAN stehen auf der untersten Ebene **Ressourcen**, die materieller oder immaterieller Natur sein können und Ausgangspunkt für die Entstehung von Kompetenzen sind. Hierarchisch über den Ressourcen sind **Fähigkeiten** angeordnet, welche ein Maß dafür sind, wie ein Unternehmen Nutzen aus seinen Ressourcen zieht, womit sie einen prozessualen Charakter aufweisen. **Kompetenzen** wiederum stellen ein Bündel von Fähigkeiten verschiedener Unternehmensfunktionen und -bereiche dar und sind die Integration und Koordination ebendieser. Sind Kompetenzen an verschiedenen Stellen in einer Unternehmung verortet und bestimmen diese die Generierung von Wettbewerbsvorteilen, so wird von **Kernkompetenzen** gesprochen. Kernkompetenzen sind somit auf der obersten Ebene angesiedelt.[350] Grundsätzlich stellt eine übergeordnete Ebene innerhalb der Kompetenzhierarchie eine Kombination und Integration von Elementen der untergeordneten Ebenen dar. Hierbei gilt, dass Elemente höherer Ebenen für eine Unternehmung

[347] Vgl. Galavan (2015), Understanding Resources, Competences, and Capabilities, S. 2; Hafeez et al. (2002), Core Competence for Sustainable Competitive Advantage, S. 28.

[348] Freiling (2002), Terminologische Grundlagen des Resource-based View, S. 4.

[349] Javidan (1998), Core competence, S. 62.

[350] Vgl. Javidan (1998), Core competence, S. 62.

einen größeren Wert aufweisen, wobei ihr Aufwand zum Aufbau zunimmt und sie deshalb schwieriger zu erreichen sind.[351] In der Literatur werden insbesondere die Begriffe Fähigkeiten und Kompetenzen nicht trennscharf unterschieden. Vor dem Hintergrund des Erläuterten und der Zielsetzung der vorliegenden Arbeit wird daher nachfolgend maßgeblich das Begriffsverständnis der Begriffe Ressourcen, Kompetenzen und Kernkompetenzen weiter detailliert.

2.4.4.2 Ressourcen

Ressourcen sind Betrachtungsgegenstand des ressourcenbasierten Ansatzes und stellen den Ausgangspunkt zum Aufbau von Kompetenzen und Kernkompetenzen dar. Im Kontext des ressourcenbasierten Ansatzes spricht FREILING von Ressourcen, wenn „Inputgüter durch Veredelungsprozesse zu unternehmungseigenen Merkmalen für Wettbewerbsfähigkeit weiterentwickelt worden sind und die Möglichkeit besteht, Rivalen von der Nutzung dieser Ressourcen in nachhaltiger Weise auszuschließen“[352]. BAUREIS legt seiner Arbeit ein ganz ähnliches Begriffsverständnis zugrunde, spezifiziert jedoch, wie JAVIDAN[353], dass Ressourcen tangibler oder intangibler Natur sein können und fokussiert ihre schwierige Imitierbarkeit durch Wettbewerber.[354] BIRKE versteht unter einer Ressource zwar generisch „alle Güter und Faktoren, die ein Unternehmen zur Erreichung seiner Ziele einsetzt“[355], hebt allerdings in ihrem Verständnis hervor, dass immaterielle Ressourcen von höherer Wichtigkeit zur Generierung von Wettbewerbsvorteilen sind als materielle Ressourcen.[356] In Anlehnung an BAUREIS und FREILING wird nachfolgendes Begriffsverständnis dieser Arbeit zugrunde gelegt:

Als **Ressourcen** werden tangible und intangible, unternehmensspezifisch veredelte Inputfaktoren bezeichnet. Der Umfang der Ausstattung eines Unternehmens mit diesen Ressourcen beeinflusst die Möglichkeiten zum Aufbau von (Kern-)Kompetenzen und damit die Wettbewerbsfähigkeit eines Unternehmens.

---

[351] Vgl. Javidan (1998), Core competence, S. 63.
[352] Freiling (2002), Terminologische Grundlagen des Resource-based View, S. 17.
[353] Vgl. Javidan (1998), Core competence, S. 62.
[354] Vgl. Baureis (2013), Kompetenzen für hybride Leistungsbündel, S. 58.
[355] Birke (2010), Technologische Kompetenz und Erfolg junger Unternehmen, S. 34.
[356] Vgl. Birke (2010), Technologische Kompetenz und Erfolg junger Unternehmen, S. 34.

2.4.4.3 Kompetenzen und Kernkompetenzen im unternehmerischen Kontext

Die intensive wissenschaftliche Auseinandersetzung mit dem Kompetenzbegriff begann zu Beginn der 1990er Jahre.[357] Nach TEECE ET AL. können **Kompetenzen** eines Unternehmens als „set of differentiated technological skills, complementary assets, and organizational routines and capacities that provide the basis for a firm's competitive capacities“[358] verstanden werden. ROOS ET AL. fassen die Kompetenz als die Synthese der Aufgaben- und Wissenssysteme auf, deren Existenz für die Erzielung von Wettbewerbsvorteilen notwendig ist.[359] LADO ET AL. konkretisieren darüber hinaus das Verständnis von Kompetenz anhand der Position im Wertschöpfungsprozess.[360] Nach der DIN EN ISO 9000 ist eine Kompetenz allgemein die „Fähigkeit, Wissen und Fertigkeiten anzuwenden, um beabsichtigte Ergebnisse zu erzielen“[361]. In diesem Begriffsverständnis spiegelt sich damit die bereits thematisierte Kompetenzhierarchie nach JAVIDAN wider. BAUREIS[362] und FREILING[363] heben in ihren Begriffsdefinitionen zudem hervor, dass Kompetenzen nicht auf Zufall, sondern Wissen beruhen und sie deshalb wiederholbar anwendbar sind. GALAVAN ergänzt in diesem Zusammenhang, dass Kompetenzen immer auf kollektiver Interaktion innerhalb eines Unternehmens beruhen, weshalb sie niemals nur auf einer individuellen Handlung basieren.[364] SPECHT ET AL. sind ähnlicher Auffassung, wonach Kompetenzen als nachhaltige und kollektive Fähigkeiten eines Unternehmens verstanden werden können.[365]

BURR unterscheidet drei Dimensionen aus denen sich Kompetenzen in einem Unternehmen beurteilen lassen, die sich jedoch auch kombinieren lassen (vgl. Abbildung 2-15). Kompetenzen können demnach aus der Perspektive der Ressourcenkategorie, der offerierten Leistung oder den betrieblichen Funktionsbereichen eines Unternehmens betrachtet werden, was bei der Identifikation unternehmensinterner Kompetenzen hilfreich sein kann.[366] Im Beispiel von BURR wird die Kompetenz zum Management

[357] Vgl. Rasche (1994), Wettbewerbsvorteile durch Kernkompetenzen, S. 113.
[358] Teece et al. (1994), Towards a Theory of Corporate Coherence, S. 18.
[359] Vgl. Roos und Krogh (1992), Figuring Out Your Competence Configuration, S. 424.
[360] Vgl. Lado et al. (1992), A Competency-Based Model of Sustainable Competitive, S. 82.
[361] DIN EN ISO 9000 (2015), S. 53.
[362] Vgl. Baureis (2013), Kompetenzen für hybride Leistungsbündel, S. 62.
[363] Vgl. Freiling (2002), Terminologische Grundlagen des Resource-based View, S. 21.
[364] Vgl. Galavan (2015), Understanding Resources, Competences, and Capabilities, S. 3f.
[365] Vgl. Specht (2004), Strategische Kompetenzen in der Produkt- und Prozessentwicklung, S. 449.
[366] Vgl. Burr (2008), Zur Anwendung des resource based view of a firm, S. 187f.

der Ressource Reputation als Teilkompetenz der generellen Marketing-Kompetenz angesehen und beide Kompetenzen zur Vermarktung von Rechenzentrums-Outsourcing-Dienstleistungen eingesetzt.[367]

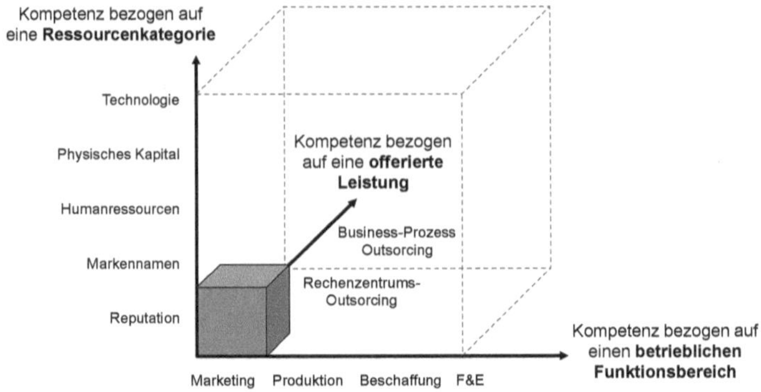

Abbildung 2-15: Dimensionen von Kompetenzen nach BURR[368]

Nicht nur die Abgrenzung des Verständnisses des Kompetenzbegriffs in den verschiedenen Wissenschaftsdisziplinen stellt eine Herausforderung dar[369], sondern auch die Differenzierung zwischen Kompetenzen und Kernkompetenzen. Viel beachtet ist in diesem Zusammenhang die Veröffentlichung von PRAHALAD UND HAMEL, die eine spezifische Auslegung des ressourcenbasierten Ansatzes darlegt, die sog. „Competence-based-view"[370]. Nach diesem Ansatz besteht ein Unternehmen aus einem Bündel von Kompetenzen, wobei die Wettbewerbsfähigkeit von spezifischen Kernkompetenzen bestimmt ist.[371] PRAHALAD UND HAMEL benutzen zur Verdeutlichung ihres Ansatzes die Analogie eines Baumes, dessen Wurzeln die Kompetenzen darstellen und maßgeblich zur Standhaftigkeit des Baums beitragen, wohingegen die Endprodukte des Unternehmens durch die Blätter repräsentiert werden, die für alle sichtbar sind.[372] **Kernkompetenzen** sind somit Kompetenzbündel besonders hoher Wichtigkeit, die sich dadurch

[367] Vgl. Burr (2008), Zur Anwendung des resource based view of a firm, S. 188
[368] Burr (2008), Zur Anwendung des resource based view of a firm, S. 188.
[369] Vgl. Luczak et al. (2004), Kompetenzentwicklung für das Service Engineering, S. 105.
[370] Prahalad und Hamel (1990), The Core Competence of the Corporation.
[371] Vgl. Schuh et al. (2013), Competence-Based Diversification, S. 2345.
[372] Vgl. Prahalad und Hamel (1990), The Core Competence of the Corporation, S. 81f.

auszeichnen, dass Unternehmen mit ihnen maßgeblich ihre Wettbewerbsvorteile generieren.[373] Es handelt sich bei Kernkompetenzen darüber hinaus um unternehmensspezifische Fähigkeiten, die Unternehmen in die Lage versetzen Kundenanforderungen besser zu erfüllen als ihre Wettbewerber, womit sie die Quelle von Wettbewerbsvorteilen sind und zur nachhaltigen Sicherung der Marktposition beitragen.[374] KRÜGER ET AL. bringen zusätzlich an, dass Kernkompetenzen langfristigen Charakter haben und für Unternehmen auf andere Wettbewerbsfelder transferierbar sind.[375] Um eine Dauerhaftigkeit der durch die Kernkompetenzen hervorgerufenen Wettbewerbsvorteile sicherzustellen, dürfen Kernkompetenzen jedoch nicht imitierbar sein.[376] Dies kann nur durch eine kontinuierliche Verbesserung und Weiterentwicklung der Kernkompetenzen ermöglicht werden.[377] Durch die komplexe Verknüpfung von Kernkompetenzen mit Fähigkeiten und Technologien, wird die Imitierbarkeit für die Wettbewerber darüber hinaus erschwert.[378] Zusammenfassend wird der Kompetenzbegriff basierend auf dem ressourcenbasierten Ansatz im Rahmen der vorliegenden Arbeit wie folgt definiert:

Eine **Kompetenz** ist ein Bündel aus organisationsbezogenen, nicht persönlichen oder individuellen Fähigkeiten auf Basis von Unternehmensressourcen, um Kundenanforderungen grundsätzlich erfüllen zu können. **Kernkompetenzen** sind besonders wettbewerbsstrategische und schwer imitierbare Kompetenzen einer Unternehmung, mit denen sie in die Lage versetzt werden dauerhaft einen nachhaltigen Wettbewerbsvorteil generieren zu können. Sowohl Kompetenzen als auch Kernkompetenzen zeichnen aus, dass sie wiederholbar einsetzbar sind.

Nach der Erläuterung von Komplexität im Kontext der Erbringung hybrider Leistungsangebote in Wertschöpfungsnetzwerken und der damit einhergehenden Differenzierung der externen und internen Komplexitätsdimension, ist es für die systematische Komplexitätsbeherrschung essenziell diese zunächst zu quantifizieren, um in der Folge Maßnahmen zu ihrer Beherrschung ableiten zu können. Daher erfolgt nachfolgend die Beschreibung der Bewertung und der Quantifizierung von Komplexität sowie der damit einhergehenden Herausforderungen.

---

[373] Vgl. Specht (2004), Strategische Kompetenzen in der Produkt- und Prozessentwicklung, S. 450f.; Fearns (2004), Die Entstehung von Kernkompetenzen, S. 37.

[374] Vgl. Engelhardt und Reckenfelderbäumer (2006), Industrielles Service-Management, S. 263.

[375] Vgl. Krüger und Homp (1997), Kernkompetenz-Management, S. 27.

[376] Vgl. Fearns (2004), Die Entstehung von Kernkompetenzen, S. 36.

[377] Vgl. Krüger und Homp (1997), Kernkompetenz-Management, S. 28f.

[378] Vgl. Prahalad und Hamel (1990), The Core Competence of the Corporation, S. 83.

2.4.5 Messung und Bewertung von Komplexität

Um Komplexität in einem System bzw. im Unternehmen beherrschen zu können, ist ihre Quantifizierung erforderlich. Nur so kann festgestellt werden, wodurch die Komplexität erhöht wird und entsprechende Maßnahmen zur Handhabung von Komplexität eingeleitet werden.[379] Im Rahmen dieses Abschnitts wird daher zunächst erläutert, welche Herausforderungen sich durch die Charakteristika von Komplexität in Bezug auf ihre Messung und Bewertung ergeben. Nachfolgend wird ein Überblick darüber geschaffen, wie den Herausforderungen der Quantifizierung der Komplexität durch die Nutzung von Komplexitätstreibern begegnet werden kann.

2.4.5.1 Herausforderungen der Messung und Bewertung von Komplexität

Komplexität ist grundsätzlich stark abhängig von der zugrundeliegenden Problemstellung und der sich hierdurch ergebenen Perspektive, dem Betrachtungsfokus sowie der Detailebene.[380] In der wissenschaftlichen Fachliteratur existieren zwei grundsätzliche Vorgehensweisen zur Messung und Bewertung von Komplexität. Eine Möglichkeit stellt die direkte Bestimmung des Komplexitätsgrads über entsprechende Messgrößen dar, eine andere die indirekte Bestimmung anhand der wirtschaftlichen Auswirkungen von Komplexität, beispielsweise anhand der Kosten und Erlöse.[381] MEYER bringt an, dass sich die erste Möglichkeit der direkten Messung von Komplexität mittels einer einzelnen Messgröße, wie man es beispielweise bei der Temperatur- oder Druckmessung durchführt, aufgrund der Mehrdimensionalität des Komplexitätsbegriffs nicht geeignet ist.[382] Die Messung von Komplexität und im Speziellen die Auswahl der richtigen Kennzahl geht daher mit wesentlichen Schwierigkeiten einher.[383] Ebenfalls scheitern situative Komplexitätsmaße, da es sich hierbei um „hoch verdichtete Informationen handelt“[384], die sich für strukturgestaltende Aussagen nicht eignen.[385] Es existieren jedoch einige Indikatorgrößen für den Vergleich komplexer Systeme, welche zumeist auf der mathematischen Kombinatorik fußen.[386] Die häufig herangezogene Maßzahl der Varietät (Vielfalt der Elemente eines komplexen Systems), auch wenn sie teilweise

[379] Vgl. Fricker (1996), Modellierung, Analyse und Gestaltung komplexer Produktionsstrukturen, S. 21.

[380] Vgl. Luczak und Fricker (1997), Komplexitätsmanagement, S. 317; Ulrich und Probst (1995), Anleitung zum ganzheitlichen Denken, S. 33.

[381] Vgl. Dalhöfer (2009), Komplexitätsbewertung indirekter Geschäftsprozesse, S. 32.

[382] Vgl. Meyer (2007), Integration des Komplexitätsmanagements, S. 53.

[383] Vgl. Reiß (1993), Komplexitätsmanagement (I), S. 59.

[384] Kirchhof (2003), Ganzheitliches Komplexitätsmanagement, S. 65.

[385] Vgl. Kirchhof (2003), Ganzheitliches Komplexitätsmanagement, S. 65.

[386] Vgl. Meyer (2007), Integration des Komplexitätsmanagements, S. 58.

exakt quantifizierbar ist, ist nach MALIK nicht ausreichend, da der Sinn des Komplexitätsbegriffs umfassender ist.[387] LÖSCH schlägt deshalb die Bestimmung des Komplexitätsgrads aus systemtheoretischer Perspektive und unter der Berücksichtigung von drei Dimensionen des Komplexitätsbegriffs vor: Die Zahl der Systemelemente, die Beziehungen zwischen den Elementen und die Verschiedenartigkeit der Beziehungen.[388] Informationstheoretische Ansätze bestimmen den Komplexitätsgrad anhand der erforderlichen Informationen und greifen dabei z.B. auf Ansätze der Thermodynamik, wie die Nutzung der Entropie, zurück.[389] Beschriebene Ansätze zur Komplexitätsmessung mittels Indikatorgrößen setzen jedoch eine Quantifizierung der Anzahl der Elemente, ihrer vielfältigen Wechselwirkungen im System sowie ihrer Änderungen zu jedem Zeitpunkt voraus. Die Dynamik, als inhärente Eigenschaft der Komplexität, macht die Erfüllung dieser Voraussetzung jedoch unmöglich, weshalb die Systemtheorie die Komplexität als nicht messbare Größe ansieht.[390] Dem Sachverhalt folgend, ist auch die indirekte Messung von Komplexität durch die Abschätzung ihrer Wirkung auf Erlöse und Kosten nicht praktikabel.[391]

Aufgrund der Herausforderung, dass Komplexität mittels direkter und indirekter Vorgehensweise nicht quantifizierbar ist, postuliert PUHL die Beschreibung und Wirkung von Komplexität durch ein modellhaftes Verständnis zu konkretisieren, indem spezifische Beschreibungsmerkmale herangezogen werden.[392] Hierzu werden die Merkmale so gebildet, dass eine quantifizierte Bewertung durchführbar ist. Nachfolgend kann den Merkmalen eine Komplexitätszahl zugewiesen werden, auf deren Basis eine Aussage über die Ausprägung der Komplexität mittels eines anwenderfreundlichen Maßstabs (z.B. mit den Messpunkten „gering“, „mittel“, und „hoch“) getätigt werden kann.[393] Ein ähnliches Verständnis von Komplexität und seiner Bewertung weist auch STÜTTGEN auf, wonach Komplexität „einen Bereich am oberen Ende einer als kontinuierlich gedachten Skala, deren zweiter Pol durch den Bereich der Einfachheit gekennzeichnet ist“[394] angesehen werden kann.

[387] Vgl. Malik (2008), Strategie des Managements komplexer Systeme, S. 195.
[388] Vgl. Lösch (2001), Controlling der Variantenvielfalt, S. 21f.
[389] Ein bekannter Ansatz ist z.B. Shannon und Waever (1948), A Mathematical Theory of Communication.
[390] Vgl. Lösch (2001), Controlling der Variantenvielfalt, S. 22f.
[391] Vgl. Rennekamp (2013), Methode zur Bewertung des Komplexitätsgrades, S. 55; Reiß (1993), Komplexitätsmanagement (I), S. 59.
[392] Vgl. Puhl (1999), Komplexitätsmanagement, S. 50.
[393] Vgl. Puhl (1999), Komplexitätsmanagement, S. 50.
[394] Stüttgen (2003), Strategien der Komplexitätsbewältigung in Unternehmen, S. 22.

2.4.5.2 Quantifizierung der Komplexität mittels Komplexitätstreibern

Um den Herausforderungen der direkten Messung der Komplexität zu begegnen, kann eine Konkretisierung des Komplexitätsgrads mittels Ersatzgrößen, den sog. Komplexitätstreibern, durchgeführt werden.[395] Anstelle des Komplexitätstreiberbegriffs werden synonym auch die Begriffe Dimensionen, Faktoren oder Merkmale der Komplexität verwendet.[396] **Komplexitätstreiber** können als ursächliche Faktoren eines Komplexitätsanstiegs verstanden werden, wodurch es mit ihrer Hilfe und unter Einbeziehung der Ursachen und Auswirkungen von Komplexität möglich ist, auf den Komplexitätsgrad zu schließen.[397] Nach DEHNEN ist der Begriff des Komplexitätstreibers als „ein Phänomen […], welches ein System veranlasst, Komplexität aufzubauen“[398] zu verstehen. BICK UND DREXL-WITTBECKER verstehen Komplexitätstreiber als die Kräfte, die Komplexität verursachen.[399] Komplexitätsphänomene hingegen stellen die Auswirkungen der vorhandenen Komplexität dar, während Komplexitätstreiber als ursächliche Einflussfaktoren verstanden werden.[400] Darüber hinaus herrscht ein Ursache-Wirkung-Zusammenhang zwischen Komplexitätstreibern und Komplexitätsphänomen, sodass Komplexitätsphänomene auch Komplexitätstreiber darstellen können und umgekehrt.[401] Die dargelegte Auffassung stellt grundsätzlich eine weit verbreitete Sichtweise in der wissenschaftlichen Literatur[402] dar, sodass Komplexitätstreiber als die Ursache für ein gestiegenes Komplexitätsniveau angesehen werden. Gemäß ihres Ursprungs kann zwischen externen und internen Komplexitätstreibern differenziert werden (vgl. Kapitel 2.4.2), wobei externe Komplexitätstreiber aus der Systemumwelt auf das System einwirken, während interne Komplexitätstreiber aus dem System selber stammen.[403]

---

395 Vgl. Adam und Johannwille (1998), Die Komplexitätsfalle, S. 11.

396 Vgl. Rennekamp (2013), Methode zur Bewertung des Komplexitätsgrades, S. 57.

397 Vgl. Raufeisen (1999), Komplexitätsmessung des Auftragsabwicklungsprozesses, S. 115; Westphal (2001), Komplexitätsmanagement in der Produktionslogistik, S. 127; Puhl (1999), Komplexitätsmanagement, S. 28.

398 Dehnen (2004), Strategisches Komplexitätsmanagement in der Produktentwicklung, S. 32.

399 Vgl. Bick und Drexl-Wittbecker (2008), Komplexität reduzieren, S. 28.

400 Vgl. Berens und Schmitting (1998), Controllinginstrumente für das Komplexitätsmanagement, S. 98.

401 Vgl. Rennekamp (2013), Methode zur Bewertung des Komplexitätsgrades, S. 56.

402 Unter anderem Kirchhof (2003), Ganzheitliches Komplexitätsmanagement, S. 39ff.; Lindemann et al. (2009), Structural Complexity Management, S. 26; Dalhöfer (2009), Komplexitätsbewertung indirekter Geschäftsprozesse, S. 2; Bayer (2010), Integriertes Variantenmanagement, S. 17ff.

403 Vgl. Schoeneberg (2014), Einführung in die Komplexitätsforschung, S. 16; Wildemann (1998), Komplexitätsmanagement durch Prozess- und Produktgestaltung, S. 48f.; Budde (2015), Integriertes Komplexitätsmanagement, S. 41 ff.; Kirchhof (2003), Ganzheitliches Komplexitätsmanagement, S. 39f.

Im Kontext der vorliegenden Arbeit soll die Definition des Komplexitätstreiberbegriffs nach RENNEKAMP[404] zugrunde gelegt werden:

Komplexitätstreiber bezeichnen die Vielzahl externer wie interner Faktoren, welche die Komplexität eines Systems ansteigen lassen und zur indirekten Messung des Komplexitätsgrads (eines Systems) herangezogen werden können.

Der Definition folgend, zeichnen sich Komplexitätstreiber durch folgende drei Eigenschaften aus: Ursache steigender Komplexität, Möglichkeit der Quantifizierung von Komplexität sowie Differenzierung nach internen und externen Treibern.[405]

Nachdem in den vorangegangenen Kapiteln relevante Grundlagen und Definitionen im Kontext der Methodik zur Erbringung hybrider Leistungsangebote in Wertschöpfungsnetzwerken erläutert wurden, schließt ein nachfolgendes Zwischenfazit das vorliegende zweite Kapitel ab.

2.5 Zwischenfazit: Grundlagen und Definitionen

Das Ziel des zweiten Kapitels bestand in der Definition zentraler Begrifflichkeiten sowie der Erläuterung relevanter Grundlagen im Kontext der Erbringung hybrider Leistungsangebote in Wertschöpfungsnetzwerken.

Zu Beginn wurden hybride Leistungsangebote erläutert, die den Objektbereich der vorliegenden Arbeit bestimmen. Dazu erfolgte eine Diskussion und Abgrenzung der Begriffe Sachleistung sowie Dienstleistung, welche hybride Leistungsangebote charakterisieren, bevor auf dieser Basis hybride Leistungsangebote definiert wurden. Weiterhin wurden verschiedene Klassen hybrider Leistungsangebote vorgestellt und ihre systematische Strukturierung thematisiert. Hierbei wurde eine zweigeteilte Sichtweise auf hybride Leistungsangebote eingenommen, indem sowohl die Strukturierung von Sachleistungen als auch von Dienstleistungen erläutert wurden. Abschließend erfolgte die Diskussion und Definition des Modularitätsbegriffs sowie der Begriffe Leistungsmodul und Leistungskomponente als Strukturierungselemente hybrider Leistungsangebote.

Nachfolgend wurden Geschäftsmodelle sowie ihre Dimensionen fokussiert, wobei das Nutzenversprechen im Speziellen thematisiert wurde. Dies erfolgte vor dem Hinter-

[404] Rennekamp (2013), Methode zur Bewertung des Komplexitätsgrades, S. 58.
[405] Vgl. Rennekamp (2013), Methode zur Bewertung des Komplexitätsgrades, S. 57.

grund, dass die Berücksichtigung des Nutzungsversprechens im Kontext hybrider Leistungsangebote und damit dem Wandel zum Verkauf eines Nutzens anstelle singulärer Produkte von signifikanter Bedeutung ist.

Analog zur Erläuterung der Grundlagen zu hybriden Leistungsangeboten wurden eingangs bei der Vorstellung von Grundlagen zu Wertschöpfungsnetzwerken die relevanten Begrifflichkeiten diskutiert. Über die Begriffe Wert und Wertschöpfung sowie Wertschöpfungskette erfolgte zunächst eine Einführung zu Kooperationen und Unternehmensnetzwerken. Neben zentralen Charakteristika von Unternehmensnetzwerken wurden ebenfalls ihre grundlegenden Ausprägungsformen vorgestellt. Aufbauend auf diesem Verständnis fand eine systematische Ableitung, Abgrenzung sowie Definition des Begriffs Wertschöpfungsnetzwerk statt.

Abschließend wurden die vorangegangenen Grundlagen in den Kontext der Komplexitätstheorie eingebettet. Hierzu erfolgte eine Diskussion des System- und Komplexitätsbegriffs im Kontext der Systemtheorie, wobei die externe und interne Dimension von Komplexität differenziert wurde. Basierend auf dem Verständnis der Systemtheorie sowie der Komplexität im Allgemeinen, fand eine Definition des Komplexitätsbegriffs im Kontext hybrider Leistungsangebote statt. Anschließend wurde die Komplexitätsbeherrschung des Angebots hybrider Leistungsangebote durch ihre gemeinschaftliche Erbringung in Wertschöpfungsnetzwerken mittels Ressourcen- und Kompetenzbündelung thematisiert. Als Aufsatzpunkt diente hierbei der ressourcenbasierte Ansatz, in dessen Kontext Ressourcen und Kompetenzen im unternehmerischen Zusammenhang spezifiziert wurden. Den Abschluss bildete die Diskussion der Herausforderungen der quantitativen Bewertung von Komplexität sowie die Verwendung von Komplexitätstreibern in diesem Kontext.

Unter Berücksichtigung der erläuterten Grundlagen und Definitionen wird im weiteren Verlauf dieser Arbeit eine Methodik zur Erbringung hybrider Leistungsangebote in Wertschöpfungsnetzwerken erarbeitet. Nachfolgend werden die Herausforderungen in der industriellen Praxis sowie Defizite bestehender Forschungsansätze im inhaltlichen Kontext der zu entwickelnden Methodik diskutiert.

3 Bestehende Ansätze im Kontext der Arbeit

Im dritten Kapitel werden ausgewählte bestehende Ansätze im inhaltlichen Kontext der vorliegenden Arbeit dargestellt und bewertet. In Kapitel 3.1 werden zunächst Herausforderungen in der Praxis im Hinblick auf die Erbringung hybrider Leistungsangebote in Wertschöpfungsnetzwerken erläutert. Das Kapitel folgt damit der Zielsetzung die Praxisrelevanz des vorliegenden Themas darzulegen sowie wichtige Anforderungen aus der unternehmerischen Praxis an die Methodik zu identifizieren. Im sich anschließenden Kapitel 3.2 wird die Ableitung des Forschungsbedarfs aus der Theorie fokussiert. Hierzu werden bestehende wissenschaftliche Ansätze im Hinblick auf ihre Erfüllung von Bewertungskriterien im Objekt- und Zielbereich sowie im Hinblick auf die zugrundeliegende Lösungshypothese analysiert. Kapitel 3.3 schließt die Ableitung des Forschungsbedarfs ab und fasst das zu adressierende Forschungsdefizit in einem Zwischenfazit zusammen.

3.1 Herausforderungen in der Praxis

Wie bereits im einleitenden Kapitel 1 dieser Arbeit dargelegt, stehen Unternehmen der produzierenden Industrie im Rahmen ihrer Transformation von einem produktorientierten zu einem ergebnisorientierten Anbieter vor zentralen Herausforderungen. Eine fehlende Differenzierungsmöglichkeit mittels physischer Produkte, sinkende Margen im Bereich physischer Güter und die steigenden Kundenanforderungen hinsichtlich individueller Lösungen[406] führen dazu, dass produzierende Unternehmen zunehmend Wertschöpfungstätigkeiten des Kunden übernehmen[407]. Darüber hinaus wurde die Notwendigkeit zum Angebot ganzheitlicher Lösungen anstelle singulärer Leistungen zur Stärkung der eigenen Wettbewerbsposition sowie zur Erhöhung des Umsatzes und der eigenen Profitabilität durch die produzierende Industrie erkannt.[408] So steht im Maschinenbau beispielsweise einer Profitabilität von 0-10 % im Neumaschinengeschäft eine Profitabilität von 20-50 % im Servicebereich gegenüber.[409] Trotz

[406] Vgl. Driedonks et al. (2019), What's wrong with solutions selling, S. 2.
[407] Vgl. Döbler et al. (2020), Der zweite Frühling für den Maschinenbau, S. 5.
[408] Vgl. Geissbauer et al. (2018), Digital Champions, S. 21; Nebuloni et al. (2019), Servitization Barometer, S. 2.
[409] Vgl. Döbler et al. (2020), Der zweite Frühling für den Maschinenbau, S. 11.

der hohen Potenziale zur Steigerung des Unternehmensumsatzes generieren 72 % der Unternehmen des Maschinen- und Anlagenbaus weniger als 30 % ihres Gesamtumsatzes mit Services, womit das Angebot ganzheitlicher Lösungen in vielen Branchen der produzierenden Industrie noch am Anfang steht.[410]

Um Produkt-, Dienstleistungs- und Geschäftsmodellinnovationen anbieten zu können, sind Unternehmen auf Partner angewiesen, weshalb sie in Wertschöpfungsnetzwerken agieren und damit fehlende eigene Kompetenzen ausgleichen können.[411] Auch wenn der Transformation zum Lösungsanbieter und der damit einhergehenden Fokussierung von integrierten Leistungsangeboten gemeinsam mit Partnern in Wertschöpfungsnetzwerken ein hohes Erfolgspotenzial attestiert wird, ergeben sich hierbei jedoch noch zahlreiche Herausforderungen in der industriellen Praxis, welche im Folgenden diskutiert werden bevor der praxisorientierte Handlungsbedarf dargelegt wird.

Nach MEFFERT ET AL. können traditionelle OEMs und Zulieferer durch die systematische Transformation ihres Leistungsangebots und die Hinzunahme von digitalen Dienstleistungen wichtige Kundenbeziehungen insbesondere im margenträchtigen Aftersales und Service gegenüber Technologieunternehmen absichern, sind dabei jedoch gezwungen sich stärker in die Wertschöpfungskette des Kunden zu integrieren.[412] Die weiter voranschreitende Digitalisierung verstärkt diesen Trend, sodass Wertschöpfung verstärkt durch immaterielle (digitale) Leistungen stattfindet.[413] Die in diesem Zusammenhang notwendigen neuen Geschäftsmodelle, die Verknüpfung von Sach- und Dienstleistungen oder die Entwicklung völlig neuer Dienstleistungen zeichnen sich durch immer komplexere Zusammenhänge im Leistungsangebot aus, sodass ein Komplexitätsanstieg auf Anbieterseite zu verzeichnen ist.[414] Hinzu kommt, dass mit der zunehmenden Verschiebung des Leistungsangebots von einer Produktorientierung hin zu einer Ergebnisorientierung, der Anbieter stärker in die Wertschöpfungsdomäne des Kunden integriert wird und verstärkt kundenseitige Prozesse übernimmt. Hiermit geht eine Übernahme der mit dieser Entwicklung im Zusammenhang stehenden Komplexität und Risiken durch den Anbieter einher.[415] Es setzt somit mit dem Wandel zum Lösungsanbieter eine Komplexitätsverschiebung von der Kundenseite auf die Anbieterseite ein. Gleichzeitig müssen Anbieter ein Wertschöpfungsnetzwerk mit Partnern aufbauen und orchestrieren, um Kunden individuelle Lösungen gebündelt aus einer

[410] Vgl. Döbler et al. (2020), Der zweite Frühling für den Maschinenbau, S. 11.
[411] Vgl. Seiter et al. (2020), Innovationen und Kooperationen, S. 7.
[412] Vgl. Meffert et al. (2019), Aus Konkurrenten werden Partner, S. 4.
[413] Vgl. Meffert et al. (2019), Aus Konkurrenten werden Partner, S. 4.
[414] Vgl. Seiter et al. (2020), Innovationen und Kooperationen, S. 20f.
[415] Vgl. Döbler et al. (2020), Der zweite Frühling für den Maschinenbau, S. 7.

Hand anbieten zu können. Die Beherrschung dieser Komplexitätsverschiebung stellt produzierende Unternehmen vor große Herausforderungen, insbesondere im Kontext des Angebots von Lösungen in Zusammenarbeit mit Partnern. Dies ist dadurch begründet, dass die Mehrzahl der Unternehmen nach wie vor innerhalb der eigenen Unternehmensgrenzen und in den klassischen Strukturen ihrer Industrie agiert. Sie versuchen oftmals der Komplexität mit einer Standardisierung ihrer Prozesse oder einem komplizierten rechtlichen Rahmenwerk zu begegnen.[416] Die **Beherrschung der Komplexität im Kontext hybrider Leistungsangebote** stellt ein Defizit in der Praxis dar.

Weitere Herausforderungen ergeben sich aus der Zusammenarbeit beim Aufbau und der Konfiguration von Wertschöpfungsnetzwerken, die zur Beherrschung der Komplexität erforderlich sind. Grundsätzlich sei an dieser Stelle zunächst angemerkt, dass Unternehmen den Mehrwert von Wertschöpfungsnetzwerken erkannt haben. Sie erhoffen sich nicht nur die Erhöhung des Kundenwerts, sondern insbesondere auch interne Vorteile im Zusammenhang mit der Leistungserbringung, wie die Fokussierung auf Kernaktivitäten, Unternehmenswachstum oder effizientere Strukturen (vgl. Abbildung 3-1).[417]

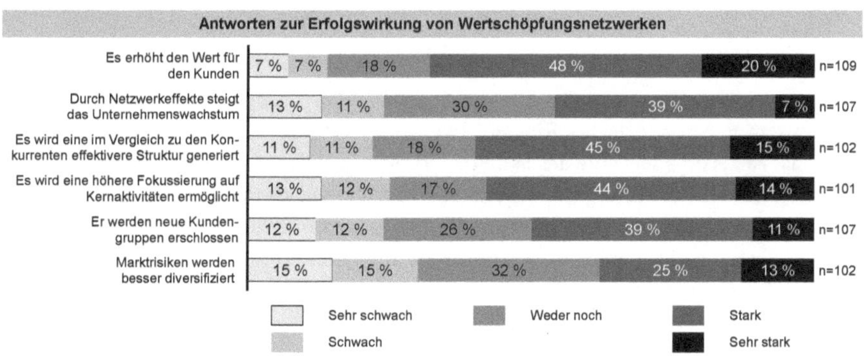

Abbildung 3-1: Erfolgswirkung von Wertschöpfungsnetzwerken[418]

Trotz der Transformationsanstrengungen in den letzten Jahren und der vielversprechenden Mehrwerte von Wertschöpfungsnetzwerken ist der Umsetzungsgrad in der Praxis jedoch noch ausbaufähig. Basierend auf einer Studie der Unternehmensberatung

416 Vgl. Deiser (2020), Organizing for Business Ecosystem Leadership, S. 13f.
417 Vgl. Meyer und Seiz (2019), Digitale Strategien im Mittelstand, S. 43.
418 In Anlehnung an Meyer und Seiz (2019), Digitale Strategien im Mittelstand, S. 43.

STRATEGY& können nur 10 % der produzierenden Unternehmen als „Digitale Champions" und 27 % als „Digitale Innovatoren" eingestuft werden, die individuelle Lösungen für den Kunden unter enger Einbeziehung ihres Partnernetzwerks anbieten.[419] Auf dem Weg zu einem nachhaltig erfolgreichen Wertschöpfungsnetzwerk scheitern basierend auf der Forschung des BCG HENDERSON INSTITUTE 85 % der Netzwerke, womit nur 15 % der initiierten Netzwerke langfristigen Erfolg aufweisen können.[420] Hierbei liegen sechs von sieben Gründen des Scheiterns in der Initiierungsphase von Wertschöpfungsnetzwerken und insbesondere im Netzwerkdesign und nur 15 % in der eigentlichen Ausführung bzw. Netzwerknutzung (vgl. Abbildung 3-2).[421]

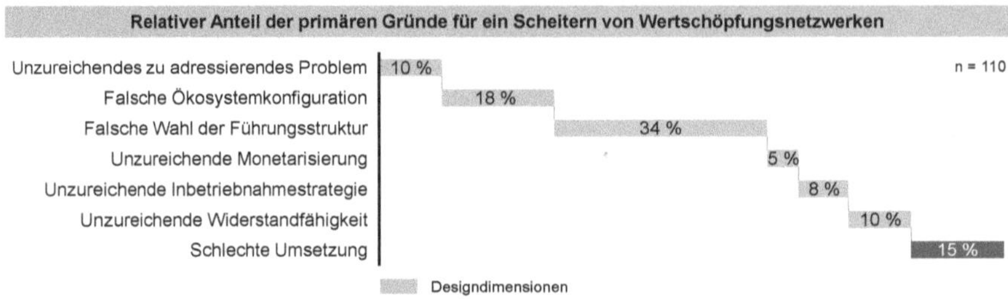

Abbildung 3-2: Ursachen gescheiterter Wertschöpfungsnetzwerke[422]

Eine genauere Analyse der Gründe des Scheiterns in Bezug auf die Initiierung und Konfiguration von Wertschöpfungsnetzwerken deckt drei Defizite in der Praxis auf. Zunächst ist als eine Ursache des Scheiterns von Wertschöpfungsnetzwerken die **Konzeption des Wertschöpfungsnetzwerks in Abhängigkeit des angestrebten Nutzenversprechens** zu nennen.[423] Dies umfasst die Definition erforderlicher Aktivitäten und Partner, ihrer Verantwortlichkeiten und Beziehungen untereinander sowie hieraus resultierend ihre Rolle im Netzwerk.[424] Als erfolgversprechend hat sich dabei herausgestellt, dass sich die initiale Konfiguration des Wertschöpfungsnetzwerks auf den Kern

[419] Vgl. Geissbauer et al. (2018), Digital Champions, S. 6.
[420] Vgl. Pidun et al. (2020), Why Do Most Business Ecosystems Fail?, S. 2.
[421] Vgl. Pidun et al. (2020), Why Do Most Business Ecosystems Fail?, S. 3f.
[422] In Anlehnung an Pidun et al. (2020), Why Do Most Business Ecosystems Fail?, S. 3.
[423] Vgl. Pidun et al. (2020), Why Do Most Business Ecosystems Fail?, S. 4.
[424] Vgl. Pidun et al. (2020), Why Do Most Business Ecosystems Fail?, S. 4; Geissbauer et al. (2018), Digital Champions, S. 25.

des Nutzenversprechens unter Einbindung einer Minimalzahl an Partnern konzentrieren sollte.[425] Um sicherzustellen, dass das angestrebte Nutzenversprechen erreicht werden kann, muss dieses im Zentrum der Überlegungen zum Aufbau eines Wertschöpfungsnetzwerks stehen.[426] Basierend auf dem Nutzenversprechen wiederum kann bestimmt werden, welcher Partner welche Leistungen erbringen kann und damit einhergehend mit welchem Anteil er zur Erfüllung des angestrebten Nutzenversprechens beiträgt.

Um das angestrebte Nutzenversprechen erreichen zu können, besteht eine weitere Herausforderung darin, zu identifizieren, welche Partner welche Leistungsbestandteile der Gesamtlösung auf Basis ihrer Kompetenzen erbringen können. Hierzu ist es notwendig, die zur Erbringung der Leistungsbestandteile erforderlichen Fähigkeiten und Kompetenzen der Netzwerkpartner komplementär zu konfigurieren. Nur so ist der gemeinsam erzeugte Wert des Wertschöpfungsnetzwerks größer als der Wert, den ein singuläres Unternehmen erzeugen könnte.[427] Insbesondere für kleine und mittelständische Unternehmen (KMU) ist der eigenständige Aufbau von neuen Kompetenzen aufgrund monetärer und personeller Ressourcen oftmals nicht möglich.[428] Daher haben viele Unternehmen die Möglichkeit des schnellen und kostengünstigen Zugriffs auf externe Kompetenzen im Rahmen der Zusammenarbeit in einem Wertschöpfungsnetzwerk erkannt[429] und sind an branchenübergreifenden Partnerschaften interessiert[430]. Hierzu muss jedoch die Frage beantwortet werden, welche Kompetenzen zur Erbringung welcher Leistungsbestandteile das eigene Unternehmen aufweist und welche Kompetenzen von Wertschöpfungspartnern bezogen werden, um die Kundenbedürfnisse vollumfänglich bedienen zu können.[431] Hieran scheitern jedoch viele Unternehmen, wie eine Studie von ACCENTURE STRATEGY zeigt. Auf einer Skala von 1 (am schlechtesten) bis 5 (am besten) bewerten lediglich 38 % der befragten Unternehmen ihr Wissen über die eigenen Stärken und Schwächen und damit ihr Verständnis, wo Partnerschaften im Rahmen eines Wertschöpfungsnetzwerks hilfreich sein könnten, mit der besten Bewertung.[432] Zusammenfassend kann damit festgehalten werden, dass ein Defizit in der Praxis in der **Kenntnis über die eigenen Kompetenzen** besteht und

---

425 Vgl. Pidun et al. (2020), Why Do Most Business Ecosystems Fail?, S. 4.
426 Vgl. Lyman et al. (2018), Corner Stone Of Future Growth, S. 9.
427 Vgl. Lyman et al. (2018), Corner Stone Of Future Growth, S. 3.
428 Vgl. Seiter et al. (2020), Innovationen und Kooperationen, S. 26.
429 Vgl. Pidun et al. (2020), Why Do Most Business Ecosystems Fail?, S. 1.
430 Vgl. Döbler et al. (2020), Der zweite Frühling für den Maschinenbau, S. 21.
431 Vgl. Gackstatter et al. (2019), Business Ecosystems, S. 5.
432 Vgl. Lyman et al. (2018), Corner Stone Of Future Growth, S. 9.

zwar in Bezug auf hybride Leistungsangebote und die **Kenntnis, welche Partnerschaften einen besonders hohen Mehrwert kreieren.**

Im Anschluss an die Identifikation von Partnerschaftspotenzialen unter Berücksichtigung von Kompetenzen bedarf es der Auswahl von Partnern und der Allokation von Erbringungsleistungen auf ebendiese innerhalb des Wertschöpfungsnetzwerks. Hierin ist eine weitere Herausforderung festzustellen. Zunächst zeigt eine Studie von DELOITTE, dass die Mehrzahl produzierender Unternehmen noch verstärkt auf das Modell der Wertkettenintegration mit einer hohen eigenen Wertschöpfungstiefe setzt.[433] Gründe hierfür sind darin zu sehen, dass es den meisten Unternehmen branchenübergreifend noch an den erforderlichen Fähigkeiten mangelt, effiziente Wertschöpfungsnetzwerke aufzubauen und zu orchestrieren.[434] Die 12 untersuchten Branchen der Studie „Corner Stone of Future Growth" von ACCENTURE STRATEGY erreichen beispielsweise einen maximalen „Ecosystem capabilities Index" von 54 (von max. 100), wobei insbesondere die Dimension der Partnerschaftsarchitektur nur schwach etabliert ist.[435] Zu einem ähnlichen Ergebnis hinsichtlich des Reifegrads von Fähigkeiten zum Management von Wertschöpfungsnetzwerken kommt eine Befragung unter Top Managern von 153 Unternehmen (vgl. Abbildung 3-3).[436]

Abbildung 3-3: Fähigkeiten zum Management von Wertschöpfungsnetzwerken[437]

Die Studienergebnisse zeigen deutlich, dass Unternehmen Fähigkeiten in Zusammenhang mit der Ressourcenallokation sowie der Partnerauswahl und -orchestration eine sehr hohe Bedeutung zuweisen, jedoch ihre eigene Fähigkeit in diesen Domänen als

[433] Vgl. Meyer und Seiz (2019), Digitale Strategien im Mittelstand, S. 6.
[434] Vgl. Lyman et al. (2018), Corner Stone Of Future Growth, S. 10.
[435] Vgl. Lyman et al. (2018), Corner Stone Of Future Growth, S. 10.
[436] Vgl. Deiser (2020), Organizing for Business Ecosystem Leadership.
[437] In Anlehnung an Deiser (2020), Organizing for Business Ecosystem Leadership, S. 27f.

sehr schwach entwickelt einstufen. In Summe kann somit resümiert werden, dass in der Praxis Defizite hinsichtlich der **Partnerauswahl und der Allokation von Leistungsmodulen** auf Partner innerhalb des Wertschöpfungsnetzwerks bestehen, um hybride Leistungsangebote gemeinschaftlich zu erbringen.

Die erläuterten Herausforderungen der Erbringung hybrider Leistungsangebote in Wertschöpfungsnetzwerken in der Praxis sind in Abbildung 3-4 zusammenfassend dargestellt.

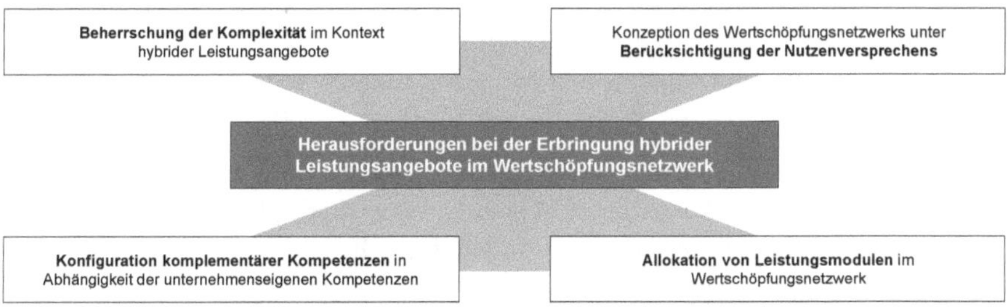

Abbildung 3-4: Identifizierte Herausforderungen in der Praxis

Die vorliegende Arbeit knüpft an diese Herausforderungen an, welche als Grundlage der Anforderungsableitung für die Analyse bestehender Ansätze herangezogen werden. Hierdurch wird sichergestellt, dass die folgenden Schritte der vorliegenden Arbeit einen Beitrag zur Lösung des existierenden Praxisdefizits leisten. Die Analyse bestehender wissenschaftlicher Ansätze erfolgt im nachfolgenden Kapitel.

3.2 Darstellung und Bewertung bestehender Ansätze

Nachdem zuvor die Herausforderungen in der Praxis bei der Erbringung hybrider Leistungsangebote in Wertschöpfungsnetzwerken dargelegt worden sind, erfolgt nun die detaillierte Analyse bestehender wissenschaftlicher Ansätze. Hierzu werden zunächst in Kapitel 3.2.1 Kriterien zur systematischen Bewertung der wissenschaftlichen Ansätze abgeleitet. Im Anschluss erfolgt in Kapitel 3.2.2 die Vorstellung und Bewertung relevanter Ansätze anhand der abgeleiteten Bewertungskriterien bevor das dritte Kapitel mit der Formulierung des Forschungsbedarfs abschließt.

3.2.1 Kriterien zur Bewertung bestehender Ansätze

Zur systematischen Identifikation des Theoriedefizits durch eine einheitliche qualitative Bewertung bestehender Ansätze werden in diesem Abschnitt Kriterien definiert. Die Einteilung der Kriterien erfolgt dabei in die drei Kategorien Objektbereich, Zielbereich sowie Lösungshypothese.

Zunächst wird der **Objektbereich** konkretisiert, welcher den Betrachtungsgegenstand der vorliegenden Arbeit festlegt. Hierzu werden die folgenden Kriterien definiert:

Betrachtung hybrider Leistungsangebote: Ein geeigneter Ansatz berücksichtigt hybride Leistungsangebote und ihre Leistungsbestandteile, sodass er zu ihrer Strukturierung herangezogen werden kann.

Betrachtung der Abhängigkeit von Nutzenversprechen und hybridem Leistungsangebot: Ein geeigneter Ansatz betrachtet das Nutzenversprechen des hybriden Leistungsangebots, sodass die Analyse des strategischen Beitrags einzelner Leistungsbestandteile des hybriden Leistungsangebots ermöglicht wird.

Betrachtung der Komplexität hybrider Leistungsangebote: Ein geeigneter Ansatz adressiert die Komplexitätsbeschreibung und -bewertung hybrider Leistungsangebote und ihrer Leistungsbestandteile.

Betrachtung unternehmerischer Kompetenzen: Ein geeigneter Ansatz berücksichtigt unternehmerische Kompetenzen, welche zur Erbringung hybrider Leistungsangebote und ihrer Leistungsbestandteile notwendig sind.

Betrachtung von Wertschöpfungsnetzwerken: Ein geeigneter Ansatz fokussiert Wertschöpfungsnetzwerke als Kooperationsform zur Erbringung hybrider Leistungsangebote.

Mithilfe des **Zielbereichs** soll eine Bewertung erfolgen, ob ein Ansatz einen Beitrag zur Erfüllung der für die vorliegende Arbeit adressierten Ziele leisten kann. Hierzu werden die folgenden Kriterien definiert:

Dekomposition und Strukturierung des hybriden Leistungsangebots: Der Ansatz soll die Strukturierung und Dekomposition des Leistungsangebots in seine Leistungsbestandteile ermöglichen.

Bestimmung hybrider Leistungsmodule: Zur Allokation von Leistungsbestandteilen auf Partner im Wertschöpfungsnetzwerk soll der Ansatz dazu befähigen, hybride Leistungsmodule, bestehend aus Sach- und Dienstleistungskomponenten, zu bestimmen.

Steigerung der Profitabilität der Leistungserbringung und Komplexitätsbeherrschung: Zur Steigerung der Profitabilität der Leistungserbringung und zur Komplexitätsbeherrschung aus der Perspektive des fokalen Unternehmens soll der Ansatz es ermöglichen, hybride Leistungsmodule hinsichtlich ihres Aufwands, im Sinne ihrer Komplexität, und ihres Nutzens, im Sinne ihres strategischen Beitrags zur Erfüllung des Nutzenversprechens, zu bewerten.

Entscheidungsunterstützung: Für eine fundierte Entscheidung zur Erbringung des fokalen Unternehmens im Sinne einer Eigen- oder Fremderbringung (durch Partner innerhalb des Wertschöpfungsnetzwerks) soll der Ansatz erforderliche Kompetenzen berücksichtigen, um komplementäre Kompetenzen der Wertschöpfungspartner zu nutzen.

Weiterhin sollen die bestehenden Ansätze hinsichtlich der zentralen **Lösungshypothese** dieser Arbeit bewertet werden:

Durch eine kompetenz- und komplexitätsbasierte Allokation von zu erbringenden Leistungsbestandteilen auf Partner in einem Wertschöpfungsnetzwerk und unter Berücksichtigung des strategischen Beitrags der Leistungsbestandteile zur Erfüllung des Nutzenversprechens kann die Profitabilität der Leistungserbringung hybrider Leistungsangebote systematisch gesteigert werden.

3.2.2 Darstellung bestehender Ansätze

Im vorliegenden Abschnitt erfolgt die Darstellung ausgewählter bestehender Ansätze in Bezug auf den Objekt- und Zielbereich dieser Arbeit. Die Ansätze können dabei auf Basis ihres inhaltlichen Fokus drei Gruppen zugeordnet werden: (1) Ansätze zur Beschreibung und Gestaltung hybrider Leistungsangebote, (2) Ansätze zur Beschreibung und Gestaltung von Wertschöpfungsnetzwerken und (3) Ansätze zur Beschreibung und Operationalisierung von Komplexität.

3.2.2.1 Ansätze zur Beschreibung und Gestaltung hybrider Leistungsangebote

Im ersten Abschnitt werden Ansätze zur Beschreibung und Gestaltung hybrider Leistungsangebote vorgestellt. Die dargelegten Ansätze haben einen inhaltlichen Schwerpunkt bezüglich Strukturierung, Modularisierung und Konfiguration hybrider Leistungsangebote sowie notwendiger Kompetenzen in Bezug auf ihre Realisierung.

Module Definition for Product-Service Systems nach HÖLTTÄ-OTTO ET AL.

Die Methode nach HÖLTTÄ-OTTO ET AL.[438] zielt darauf ab, Servicemodule für bestehende physische Produktplattformen zu definieren, um das Angebot systematisch zu Produkt-Service Systemen (PSS) zu erweitern. Daher wird eine fünfstufige Methode entwickelt, deren Schwerpunkt eine „Product-Service Modularity Matrix" ist, mit der potenzielle Servicemoduloptionen entlang des Produktportfolios identifiziert und visualisiert werden. Darüber hinaus werden sechs PSS-Heuristiken definiert, mit deren Hilfe basierend auf der „Product-Service Modularity Matrix" Strategien und Handlungsroadmaps für neue Services und neue Produkte abgeleitet werden können. Der Ansatz unterstützt das Produkt- und Portfoliomanagement in der zukünftigen Ausrichtung der PSS-Strategie und der Ableitung von Servicemodulen im Einklang mit der Produktplattform. Aspekte notwendiger Kompetenzen zur Umsetzung der identifizierten Servicemodule und ggf. einer partnerschaftlichen Erbringung im Netzwerk werden als relevant erwähnt, jedoch bleiben Handlungsanweisungen in dieser Hinsicht aus.

Modularization of Products and Services for Configuring Product-Service Systems nach MANNWEILER UND AURICH

MANNWEILER UND AURICH[439] stellen einen Ansatz vor, der eine kundenindividuelle Konfiguration von PSS anhand einer PSS-Architektur ermöglicht. Zunächst wird dazu die physische Struktur des PSS modelliert, wobei die Sach- und Dienstleistungsstruktur zu unterscheiden ist. Nachfolgend erfolgt auf der Grundlage der physischen Struktur die Abbildung der Funktionsstruktur. Das Ergebnis ist die PSS-Architektur, welche sich aus einer Funktionsstruktur sowie der physischen Struktur der Sach- sowie Dienstleistungen zusammensetzt. Abschließend legen die Autoren eine Methode zur Beschreibung und Analyse der Schnittstellen zwischen Sach- und Dienstleistungsmodulen dar und schließen die PSS-Konfiguration mit einer Konfigurationsmatrix ab. Auf der beschriebenen PSS-Architektur des Ansatzes kann in der vorliegenden Arbeit im Rahmen der Strukturierung hybrider Leistungsangebote aufgebaut werden.

Identifikation erforderlicher Kompetenzen hybrider Leistungsbündel nach BAUREIS

BAUREIS[440] unterstützt mit seiner Methodik produzierende Unternehmen, welche den Wandel zu einem Lösungsanbieter vollziehen, erforderliche Kompetenzen für das Angebot hybrider Leistungsbündel (HLB) zu identifizieren und zu analysieren. Die

[438] Vgl. Hölttä-Otto et al. (2012), Module Definition for Product-Service Systems.
[439] Vgl. Mannweiler und Aurich (2013), Modularization of Products and Services.
[440] Vgl. Baureis (2013), Kompetenzen für hybride Leistungsbündel.

Analyse der Ressourcen- und Kompetenzausstattung fungiert als Entscheidungsunterstützung, ob eine Implementierung eines hybriden Leistungsbündels für das jeweilige Unternehmen eine strategische Option darstellt oder ein Kompetenzaufbau erforderlich ist. Ausgangspunkt der Methodik sind produktbezogene Funktionen, die wiederum nutzerbezogene Funktionen erfüllen. Sie bestimmen das HLB und werden zur Ableitung von Anforderungen an ein Unternehmen zum Angebot des HLBs herangezogen. Diese Anforderungen werden im Anschluss hinsichtlich der erforderlichen Kompetenzen, die zu ihrer Erfüllung erforderlich sind, analysiert. Abschließend erfolgt eine Kompetenzbewertung mit dem Ziel Kompetenzlücken und -stärken zu identifizieren und entsprechende Handlungsbedarfe abzuleiten. Der dargelegte Ansatz fokussiert die Kompetenzermittlung und -analyse im Kontext hybrider Leistungsbündel, sodass er im Rahmen der vorliegenden Arbeit als relevante Grundlage für die Bestimmung der durch das fokale Unternehmen und durch Partner des Wertschöpfungsnetzwerks zu erbringenden hybriden Leistungsmodule angesehen werden kann.

Systematik zur innovationsorientierten Kompetenzplanung nach RÜBBELKE

Der Ansatz von RÜBBELKE[441] zielt darauf ab, Unternehmen bei der Identifikation, Planung und dem Aufbau von Kompetenzen, welche im Rahmen der Realisierung zukünftiger Produktinnovation von Relevanz sind, zu unterstützen. Das Ergebnis der dargestellten Systematik stellt unternehmensindividuelle Maßnahmen zum strategiekonformen Kompetenzaufbau dar. Hierzu werden zunächst die verfolgten strategischen Ziele sowie die im Unternehmen vorliegenden Technologien und Kompetenzen analysiert, worauf aufbauend Kompetenzlücken zur Umsetzung der Produktinnovation identifiziert werden. Zur Schließung der Kompetenzlücken stellt der Ansatz eine Bewertungslogik von Handlungsempfehlungen bereit, welche den internen, externen und kooperativen Kompetenzaufbau adressieren. Der Ansatz fokussiert technische Kompetenzen lediglich im Rahmen der Entwicklung physischer Produkte und nicht im Kontext hybrider Leistungsangebote. Für die vorliegende Arbeit können jedoch die erläuterten Methodenschritte der Kompetenzbewertung sowie der Identifikation von Kompetenzlücken auf das Gebiet hybrider Leistungsangebote erweitert werden.

Wissensorientierte Entwicklung von Product-Service-Systemen nach SCHENKL

SCHENKL[442] entwickelt in seiner Arbeit eine Methodik zur wissensorientierten Entwicklung von PSS. Der Ansatz fußt dabei auf der zentralen Hypothese, dass die Integration eines durchgängigen Wissensmanagements in die Entwicklung von PSS Potenziale zur Steigerung der Effektivität und Effizienz bietet. Basierend auf einem

[441] Vgl. Rübbelke (2015), Systematik zur innovationsorientierten Kompetenzplanung.

[442] Vgl. Schenkl (2015), Wissensorientierte Entwicklung von Produkt-Service-Systemen.

systematischen Wissensmanagement zur Analyse des vorhandenen Unternehmenswissens werden existierende Sachleistungen um produktbegleitende Dienstleistungen zu PSS angereichert. Hierzu wird ein zweistufiges Vorgehensmodell entwickelt, welches sich aus der PSS-Entwicklung und dem Wissensmanagement zusammensetzt. Zunächst wird die Gesamtkonzeption des PSS erarbeitet, welches die strategische Zielsetzung des PSS berücksichtigt. Nachfolgend wird eine Ist-Wissenslandkarte des vorhandenen Unternehmenswissens aufgebaut, welche genutzt wird, um mit vorliegendem Wissen produktbegleitende Dienstleistung zu konzeptionieren. Im Anschluss wird die Wissenslücke zwischen Soll- und Ist-Wissen ermittelt und Maßnahmen erarbeitet, um benötigtes Wissen zielgerichtet zu entwickeln. Der Ansatz fokussiert lediglich die Entwicklung von produktbegleitenden Dienstleistungen auf der Basis von vorhandenem Unternehmenswissen und betrachtet die Sachleistungssphäre nur eingeschränkt. Darüber hinaus ist die Betrachtung der gemeinschaftlichen Erbringung von PSS in Wertschöpfungsnetzwerken explizit nicht Untersuchungsgegenstand. Für die vorliegende Arbeit können jedoch die Ansätze rund um die Wissensanalyse und die Wissenslandkarte eine hilfreiche Grundlage darstellen.

Service Engineering bei technischen Dienstleistungen nach BURR

Der Ansatz von BURR[443] zielt darauf ab, erfolgreiche Methoden zur Entwicklung und Produktion von technischen Dienstleistungen herauszustellen sowie empirisch und theoretisch zu untersuchen. Das Service Engineering technischer Dienstleistungen fußt dabei auf den Phasen der Modularisierung (Nutzung von Servicearchitekturen), Leistungstiefengestaltung (Eigenerstellung vs. Vergabe an Subdienstleister) und Systembündelung (Konfiguration von Komplettlösungen). In diesen drei Phasen adressiert BURR eine theoretische Erklärungsaufgabe sowie eine Gestaltungsaufgabe. Der Erklärungsaufgabe widmet sich der Ansatz anhand von Fallstudien in Kombination mit der Darlegung von bestehenden oder erweiterten theoretischen Ansätzen. Der Gestaltungsaufgabe kommt der Ansatz nach, indem er geeignete Instrumente und Konzepte im Rahmen des Service Engineerings identifiziert. Der Ansatz fokussiert primär technische Dienstleistungen und weniger hybride Leistungsangebote, jedoch können für die vorliegende Arbeit Ansätze der Servicemodularisierung als Grundlage dienen. Obwohl die Leistungstiefengestaltung einen Schwerpunkt der Arbeit bildet, erfolgt lediglich ihre theoretische Betrachtung und keine konkrete Handlungsempfehlung, wie z.B. eine Entscheidungsheuristik. Aspekte des Komplexitätsmanagements im Kontext hybrider Leistungsangebote werden nicht betrachtet.

443 Vgl. Burr (2016), Service Engineering bei technischen Dienstleistungen.

Methods for Service Modularization nach LUBARSKI UND PÖPPELBUß

LUBARSKI UND PÖPPELBUSS[444] unterstützen mit ihrem Beitrag bei der systematischen Auswahl von Methoden zur Dienstleistungsmodularisierung. Zu diesem Zweck entwickeln sie einen zweidimensionalen Ordnungsrahmen zur Systematisierung bestehender Methoden in diesem Forschungsfeld. Dieser gliedert sich in der einen Dimension in sechs Phasen, die bei der Gestaltung von modularen Dienstleistungen durchlaufen werden (Informationserhebung bis Testen). Die andere Dimension gliedert sich in drei Strukturierungsformen, welche den verfolgten Grundprinzipien der Dienstleistungsmodularisierung entsprechen. Der Fokus des Beitrags liegt auf Methoden, welche die Modularisierung von Dienstleistungen unterstützen, weshalb notwendige Kompetenzen zur Erbringung der Module oder ihre Erbringung in Wertschöpfungsnetzwerken nicht adressiert werden. Die Systematik unterstützt die vorliegende Arbeit jedoch hinsichtlich der Methodenauswahl zur Dekomposition und Strukturierung hybrider Leistungsangebote, da sich die vorgestellten Methoden hierauf übertragen lassen.

Modularization of product service system nach SUN ET AL.

Der Ansatz von SUN ET AL.[445] dient der Modularisierung von PSS mit dem Ziel die kundenspezifische und modulare Zusammenstellung von PSS zu unterstützen. Ausgangspunkt der Methodik sind funktionale Anforderungen, welche anteilig durch Sach- und Dienstleistungen erfüllt werden, sodass sie als Bindeglied zwischen der Sach- und Dienstleistungsdomäne angesehen werden können. Basierend auf der Analyse der Wechselwirkungen zwischen den funktionalen Anforderungen werden diese mittels eines Fuzzy-Clusteralgorithmus zu Anforderungsclustern zusammengefasst. Die Anforderungscluster wiederum bilden die Grundlage für die anschließende Definition von Modulen, welche aus Sach- und Dienstleistungsbestandteilen zusammengesetzt sind. Für die vorliegende Arbeit kann die beschriebene Vorgehensweise zur Clusterung eine relevante Grundlage für die Bestimmung hybrider Leistungsmodule bilden. Hinsichtlich der Dekomposition und Strukturierung hybrider Leistungsangebote, der Vorarbeit zur Bestimmung hybrider Leistungsmodule, bleibt der Ansatz jedoch sehr generisch und liefert keine detaillierten Aufsatzpunkte.

---

[444] Vgl. Lubarski und Pöppelbuß (2016), Methods for Service Modularization.

[445] Vgl. Sun et al. (2017), Modularization of product service system.

A customization-oriented framework for design of sustainable product service system nach SONG UND SAKAO

Der Beitrag von SONG UND SAKAO[446] leistet durch den entwickelten Ordnungsrahmen in Kombination mit der systematischen Vorgehensweise Unterstützung bei der Entwicklung von PSS. Der Ordnungsrahmen ist als standardisierter Referenzentwicklungsprozess ausgelegt. Aus prozessualer Perspektive werden hierzu vier aufeinanderfolgende Entwicklungsschritte beginnend mit der Identifikation von Anforderungen bis zur Konzeptkonfiguration adressiert. Diese werden mit entsprechenden Methodenempfehlungen und Analysetechniken sowie mit benötigten Informationen als Inputgröße komplettiert. Der Beitrag unterstützt die Entwicklung von PSS mithilfe eines Referenzprozesses und der Einbettung praxiserprobter Methoden, wobei maßgeblich der übergreifende Entwicklungsprozess fokussiert wird. Notwendige Kompetenzen in Bezug auf die Entwicklung oder die spätere Erbringung hybrider Leistungsangebote sowie der Umgang mit Komplexität bleiben unberücksichtigt.

Geschäftsmodelle für industrielle Produkt-Service Systeme nach BOßLAU ET AL.

Mit ihrem Ansatz verfolgen BOßLAU ET AL.[447] das Ziel Unternehmen beim Angebot und der Konzeptionierung von industriellen PSS (IPSS) zu unterstützen. Sie fördern hierzu ein detailliertes Verständnis von IPSS-Geschäftsmodellen, wobei sie herausstellen, dass IPSS für ihren Erfolg als lebenszyklusübergreifende Wertschöpfungspartnerschaften zu verstehen sind. Der Kern des Ansatzes stellt eine IPSS-Geschäftsmodellmorphologie dar, in welchem Merkmale und Ausprägungen von IPSS-Geschäftsmodellen als Basis einer Konzeptionierung sowie einer nachfolgenden Ausgestaltung gebündelt sind. Die Morphologie fußt auf vier Partialmodellen, welche einen Schwerpunkt auf das zugrunde gelegte Verständnis von IPSS als Wertschöpfungspartnerschaften adressieren: Nutzenversprechen, Wertschöpfung, Wertschöpfungsnetzwerk und entstehende Werte. Ebenso werden sog. relationale Komponenten zur Berücksichtigung der Relationen zwischen den vier Partialmodellen betrachtet, die sich den Kategorien Eigentumsverhältnisse, Aufgabenverteilung, Risikoverteilung und Werteverteilung zuordnen lassen. Der Fokus des Ansatzes liegt auf der Konzeptionierung von IPSS-Geschäftsmodellen und der einhergehenden Wertschöpfung, wodurch konkrete Handlungsanweisungen zur Definition von hybriden Leistungsangeboten oder ihrer partnerschaftlichen Erbringung i. S. einer Allokation im Wertschöpfungsnetzwerk fehlen.

[446] Vgl. Song und Sakao (2017), Framework for design of sustainable product/service system.
[447] Vgl. Boßlau et al. (2017), Geschäftsmodelle für Industrielle Produkt-Service Systeme.

Konzipierung von Smart Services für mechatronische Systeme nach RABE

RABE[448] stellt einen Ansatz vor, der anhand einer Systematik die Konzeptionierung von Smart Services für bestehende mechatronische Systeme ermöglicht und damit Unternehmen bei Weiterentwicklung von einem Produkt- zu einem Lösungsangebot unterstützt. Auf Basis einer Referenzarchitektur, welche die angestrebte Prinziplösung des Smart Services modellbasiert darstellt und damit den Entwicklungsgegenstand spezifiziert, erfolgt die Ableitung von Referenzbausteinen, welche Lösungen einzelner Aspekte der Referenzarchitektur darstellen. Mittels einer sog. Verträglichkeitsmatrix kann nachfolgend die Kombination einzelner Referenzbausteine für die Adressierung eines spezifischen Anwendungsszenarios bewertet werden. Mithilfe einer Datenlandkarte werden die verfügbaren Daten und Schnittstellen des zugrundeliegenden mechatronischen Systems im Rahmen der Konzeptionierung berücksichtigt. Obwohl der Ansatz mechatronische Systeme und Smart Services betrachtet, bleiben Aspekte des damit einhergehenden Komplexitätsanstiegs unberücksichtigt. Ebenfalls bleibt eine Betrachtung notwendiger Kompetenzen oder die partnerschaftliche Erbringung hybrider Leistungsangebote in Wertschöpfungsnetzwerken aus.

3.2.2.2 Ansätze zur Beschreibung und Gestaltung von Wertschöpfungsnetzwerken

Im zweiten Abschnitt werden Ansätze zur Beschreibung und Gestaltung von Wertschöpfungsnetzwerken vorgestellt. Die dargelegten Ansätze haben einen inhaltlichen Schwerpunkt auf der Konzeption und der Ausgestaltung von Wertschöpfungsnetzwerken sowie der Definition der Rollen und Aufgaben der beteiligten Akteure.

Virtuelle Fabrik nach SCHUH ET AL.

In ihrem Ansatz leisten SCHUH ET AL.[449] einen Beitrag zum Aufbau von Unternehmensnetzwerken, welcher auf langjährigen Erfahrungen und zahlreichen Praxisbeispielen des Institutes für Technologiemanagement der Universität St. Gallen fußt. Ausgehend von einer Typologie zur Einordnung unterschiedlicher Erscheinungsformen von Unternehmensnetzwerken, werden Nutzen- und Wettbewerbsvorteile virtueller Fabriken aller beteiligten Akteure thematisiert. Den Kern des Beitrags stellt die Vorstellung des Konzepts der virtuellen Fabrik dar, welches sich aus vier Bausteinen zusammensetzt: (1) Kooperationsnetzwerk und erforderliche Voraussetzungen, (2) Kooperationsprinzipien mit dedizierten Rollen, Regeln und Instrumenten, (3) Vermarktung der virtuellen Fabrik sowie (4) Nutzung der Marktchancen durch die partnerschaftliche Produktion im Netzwerk. Der vorliegende Beitrag beschäftigt sich eingehend mit

[448] Vgl. Rabe (2020), Systematik zur Konzipierung von Smart Services.
[449] Vgl. Schuh et al. (1998), Virtuelle Fabrik.

organisatorischen Prinzipien und Empfehlungen der kooperativen Zusammenarbeit und den damit einhergehenden Vorteilen. Nicht beleuchtet werden Aspekte der Allokation von Leistungsbestandteilen im Netzwerk oder die Bewertung von Komplexität.

Strategische Netzwerke nach SYDOW

SYDOW[450] verfolgt in seiner Arbeit die Zielsetzung einen Beitrag zum Management strategischer Unternehmensnetzwerke als vielfach anzutreffende Organisationsform zu leisten, indem er den wissenschaftlichen Kenntnisstand sortiert und im Spannungsfeld von Evolution und Organisation beleuchtet. Der vorliegende Ansatz beschäftigt sich eingehend mit der begrifflichen Erklärung von Unternehmensnetzwerken, mit vielfältigen theoretischen Ansätzen zur Erklärung der Evolution und Organisation strategischer Netzwerke sowie dem grundsätzlichen strategischen Management von strategischen Netzwerken. Er beschäftigt sich nicht mit konkreten Anleitungen oder Empfehlungen zur Gestaltung strategischer Netzwerke. Der Ansatz unterstützt jedoch das allgemeine theoretische Verständnis sowie das Verständnis der zugrundeliegenden Wirkmechanismen, welche Unternehmensnetzwerke prägen.

Kundenindividuelle Wertschöpfungsnetze nach GAUSMANN

GAUSMANN[451] stellt einen Ansatz vor, der die Gestaltung von Wertschöpfungsnetzwerken anhand der Auswirkungen unterschiedlicher individueller Kundenauftragstypen ermöglicht. Die verfolgte Zielsetzung des Modells ist es, die Selektion von Partnern und die Allokation von Aufgaben und Ressourcen innerhalb des Wertschöpfungsnetzwerks zu unterstützen sowie Gestaltungsmechanismen zur kundenauftragsindividuellen Netzwerkkonfiguration zu identifizieren. Der Kern des Ansatzes wird zum einen durch situative Merkmale von Kundenaufträgen gebildet, welche maßgeblich aus den zu erbringenden Leistungen stammen, und zum anderen durch situative Merkmale von bilateralen Kooperationen zwischen jeweils zwei Partnern in einem Wertschöpfungsnetzwerk, einer sog. Dyade. Eine Interdependenzbewertung zwischen den Merkmalen lässt eine Bewertung der Beeinflussung des individuellen Kundenauftrags auf die jeweils vorliegende Dyade zu. In der Konsequenz kann zwischen verschiedenen zur Auswahl stehenden Dyadenkonstellationen unterschieden und eine für die zu erbringende Leistung geeignete ausgewählt werden. Hierdurch kann das Wertschöpfungsnetzwerk systematisch definiert werden. Der Ansatz fokussiert lediglich die

450 Vgl. Sydow (2005), Strategische Netzwerke.
451 Vgl. Gausmann (2009), Kundenindividuelle Wertschöpfungsnetze.

Wechselwirkungen zwischen Kundenaufträgen und Konstellationen von Wertschöpfungspartnerschaften, fokussiert jedoch weder Kompetenzen der beteiligten Partner noch explizit hybride Leistungsangebote.

Erbringungsorganisation hybrider Leistungsbündel nach VÖLKER

VÖLKER[452] verfolgt in seinem Ansatz das Ziel der effizienten und effektiven Gestaltung einer Aufbau- und Ablauforganisation zur Erbringung hybrider Leistungsbündel, welche verschiedene Unternehmen in einem Netzwerk umfasst. Das entwickelte Modell fußt dabei auf dem Konzept der Virtualisierung von Unternehmen. Hierbei bildet sich auftragsbezogen ein virtuelles Unternehmen aus den verschiedenen Primärorganisationen der Partner innerhalb eines Unternehmensnetzwerks und zerfällt nachdem der Auftrag vollzogen ist. Im Rahmen der Gestaltung der Aufbauorganisation werden insbesondere notwendige Ressourcen definiert, welche die beteiligten Partner in die virtuelle Organisation einbringen sowie darauf basierende Rollen und Aufgaben. Die Gestaltung der Ablauforganisation hingegen fokussiert die eigentliche gemeinsame Leistungserbringung durch die Definition von Kernprozessen sowie deren Abfolge. Um eine allgemeingültige Anwendbarkeit zu gewährleisten, bleiben die einzelnen Schritte der Methodik sehr generisch, sodass eine konkrete Operationalisierung der Methodenschritte nicht erfolgt. Eine systematische Berücksichtigung von Komplexitätsaspekten im Rahmen von hybriden Leistungsangeboten ist nicht enthalten.

Designing and configuring the value creation network for servitization nach RESTA

Der von RESTA[453] vorgestellte Ansatz untersucht, wie produzierende Unternehmen erfolgreich produktbegleitende Services am Markt anbieten können und welchen Einfluss dieses Angebot hinsichtlich Kompetenzen, Ressourcen, organisatorischen Aspekten sowie Beziehungen zu Partnern hat. Auf der Basis einer umfassenden Analyse des Forschungsfeldes „servitization" im Rahmen einer Literaturanalyse werden drei zentrale Hypothesen abgeleitet, welche durch Forschungsfragen und unter Zuhilfenahme von Fallstudien untersucht werden. Als Resultat werden 12 Thesen postuliert, welche das erfolgreiche Angebot von produktbegleitenden Services in der produzierenden Industrie charakterisieren. Konkrete Handlungs- und Gestaltungsanweisungen zur Allokation von Leistungsbestandteilen im Wertschöpfungsnetzwerk oder zur Gestaltung der Kooperationen zwischen den Unternehmen liefert der Ansatz nicht. Die empirischen Ergebnisse unterstreichen jedoch die Notwendigkeit der Einbindung von

[452] Vgl. Völker (2012), Erbringungsorganisation hybrider Leistungsbündel.

[453] Vgl. Resta (2012), Designing and configuring the value creation networks.

Kooperationspartnern zur Erbringung hybrider Leistungsangebote sowie die Konfiguration des Wertschöpfungsnetzwerks unter Berücksichtigung möglicher Partner.

Characterizing service networks nach GEBAUER ET AL.

Der Ansatz von GEBAUER ET AL.[454] unterstützt Unternehmen bei der strategischen Gestaltung der Transformation von einem Produkt- zu einem Lösungsanbieter auf der Basis von Wertschöpfungsnetzwerken. Unter Anwendung einer Fallstudienuntersuchung sowie nachfolgenden Einzelfallanalysen werden vier strategische Alternativen von Servicenetzwerken zur Erbringung von Lösungen definiert und ihre grundlegende Netzwerkarchitektur sowie die verfolgte Zielsetzung beschrieben: „Vertical after-sales service network“, „horizontal outsourcing service network“, „vertical life-cycle service network“ und „horizontal integration service network“. Darüber hinaus wird für jeden der vier Servicenetzwerktypen ein Set von dynamischen und operativen Fähigkeiten abgeleitet, welche zum Aufbau und zum Betrieb des Netzwerks von Relevanz sind. Der Ansatz beschäftigt sich vor allem mit der grundlegenden Architektur von Servicenetzwerken im Einklang mit möglichen Strategien bei der Transformation vom Produkt- zum Lösungsanbieter aus Sicht des fokalen Unternehmens. Es werden weder Aspekte der Komplexität noch Möglichkeiten zur Bestimmung der Leistungsumfänge der einzelnen Partner im Netzwerk adressiert. Darüber hinaus liegt der Fokus auf Kompetenzen, welche zum Aufbau und zum Betrieb des Netzwerks von Relevanz sind, und nicht auf erforderlichen Kompetenzen zur Erbringung hybrider Leistungsangebote.

Platforms in service-driven manufacturing nach ELORANTA UND TURUNEN

In diesem Ansatz nach ELORANTA UND TURUNEN[455] wird untersucht mit welchen Möglichkeiten Unternehmen durch die Nutzung von Plattformen versuchen die zunehmende Komplexität zu beherrschen. Unter Verwendung eines Fallstudienansatzes in Kombination mit Interviews werden fünf Mechanismen identifiziert, wie Unternehmen Plattformen nutzen, um der gestiegenen Komplexität im Zusammenhang mit dem Angebot von Services zu begegnen, wobei diese nach Ausrichtung der Plattformen unterschiedlich stark priorisiert sind. Durch die Anwendung einer „cross-case Analyse“ können darüber hinaus drei dominante und übergreifende Logiken identifiziert werden: „Connecting actors“, „sharing resources“ und „integrating systems“. Der Fokus des Ansatzes liegt auf der Kollaboration zwischen Unternehmen auf Basis von Plattformen und der Beherrschung von Komplexität, jedoch werden hierbei keine Ansatzpunkte zur Bewertung der Komplexität erarbeitet. Vielmehr sind die Ergebnisse als generische

[454] Vgl. Gebauer et al. (2012), Characterizing service networks.
[455] Vgl. Eloranta und Turunen (2016), Platforms in service-driven manufacturing.

Strategien zur Komplexitätsbeherrschung anzusehen. Ebenso werden Leistungsbestandteile im Kontext von Plattformen nicht näher betrachtet.

Integrative Planung von Geschäftsmodellen und Wertschöpfungssystemen nach GAUSEMEIER ET AL.

GAUSEMEIER ET AL.[456] stellen in ihrem Ansatz die Ergebnisse eines Forschungsprojekts vor, welche als Instrumentarium für die Entwicklung von Geschäftsmodellen von der Idee bis zur Umsetzung sowie des dahinterliegenden Wertschöpfungssystems angesehen werden können. Es wird davon ausgegangen, dass innovative Geschäftsmodelle in ihrer überwiegenden Mehrheit auf der geschickten Kombination von bereits bekannten Lösungselementen bestehen. Dementsprechend verfolgt der Ansatz die Zielsetzung der musterbasierten Geschäftsmodellentwicklung und -realisierung. Hierzu werden neben 41 Technologien im Kontext von Industrie 4.0 auch 74 Geschäftsmodellmuster abgeleitet, die die Ausgangsbasis der Methode zur Geschäftsmodellentwicklung mittels Rekombination bilden. Vervollständigt wird der Ansatz durch eine Methode zum Entwurf eines Wertschöpfungssystems, die jedoch das Wertschöpfungssystem in einer generischen, ganzheitlichen Sichtweise skizziert. Die Allokation von Leistungsbestandteilen zur Realisierung des Geschäftsmodells auf Kooperationspartner ist nicht Teil der Betrachtung. Darüber hinaus beschäftigt sich der Ansatz primär mit der Geschäftsmodellentwicklung, wobei die Detailebene einzelner Leistungsbestandteile, bspw. zur Erreichung des verfolgten Nutzenversprechens, nicht beleuchtet wird.

Positionierung in technologieinduzierten Wertschöpfungsnetzwerken nach KAGE

Der Ansatz nach KAGE[457] unterstützt die Positionierung in Wertschöpfungsnetzwerken, welche maßgeblich durch neue Technologien geprägt sind. Die Systematik umfasst hierzu vier Phasen, welche sequenziell durchlaufen werden: Zunächst werden in Phase eins das Technologiefeld analysiert und heutige sowie zukünftige Rollen identifiziert, bevor die erste Phase mit spezifizierten Rollensteckbriefen abschließt. Nachfolgend in Phase zwei erfolgt eine Rollenanalyse und -bewertung, um Zielrollen für das Unternehmen mit einer hohen wirtschaftlichen Attraktivität zu definieren. Phase drei fokussiert die Ausgestaltung der Zielrollen, indem für diese Marktleistungs-, Prozess- und Geschäftsmodellinnovationen entwickelt werden. Darüber hinaus werden Aktivitäten und Ressourcen bestimmt, die das Unternehmen nicht aufweist, weshalb hierzu Wertschöpfungspartner zu suchen sind. Abschließend erfolgt in Phase vier eine Planung der Kooperationen, wobei Kombinationen von Kooperationspartnern bestimmt werden, mit denen die in Phase drei bestimmten Innovationen umgesetzt

[456] Gausemeier et al. (2017), Integrative Planung von Geschäftsmodellen und Wertschöpfungssystemen.
[457] Vgl. Kage (2018), Positionierung in technologieinduzierten Wertschöpfungsnetzwerken.

werden können. Hierzu wird der kulturelle und strategische Fit zwischen den Partnern bestimmt, bevor alle Ergebnisse in einer Erschließungsroadmap münden. Eine systematische Unterstützung der Netzwerkgestaltung erfolgt vor dem Hintergrund der Erbringung neuer Technologien. Dementsprechend bleibt eine Berücksichtigung hybrider Leistungsangebote sowie eine Komplexitätsbetrachtung aus.

Systematik zur Gestaltung der Wertschöpfung für digitalisierte hybride Marktleistungen nach MITTAG

MITTAG[458] unterstützt mit seiner Systematik produzierende Unternehmen, welche zukünftig verstärkt hybride Marktleistungen anbieten, den hierdurch entstehenden Änderungsbedarf an ihren bestehenden Wertschöpfungsstrukturen zu analysieren und einen Transformationsplan zur Gestaltung der zukünftigen Wertschöpfung abzuleiten. Das Vorgehensmodell der Systematik sieht vier aufeinanderfolgende Phasen vor. Zunächst ist das gegenwärtige Wertschöpfungssystem, bestehend aus zukünftiger Marktleistung sowie der bestehenden Wertschöpfung, zu analysieren. Nachfolgend wird ein unternehmensindividuelles Umsetzungskonzept zur Realisierung der Marktleistung auf der Basis von Transformationstreibern konzipiert. In Phase drei werden diejenigen Bereiche identifiziert, die von der Transformation betroffen sind, bevor in der abschließenden Phase ein Transformationsplan basierend auf Referenzlösungen erarbeitet wird. Die Systematik fokussiert die Wertschöpfung auf einer generischen Ebene, geht dabei jedoch nicht darauf ein, wie Bestandteile des hybriden Leistungsangebots im Wertschöpfungsnetzwerk allokiert werden sollten. Ebenso bleibt der Umgang mit der gestiegenen Komplexität hybrider Leistungsangebote unberücksichtigt.

3.2.2.3 Ansätze zur Beschreibung und Operationalisierung von Komplexität

Im dritten Abschnitt werden Ansätze zur Beschreibung und Operationalisierung von Komplexität vorgestellt. Die beschriebenen Ansätze haben einen inhaltlichen Schwerpunkt auf dem Management von Komplexität im Kontext hybrider Leistungsangebote, wobei sie Strategien zur Beherrschung von Komplexität thematisieren oder Möglichkeiten zur qualitativen oder quantitativen Bewertung von Komplexität darlegen.

[458] Vgl. Mittag (2019), Systematik zur Gestaltung der Wertschöpfung.

Komplexitätsmanagement als Herausforderung hybrider Wertschöpfung im Netzwerk nach BÖHMANN UND KRCMAR

BÖHMANN UND KRCMAR[459] beschreiben in ihrem Ansatz am Beispiel der Branche der Informations- und Kommunikationstechnik (IKT) zentrale Herausforderungen des Komplexitätsmanagements hybrider Wertschöpfung im Netzwerk und stellen darauf aufbauend Ansatzpunkte zur Komplexitätsreduzierung und -beherrschung in diesem Kontext dar. Das Ergebnis ihrer Erörterungen stellen vier Optionen für das Komplexitätsmanagement in Netzwerken dar: (1) die Verminderung, (2) die Vermeidung, (3) die Beherrschung sowie (4) die Überwälzung von Komplexität. Die Handlungsoptionen sowie die Erreichung der mit ihnen verfolgten Ziele konkretisieren die Autoren dabei mittels Handlungs- und Umsetzungsempfehlungen, wobei einhergehende Vor- und Nachteile diskutiert werden. Obwohl sich der Ansatz auf die IKT-Branche fokussiert, können die vier aufgezeigten Handlungsoptionen als allgemeingültig angesehen werden, womit sie als Grundlage für den strategischen Umgang mit Komplexität hybrider Leistungsangebote in der vorliegenden Arbeit dienen können. Eine Quantifizierung der Komplexität oder die Ableitung konkreter Komplexitätstreiber adressiert der Ansatz hingegen nicht.

Typologisierung hybrider Produkte nach BURIANEK ET AL.

BURIANEK ET AL.[460] stellen einen Ansatz zur Typologisierung hybrider Produkte vor, der als Grundlage für strategische Entscheidungen der Leistungsgestaltung und -vermarktung dient. Dem Ansatz liegt das Komplexitätsverständnis der Systemtheorie zugrunde, wobei ein Fokus auf der objektiven Komplexität liegt, d.h. der Komplexität aus Anbieterperspektive. Die objektive Komplexität in ihren verschiedenen Ausprägungen wird daher auch als zentrales Abgrenzungskriterium herangezogen. Die Typologisierung hybrider Produkte erfolgt weiterhin anhand von sieben Merkmalen aus der Prozess- und Ergebnisperspektive. Hierbei wird dem Gedanken gefolgt, dass Komplexität eine dimensionale Eigenschaft aufweist, sodass der Komplexitätsgrad der Merkmale auf einer kontinuierlichen Skala von „gering“ bis „hoch“ ausgeprägt sein kann. Der Fokus des Ansatzes liegt eindeutig auf der Typologisierung hybrider Produkte unter Komplexitätsgesichtspunkten, jedoch nicht auf der darauf aufbauenden Quantifizierung der Komplexität. Im Rahmen der vorliegenden Arbeit bietet der Ansatz besonders hinsichtlich der komplexitätsorientierten Beschreibung hybrider Leistungen mittels Komplexitätstreibern hilfreiche Anknüpfungspunkte. Aspekte in Bezug auf das Themengebiet der Wertschöpfungsnetzwerke bleiben jedoch unberücksichtigt.

---

[459] Vgl. Böhmann und Krcmar (2006), Komplexitätsmanagement als Herausforderung.

[460] Vgl. Burianek et al. (2007), Typologisierung hybrider Produkte.

Complexity cube for the characterization of complex production systems nach WINDT ET AL.

Die Methode nach WINDT ET AL.[461] zielt darauf ab, die Beherrschung der gestiegenen Komplexität in Produktionssystemen zu unterstützen. Das Ergebnis stellt ein sog. „Komplexitätswürfel" dar, mit welchem die Komplexität eines Produktionssystems in den Dimensionen organisatorische, zeitbezogene und systemische Komplexität charakterisiert werden kann. Der Grad der Komplexität innerhalb einzelner Ausprägungen in den drei Dimensionen wiederum wird unter Zuhilfenahme von Vektoren abgebildet und operationalisiert. Einzelne Komplexitätstreiber bilden dabei die Einträge innerhalb der Vektoren. Der entwickelte Komplexitätswürfel erlaubt zudem den Vergleich einzelner Produktionssysteme hinsichtlich des vorliegenden Komplexitätsgrads. Eine direkte Betrachtung von hybriden Leistungsangeboten oder Wertschöpfungsnetzwerken weist die Methode nicht auf. Dennoch bietet die methodische Vorgehensweise des Ansatzes einen hilfreichen Aufsatzpunkt zur Operationalisierung der Komplexität einzelner hybrider Leistungsmodule im Rahmen der vorliegenden Arbeit.

Komplexität in Dienstleistungsunternehmen nach BLOCKUS

BLOCKUS[462] unterstützt mit seiner Arbeit das Komplexitätsmanagement in Dienstleistungsunternehmen, wobei die Arbeit in drei Hauptteile gegliedert ist. Im Rahmen des konzeptionellen Teils wird ein Bezugsrahmen für das System „Dienstleistungsanbieter" dargelegt und relevante Komplexitätsformen im Hinblick auf den Nutzen und die Kosten von Komplexität identifiziert. Der anschließende methodische Teil folgt der Zielsetzung der Messung und Bewertung von Komplexität sowie der Analyse der Kosten- und Nutzenwirkung mittels eines „Analytic Network Processes" und mündet in einem Komplexitätsbewertungsmodell. Im abschließenden empirischen Teil werden Führungskräfte von Unternehmen aus Dienstleistungsbranchen im Rahmen von Fallstudien befragt, um Erkenntnisse über Komplexität und ihre Wirkung in Dienstleistungsunternehmen zu erhalten und die betrachteten Branchen und Unternehmen miteinander zu vergleichen. Die Arbeit leistet einen wertvollen Beitrag zum Verständnis von Komplexität in Dienstleistungsunternehmen insbesondere in seinem konzeptionellen Teil, indem Dienstleistungsunternehmen aus systemtheoretischer Sicht analysiert und relevante Komplexitätsformen und -ausprägungen herausgestellt werden. Aspekte der gemeinschaftlichen Erbringung von Dienstleistungen oder hybriden Leistungsangeboten in einem Wertschöpfungsnetzwerk werden nicht betrachtet.

[461] Vgl. Windt et al. (2008), Complexity cube for the characterization of complex production systems.
[462] Vgl. Blockus (2010), Komplexität in Dienstleistungsunternehmen.

Complexity in services nach BENEDETTINI UND NEELY

Das Ziel des Ansatzes von BENEDETTINI UND NEELY[463] besteht im Aufbau eines Bezugsrahmens, mit welchem Services anhand ihrer Komplexitätseigenschaften beschrieben und systematisiert werden können, um einfache und komplexe Services voneinander differenzieren zu können. Der Bezugsrahmen basiert auf einer umfassenden Literaturanalyse, in welcher 76 Komplexitätseigenschaften von Services identifiziert werden, welche fünf Dimensionen adressieren: Markt und Produkt, Technologien, Produktionsprozess, Administration und Management sowie Ökosystem. Der nachfolgend entwickelte Bezugsrahmen wird durch die Art (Kompliziertheit vs. Schwierigkeit) und den Ursprung (allgemein vs. individuell) der Komplexität aufgespannt, sodass sich vier Komplexitätskategorien von Services ergeben. Alle identifizierten Komplexitätseigenschaften sind diesen vier Kategorien zugeordnet. Der Ansatz beschäftigt sich insbesondere mit der Systematisierung von Komplexität von Services. Es werden weder eine Operationalisierung der Komplexität zur Bewertung eines Komplexitätsniveaus einzelner Services, noch Services im Zusammenhang mit Sachleistungen adressiert. Jedoch kann auf die Komplexitätseigenschaften von Services bei der Ableitung von Komplexitätstreibern hybrider Leistungsangebote in der Arbeit aufgebaut werden.

Evaluation of Complexity in Industrial Services nach SCHUH ET AL.

Im Ansatz zur Bewertung der Komplexität industrieller Services nach SCHUH ET AL.[464] wird untersucht, wie die Komplexität industrieller Services visualisiert und mittels Komplexitätstreibern bewertet werden kann. Der Ansatz folgt der Zielsetzung die hauptsächlichen Ursachen, die zu einer hohen Komplexität in Serviceprozessen führen, zu identifizieren, um darauf aufbauend Maßnahmen zur Komplexitätsbeherrschung ableiten zu können. Hierzu werden neun Komplexitätstreiber in den drei Dimensionen Ergebnis, Prozess und Ressource identifiziert. Nachfolgend werden Serviceprozesse mittels ereignisgesteuerter Prozessketten in einem Flussdiagramm visualisiert, bevor die Komplexitätstreiber unter Zuhilfenahme eines fragenbasierten, vierstufigen Bewertungsschemas bewertet werden. Abschließend wird eine Komplexitätskennzahl ermittelt, um die Vergleichbarkeit verschiedener Serviceprozesse zu ermöglichen. Der Fokus der Methodik liegt nicht auf der Komplexitätsbewertung hybrider Leistungsangebote, sondern explizit nur auf industriellen Serviceprozessen. Die Methodik von SCHUH ET AL. geht jedoch über die reine Komplexitätsbeschreibung hinaus und legt einen fundierten Ansatz zur Komplexitätsbewertung auf der Basis von Komplexitätstreibern dar, der eine relevante Grundlage für die vorliegende Arbeit bildet.

---

463 Vgl. Benedettini und Neely (2012), Complexity in services.

464 Vgl. Schuh et al. (2014), Evaluation of Complexity in Industrial Services.

Serviceorientierung als Erfolgsfaktor und Komplexitätstreiber beim Angebot hybrider Produkte nach WASSMUS

In diesem Ansatz nach WASSMUS[465] wird untersucht, wie sich die gestiegene Serviceorientierung beim Angebot hybrider Produkte auf den Unternehmenserfolg sowie die Komplexität auswirkt. Hierbei wird der Zielsetzung gefolgt, Handlungsempfehlungen für die unternehmerische Praxis abzuleiten, um die Serviceorientierung unter der Berücksichtigung von Aspekten des Komplexitätsmanagements effizient zu gestalten. Dem Ansatz liegt das Prinzip effizienter und effektiver Wertschöpfung zugrunde, wonach die Möglichkeit der Kostenbeeinflussung entlang des Produktlebenszyklus abnimmt, sodass das Komplexitätsmanagement möglichst frühzeitig ansetzen muss. Dem Prinzip folgend betrachtet WASSMUS den Einfluss der Serviceorientierung im Kontext hybrider Produkte. Das Ergebnis seiner empirischen und kausalanalytischen Untersuchung auf der Basis eines Strukturgleichungsmodells mit 16 Initialhypothesen stellen sechs Handlungsempfehlungen für Unternehmen des verarbeitenden Gewerbes dar. Mit ihrer Hilfe kann der Kundennutzen des Leistungsprogramms erhöht bzw. die Kostenposition des Unternehmens verbessert werden, um den Nutzenüberschuss aus Komplexitätsnutzen und Komplexitätskosten zu maximieren. Der Ansatz adressiert die Serviceorientierung im Rahmen des Komplexitätsmanagements auf einer generischen und strategischen Ebene, weshalb einzelne Leistungsbestandteile sowie ihre Erbringung in einem Wertschöpfungsnetzwerk keine Betrachtung erfahren.

Complexity in Product-Service Systems: Review and Framework nach ZOU ET AL.

In diesem Ansatz entwickeln ZOU ET AL.[466] einen Bezugsrahmen zur Beschreibung der Komplexität in PSS. Basierend auf einer umfassenden systematischen Literaturanalyse wissenschaftlicher Veröffentlichungen zwischen 2006 und 2017 identifizieren die Autoren zahlreiche Ursachen von Komplexität, die sie unter vier Dimensionen subsumieren, die gleichzeitig die Dimensionen ihres Bezugsrahmens darstellen: (1) „multiplicity", (2) „interdependence", (3) „diversity" und (4) „variablity". Einen Mehrwert für die vorliegende Arbeit stiftet der Ansatz in Bezug auf die Identifikation relevanter Dimensionen des Komplexitätsbegriffs im Kontext hybrider Leistungsangebote sowie die Identifikation von Komplexitätstreibern. Die Zuordnung und Wirkung einzelner Komplexitätsursachen in Bezug auf einzelne Charakteristika hybrider Leistungsangebote werden jedoch nicht adressiert. Ebenso bleibt eine Operationalisierung oder eine Quantifizierung der Komplexität aus.

[465] Vgl. Wassmus (2014), Serviceorientierung als Erfolgsfaktor und Komplexitätstreiber.
[466] Vgl. Zou et al. (2018), Complexity in Product-Service Systems.

Product-service system (PSS) complexity metrics nach MOURTZIS ET AL.

MOURTZIS ET AL.[467] entwickeln in ihrer Arbeit einen systematischen Ansatz zur Quantifizierung der Komplexität von PSS durch ihre kundenspezifische Individualisierung im Rahmen von Aspekten von Industrie 4.0. Das verfolgte Ziel der Methodik liegt somit in der Unterstützung von Unternehmen bei der komplexitätsorientierten Konfiguration von PSS. Zur Quantifizierung der Komplexität nutzen MOURTZIS ET AL. Vektoralgebra und bilden die Komplexität in einem zweidimensionalen Vektorraum ab, wobei die eine Achse den materiellen Teil (physische Produktbestandteile) und die andere Achse den immateriellen Teil (Servicebestandteile) des PSS und seiner Komplexität abbildet. Darüber hinaus kann über den Richtungswinkel der Vektoren bestimmt werden, ob die Komplexität des PSS durch die Produkt- oder die Servicedimension determiniert wird. Sowohl bei der Produkt-, also auch der Servicekomplexität, werden die Dimensionen Anzahl, Varianz und Informationsinhalt berücksichtigt. Die beschriebene vektorbasierte Quantifizierung von Komplexität bildet eine hilfreiche Grundlage bei der Erarbeitung einer Bewertungslogik von hybriden Leistungsmodulen unter Berücksichtigung ihrer Komplexität in der vorliegenden Arbeit.

Managing Complexity in Product Service Systems nach SCHUH ET AL.

Der Ansatz von SCHUH ET AL.[468] verfolgt im Rahmen des Angebots von PSS und Smart Services das Ziel die interne Unternehmenskomplexität an der externen Marktkomplexität auszurichten. Hierzu wird ein modellhafter Regelkreis aufgebaut, der sich wiederum aus vier Teilregelkreisen (Portfoliostruktur, Servicearchitektur, Prozessstruktur und Ressourcenstruktur) zusammensetzt, die die Dimensionen der internen Unternehmenskomplexität abbilden. Die Störgröße des Regelkreises wird durch die (externe) Marktkomplexität verkörpert, während das Komplexitätsmanagement als Regler fungiert. Zur Harmonisierung der internen und externen Komplexität wird jeweils eine Effizienzkennzahl und eine Flexibilitätskennzahl in den vier Dimensionen abgeleitet, mit welcher die Komplexität quantifiziert werden kann. Durch die nachfolgende Einordnung der Kennzahlen in ein Portfolio sowie die Analyse der Wechselwirkungen zwischen den Kennzahlen mittels Kurvenmodellen können Anhaltspunkte zur Komplexitätsbeherrschung abgeleitet werden. SCHUH ET AL. erarbeiten einen Bezugsrahmen zur Analyse der Komplexität von PSS, fokussieren sich dabei jedoch hauptsächlich auf das Spannungsfeld zwischen Effizienz und Flexibilität.

---

[467] Vgl. Mourtzis et al. (2018), Product-service system (PSS) complexity metrics.

[468] Vgl. Schuh et al. (2019), Managing Complexity in Product Service Systems.

Complexity management in variant-rich product development nach VOGEL

VOGEL[469] erarbeitet eine Methodik zum Komplexitätsmanagement variantenreicher Produktenwicklungsprozesse, welche auf einer umfangreichen literaturbasierten sowie empiriegestützten Identifikation und Bewertung von Komplexitätstreibern fußt. Ergänzt werden diese Erkenntnisse mit in der wissenschaftlichen Literatur bestehenden und in der Praxis angewendeten Komplexitätsstrategien und Methoden, um Komplexität in Unternehmen zu managen. Auf dieser Grundlage erarbeitet VOGEL eine praxisorientierte Methodik, welche in die vier Schritte Komplexitätsanalyse, Komplexitätsbewertung, Anwendung von Komplexitätsstrategien und Komplexitätsplanung und -controlling gegliedert ist, wobei innerhalb der vier Schritte die Dimensionen Produktkomplexität, Prozesskomplexität und Portfoliokomplexität adressiert werden. Der Fokus des Ansatzes liegt eindeutig auf der Produktentwicklung physischer Produkte und weist damit keine Berücksichtigung von immateriellen Leistungen oder der Erbringung hybrider Leistungsangebote im Kontext von Wertschöpfungsnetzwerken auf. Dennoch liefert der Ansatz durch seine umfangreiche Identifikation und Kategorisierung von Komplexitätstreibern, der Ableitung von Komplexitätskennzahlen sowie Komplexitätsmethoden hilfreiche Ansatzpunkte für die komplexitätsorientierte Beschreibung und Bewertung hybrider Leistungsmodule der vorliegenden Arbeit.

3.2.2.4 Eigene Ansätze

Nachfolgend werden einige Veröffentlichungen des Autors im Kontext dieser Arbeit dargelegt. Sie sind in der Erstellungsphase dieser Arbeit entstanden und beinhalten Teilergebnisse des Forschungsvorhabens, die auf nationalen und internationalen Fachkonferenzen vorgestellt und mit Experten aus der Wissenschaft diskutiert und weiterentwickelt worden sind.

Methodology for the Assessment of Complexity in Corporate Value Networks nach RIESENER ET AL.

Die erste Veröffentlichung[470] beinhaltet einen Ansatz zur Quantifizierung von Komplexität in Wertschöpfungsnetzwerken. Dazu werden Wertschöpfungsnetzwerke und Komplexität im Kontext der Systemtheorie betrachtet und zunächst Komplexitätstreiber in den drei Komplexitätsdimensionen strukturbedingte, kooperationsbedingte und umweltbedingte Komplexität identifiziert. Die Bewertung der Komplexität jedes Komplexitätstreibers erfolgt anhand einer fünfstufigen, verbalisierten Ordinalskala. Diese adressiert auf der ersten Stufe sehr geringe Komplexität und erstreckt sich bis sehr hohe

[469] Vgl. Vogel (2019), Complexity management in variant-rich product development.
[470] Vgl. Riesener et al. (2020), Methodology for the Assessment of Complexity.

Komplexität auf der fünften Stufe. Die anschließende Berechnung eines Komplexitätswerts erfolgt mittels eines vektoriellen Ansatzes, sodass die Komplexität in jeder der drei Komplexitätsdimensionen beziffert werden kann.

Concept for a Complexity-Oriented Structuring of Corporate Value Networks for the Provision of Product-Service Systems nach KREß ET AL.

Die zweite Veröffentlichung[471] legt ein Konzept zur Erbringung hybrider Leistungsangebote in Wertschöpfungsnetzwerken dar, um die Profitabilität der Erbringung aus der Sicht des offerierenden Unternehmens zu steigern. Das verfolgte Ziel bestand damit in der grundsätzlichen Strukturierung des Forschungsvorhabens. Ein Schwerpunkt des Konzepts liegt auf der integrierten Betrachtung strategischer sowie kompetenz- und komplexitätsorientierter Aspekte aus der Perspektive des fokalen Unternehmens. Hierzu werden hybride Leistungsmodule hinsichtlich ihres strategischen Beitrags für das zugrundeliegende Geschäftsmodell sowie in Bezug auf ihre Komplexität bewertet. In Kombination mit der Bewertung der Kompetenzausstattung des fokalen Unternehmens wird ein Entscheidungsportfolio zur Unterstützung der Entscheidung, welche Leistungsmodule eines hybriden Leistungsangebots durch das fokalen Unternehmen und welche durch Partner innerhalb eines Wertschöpfungsnetzwerks zu erbringen sind, skizziert. Das Entscheidungsportfolio sowie eine nachgelagerte Allokation von hybriden Leistungsmodulen auf Wertschöpfungspartner, welche nicht durch das fokale Unternehmen erbracht werden, erlaubt eine strategisch günstige Positionierung im Wertschöpfungsnetzwerk sowie eine Komplexitätsbeherrschung des fokalen Unternehmens bei der Erbringung hybrider Leistungsangebote.

Methodology for Structuring and Bundling Product-Service Systems nach RIESENER ET AL.

Die dritte Veröffentlichung[472] stellt eine Vorgehensweise vor, wie hybride Leistungsangebote strukturiert und hybride Leistungsmodule zu ihrer dezentralen Erbringung durch Wertschöpfungspartner in einem Wertschöpfungsnetzwerk definiert werden können. Hierzu wird zunächst das Konzept der Produktarchitektur aufgegriffen und durch einen Analogieschluss auf Dienstleistungen übertragen, sodass sich eine Leistungsarchitektur ergibt. Die Definition hybrider Leistungsmodule erfolgt mittels einer Multiple-Domain Matrix und unter Anwendung eines Clusteralgorithmus.

[471] Vgl. Kreß et al. (2021), Concept for a Complexity-Oriented Structuring of Corporate Value Networks.
[472] Vgl. Riesener et al. (2021), Structuring and Bundling Product-Service Systems.

Methodology for Organizing Product-Service System Provision in Corporate Value Networks nach RIESENER ET AL.

Die vierte Veröffentlichung[473] adressiert die Entscheidung eines fokalen Unternehmens eines Wertschöpfungsnetzwerks und Anbieters eines hybriden Leistungsangebots, welche Leistungsmodule des hybriden Leistungsangebots es erbringen kann und wo es auf Wertschöpfungspartner angewiesen ist. Hierzu werden unternehmerische Kompetenzen für die Erbringung des hybriden Leistungsangebots fokussiert und mittels einer Kompetenzanalyse die Kompetenzausstattung des fokalen Unternehmens bewertet, sodass benötigte Kompetenzbedarfe aufgedeckt werden. Für die Entscheidung des fokalen Unternehmens über die Erbringung hybrider Leistungsmodule des hybriden Leistungsangebots wird das in bereits vorangegangenen Veröffentlichungen[474] skizzierte Entscheidungsportfolio detailliert. Hierzu wird der Grundsatz des Komplexitätsmanagements im Rahmen der Erbringungsentscheidung berücksichtigt, wonach Komplexität nur dort zugelassen werde sollte, wo der Komplexität ein ausreichend hoher Nutzen gegenübersteht. Darüber hinaus wird ein methodischer Ansatz zur Allokation von Leistungsmodulen des hybriden Leistungsangebots auf Kooperationspartner mittels des Greedy-Algorithmus dargelegt. Die abschließende Darstellung von Normstrategien der kooperativen Einbindung möglicher Kooperationspartnern unterstützt die nachgelagerte Planung und Gestaltung der Kooperation mit einzelnen Wertschöpfungspartnern innerhalb eines Wertschöpfungsnetzwerks.

[473] Vgl. Riesener et al. (2021), Organizing Product-Service System Provision in Corporate Value Networks.
[474] Vgl. Kreß et al. (2021), Concept for a Complexity-Oriented Structuring of Corporate Value Networks.

3.3 Zusammenfassung und Positionierung der Arbeit

Im vorangegangen Kapitel wurden für die vorliegende Arbeit relevante wissenschaftliche Ansätze mit einem Bezug zum definierten Objekt- und Zielbereich vorgestellt. Die vorgestellten Ansätze entstammen wissenschaftlichen Journals sowie Konferenzen oder wurden als Dissertationsschriften oder wissenschaftliche Fachbücher veröffentlicht. Neben einem Fokus auf international angesehene Ansätze, wurde zudem die Aktualität der Veröffentlichungen fokussiert, um der Anforderung nach dem neusten Wissens- und Informationsstand gerecht zu werden. Abbildung 3-5 zeigt eine Aufschlüsselung der 36 vorgestellten Ansätze nach ihren Veröffentlichungszeitpunkten.

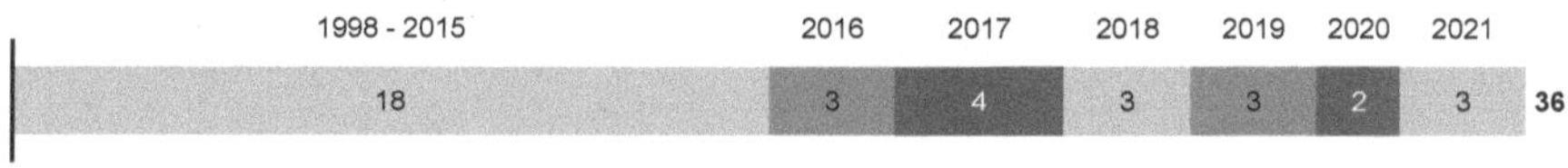

Abbildung 3-5: Analysierte Ansätze nach Veröffentlichungszeitpunkten

Neben der statistischen Auswertung der analysierten Ansätze beinhaltet das aktuelle Kapitel auch eine zusammenfassende Bewertung der Ansätze im Hinblick auf die vorliegende Arbeit. In Abbildung 3-6 sind die erläuterten Ansätze ohne die eigenen Ansätze aus Kapitel 3.2.2.4 gemäß den drei inhaltlichen Schwerpunkten der untersuchten Ansätze dargestellt, wobei die in Kapitel 3.2.1 definierten Bewertungskriterien gleichgewichtet in der Bewertung Berücksichtigung finden. Neben der fünfstufigen Bewertung, mit denen die einzelnen Ansätze bewertet sind, kann der Übersicht auch der durchschnittliche **Überdeckungsgrad** und der durchschnittliche **Erfüllungsgrad** entnommen werden. Ersterer bemisst, wie stark der Ansatz den definierten Objektbereich der Arbeit adressiert, während letzterer angibt, wie stark der entsprechende Ansatz die gleichen Ziele wie die vorliegende Arbeit adressiert.

Legende
- ○ nicht erfüllt
- ◔ kaum erfüllt
- ◑ teilweise erfüllt
- ◕ fast erfüllt
- ● vollständig erfüllt

LH - Lösungshypothese

	Objektbereich					Zielbereich				LH		
	Betrachtung hybrider Leistungsangebote	Betrachtung der Abhängigkeit von Nutzenversprechen und hybridem Leistungsangebot	Betrachtung der Komplexität hybrider Leistungsangebote	Betrachtung unternehmerischer Kompetenzen	Betrachtung von Wertschöpfungsnetzwerken	Dekomposition und Strukturierung des hybriden Leistungsangebots	Bestimmung hybrider Leistungsmodule	Steigerung der Profitabilität der Leistungserbringung und Komplexitätsbeherrschung	Entscheidungsunterstützung	Kompetenz- und komplexitätsbasierte Allokation von Leistungen	Ø Überdeckungsgrad	Ø Erfüllungsgrad
I) Ansätze zur Beschreibung und Gestaltung hybrider Leistungsangebote												
HÖLTTÄ-OTTO ET AL.	●	◔	○	○	○	◔	◕	○	○	○	0,25	0,25
MANNWEILER UND AURICH	●	◔	○	○	○	◕	◕	○	○	○	0,25	0,50
BAUREIS	●	○	○	●	◔	○	○	○	◑	◑	0,45	0,13
RÜBBELKE	◑	◑	○	●	◔	◔	○	○	◕	◑	0,45	0,25
SCHENKL	◕	◑	○	●	○	◔	◔	○	◑	◔	0,45	0,25
BURR	◑	◔	○	◑	◑	◑	◔	◔	◑	◔	0,35	0,38
LUBARSKI UND PÖPPELBUß	◑	○	○	○	○	◑	◑	○	○	○	0,10	0,25
SUN ET AL.	●	◔	○	○	○	◔	●	○	○	○	0,25	0,31
SONG UND SAKAO	●	◑	○	○	○	◑	◕	○	○	○	0,30	0,31
BOßLAU ET AL.	◕	●	○	○	◕	○	○	◔	○	◔	0,50	0,06
RABE	◑	◕	○	○	○	◔	◑	○	○	○	0,25	0,19
II) Ansätze zur Beschreibung und Gestaltung von Wertschöpfungsnetzwerken												
SCHUH ET AL.	○	○	○	◑	◑	○	○	◔	◔	○	0,20	0,13
SYDOW	○	◔	○	◔	●	○	○	◔	◑	◑	0,30	0,19
GAUSMANN	◔	○	○	○	◕	○	○	◑	◑	◔	0,20	0,25
VÖLKER	●	○	○	◑	●	○	○	◔	◑	◔	0,50	0,19
RESTA	◕	◑	○	◑	◕	○	○	◔	◑	○	0,45	0,19
GEBAUER ET AL.	◑	◔	○	◑	●	○	○	◔	◑	◔	0,45	0,19
ELORANTA UND TURUNEN	○	◔	◑	◔	◑	○	○	◑	○	◔	0,30	0,06
GAUSEMEIER ET AL.	◔	◕	○	◔	◕	○	○	○	◔	◔	0,40	0,06
KAGE	○	◔	○	◑	◕	○	○	◑	◑	◑	0,30	0,19
MITTAG	◕	◑	○	◑	◑	◔	○	◔	◔	◔	0,45	0,19
III) Ansätze zur Beschreibung und Operationalisierung von Komplexität												
BÖHMANN UND KRCMAR	◔	○	◕	○	●	◔	○	◑	○	◔	0,30	0,19
BURIANEK ET AL.	◕	○	◑	○	○	○	○	◔	○	○	0,25	0,06
WINDT ET AL.	○	○	◑	○	◑	○	○	◑	○	◔	0,20	0,13
BLOCKUS	◔	◑	◕	○	○	◔	○	◑	○	○	0,30	0,19
BENEDETTINI UND NEELY	◑	○	◑	○	◑	○	○	◔	○	○	0,30	0,06
SCHUH ET AL.	◑	○	◕	○	○	○	○	◑	○	○	0,25	0,06
WASSMUS	◕	◕	◕	○	○	○	○	◑	○	◔	0,45	0,13
ZOU ET AL.	◕	○	◑	○	○	○	○	◔	○	○	0,25	0,06
MOURTZIS ET AL.	●	◔	●	○	○	○	○	◑	○	◔	0,45	0,06
SCHUH ET AL.	◕	◔	◕	○	○	○	○	◔	○	○	0,35	0,06
VOGEL	◑	○	◑	○	○	◔	○	◔	○	◔	0,20	0,13

Abbildung 3-6: Bewertung bestehender Ansätze

Die Gegenüberstellung der Ansätze und Bewertungskriterien zeigt, dass zwar einzelne Teilaspekte des Objekt- und Zielbereichs durch die bestehende wissenschaftliche Literatur adressiert werden, jedoch keiner der Ansätze eine vollumfängliche Erfüllung der Kriterien aufweist (vgl. Abbildung 3-6).

Die Ansätze zur **Beschreibung und Gestaltung hybrider Leistungsangebote** adressieren im Objektbereich insbesondere das Zusammenspiel zwischen den Leistungsbestandteilen und dem zu stiftenden Kundennutzen sowie des zu erfüllenden Nutzenversprechens des Geschäftsmodells. Es mangelt jedoch in den meisten Fällen an der Einbeziehung der partnerschaftlichen Erbringung in einem Wertschöpfungsnetzwerk sowie der Berücksichtigung der Komplexitätsdimension. Da die Mehrzahl der untersuchten Ansätze eine technische Perspektive auf hybride Leistungsangebote einnimmt, liefern die Ansätze im Zielbereich einen Beitrag zur Strukturierung und Dekomposition des hybriden Leistungsangebots sowie zur Bestimmung hybrider Leistungsmodule. Es bleibt jedoch auch im Zielbereich festzuhalten, dass die gemeinschaftliche Erbringung und damit eine Unterstützung der Erbringungsentscheidung nicht hinreichend erfüllt wird und zumeist ein singulärer Fokus auf dem hybriden Leistungsangebot liegt.

Die Ansätze zur **Beschreibung und Gestaltung von Wertschöpfungsnetzwerken** fokussieren im Objektbereich vor allem unternehmerische Kompetenzen, welche im Kontext der partnerschaftlichen Zusammenarbeit sowie zur Erbringung hybrider Leistungsangebote benötigt werden. Ein Umgang mit Komplexität im Kontext hybrider Leistungsangebote durch eine partnerschaftliche Zusammenarbeit ist hingegen bei nahezu keinem Ansatz Betrachtungsgegenstand. Die fehlende Berücksichtigung der Komplexitätsdimension zeigt sich auch im Zielbereich. Jedoch leisten nahezu alle Ansätze einen Beitrag zur Erbringungsentscheidung, wohingegen eine Methodik zur Allokation von Leistungsbestandteilen des hybriden Leistungsangebots auf Partner im Wertschöpfungsnetzwerk, beispielsweise auf Basis einer Dekomposition des Leistungsangebots oder der Definition hybrider Leistungsmodule, nicht adressiert ist.

Die Ansätze zur **Beschreibung und Operationalisierung von Komplexität** unterstreichen die gestiegene Komplexität im Themengebiet hybrider Leistungsangebote und fokussieren diese, wobei sie maßgeblich auf einer beschreibenden Ebene bleiben. Dies zeigt sich auch im Zielbereich, wo die Ansätze die Zielsetzung der Profitabilitätssteigerung der Leistungserbringung adressieren, wobei dies auf der Basis generischer Komplexitätsstrategien geschieht, ohne die Komplexität in Bezug auf hybride Leistungsangebote jedoch zu quantifizieren.

Zusammenfassend kann festgehalten werden, dass eine Lücke in der wissenschaftlichen Literatur existiert, da keiner der vorgestellten Ansätze die Anforderungen des Objekt- und Zielbereichs in einem hinreichend hohen Maß erfüllt. Der sich ergebene Forschungsbedarf besteht in einer integrierten, durchgängigen Methodik, welche dem Komplexitätsanstieg sowie der Vielzahl der benötigten Kompetenzen bei der Erbringung hybrider Leistungsangebote Rechnung trägt und eine gemeinschaftliche Erbringung in Wertschöpfungsnetzwerken fokussiert. Hierzu bedarf es einer integrierten Betrachtung von hybriden Leistungsangeboten, Wertschöpfungsnetzwerken und Komplexität, welche in dieser Form in der aktuellen Wissenschaft nicht vorzufinden ist. Insbesondere ist der Analyse der bestehenden Ansätze zu entnehmen, dass es neben der Komplexitätsbeherrschung im Kontext der Erbringung hybrider Leistungsangebote einer ganzheitlichen Entscheidungsunterstützung für das fokale Unternehmen bedarf. Es ist für das fokale Unternehmen essenziell zu entscheiden, welche Leistungsumfänge es selber erbringen kann und sollte und wie es Leistungsumfänge auf seine Wertschöpfungspartner zur Erbringung allokieren kann. Dieser Forschungsbedarf soll durch die vorliegende Arbeit adressiert werden.

3.4 Zwischenfazit: Forschungsbedarf

Auf der Basis der beschriebenen Herausforderungen in der Praxis (vgl. Kapitel 3.1) sowie der Analyse bestehender wissenschaftlicher Ansätze (vgl. Kapitel 3.2) wurde herausgestellt, dass in Bezug auf die Erbringung hybrider Leistungsangebote in Wertschöpfungsnetzwerken ein Praxis- und Theoriedefizit vorliegt.

Herausforderungen in der Praxis sind dadurch gekennzeichnet, dass Unternehmen die Beherrschung der einsetzenden Komplexitätsverschiebung im Rahmen des Angebots und der Erbringung hybrider Leistungsangebote von der Kunden- auf die Anbieterseite oft nicht gelingt. Darüber hinaus ergeben sich weitere Herausforderungen bei der Konzeption und dem Aufbau des Wertschöpfungsnetzwerks in Abhängigkeit des angestrebten Nutzenversprechens. Hinderlich hierbei ist insbesondere eine unzureichende Kenntnis über die eigenen Kompetenzen sowie die Unkenntnis darüber, bei welchen Leistungsumfängen Partner effizient unterstützen und einen Mehrwert kreieren können, um das Wertschöpfungsnetzwerk basierend auf komplementären Kompetenzen konfigurieren zu können. Auch die unzureichende Allokation von Erbringungsleistungen auf Partner im Wertschöpfungsnetzwerk durch das fokale Unternehmen führt in Summe dazu, dass Potenziale zur Profitabilitätssteigerung durch eine partnerschaftliche Erbringung hybrider Leistungsangebote im Wertschöpfungsnetzwerk ungenutzt bleiben.

Die Analyse und Bewertung bestehender wissenschaftlicher Ansätze zeigt, dass die Defizite in der Praxis auch in der Theorie bestehen. Keiner der vorgestellten Ansätze konnte sämtliche Bewertungskriterien des Objekt- und Zielbereichs der vorliegenden Arbeit hinreichend erfüllen. Es können einige wenige Ansätze identifiziert werden, die einzelne Aspekte, wie beispielsweise eine Kompetenz- oder Komplexitätsorientierung, aufweisen. Die Mehrzahl der Ansätze weist jedoch eine singuläre Fokussierung einzelner Teilaspekte, wie hybride Leistungsangebote, Wertschöpfungsnetzwerke oder Komplexität auf. Kein Ansatz fokussiert jedoch eine integrierte Adressierung der skizzierten Defizite. In der Konsequenz werden durch die vorliegenden Ansätze zentrale Aspekte des Forschungsvorhabens nicht angemessen berücksichtigt. Ebenso berücksichtigt keiner der Ansätze die Lösungshypothese in einem nennenswerten Maße.

Basierend auf den existierenden Defiziten in Praxis und Theorie ist das Ziel des nachfolgenden Kapitels die Entwicklung eines Konzepts zur Erbringung hybrider Leistungsangebote in Wertschöpfungsnetzwerken. Zu Beginn werden zunächst grundlegende Anforderungen an die zu erarbeitende Methodik definiert. Hieran schließt sich die Gestaltung des Konzepts an, bevor einzelne Teilmodelle der Methodik formuliert werden.

4 Konzeption der Methodik

Das vorliegende Kapitel verfolgt das Ziel, das Grobkonzept der Methodik zur Erbringung hybrider Leistungsangebote in Wertschöpfungsnetzwerken aufzubauen. Dazu wird einleitend in Kapitel 4.1 ein Leitbild der vorliegenden Arbeit skizziert, in welches die Zielsetzung der zu konzipierenden Methodik eingeordnet wird und anhand dessen die adressierten Herausforderungen dargelegt werden. In Kapitel 4.2 werden die Anforderungen an die Methodik formuliert, bevor in Kapitel 4.3 die vier Schritte des Konzepts erläutert werden. Zur modelltheoretischen Einordnung werden in Kapitel 4.4 die vier Schritte der Methodik in Teilmodelle überführt. Kapitel 4.5 bildet mit einem Zwischenfazit den Abschluss der Konzeption der Methodik.

4.1 Leitbild der vorliegenden Arbeit

Nachfolgend soll die in dieser Arbeit zu entwickelnde Methodik zur Erbringung hybrider Leistungsangebote im Wertschöpfungsnetzwerk in ein übergeordnetes Leitbild eingeordnet werden. Hierzu wird die derzeitige Transformation zum Lösungsanbieter produzierender Unternehmen thematisiert und die damit einhergehenden Wirkmechanismen und Herausforderungen beschrieben, welche die zu entwickelnde Methodik adressiert.

Wie bereits in Kapitel 1.1 und Kapitel 3.1 dargelegt, befinden sich zahlreiche Unternehmen der produzierenden Industrie zurzeit in einer Transformation zum Lösungsanbieter, um neue Erlösströme zu generieren und eine Differenzierung hinsichtlich Wettbewerbern zu erreichen. Diese Transformation zum Lösungsanbieter geht einher mit einer zunehmenden Ergebnisorientierung des Leistungsangebots anstelle der bisher fokussierten Produktorientierung (vgl. Kapitel 2.1.2). Hierdurch findet eine Abkehr von einem Nutzenversprechen basierend auf einer Produktorientierung statt, wie beispielsweise dem Verkauf einer Werkzeugmaschine. Stattdessen werden Nutzenversprechen basierend auf einer Ergebnisorientierung verfolgt und bestimmen die zukünftige Unternehmensstrategie. Beispiele hierfür wären der Verkauf des Ergebnisses einer Werkzeugmaschine, z.B. eines gefrästen Bauteils zu einem vor Auftragsbearbeitung bestimmten Kostensatz, oder die Garantie der Verfügbarkeit einer Werkzeugmaschine. Bei einer Produktorientierung ist das Leistungsangebot maßgeblich durch eine materielle Leistung, beispielsweise durch die Werkzeugmaschine mit wenigen ergänzenden Sach- und Dienstleistungen, geprägt. Diese wird durch das fokale Unternehmen sowie Partner erbracht. Darüber hinaus werden jedoch aus Kundensicht weitere Sach- und Dienstleistungen benötigt, um die Leistung möglichst effizient nutzen zu können. Diese werden nicht zwangsläufig durch das fokale Unternehmen angeboten, sondern der Kunde muss in Abhängigkeit seiner individuellen Rahmenbedingungen und Ziele entscheiden, welche zusätzlichen Leistungen erforderlich sind und diesbezüglich Leistungsumfänge verschiedener weiterer Anbieter hinzukaufen. Die Komplexität der Leistungserbringung ist folglich auf das fokale Unternehmen und weitere Sach- und Dienstleister verteilt. Zudem liegt Komplexität auf der Seite des Kunden vor, der die dezentral angebotenen Leistungen zusammenstellen und aufeinander abstimmen muss, sodass sie bestmöglich seine individuellen Rahmenbedingungen adressieren und zur effizienten Nutzung der Leistung beitragen (vgl. Abbildung 4-1).

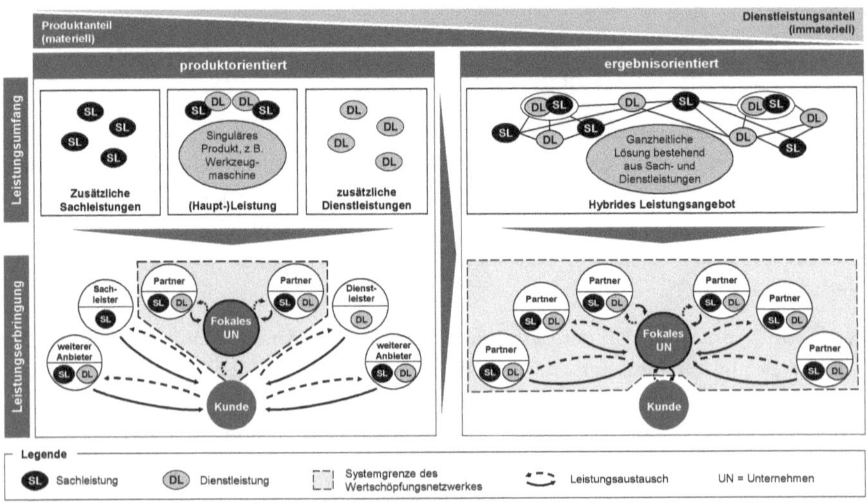

Abbildung 4-1: Leitbild der vorliegenden Arbeit

Charakterisiert jedoch eine Ergebnisorientierung die Unternehmensstrategie, so findet die Konfiguration der einzelnen Sach- und Dienstleistungen sowie ihre Abstimmung aufeinander durch das fokale Unternehmen statt. Hierdurch entsteht ein hybrides Leistungsangebot als ganzheitliche Lösung spezifischer Kundenanforderungen und ein ergebnisorientiertes Nutzenversprechen. Neben der Abstimmung der einzelnen Sach-

und Dienstleistungen aufeinander, kommt es ebenfalls zu einer Übernahme von Wertschöpfungsaktivitäten, welche vormals im Tätigkeitsbereich des Kunden lagen. Hierdurch müssen zusätzliche Sach- und Dienstleistungen in das hybride Leistungsangebot integriert werden, um das angestrebte Nutzenversprechen zu realisieren. Die Folge ist ein Komplexitätsanstieg des hybriden Leistungsangebots sowie eine einsetzende Komplexitätsverschiebung von der Kundenseite auf die Anbieterseite. Dies betrifft insbesondere das fokale Unternehmen, welches im Sinne des „One-face-to-the-customer" als Schnittstelle zwischen dem Wertschöpfungsnetzwerk und dem Kunden agiert. Aufgrund einer begrenzten Kompetenzausstattung kann das fokale Unternehmen das erweiterte hybride Leistungsangebot nicht mehr alleine erbringen. Somit kommt dem fokalen Unternehmen neben der Definition des hybriden Leistungsangebots zusätzlich die Aufgabe zu, relevante Partner zu identifizieren und mit diesen Kooperationen im Rahmen eines Wertschöpfungsnetzwerks zu etablieren, um das Nutzenversprechen zu realisieren. Hierbei ergibt sich die Herausforderung eigene Kompetenzen und die möglicher Partner zur Erbringung des hybriden Leistungsangebots bestmöglich einzubinden und einzelne Leistungsmodule des hybriden Leistungsangebots auf potenzielle Partner zu allokieren. Darüber hinaus muss das fokale Unternehmen zur Beherrschung des Komplexitätsanstiegs befähigt werden. Hierzu gilt es, den Transfer von Komplexität auf Partner durch die Allokation hybrider Leistungsmodule zu fokussieren, welche die Komplexität aufgrund ihrer Kompetenzausstattung besser beherrschen können als das fokale Unternehmen. An dieser Stelle setzt die zu entwickelnde Methodik an. Sie unterstützt die Transformation zum Lösungsanbieter produzierender Unternehmen, welche in einem Wertschöpfungsnetzwerk als fokales Unternehmen agieren wollen. Eine erfolgreiche Anwendung der zu entwickelnden Methodik führt durch die Beherrschung der Komplexität sowie die Berücksichtigung komplementärer Kompetenzen zur Steigerung der Profitabilität des fokalen Unternehmens bei der Erbringung hybrider Leistungsangebote.

4.2 Anforderungen an die Methodik

Zur systematischen Modellentwicklung werden zunächst die inhaltlichen und formalen Anforderungen an die zu entwickelnde Methodik abgleitet.

4.2.1 Inhaltliche Anforderungen

Die Grundlage einer zielgerichteten und systematischen Konzeption der Methodik bilden die inhaltlichen Anforderungen. Neben der Unterstützung der Konzeption der

Methodik ermöglichen sie eine kritische Reflexion im Rahmen der Validierung der entwickelten Methodik in Kapitel 6. Zur Definition der inhaltlichen Anforderungen werden die Zielsetzung der Arbeit (vgl. Kapitel 1.2), der Objektbereich (vgl. Kapitel 3.2.1) sowie die identifizierten Defizite in Praxis (vgl. Kapitel 3.1) und Theorie (vgl. Kapitel 3.2) herangezogen. Eine Übersicht über die inhaltlichen Anforderungen kann Abbildung 4-2 entnommen werden.

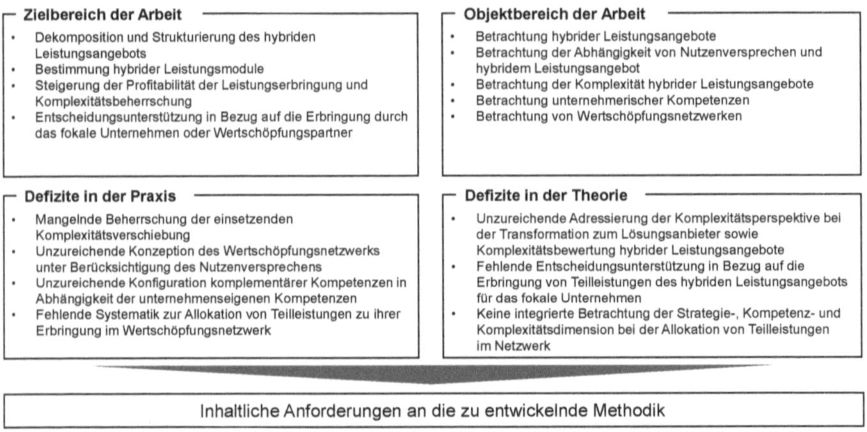

Abbildung 4-2: Inhaltliche Anforderungen

Aus der **Zielsetzung der Arbeit** leitet sich ab, dass die zu entwickelnde Methodik auf der Basis einer Dekomposition und Strukturierung des hybriden Leistungsangebots die Bestimmung hybrider Leistungsmodule ermöglichen muss, um eine Erbringung durch Partner im Wertschöpfungsnetzwerk zu befähigen. Um die Profitabilität der Leistungserbringung zu erhöhen, gilt es, die Komplexität hybrider Leistungsmodule zu berücksichtigen, sodass eine Komplexitätsbeherrschung des fokalen Unternehmens durch eine komplexitätsorientierte Allokation hybrider Leistungsmodule unterstützt wird. Darüber hinaus muss die Entscheidungsunterstützung hinsichtlich einer Erbringung durch das fokale Unternehmen oder durch Partner innerhalb des Wertschöpfungsnetzwerks die erforderlichen Kompetenzen zur Leistungserbringung umfassen.

Aus dem **Objektbereich der Arbeit** geht hervor, dass die Betrachtung hybrider Leistungsangebote und ihre partnerschaftliche Erbringung in Wertschöpfungsnetzwerken erfolgen soll. Hierbei gilt es, neben der Abhängigkeit des Nutzenversprechens des zugrundeliegenden Geschäftsmodells und des hybriden Leistungsangebots, die Komplexität hybrider Leistungsangebote und erforderliche unternehmerische Kompetenzen im Kontext der Leistungserbringung zu berücksichtigen.

Aus den **Defiziten der Praxis** folgt, dass es Unternehmen an einer Beherrschung der Komplexitätsverschiebung im Rahmen des Angebots und der Erbringung hybrider Leistungsangebote von der Abnehmer- auf die Anbieterseite mangelt. Eine Antwort auf diese Herausforderung stellt die Allokation von Teilleistungen des hybriden Leistungsangebots auf Partner eines Wertschöpfungsnetzwerks dar. In der Praxis fehlt jedoch eine Systematik zur Allokation ebendieser Leistungen unter kompetenz- und komplexitätsorientierten Gesichtspunkten und der Unterstützung der damit einhergehenden Erbringungsentscheidung als Ausgangspunkt zur Konzeption des Wertschöpfungsnetzwerks.

Aus den **Defiziten der Theorie** wird ersichtlich, dass es an einer integrierten Methodik fehlt, welche der Komplexitätsbeherrschung sowie der Vielzahl der benötigten Kompetenzen bei der Erbringung hybrider Leistungsangebote Rechnung trägt und eine gemeinschaftliche Erbringung in Wertschöpfungsnetzwerken fokussiert. Stattdessen zeigt die Analyse bestehender Ansätze, dass diese zumeist einen singulären Fokus auf einen der drei aufgeführten Teilaspekte aufweisen. Konkrete Ansätze zur Unterstützung der Allokation von Teilleistungen des hybriden Leistungsangebots auf Partner liegen nur in einem unzureichenden Maße vor.

4.2.2 Formale Anforderungen

Neben den zuvor definierten inhaltlichen Anforderungen gilt es, auch formale Anforderungen bei der systematischen Konzeption der Methodik zu berücksichtigen. Hierdurch wird sichergestellt, dass die Richtigkeit und effiziente Anwendbarkeit der Methodik gewährleistet wird. Die formalen Anforderungen werden nachfolgend in Anlehnung an PATZAK[475] kurz erläutert:

- Die **formale Richtigkeit** wird sichergestellt, wenn das Modell und die getroffenen Aussagen reproduzierbar und widerspruchsfrei sind.
- Die **empirische Richtigkeit** wird sichergestellt, wenn eine hinreichend genaue Ähnlichkeit zwischen dem entwickelten Modell und der darin abgebildeten Realität vorhanden ist.

[475] Vgl. Patzak (1982), Systemtechnik, S. 309f.

- Die **Zweckbezogenheit** wird sichergestellt, wenn das Modell aus Anwenderperspektive inhaltlich und formal brauchbar ist und Antworten auf spezifische Fragestellungen liefert.
- Die **Handhabbarkeit** wird sichergestellt, wenn das Modell in der Praxis anwendbar und die Interpretierbarkeit der abgeleiteten Aussagen geben ist.
- Die **Wirksamkeit** wird sichergestellt, wenn Aufwand und Nutzen der Modellerstellung und Modellanwendung in einem sinnvollen Verhältnis zueinanderstehen.

Vergleicht man die formalen Anforderungen so wird ersichtlich, dass die Anforderungen teilweise konträr zueinanderstehen, wodurch sich Zielkonflikte bei ihrer Berücksichtigung in der Modellerstellung ergeben können. So stehen beispielsweise die Forderung nach einer empirischen Richtigkeit und Handhabbarkeit im Gegensatz zueinander, da durch eine Erhöhung des Detailgrads der Abbildungseigenschaft des Modells gegebenenfalls die Handhabbarkeit negativ beeinflusst wird. Aus diesem Grund ist ein individueller Kompromiss zwischen den Anforderungen notwendig.[476] Hierbei gilt es, ein ausgewogenes Verhältnis zwischen Praxistauglichkeit sowie formaler und empirischer Korrektheit anzustreben sowie Vereinfachung und Genauigkeit bei der Modellbildung gegeneinander abzuwägen.[477]

4.3 Grobkonzept der Methodik zur Erbringung hybrider Leistungsangebote in Wertschöpfungsnetzwerken

Das vorliegende Kapitel beschreibt das Grobkonzept der zu entwickelnden Methodik zur Erbringung hybrider Leistungsangebote in Wertschöpfungsnetzwerken, womit es den Kern des vierten Kapitels darstellt. Die Methodik besteht aus vier aufeinander aufbauenden Schritten, welche in Abbildung 4-3 visualisiert sind.

Innerhalb des ersten Schritts soll eine Strukturierung und komplexitätsorientierte Beschreibung hybrider Leistungsangebote erfolgen. Hierzu soll in Analogie zur Produktarchitektur eine Leistungsarchitektur aufgebaut werden, mit der sich hybride Leistungsangebote sowohl hinsichtlich ihrer Leistungsbestandteile als auch hinsichtlich ihrer Funktionen strukturieren lassen. Für die komplexitätsorientierte Beschreibung ist die Ableitung von Komplexitätstreibern angestrebt (vgl. Kapitel 4.3.1).

[476] Vgl. Patzak (1982), Systemtechnik, S. 310.
[477] Vgl. Patzak (1982), Systemtechnik, S. 315.

Im zweiten Schritt gilt es, hybride Leistungsmodule basierend auf den Leistungskomponenten abzuleiten und ihren strategischen Beitrag für das zugrundeliegende Geschäftsmodell zu eruieren. Die Definition hybrider Leistungsmodule soll durch die Anwendung einer Multiple-Domain Matrix (MDM) und die Analyse der Wechselwirkungen zwischen den Leistungskomponenten erfolgen. Die Bestimmung des strategischen Beitrags soll unter der Berücksichtigung strategischer Ziele des zugrundeliegenden Geschäftsmodells und seines Nutzenversprechens stattfinden (vgl. Kapitel 4.3.2).

Im Rahmen des dritten Schritts wird das Ziel verfolgt, für jedes hybride Leistungsmodul zu entscheiden, ob dieses durch das fokale Unternehmen oder durch Partner innerhalb des Wertschöpfungsnetzwerks erbracht werden sollte. Hierzu soll die integrierte Betrachtung der drei für diese Entscheidung relevanten Dimensionen erfolgen: strategischer Beitrag, erforderliche Kompetenzen und Komplexität der Erbringung der hybriden Leistungsmodule (vgl. Kapitel 4.3.3).

Der abschließende vierte Schritt adressiert die Allokation hybrider Leistungsmodule, welche nicht durch das fokale Unternehmen erbracht werden, auf Partner innerhalb des Wertschöpfungsnetzwerks. Die Allokation soll unter Zuhilfenahme eines Allokationsalgorithmus und unter Berücksichtigung der Kompetenzausstattung potenzieller Partner durchgeführt werden. Die Ableitung von Normstrategien für das fokale Unternehmen zur kooperativen Einbindung von Partnern sollen den Abschluss bilden (vgl. Kapitel 4.3.4).

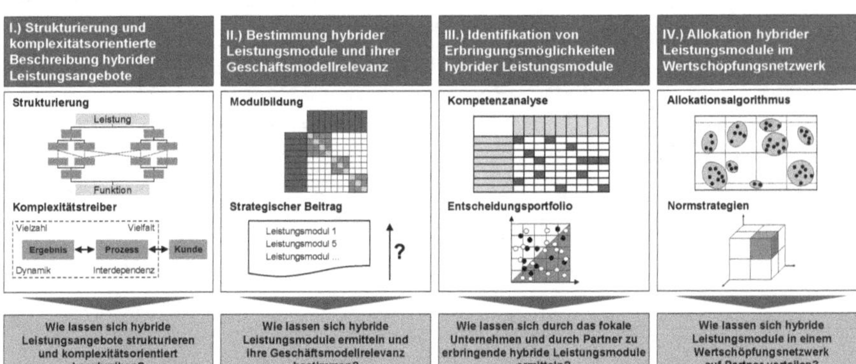

Abbildung 4-3: Grobkonzept zur Erbringung hybrider Leistungsangebote

Die in Abbildung 4-3 dargestellten vier Schritte der Methodik werden in den folgenden Abschnitten konzeptioniert und in den Gesamtzusammenhang des Grobkonzepts eingeordnet. Eine Detaillierung erfolgt im Anschluss im Rahmen von Kapitel 5.

4.3.1 Strukturierung und komplexitätsorientierte Beschreibung hybrider Leistungsangebote

Die Zielsetzung des ersten Schritts der Methodik besteht in der Strukturierung und komplexitätsorientierten Beschreibung hybrider Leistungsangebote. Hierzu soll das Konzept der Produktarchitektur aufgegriffen und in Analogie eine Leistungsarchitektur aufgebaut werden, mit der hybride Leistungsangebote sowohl hinsichtlich ihrer Leistungsbestandteile als auch hinsichtlich ihrer Teilfunktionen strukturiert werden können. Zur komplexitätsorientierten Beschreibung sollen Komplexitätstreiber innerhalb eines ganzheitlichen Ordnungsrahmens der Komplexität identifiziert werden.

Um den Umfang des hybriden Leistungsangebots und damit die zu inkludierenden Leistungsbestandteile festzulegen, soll zunächst die Weiterentwicklung des Value Proposition Canvas nach OSTERWALDER ET AL.[478] im Kontext der vorliegenden Arbeit erfolgen. Hierzu ist es beabsichtigt aus Markt- und Kundenperspektive relevante kundennutzenorientierte Anforderungen und damit Ziele des zugrundeliegenden Geschäftsmodells zu identifizieren. Diese sollen wiederum herangezogen werden, um den Umfang des hybriden Leistungsangebots in Form von Leistungsbestandteilen zu definieren, welche die identifizierten Anforderungen erfüllen.

Zur Strukturierung hybrider Leistungsangebote und seiner Leistungsbestandteile soll eine Vorgehensweise entwickelt werden, welche das Konzept der generischen Produktstruktur zur Strukturierung physischer Produkte aufgreift und auf den Kontext hybrider Leistungsangebote transferiert. Hierdurch ist beabsichtigt eine Leistungsarchitektur zu entwickeln, die sich in Anlehnung an die Produktarchitektur aus einer Leistungsstruktur, welche die Leistungsbestandteile des hybriden Leistungsangebots beinhaltet, und einer Funktionsstruktur, welche die Gesamtfunktion und Teilfunktionen des hybriden Leistungsangebots abbildet, zusammensetzt. Hierbei gilt es insbesondere zu untersuchen, wie das Konzept der Produktarchitektur auf die Dienstleistungsdomäne des hybriden Leistungsangebots angewandt werden kann.

Darüber hinaus gilt es, das hybride Leistungsangebot und seine Leistungsbestandteile komplexitätsorientiert zu beschreiben. Hierzu soll das hybride Leistungsangebot aus systemtheoretischer Sicht betrachtet werden und eine geeignete Systemgrenze definiert werden, welche für die Beschreibung der Komplexität als essenziell anzusehen ist. Vor dem Hintergrund der Zielsetzung der vorliegenden Arbeit, das fokale Unternehmen bei Erbringungsentscheidungen einzelner hybrider Leistungsmodule des hyb-

[478] Vgl. Osterwalder et al. (2014), Value Proposition Design, S. 3ff.

riden Leistungsangebots zu unterstützen, soll als Betrachtungsebene zur Komplexitätsbeschreibung das hybride Leistungsmodul innerhalb des hybriden Leistungsangebots fungieren. Zur Detaillierung des Systemverständnisses und als Grundlage für die Identifikation von Komplexitätstreibern soll zudem die Ableitung eines Ordnungsrahmens zur Beschreibung der Komplexität hybrider Leistungsmodule erfolgen. Bei der Ableitung eines Ordnungsrahmens gilt es, neben Dimensionen der Komplexität, ebenso zentrale Charakteristika hybrider Leistungsmodule einzubeziehen und integriert zu berücksichtigen. Auf der Grundlage des Ordnungsrahmens soll eine analytisch-deduktive Identifikation generischer Komplexitätstreiber basierend auf einer umfassenden Literaturrecherche durchgeführt werden. Diese soll durch die Anwendung des Rechercheprozesses nach VOM BROCKE ET AL.[479] der sowie der STARLITE-Methode nach BOOTH[480] systematisiert werden. Für eine systematische Bewertung der Komplexität der Erbringung hybrider Leistungsmodule im weiteren Verlauf der Methodik sollen die identifizierten Komplexitätstreiber abschließend mittels einer Bewertungslogik anhand von Skalen operationalisiert werden, sodass eine Bewertung der Komplexität ermöglicht wird. Hierbei ist die wiederholsichere Bewertung der Komplexitätstreiber sicherzustellen. Das Vorgehen im ersten Schritt der Methodik ist in Abbildung 4-4 zusammengefasst.

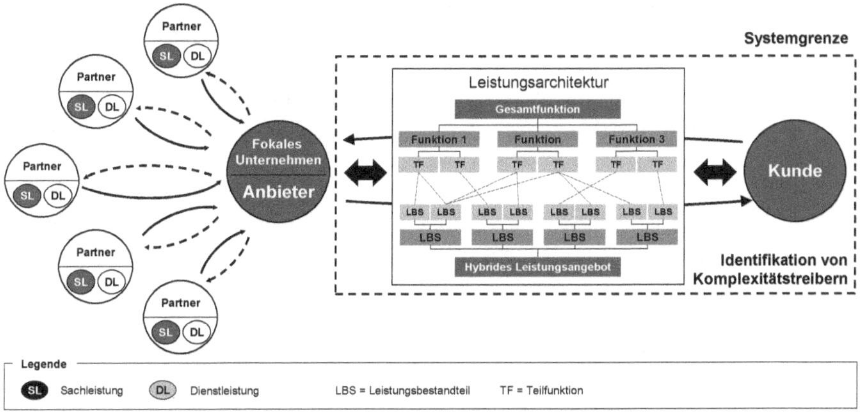

Abbildung 4-4: Konzept zur Strukturierung und komplexitätsorientierten Beschreibung hybrider Leistungsangebote

[479] Vgl. vom Brocke et al. (2009), Reconstructing the Giant.
[480] Vgl. Booth (2006), "Brimful of STARLITE".

4.3.2 Bestimmung hybrider Leistungsmodule und ihrer Geschäftsmodellrelevanz

Die Zielsetzung des zweiten Schritts der Methodik besteht in der Bestimmung hybrider Leistungsmodule und in der Ermittlung ihrer Relevanz für das zugrundeliegende Geschäftsmodell. Das zu entwickelnde Vorgehen zur Bestimmung hybrider Leistungsmodule soll auf der Anwendung einer Multi-Domain Matrix (MDM) und der Analyse der Wechselwirkungen zwischen den Leistungskomponenten erfolgen. Ein zu ermittelnder strategischer Beitrag eines jedes hybriden Leistungsmoduls soll dessen Relevanz für das zugrundeliegende Geschäftsmodell widerspiegeln. Die Bestimmung des strategischen Beitrags soll unter Berücksichtigung der strategischen Ziele des zugrundeliegenden Geschäftsmodells und dem Anteil, den jedes hybride Leistungsmodul zur Erfüllung dieser Ziele leistet, durchgeführt werden.

Damit das hybride Leistungsangebot durch das fokale Unternehmen und seine potenziellen Partner innerhalb des Wertschöpfungsnetzwerks gemeinschaftlich erbracht werden kann, soll zunächst eruiert werden, welche Leistungskomponenten des hybriden Leistungsangebots hohe Wechselwirkungen zueinander aufweisen und voneinander abhängen, sodass diese gemeinsam erbracht werden sollten. Leistungskomponenten mit hohen gegenseitigen Wechselwirkungen sollen daher zu hybriden Leistungsmodulen zusammengefasst werden und sind als Erbringungsobjekte anzusehen, welche entweder durch das fokale Unternehmen oder durch Partner innerhalb des Wertschöpfungsnetzwerks erbracht werden können. Die Analyse der Wechselwirkungen und damit die Bestimmung hybrider Leistungsmodule soll unter der Nutzung einer MDM durchgeführt werden, welche wiederum aus einer Verkettung von Design Structure Matrices (DSM) und Domain Mapping Matrices (DMM) besteht. Mittels der im ersten Schritt der Methodik zu entwickelnden Funktionsstruktur des hybriden Leistungsangebots liegt eine lösungsneutrale Beschreibung des hybriden Leistungsangebots durch (Teil-)Funktionen vor. Die einzelnen (Teil-)Funktionen wiederum werden durch einzelne Sach- und/oder Dienstleistungskomponenten erfüllt, sodass die (Teil-)Funktionen als Bindeglied zwischen der Sach- und Dienstleistungsdomäne herangezogen werden können. Ausgehend von (Teil-)Funktionen sollen somit zunächst Wechselwirkungen zwischen (Teil-)Funktionen und Sach- und Dienstleistungskomponenten und nachfolgend zwischen den Sach- und Dienstleistungskomponenten bestimmt werden. Das Vorgehen soll die Verknüpfung der Sach- und Dienstleistungsdomäne ermöglichen und zur Anwendung eines Clusteralgorithmus zur Definition hybrider Leistungsmodule befähigen.

Für eine ganzheitliche und systematische Erbringungsentscheidung ist es für das fokale Unternehmen als Anwender der vorliegenden Methodik von zentraler Bedeutung, sicherzustellen, dass es strategisch wichtige Leistungsmodule des von ihm offerierten hybriden Leistungsangebots selber oder mit strategischen Partnern erbringt. Hierzu ist die Bestimmung des strategischen Beitrags jedes Leistungsmoduls vorgesehen. Der strategische Beitrag soll im Rahmen der Methodik als Kennzahl für die Geschäftsmodellrelevanz fungieren. Er gibt Aufschluss über die Erfüllung der strategischen Ziele des zugrundeliegenden Geschäftsmodells und damit des Nutzenversprechens durch die einzelnen Leistungsmodule des hybriden Leistungsangebots. Zur Bestimmung des strategischen Beitrags sollen die im vorherigen Schritt erzielten Ergebnisse der Analyse des Nutzenversprechens herangezogen und zentrale strategische Ziele des Geschäftsmodells abgeleitet werden. Die strategischen Ziele sollen hierzu priorisiert und in der Folge mit den (Teil-)Funktionen und mit den Leistungskomponenten in Verbindung gebracht, sodass der strategische Beitrag der Leistungskomponenten und damit auch der Leistungsmodule bestimmt werden kann. Das Vorgehen zur Bestimmung hybrider Leistungsmodule und ihrer Geschäftsmodellrelevanz ist in Abbildung 4-5 visualisiert.

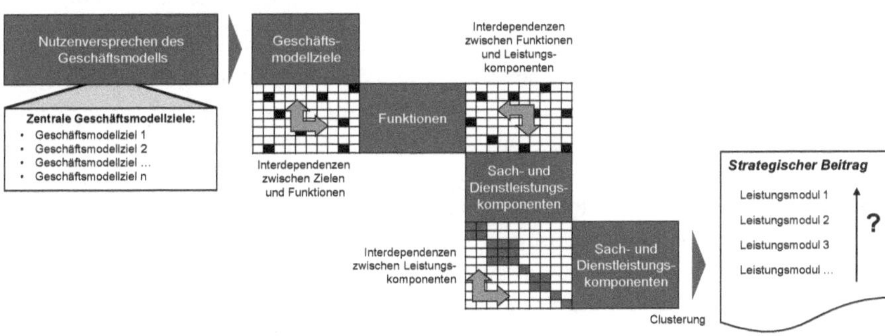

Abbildung 4-5: Konzept zur Bestimmung hybrider Leistungsmodule und ihrer Geschäftsmodellrelevanz

4.3.3 Identifikation von Erbringungsmöglichkeiten hybrider Leistungsmodule

Die Zielsetzung des dritten Schritts der Methodik besteht darin, eine Vorgehensweise zu entwickeln, die das fokale Unternehmen bei der Entscheidung unterstützt, ob ein hybrides Leistungsmodul selbstständig oder durch Partner innerhalb des Wertschöpfungsnetzwerks erbracht werden sollte. Hierzu muss das Spannungsfeld aus den drei für diese Entscheidung relevanten Dimensionen strategischer Beitrag, erforderliche

Kompetenzen und Komplexität der Erbringung der hybriden Leistungsmodule integriert betrachtet werden.

Unternehmen verfolgen durch die Kooperation mit Partnern innerhalb von Wertschöpfungsnetzwerken das Ziel eigene Kompetenzdefizite auszugleichen. Demzufolge ist im Rahmen der Erbringung hybrider Leistungsangebote somit zunächst die systematische Identifikation erforderlicher Kompetenzen und das Herausstellen etwaiger Kompetenzbedarfe erforderlich. Hierzu soll eine Kompetenzanalyse erarbeitet werden, mit der zur Erbringung der hybriden Leistungsmodule erforderliche Kompetenzen identifiziert und ihre Bedeutung unter Berücksichtigung der Kompetenzausstattung des fokalen Unternehmens und dessen Kompetenzstärke systematisch bewertet werden können. Basierend auf einem Kompetenzabgleich zwischen erforderlichen Kompetenzen und der vorhandenen Kompetenzausstattung des fokalen Unternehmens können Kompetenzlücken und damit diejenigen Leistungsmodule identifiziert werden, die durch das fokale Unternehmen nicht erbracht werden können. Bei Leistungsmodulen, für die keine ausreichende Kompetenzausstattung des fokalen Unternehmens vorliegt, ist das fokale Unternehmen folglich auf Partner angewiesen.

Grundsätzlich steht dem Nutzen, der mit der Erbringung hybrider Leistungsmodule einhergeht, auch ein Aufwand gegenüber. Daher gilt es zu prüfen, ob eine Erbringung hybrider Leistungsmodule durch das fokale Unternehmen in allen Fällen, nur weil es dessen Kompetenzausstattung zulassen würde, auch ausnahmslos sinnvoll ist. Vor dem Hintergrund der Zielsetzung der vorliegenden Arbeit, welche unter anderem die Komplexitätsbeherrschung für das fokale Unternehmen verfolgt, soll daher die Komplexität als weitere Dimension bei der Entscheidung über die Erbringung durch das fokale Unternehmen oder durch Partner innerhalb des Wertschöpfungsnetzwerks herangezogen werden. Für eine systematische Bewertung der Komplexität der Erbringung hybrider Leistungsmodule und somit der Aufwandsdimension sollen die im ersten Schritt mittels Skalen operationalisierten Komplexitätstreiber aufgegriffen und eine Quantifizierung der Komplexität der hybriden Leistungsmodule anhand eines Komplexitätswerts ermöglicht werden. Dabei sollen Komplexitätstreiber mit einem hohen Einfluss auf die Komplexität eines hybriden Leistungsmoduls eine größere Berücksichtigung erfahren als weniger einflussreiche Komplexitätstreiber. Der Komplexitätswert soll im weiteren Verlauf des dritten Schritts herangezogen werden, um einzelne hybride Leistungsmodule miteinander vergleichen zu können. Hierdurch soll das fokale Unternehmen in seiner Entscheidung über die Erbringung hybrider Leistungsmodule unterstützt werden, indem es maßgeblich nur diejenigen hybriden Leistungsmodule erbringt, bei denen der Komplexität ein entsprechend hoher Nutzen gegenübersteht.

Zur Unterstützung der Erbringungsentscheidung soll abschließend ein Entscheidungsportfolio aufgebaut werden, welches die drei entscheidungsrelevanten Dimensionen strategischer Beitrag, erforderliche Kompetenzen und Komplexität der Erbringung integriert abbildet. Hierbei soll gewährleistet werden, dass das Portfolio die übergeordnete Zielsetzung der Erbringungsentscheidung ausreichend berücksichtigt. Diese soll den Grundsatz des Komplexitätsmanagements adressieren, wonach das fokale Unternehmen nur diejenigen Leistungsmodule erbringen sollte, bei denen dem Aufwand ein ausreichend hoher Nutzen gegenübersteht. Aufwand und Nutzen der Erbringung der hybriden Leistungsmodule sollen dabei durch die Komplexität und den strategischen Beitrag abgebildet werden. Das beschriebene Konzept zur Identifikation von Erbringungsmöglichkeiten hybrider Leistungsmodule ist Abbildung 4-6 zu entnehmen.

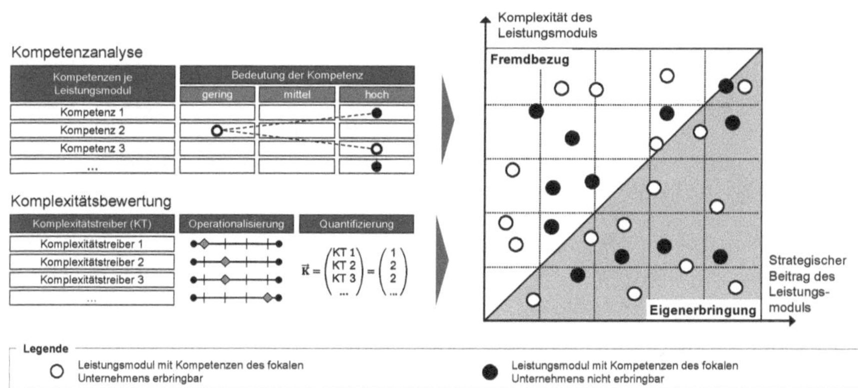

Abbildung 4-6: Konzept zur Identifikation von Erbringungsmöglichkeiten hybrider Leistungsmodule

4.3.4 Allokation hybrider Leistungsmodule im Wertschöpfungsnetzwerk

Die Zielsetzung des vierten Schritts der Methodik besteht in der Allokation hybrider Leistungsmodule, welche nicht durch das fokale Unternehmen erbracht werden, auf Partner innerhalb des Wertschöpfungsnetzwerks. Zur Lösung des damit vorliegenden Verteilungsproblems soll ein Allokationsalgorithmus genutzt werden, wobei es bei der Allokation die Kompetenzausstattung potenzieller Partner zu berücksichtigen gilt. Die

Allokation soll in der Ableitung von Normstrategien für das fokale Unternehmen zur kooperativen Einbindung der Partner münden.

Zur Identifikation potenzieller Partner zur Erbringung derjenigen hybriden Leistungsmodule, welche nicht durch fokale Unternehmen erbracht werden, sollen die hybriden Leistungsmodule hinsichtlich ihrer Ähnlichkeit bezüglich der erforderlichen Kompetenzen für ihre Erbringung analysiert werden. Dazu sollen Ähnlichkeitsanalysen, wie beispielsweise die Distanzberechnungen oder Verfahren der multidimensionalen Skalierung genutzt werden. Hierbei kann auf die Bewertung der Kompetenzen aus dem dritten Schritt der Methodik aufgebaut werden. Als Resultat ist eine Kompetenzlandkarte der durch Partner zu erbringenden hybriden Leistungsmodule angestrebt, in der die Ähnlichkeit zwischen den Leistungsmodulen visualisiert ist. Leistungsmodule mit einer hohen Ähnlichkeit in Bezug auf ihre Kompetenzanforderungen sollen daraufhin zu Kompetenzclustern zusammengefasst werden. Diese sollen aufzeigen, welche Kompetenzen dem fokalen Unternehmen fehlen und dementsprechend durch Kooperationen mit Partnern auszugleichen sind. Darüber hinaus sollen die Kompetenzcluster als Ausgangspunkt für eine systematische Recherche potenzieller Partner herangezogen werden, die die benötigte Kompetenzausstattung zur Erbringung der Leistungsmodule innerhalb der Kompetenzcluster aufweisen. Eine systematische Recherche potenzieller Partner ist jedoch im Rahmen des Beschaffungs- und Lieferantenmanagements bereits umfassend thematisiert, sodass es im Rahmen des Methodenschritts nur partiell behandelt werden soll.

Zur Allokation der hybriden Leistungsmodule auf potenzielle Partner soll eine Vorgehensweise basierend auf einem Allokationsalgorithmus entwickelt werden, welche einerseits die Kompetenzausstattung der potenziellen Partner berücksichtigt und andererseits den strategischen Beitrag der Leistungsmodule einbezieht. Ersteres ist vor dem Hintergrund notwendig, dass einem potenziellen Partner nur solche Leistungsmodule zur Erbringung zugeteilt werden, welche seine Kompetenzausstattung auch zulässt. Mit der Berücksichtigung des strategischen Beitrags soll die Unabhängigkeiten des fokalen Unternehmens von seinen Partnern sichergestellt werden.

Um eine Unterstützung des fokalen Unternehmens bei der systematischen und zielorientierten Kooperationsausgestaltung mit den potenziellen Partnern zu befähigen, sollen zum Abschluss des vierten Schritts Normstrategien zur kooperativen Einbindung der potenziellen Partner abgeleitet werden. Hierzu soll ein Entscheidungswürfel unter Einbeziehung der drei zuvor abgeleiteten entscheidungsrelevanten Dimensionen aufgebaut werden. In Abhängigkeit der Platzierung der von einem Partner zu erbringenden hybriden Leistungsmodule im Entscheidungswürfel soll die Auswahl einer Normstrategie als Gestaltungsempfehlungen zur kooperativen Einbindung des Partners ermöglicht werden. Diese unterstützen das fokale Unternehmen dabei, die Anbahnung der Kooperation mit jedem potenziellen Partner zu strukturieren und so das Wertschöpfungsnetzwerk aus Sicht des fokalen Unternehmens vorteilhaft zu konzeptionieren. Abbildung 4-7 stellt das beschriebene Konzept dar.

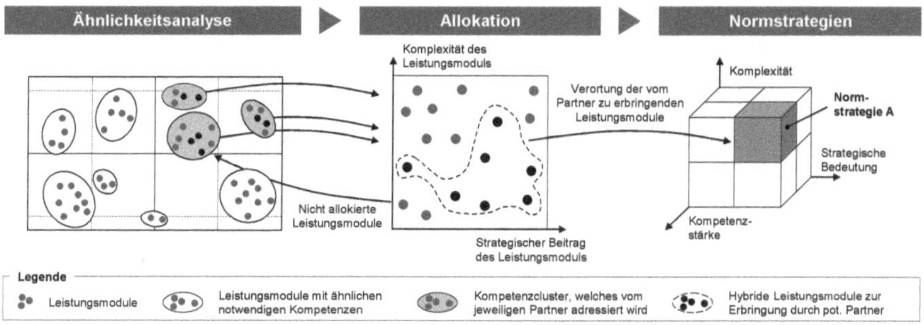

Abbildung 4-7: Konzept zur Allokation hybrider Leistungsmodule im Wertschöpfungsnetzwerk

Nachdem das Grobkonzept der Methodik zur Erbringung hybrider Leistungsangebote in Wertschöpfungsnetzwerken entwickelt worden ist, erfolgt im nachfolgenden Kapitel die modelltheoretische Abbildung des entwickelten Konzepts.

4.4 Modelltheoretische Abbildung des Konzepts

Gemäß der bereits in Kapitel 2.4.1 thematisierten Systemtheorie können sowohl hybride Leistungsangebote als auch Wertschöpfungsnetzwerke als komplexe Systeme angesehen werden. In Bezug auf komplexe Systeme konstatiert ULRICH, dass sie „definitionsgemäss nicht vollständig beschreibbar sind und deren Verhalten kausalanalytisch nie vollständig erklärbar ist“[481]. Um komplexe Systeme dennoch mit einem vertretbaren Aufwand und einem überschaubaren zeitlichen Rahmen analysieren zu können, werden Modelle konstruiert. Hierbei wird das zugrundeliegende Original auf die wesentlichen Grundzusammenhänge reduziert, um es damit zugänglich zu machen und letztendlich erklären oder vorhersagen zu können.[482] Im Folgenden erfolgt daher eine modelltheoretische Abbildung des erläuterten Grobkonzepts. Nach PATZAK wird ein

[481] Ulrich (1984), Management, S. 34.

[482] Vgl. Stachowiak (1973), Allgemeine Modelltheorie, S. 139.

Modell als die Repräsentation eines realen Sachverhaltes in abstrahierter und simplifizierter Art und Weise angesehen und dient dem Ziel das Verhalten eines Realsystems vorherzusagen.[483] STACHOWIAK beschreibt Modelle anhand von drei grundlegenden Merkmalen: Abbildungsmerkmal, Verkürzungsmerkmal und pragmatisches Merkmal.[484] Das Abbildungsmerkmal beschreibt in diesem Zusammenhang, dass Modelle ein natürliches oder künstliches Original abbilden.[485] Das Verkürzungsmerkmal als zweites konstituierendes Merkmal eines Modells besagt, dass das Modell im Vergleich zum Original als unvollständig anzusehen ist, da es nur diejenigen Attribute des Originals umfasst, welche vom Modellersteller als relevant erachtet worden sind. In der Konsequenz kommt es hierdurch zwangsläufig zu einer verkürzten Darstellung des Modells im Vergleich zum Original, sodass sogar von ursprünglichen Original unterschiedliche Modelle entstehen können.[486] Das pragmatische Merkmal drückt abschließend aus, wie die abzubildenden Attribute auszuwählen sind. Hierbei sind die Subjektivität des Modellerstellers, die Zeitlichkeit und der Modellzweck als Auswahlkriterien heranzuziehen.[487] Abhängig des Modellzweckes lassen sich das Beschreibungs-, das Erklärungs-, das Entscheidungs- sowie das Gestaltungsmodell unterscheiden.[488]

Dem Grobkonzept der Arbeit folgend, werden vier Partialmodelle zur Erreichung der adressierten Zielsetzung benötigt (vgl. Abbildung 4-8). Das Modell zur Strukturierung und komplexitätsorientierten Beschreibung hybrider Leistungsangebote ist als Beschreibungsmodell aufzufassen. Beschreibungsmodelle stellen rein deskriptive Modelle dar, die ausschließlich Realprobleme und Sachverhalte darlegen, ohne jedoch Wirkzusammenhänge zu erklären.[489] Das zweite Modell zur Bestimmung hybrider Leistungsmodule sowie ihrer Geschäftsmodellrelevanz ist nach der Modelltheorie als Erklärungsmodell einzustufen. Charakteristisch für Erklärungsmodelle ist ihre Fokussierung auf die Erklärung von Wirkzusammenhängen, um das Verhalten eines Systems

483 Vgl. Patzak (1982), Systemtechnik, S. 307.

484 Vgl. Stachowiak (1973), Allgemeine Modelltheorie, S. 131ff.

485 Vgl. vom Brocke (2002), Referenzmodellierung, S. 9; Stachowiak (1973), Allgemeine Modelltheorie, S. 131f.

486 Vgl. Reschke (2019), Gestaltungsmodell der Kennzahlen und Indikatoren, S. 70; Stachowiak (1973), Allgemeine Modelltheorie, S. 132.

487 Vgl. vom Brocke (2002), Referenzmodellierung, S. 9; Reschke (2019), Gestaltungsmodell der Kennzahlen und Indikatoren, S. 70f.; Stachowiak (1973), Allgemeine Modelltheorie, S. 132f.

488 Vgl. Ulrich (1984), Management, S. 32ff.; Friedli (2000), Die Architektur von Kooperationen, S. 77f.; Zeleweski (2008), Grundlagen, S. 44ff.

489 Vgl. Geiger (2000), Kennzahlenorientiertes Entwicklungscontrolling, S. 55.

zu analysieren.[490] Erklärungsmodelle sind in diesem Zusammenhang auch als explikative Modelle bekannt.[491] Das dritte Partialmodell der zu entwickelnden Methodik ist als Entscheidungsmodell anzusehen und unterstützt bei der Erbringungsentscheidung, welche der hybriden Leistungsmodule durch das fokale Unternehmen und welche durch Partner zu erbringen sind. Entscheidungsmodelle kennzeichnen, dass sie den Entscheidungsträger bei der optimalen Entscheidungsfindung unterstützen, indem Handlungsalternativen bewertet und priorisiert werden.[492] Das abschließende Partialmodell mit der Zielsetzung der Allokation hybrider Leistungsmodule auf Partner im Wertschöpfungsnetzwerk unterstützt den Anwender der Methodik bei der Identifikation adäquater Normstrategien zur Einbindung von Partnern und befähigt zur nachfolgenden systematischen und zielorientierten Kooperationsausgestaltung. Es ist ebenfalls als Entscheidungsmodell anzusehen.

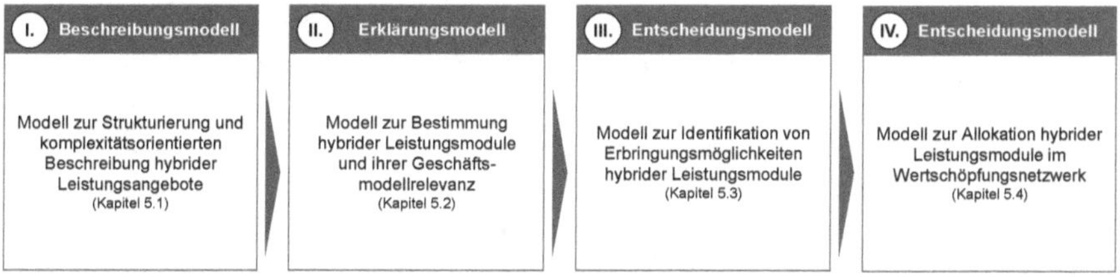

Abbildung 4-8: Partialmodelle der zu entwickelnden Methodik

Die beschriebenen Partialmodelle spiegeln die vier Hauptschritte der zu entwickelnden Methodik wider, welche im nachfolgenden Kapitel 5 ausgearbeitet werden.

---

490 Vgl. Zeleweski (2008), Grundlagen, S. 44; Geiger (2000), Kennzahlenorientiertes Entwicklungscontrolling, S. 56.

491 Vgl. Patzak (1982), Systemtechnik, S. 313.

492 Vgl. Patzak (1982), Systemtechnik, S. 314; Reschke (2019), Gestaltungsmodell der Kennzahlen und Indikatoren, S. 74.

4.5 Zwischenfazit: Konzept zur Erbringung hybrider Leistungsangebote in Wertschöpfungsnetzwerken

Die Zielsetzung des vierten Kapitels bestand in der Entwicklung eines Grobkonzepts zur Erbringung hybrider Leistungsangebote in Wertschöpfungsnetzwerken. Hierzu wurde in Kapitel 4.1 zunächst das Leitbild der vorliegenden Arbeit skizziert. In Kapitel 4.2 erfolgte die Ableitung inhaltlicher Anforderungen, basierend auf der verfolgten Zielsetzung und dem Objektbereich der Arbeit sowie formalen Anforderungen an die Arbeit. Letztere gewährleisten die Richtigkeit und effiziente Anwendbarkeit der Methodik und wurden auf den Anforderungen an ein Modell nach PATZAK abgeleitet.[493]

Hieran anknüpfend wurde in Kapitel 4.3 das aus vier Schritten bestehende Grobkonzept zur Erbringung hybrider Leistungsangebote in Wertschöpfungsnetzwerken entwickelt und erläutert. Der erste Schritt fokussiert die Strukturierung und komplexitätsorientierte Beschreibung hybrider Leistungsangebote. Hierauf aufbauend erfolgt im zweiten Schritt die Bestimmung hybrider Leistungsmodule sowie ihrer Geschäftsmodellrelevanz. Das Vorgehen im dritten Schritt ermöglicht eine Entscheidung hinsichtlich der Erbringung der Leistungsmodule des hybriden Leistungsangebots durch das fokale Unternehmen oder durch Partner innerhalb des Wertschöpfungsnetzwerks. Innerhalb des letzten und vierten Schritts erfolgt eine Allokation der durch Partner zu erbringenden Leistungsmodule auf ebendiese sowie die Ableitung von Normstrategien zur kooperativen Einbindung der Partner in das Wertschöpfungsnetzwerk.

Abschließend wurde das Grobkonzept im Rahmen von Kapitel 4.4 in die allgemeine Modelltheorie eingeordnet. Eine Detaillierung der vier Partialmodelle des Grobkonzepts erfolgt im nachfolgenden Kapitel 5.

[493] Vgl. Patzak (1982), Systemtechnik, S. 309f.

5 Detaillierung der Methodik

Im fünften Kapitel der vorliegenden Arbeit erfolgt die Ausarbeitung und damit die Detaillierung der Methodik zur Erbringung hybrider Leistungsangebote in Wertschöpfungsnetzwerken. Die Detaillierung folgt der Struktur des in Kapitel 4.3 dargelegten Grobkonzepts und gliedert sich demnach in vier Schritte, welche in Abbildung 5-1 zusammenfassend dargestellt sind. Zunächst werden im ersten Schritt in Kapitel 5.1 hybride Leistungsangebote strukturiert und komplexitätsorientiert beschrieben. Der zweite Schritt, Gegenstand von Kapitel 5.2, fokussiert die Bestimmung hybrider Leistungsmodule sowie ihrer Geschäftsmodellrelevanz, indem Wechselwirkungen zwischen den strategischen Zielen des Geschäftsmodells des hybriden Leistungsangebots und den einzelnen Leistungsbestandteilen des hybriden Leistungsangebots ermittelt werden. Innerhalb des dritten Schritts in Kapitel 5.3 wird eine Erbringungsentscheidung fokussiert, welche der zuvor ermittelten hybriden Leistungsmodule durch das fokale Unternehmen und welche durch Partner innerhalb des Wertschöpfungsnetzwerks erbracht werden sollten. Bei der Erbringungsentscheidung werden neben der Geschäftsmodellrelevanz auch die Komplexität sowie erforderliche Kompetenzen zur Erbringung der hybriden Leistungsmodule berücksichtigt. Der vierte und letzte Schritt der Methodik und Gegenstand von Kapitel 5.4 fokussiert die Allokation der hybriden Leistungsmodule, welche nicht durch das fokalen Unternehmen erbracht werden, auf Partner innerhalb des Wertschöpfungsnetzwerks und die Ableitung von Normstrategien zu ihrer kooperativen Einbindung. Den Abschluss des Kapitels bildet Kapitel 5.5 mit einem Zwischenfazit.

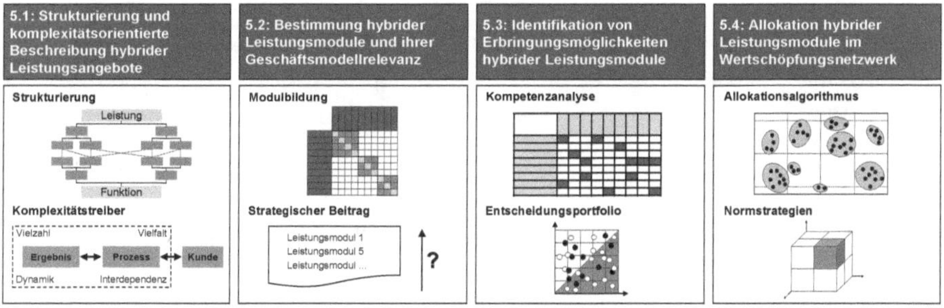

Abbildung 5-1: Übersicht der Hauptschritte der Methodik

5.1 Strukturierung und komplexitätsorientierte Beschreibung hybrider Leistungsangebote

Die zu entwickelnde Methodik verfolgt das Ziel der Erbringung hybrider Leistungsangebote in Wertschöpfungsnetzwerken. Für eine systematische Strukturierung des Wertschöpfungsnetzwerks gilt es, zunächst in einem ersten Schritt der Methodik das hybride Leistungsangebote einschließlich seiner Leistungsbestandteile zu strukturieren und komplexitätsorientiert zu beschreiben (siehe Abbildung 5-2).

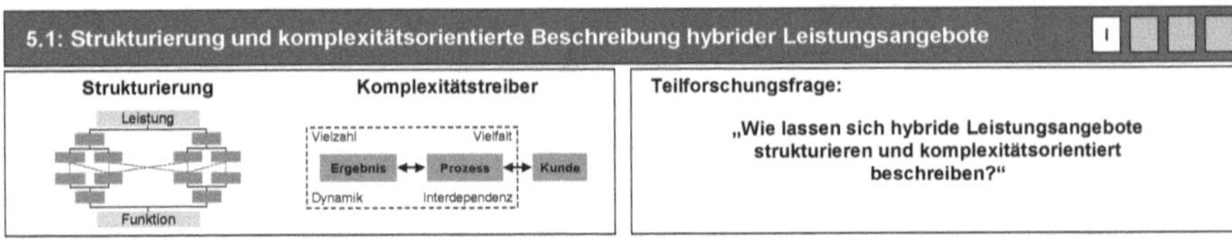

Abbildung 5-2: Strukturierung und komplexitätsorientierte Beschreibung hybrider Leistungsangebote

Um die dargelegte Teilforschungsfrage zu beantworten, wird ein dreistufiges Beschreibungsmodell erarbeitet. Zunächst wird erläutert, wie der Umfang des hybriden Leistungsangebots unter der Anwendung des Value Proposition Canvas festgelegt wird (vgl. Kapitel 5.1.1). Nachfolgend erfolgt die Strukturierung des hybriden Leistungsangebots und seiner Leistungsbestandteile. Die Strukturierung des hybriden Leistungsangebots ermöglicht im weiteren Verlauf der Methodik eine Bestimmung von hybriden Leistungsmodulen, welche wiederum als Betrachtungsgegenstand einer Erbringungsentscheidung und Allokation im Wertschöpfungsnetzwerk dienen (vgl. Kapitel 5.1.2). Abschließend wird das hybride Leistungsangebot aus systemtheoretischer Sicht betrachtet und eine Ableitung von Komplexitätstreibern zur komplexitätsorientierten Beschreibung des hybriden Leistungsangebots und insbesondere der enthaltenen Leistungsbestandteile angestrebt. Neben der Identifikation von Komplexitätstreibern erfolgt ebenfalls ihre Operationalisierung mittels der Erarbeitung einer verbalisierten Likert-Skala je Komplexitätstreiber (vgl. Kapitel 5.1.3).

5.1.1 Identifikation des Umfangs des hybriden Leistungsangebots

Innerhalb des ersten Abschnitts besteht das Ziel darin, den Umfang des hybriden Leistungsangebots zu definieren und die darin enthaltenen Leistungsbestandteile systematisch zu identifizieren. Dem Begriffsverständnis aus Kapitel 2.1.1 folgend, setzt sich ein hybrides Leistungsangebot aus Sach- und Dienstleistungsbestandteilen zusammen, welche auf die gemeinsame Erfüllung eines Kundennutzens ausgerichtet sind.

Es gilt somit zunächst diejenigen Leistungsbestandteile zu identifizieren, welche Bestandteil des hybriden Leistungsangebots sind. Aus der Begriffsdefinition geht hervor, das hybride Leistungsangebote den Kundennutzen fokussieren und danach ausgerichtet sein müssen. Aus diesem Grund ist bei der Definition des Umfangs des hybriden Leistungsangebots, also der zu inkludierenden Leistungsbestandteile, eine stringente Markt- und Kundenperspektive einzunehmen. Aufsatzpunkt zur Identifikation relevanter Leistungsbestandteile ist das in Kapitel 2.2.3 beschriebene Value Proposition Canvas nach OSTERWALDER ET AL.[494]. Im Rahmen der vorliegenden Arbeit wird das Value Proposition Canvas auf die Anforderungen im Kontext der zu entwickelnden Methodik angepasst. Diese Notwendigkeit ist darin begründet, dass das Value Proposition Canvas in seiner bestehenden Form auf die Entwicklung eines Nutzenversprechens eines singulären Unternehmens ausgerichtet ist. Es gilt mit bestehenden Leistungen des Unternehmens ein bestmögliches Nutzenversprechen zu gestalten, welches einen hohen Kundennutzen stiftet. Um jedoch der Anforderung nach einer ganzheitlichen Kundenlösung durch das Angebot eines hybriden Leistungsangebots gerecht zu werden, bedarf es in der überwiegenden Mehrheit der Fälle jedoch Leistungsbestandteile, welche über die eines singulären Unternehmens hinausgehen (vgl. Kapitel 3.1). Das Value Proposition Canvas mit den zu durchlaufenden Schritten zur Definition des Umfangs des hybriden Leistungsangebots ist in Abbildung 5-3 visualisiert.

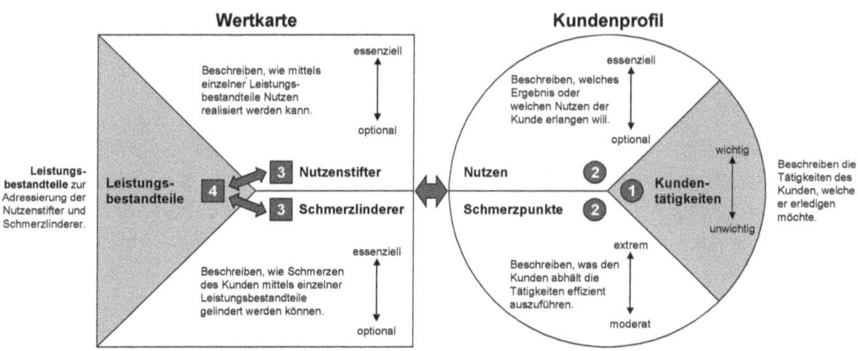

Abbildung 5-3: Identifikation des Umfangs des hybriden Leistungsangebots[495]

Die einzelnen Tätigkeiten zur Identifikation und Definition der Leistungsbestandteile des hybriden Leistungsangebots werden nun schrittweise kurz erläutert. Grundsätzlich wird hierbei dem Vorgehen und dem Verständnis nach OSTERWALDER ET AL.[496] gefolgt,

[494] Vgl. Osterwalder et al. (2014), Value Proposition Design, S. 3ff.
[495] In Anlehnung an Osterwalder et al. (2014), Value Proposition Design, S. 8f.
[496] Vgl. Osterwalder et al. (2014), Value Proposition Design, S. 7ff.

welches im Rahmen des Value Proposition Canvas in Kapitel 2.2.3 dargelegt wurde. Aufgrund der hohen strategischen Bedeutung des durchzuführenden Methodenschritts für die Ausrichtung des hybriden Leistungsangebots empfiehlt sich dessen Bearbeitung in einem interdisziplinären Expertengremium. Hierbei gilt es, die Einbindung von Managern und Experten mit einer hohen Markt- und Wettbewerbskenntnis sicherzustellen. Daher sollten Manager und Experten mit Schlüsselfunktionen der Marktanalyse, des Vertriebs, des Produkt- und Portfoliomanagements sowie der Unternehmensstrategie in die interdisziplinären Workshops einbezogen werden, die über das notwendige Wissen zur erforderlichen Beurteilung verfügen.

Im ersten Schritt gilt es, die **Kundentätigkeiten** für das zu adressierende Kundensegment zu definieren. Bei der Identifikation der Tätigkeiten ist für eine kundennutzenzentrierte Definition des hybriden Leistungsangebots die strikte Einnahme der Kundenperspektive von höchster Relevanz. Darüber hinaus sind die einzelnen Tätigkeiten hinsichtlich ihrer Wichtigkeit, z.B. auf einer Skala von „unwichtig“ bis „wichtig“, zu unterscheiden. Wichtige Tätigkeiten zeichnen sich beispielswiese dadurch aus, dass diese bei einer nicht erfolgreichen Durchführung signifikante Auswirkungen nach sich ziehen. Ein weiterer Anhaltspunkt für die Wichtigkeit stellt bspw. die Durchführungshäufigkeit dar.

In einem zweiten Schritt sind **Schmerzpunkte** und **Nutzen** des Kunden zu identifizieren. Ebenfalls, wie bereits die Kundentätigkeiten, sind Schmerzpunkte und Nutzen hinsichtlich ihrer Wichtigkeit einzustufen. Während Schmerzpunkte auf einer qualitativen Skala von „moderat“ bis „extrem“ eingestuft werden können, sind Nutzen auf einer Skala von „optional“ bis „essenziell“ zu klassifizieren.

Anders als von OSTERWALDER ET AL.[497] vorgesehen, sind im Rahmen der Erarbeitung der **Wertkarte** nachfolgend zunächst nicht alle Leistungsbestandteile, welche dem Kundensegment angeboten werden, aufzulisten, sondern zunächst **Schmerzlinderer** und **Nutzenstifter** zu erarbeiten. Hierdurch wird eine von den im Leistungsangebot des fokalen Unternehmens bestehenden Leistungsbestandteilen unabhängige Analyse der Schmerzpunkte und Nutzen vorgenommen. Mittels Schmerzlinderern wird beschrieben, wie als tendenziell „extrem“ eingestufte Schmerzpunkte adressiert und gemindert werden können. Nutzenstifter auf der anderen Seite beschreiben, wie die „essenziell“ eingestuften Nutzen realisiert werden. Das Ergebnis stellt eine leistungsbestandteilunabhängige und auf den Kundennutzen ausgerichtete Definition von Schmerzlindern und Nutzenstiftern dar. Sowohl Schmerzlinderer als auch Nutzenstifter können unterschiedlich zum Kundennutzen beitragen, sodass sie hinsichtlich ihrer Wichtigkeit auf einer Skala von „optional“ bis „essenziell“ unterschieden werden sollten.

[497] Vgl. Osterwalder et al. (2014), Value Proposition Design, S. 37

Im vierten und letzten Schritt werden die im hybriden Leistungsangebot zu inkludieren **Leistungsbestandteile** identifiziert. Hierbei sind nicht nur die bereits bestehenden Leistungsbestandteile des fokalen Unternehmens zu berücksichtigen, sondern unabhängig vom Leistungsangebot des fokalen Unternehmens alle Leistungsbestandteile zur Adressierung der wichtigsten Schmerzlinderer und Nutzenstifter des Kunden zu identifizieren. Hierdurch wird eine kundennutzenzentrierte Definition der Leistungsbestandteile und damit eine problemlösungsorientierte Ausrichtung des hybriden Leistungsangebots unabhängig von der Unternehmensgrenze des fokalen Unternehmens sichergestellt. Es gilt zu beachten, dass nicht alle identifizierten Schmerzpunkte und Nutzen des Kundensegmentes adressiert werden können und müssen, sondern eine Ausrichtung des hybriden Leistungsangebots an den Wichtigsten erfolgen sollte. Grundsätzlich bleibt an dieser Stelle jedoch anzumerken, dass ein genauer Grenzwert zwischen „wichtigen" und damit zu berücksichtigenden Kundentätigkeiten, Schmerzpunkte und Nutzen sowie Schmerzlinderern und Nutzenstiftern und „unwichtigen" nicht pauschal definiert werden kann. Die Unterscheidung auf Basis der erläuterten Skalen ist vielmehr je hybridem Leistungsangebot individuell, sodass eine Definition dieses Grenzwerts im jeweiligen Kontext des hybriden Leistungsangebots durch den Anwender der Methodik festzulegen ist.

Auf Basis der dargelegten Systematik kann der Umfang des hybriden Leistungsangebots und damit die im weiteren Verlauf der Methodik zu betrachtenden Leistungsbestandteile bestimmt werden. Ziel von Kapitel 5.1 ist darüber hinaus die Strukturierung des hybriden Leistungsangebots als Ausgangsbasis für eine Ableitung hybrider Leistungsmodule, welche durch einzelne Partner erbracht werden können. Eine entsprechende Strukturierungslogik wird deshalb im folgenden Abschnitt erarbeitet.

5.1.2 Strukturierung des hybriden Leistungsangebots

Ziel des vorliegenden Abschnitts ist die Strukturierung des hybriden Leistungsangebots. Diese fungiert in Kapitel 5.2 als Ausgangsbasis zur Definition hybrider Leistungsmodule, welche auf Partner allokiert werden sollen. Hierzu wird das ursprünglich aus der Strukturierung von Sachleistungen entstammende Konzept der Produktarchitektur[498] auf hybride Leistungsangebote übertragen. Als Resultat ergibt sich eine Leistungsarchitektur zur Strukturierung des hybriden Leistungsangebots.

Die Produktarchitektur setzt sich aus einer Funktionsstruktur, einer Produktstruktur sowie Transformationsbeziehungen zusammen (vgl. Kapitel 2.1.3). Die Ausgangsbasis der

[498] Vgl. Feldhusen et al. (2013), Technische Systeme, S. 255ff.; Göpfert (1998), Modulare Produktentwicklung, S. 91ff.

Strukturierung hybrider Leistungsangebote bildet die Funktionsstruktur. Mittels der Funktionsstruktur werden die Anforderungen aus Kundensicht in eine lösungsneutrale und funktionale Beschreibung überführt.[499] Durch die Lösungsneutralität der Funktionsstruktur ist es von untergeordneter Bedeutung, ob Anforderungen bzw. Funktionen durch Sach- oder Dienstleistungsbestandteile adressiert werden, sodass eine Übertragung des Konzepts der Funktionsstruktur auf hybride Leistungsangebote gewährleistet ist. Zudem wird mittels einer lösungsneutralen und funktionalen Beschreibung des hybriden Leistungsangebots der Anforderung nachgekommen, dass Sach- und Dienstleistungsbestandteile integrativ eine Lösung erfüllen und teilweise gegeneinander ausgetauscht werden können.[500] Auf eine detaillierte Beschreibung der Identifikationen von Funktionen sowie ihrer Hierarchisierung innerhalb einer Funktionsstruktur wird an dieser Stelle verzichtet, da eine Funktionsstrukturierung in der bestehenden wissenschaftlichen Literatur[501] umfassend beschrieben ist.[502]

Funktionsstrukturen lassen sich gemäß VDI 2803 hierarchisch in Form von Funktionsbäumen oder ablauforientiert als Flussdarstellung abbilden, z.B. in Function Analysis System Technique-Diagrammen.[503] Im Rahmen der vorliegenden Arbeit soll die Funktionsstruktur auf der Basis einer hierarchischen Darstellungsform zur Anwendung kommen, da sie sich als vorteilhaft in Bezug auf fachbereichsübergreifende Methoden herausgestellt hat[504] und sich durch eine einfache Anwendbarkeit auszeichnet[505]. Die Beschreibung und Bezeichnung der Gesamtfunktionen, der Hauptfunktionen und Teilfunktionen erfolgt gemäß der in der wissenschaftlichen Literatur anerkannten und verbreiteten Konvention in der Form von „Subjektiv + Verb“.[506] Hierbei ist auf eine lösungsneutrale Formulierungen zu achten, sodass eine Zuordnung der Funktionen zu Leistungsbestandteilen nicht vorbestimmt wird.[507]

Zur vollständigen Übertragung des Produktarchitekturkonzepts auf hybride Leistungsangebote, bedarf es neben einer integrierten Funktionsstruktur nachfolgend auch einer Übertragung des Produktstrukturkonzepts. Hierzu ist eine Erweiterung der Produktstruktur um die Dienstleistungsperspektive sowie eine Erweiterung des Betrachtungsbe-

---

[499] Vgl. Feldhusen et al. (2013), Technische Systeme, S. 265.

[500] Vgl. Goedkoop et al. (1999), Product Service systems, S. 18; Mont (2002), Clarifying the concept of product-service system, S. 239.

[501] Vgl. VDI 2803 (2019); VDI 2222 - Blatt 1 (1997), S. 15ff.

[502] Vgl. Breunig (2017), Produktarchitekturgestaltung mechatronischer Baukastensysteme, S. 122f.

[503] Vgl. VDI 2803 (2019), S. 6f.

[504] Vgl. Schlößer (2020), Auslegung prototypischer Produktinkremente, S. 129; VDI 2803 (2019), S. 5.

[505] Vgl. Breunig (2017), Produktarchitekturgestaltung mechatronischer Baukastensysteme, S. 123.

[506] Vgl. Feldhusen et al. (2013), Technische Systeme, S. 265; VDI 2803 (2019), S. 5.

[507] Vgl. Schuh und Riesener (2017), Produktkomplexität managen, S. 89f.

reichs auf das erweiterte Betrachtungsobjekt des hybriden Leistungsangebots notwendig. Dies ist darin begründet, dass kein singuläres physisches Produkt fokussiert und hierarchisch in Bestandteile dekomponiert wird, sondern ein hybrides Leistungsangebot strukturiert wird. Als Resultat der Übertragung wird die Produktstruktur durch eine Sachleistungsstruktur sowie eine Dienstleistungsstruktur ersetzt, welche die jeweiligen Leistungsbestandteile zur Erfüllung der geforderten Funktionen abbilden.

Die Sachleistungsstruktur strukturiert alle Sachleistungsbestandteile, welche Gegenstand des hybriden Leistungsangebots sind. Diese umfasst somit nicht nur ein singuläres Produkt, sondern alle im hybriden Leistungsangebot enthaltenen Sachleistungsbestandteile. Dies schließt auch solche Sachleistungsbestandteile ein, welche zur Erbringung der im hybriden Leistungsangebot enthaltenen Dienstleistungsbestandteile erforderlich sind. Analog zur Produktstruktur findet in der Sachleistungsstruktur ebenfalls der hierarchische Aspekt Anwendung und es ist darauf zu achten, dass jeder Sachleistungsbestandteil mit einer Teilfunktion verknüpft werden kann. Hierdurch liegt zugleich ein Abbruchkriterium beim Aufbau der Sachleistungsstruktur vor.

Wie die bereits in Kapitel 2.1.3.2 und Kapitel 3.2.2 thematisiert, existiert keine eindeutige und wissenschaftlich verbreitete Methodik zur Erstellung der Strukturierung der Dienstleistungsdimension eines hybriden Leistungsangebots.[508] Aus diesem Grund wird zum Aufbau einer Dienstleistungsstruktur eine Analogiebetrachtung herangezogen, bei der Sach- und Dienstleistungen miteinander verglichen werden, um eine Übertragung der Produktstruktur auf Dienstleistungen im Rahmen der vorliegenden Arbeit zu gewährleisten. Eine Analogiebetrachtung kommt mit dem Ziel zur Anwendung, Ähnlichkeiten zwischen dem originären und dem zu entwickelnden Betrachtungsobjekt zu identifizieren.[509] Basierend auf dem Abgleich der identifizierten Ähnlichkeiten kann nachfolgend entschieden werden, ob die Ähnlichkeiten vergleichbar sind und somit eine Übertragung erfolgen kann, ob eine Übertragung nur unter der Umsetzung von Modifikationen möglich ist oder ob eine Übertragung aufgrund mangelnder Ähnlichkeiten nicht erfolgen kann.[510] Im Rahmen der vorliegenden Analogiebetrachtung wird auf den Arbeiten von GILL[511], KUSTER[512] und BURR[513] aufgebaut, wobei jedoch in der vorliegenden

[508] Erste Ansätze (vgl. Burr (2016), Service Engineering bei technischen Dienstleistungen, S. 162ff. oder Mannweiler und Aurich (2013), Modularization of Products and Services) zeigen lediglich Bestrebungen zum Aufbau einer Dienstleistungsstruktur in Anlehnung an eine Produktstruktur auf. Sie fokussieren jedoch maßgeblich die Modularisierung von Dienstleistungen anstelle einer systematischen Struktur, womit eine prinzipielle Umsetzbarkeit einer Dienstleistungsstruktur dennoch aufgezeigt wird.

[509] Vgl. Haberfellner et al. (2019), Systems Engineering, S. 372

[510] Vgl. Gill (2004), Architektur für das Service Engineering, S. 57f.

[511] Vgl. Gill (2004), Architektur für das Service Engineering, S. 57ff.

[512] Vgl. Kuster (2004), Systembündelung technischer Dienstleistungen, S. 75ff.

[513] Vgl. Burr (2016), Service Engineering bei technischen Dienstleistungen, S. 162ff.

Arbeit eine Analogiebetrachtung auf der Basis der determinierenden Eigenschaften von Sach- und Dienstleistungen durchgeführt wird, um der Zielsetzung einer Dienstleistungsstruktur im Kontext hybrider Leistungsangebote gerecht zu werden. Ein Überblick zum Vorgehen der Analogiebetrachtung kann Anhang A.1 entnommen werden.

Bevor auf die Gemeinsamkeiten zwischen Sach- und Dienstleistungen eingegangen wird, welche eine Übertragung des Produktstrukturkonzepts auf Dienstleistungen erlauben würde, sollen zunächst Unterschiede erläutert werden, die gegen eine Übertragung sprechen würden. Wie bereits in Kapitel 2.1.1 erläutert, bestehen die größten Unterschiede zwischen Sach- und Dienstleistungen in der Immaterialität der Dienstleistungen sowie des Uno-actu Prinzips, also der zeitgleichen Erstellung und Verwendung der Dienstleistung. Die Charakteristika der Immaterialität sowie des Uno-actu Prinzips sind darüber hinaus Ursache der nicht vorhandenen Lager- und Transportfähigkeit von Dienstleistungen. Weiterhin verkörpern Dienstleistungen Prozesse und Aktivitäten und erfordern eine umfangreichere Einbindung des Kunden bzw. des externen Faktors in den Prozess der Dienstleistungserbringung. Für die Übertragung des Konzepts der Produktstruktur auf Dienstleistungen stellt die stärkere Integration des Kunden sowie das Uno-actu Prinzip kein Hindernis dar, da es die in der Dienstleistungsstruktur abzubildenden Bestandteile nicht betrifft. Hingegen müssen der maßgebliche Unterschied der Immaterialität sowie der Schwerpunkt von Dienstleistungen auf Prozesse und Aktivitäten im Rahmen der Strukturierung abgebildet werden.

Trotz der zunächst erscheinenden Unterschiede, weisen Sach- und Dienstleistungen in Bezug auf die verbleibenden Charakteristika, welche für eine Übertragung des Produktstrukturkonzepts auf Dienstleistungen entscheidend sind, bedeutende Gemeinsamkeiten auf. Wie auch Sachleistungen, lassen sich Dienstleistungen in ihre Bestandteile zerlegen.[514] Bei Sachleistungen sind dies entsprechende Sachleistungsmodule und Sachleistungskomponenten, also einzelne physische Bestandteile, während es bei Dienstleistungen Dienstleistungsmodule und einzelne Dienstleistungskomponenten in Form von Prozessen und Aktivitäten sind. Dienstleistungskomponenten, wie auch Sachleistungskomponenten, wiederum tragen zu Erfüllung einzelner Teilfunktionen bei, womit sie sich einzelnen Teilfunktionen zuordnen lassen.[515] Durch die Möglichkeit der Dekomposition von Dienstleistungen in ihre Bestandteile liegt zudem eine hierarchische Beziehung vor, die so auch in der Produktstruktur vorzufinden ist. Somit lassen sich auch Dienstleistungen in der Form einer hierarchischen Struktur abbilden und Transformationsbeziehungen zwischen der Funktionsstruktur und der Sach- bzw. Dienstleistungsstruktur ablei-

[514] Mannweiler und Aurich (2013), Modularization of Products and Services, S. 38f.

[515] Vgl. Burr (2016), Service Engineering bei technischen Dienstleistungen, S. 188f.

ten. Zusammenfassend kann somit festgehalten werden, dass eine Übertragung des Prinzips der Produktstruktur auf der Grundlage einer Analogiebetrachtung auch auf Dienstleistungen anwendbar ist. Unter Einbeziehung der Funktionsstruktur ergibt sich in Analogie zur Produktarchitektur somit abschließend eine Leistungsarchitektur, welche die Grundlage der Strukturierung hybrider Leistungsangebote aus funktionaler und leistungsorientierter Sicht in der vorliegenden Arbeit bildet (vgl. Abbildung 5-4).

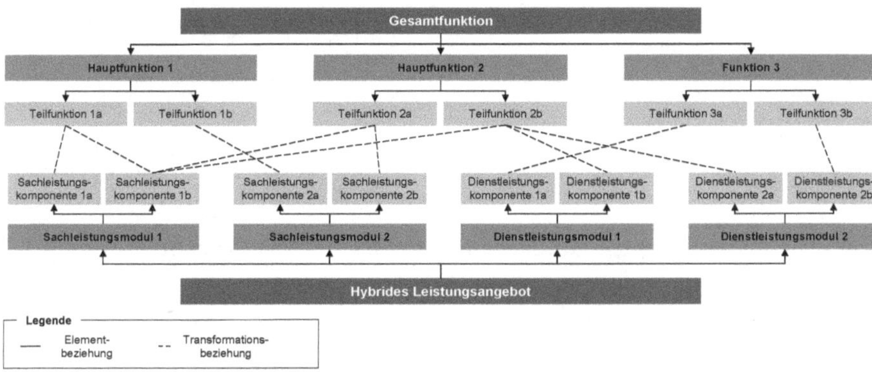

Abbildung 5-4: Leistungsarchitektur

Neben der Strukturierung des hybriden Leistungsangebots zielt die Teilforschungsfrage des Kapitels 5.1 auch auf komplexitätsorientierte Beschreibung hybrider Leistungsangebote ab. Daher wird nachfolgend erläutert, wie eine komplexitätsorientierte Beschreibung des hybriden Leistungsangebots mittels Komplexitätstreibern erfolgen kann.

5.1.3 Komplexitätsorientierte Beschreibung des hybriden Leistungsangebots

Das Ziel dieses Abschnitts ist die Ausarbeitung einer komplexitätsorientierten Beschreibung hybrider Leistungsangebote und der darin enthaltenen Leistungsbestandteile. Der Abschnitt gliedert sich dazu in drei Methodenschritte. Für die komplexitätsorientierte Beschreibung wird in einem ersten Methodenschritt zunächst der Untersuchungsbereich definiert, welcher durch die Beschreibung adressiert werden soll. Im zweiten Methodenschritt erfolgt die Identifikation generischer Komplexitätstreiber zur komplexitätsorientierten Beschreibung hybrider Leistungsangebote und seiner Leistungsbestandteile als Grundlage des zu erarbeitenden Beschreibungsmodells. Im dritten Methodenschritt erfolgt abschließend die Operationalisierung der Komplexitätstreiber anhand von individuellen vierstufigen Likert-Skalen. Die operationalisierten Komplexitätstreiber eignen sich einerseits zur Beschreibung des hybriden Leistungsangebots und seiner Leistungsbestandteile und werden andererseits in Kapitel 5.3.2 als Ausgangspunkt zur Quantifizierung der Komplexität hybrider Leistungsmodule herangezogen. Abbildung 5-5 zeigt das beschriebene Vorgehen.

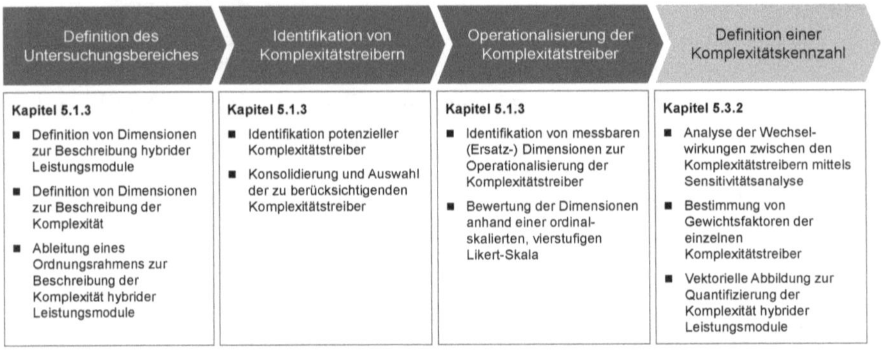

Abbildung 5-5: Vorgehen zur Operationalisierung von Komplexitätstreibern

Gemäß der Methodenschritte gilt es, im Folgenden den Untersuchungsbereich anhand der in Kapitel 2.1.1 vorgestellten Dimensionen hybrider Leistungsangebote sowie dem in Kapitel 2.4.3 erläuterten Verständnis von Komplexität zu definieren.

5.1.3.1 Definition des Untersuchungsbereichs

Um die Komplexität des Systems „hybrides Leistungsangebot" beschreiben zu können, ist zunächst die Definition seiner **Systemgrenze** essenziell.[516] Weiterhin gilt es, eine Festlegung über die gewünschte **Betrachtungsebene bzw. das Aggregationsniveau** zu treffen[517], da diese in Kombination mit der Größe des Systems seine Komplexität bestimmt[518]. Ein höherer Detaillierungsgrad befähigt dabei nicht immer ein besseres Verständnis oder eine bessere Bewertbarkeit der Komplexität. Stattdessen zieht ein höherer Detaillierungsgrad nicht selten einen gegenläufigen Effekt in Bezug auf die praktische Umsetzbarkeit nach sich.[519] Daher gilt es, bei der Definition der Systemgrenze sowie der Wahl der Betrachtungsebene zu beachten, dass einerseits eine ganzheitliche Erfassung und andererseits eine allgemeingültige Bewertung der Komplexität gewährleistet wird.

Für die **Festlegung der Systemgrenze** wird das dargelegte Verständnis von Komplexität hybrider Leistungsangebote aus Kapitel 2.4.3 aufgegriffen. Da die vorliegende Arbeit die Erbringung hybrider Leistungsangebote fokussiert, wird die Systemgrenze so definiert, dass die Prozesse zur Erbringung des hybriden Leistungsangebots beim Kunden sowie

[516] Vgl. Trier et al. (2013), Systemtheorie und Modell, S. 48ff.
[517] Vgl. Kirchhof (2003), Ganzheitliches Komplexitätsmanagement, S. 169.
[518] Vgl. Bliss (2000), Management von Komplexität, S. 9.
[519] Vgl. Patzak (1982), Systemtechnik, S. 315.

das hybride Leistungsangebot und seine Leistungsbestanteile innerhalb der Systemgrenzen liegen (vgl. Abbildung 5-6).

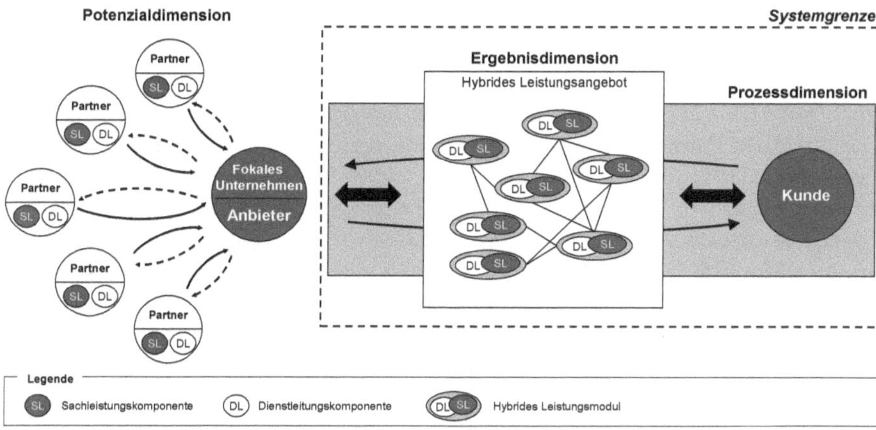

Abbildung 5-6: System hybrides Leistungsangebot und seine Dimensionen

Aufbauend auf dem Verständnis aus Kapitel 2.4.3 liegt die Systemgrenze folglich so, dass die Ergebnisdimension sowie die Prozessdimension des hybriden Leistungsangebots eingeschlossen ist, die Potenzialdimension jedoch außerhalb der Systemgrenze liegt. Die **Potenzialdimension** umfasst die Fähigkeit und Bereitschaft zur Erbringung der Anbieters (bzw. seiner Partner innerhalb des Wertschöpfungsnetzwerks) sowie die hierfür notwendigen Potenzialfaktoren (vgl. Kapitel 2.1.1.2). Die Fähigkeit und Bereitschaft zur Erbringung sowie das Vorliegen einzelner Potenzialfaktoren ist individuell je Partner, womit die Potenzialdimension nicht inhärent für die Komplexität des hybriden Leistungsangebots ist. Aus diesem Grund findet sie im Rahmen der Komplexitätsbeschreibung keine Berücksichtigung. Dennoch wird der Potenzialdimension im weiteren Verlauf durch die Analyse der zur Erbringung des hybriden Leistungsangebots und seiner Bestandteile erforderlichen Kompetenzen in Kapitel 5.3.1 sowie durch die Berücksichtigung der Kompetenzausstattung potenzieller Partner im Rahmen der Allokation der hybriden Leistungsmodule in Kapitel 5.4.2 Rechnung getragen. In Anlehnung an das in Kapitel 2.1.1.2 dargelegte Verständnis der drei Dimensionen von Leistungen umfasst die **Prozessdimension** im Rahmen der vorliegenden Methodik die Erbringung des hybriden Leistungsangebots durch entsprechende Prozesse und unter Beteiligung des externen Faktors. Beim externen Faktor handelt es sich um den Kunden selbst und/oder seine Wirtschaftsobjekte, die integrativ an der Leistungserbringung mitwirken und zum Leistungsergebnis beitragen. Die **Ergebnisdimension** umfasst in Anlehnung an das in Kapitel 2.1.1.2 dargelegte Verständnis das hybride Leistungsangebot und die darin enthaltenen Leistungsbestandteile sowie das durch diese erzeugte Leistungsergebnis.

Zur Konkretisierung des Systems ist neben der Bestimmung der Systemgrenze auch die **Festlegung der Betrachtungsebene** erforderlich. Als geeignete Betrachtungsebene werden hybride Leistungsmodule angesehen, welche sich wiederum aus verschiedenen Sach- und Dienstleistungskomponenten zusammensetzen. Dies erscheint auch vor dem Hintergrund der Zielsetzung der vorliegenden Arbeit, das fokale Unternehmen bei der Entscheidung der Eigenerbringung einzelner Leistungsmodule des hybriden Leistungsangebots sowie ihrer Allokation auf Partner im Wertschöpfungsnetzwerk zu unterstützen, gerechtfertigt. Dies ist darin begründet, dass einerseits eine Komplexitätsbetrachtung auf der Ebene des hybriden Leistungsangebots für eine Erbringungsentscheidung auf der Basis hybrider Leistungsmodule ungeeignet wäre, andererseits eine Betrachtung auf der Basis von Sach- und Dienstleistungskomponenten hinsichtlich des Detailgrads und damit in Bezug auf die praktische Umsetzbarkeit der Methodik als problematisch anzusehen ist.

Gemeinsam mit den in Kapitel 2.4.1 und 2.4.3 herangezogenen Dimensionen der Komplexität, wird folgender Ordnungsrahmen zur Beschreibung der Komplexität hybrider Leistungsangebote im Rahmen der vorliegenden Arbeit zugrunde gelegt (vgl. Abbildung 5-7).

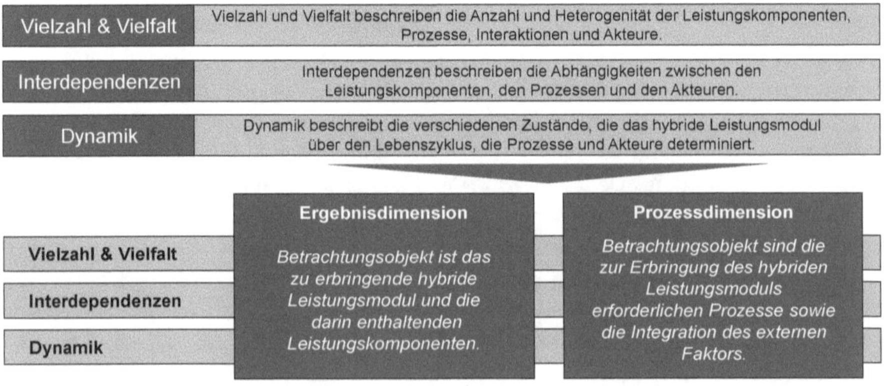

Abbildung 5-7: Ordnungsrahmen der Komplexität hybrider Leistungsangebote

Nachdem die Systemgrenze und die Betrachtungsebene festgelegt und ein Ordnungsrahmen zur Beschreibung der Komplexität hybrider Leistungsangebote definiert worden sind, erfolgt nachfolgend auf dieser Basis die Identifikation von Komplexitätstreibern.

5.1.3.2 Identifikation von Komplexitätstreibern

Zur umfassenden Identifikation von Komplexitätstreibern zur komplexitätsorientierten Beschreibung hybrider Leistungsangebote auf der Betrachtungsebene hybrider Leistungsmodule, soll nachfolgend das heuristische Screening nach MAYERS zur Anwendung kommen. Der Ansatz des heuristischen Screenings teilt sich in die drei Schritte **Sammlung**, **Strukturierung** und **Eingrenzung**.[520]

In Anlehnung an MAYERS gilt es, innerhalb des ersten Arbeitsschritts, der **Sammlung**, eine ganzheitliche Menge an Komplexitätstreibern zu identifizieren.[521] Die Identifikation der Komplexitätstreiber fußt dabei auf dem analytisch-deduktiven Verfahren einer umfassenden Literaturanalyse. Zur systematischen Durchsicht der Forschungslandschaft wird sich an das Vorgehen nach VOM BROCKE ET AL. angelehnt.[522] Dieser Ansatz fokussiert die Analyse des gegenwärtigen Forschungsstandes eines spezifischen Forschungsgebietes, wobei fünf Arbeitsschritte durchlaufen werden.[523] Die konkreten Arbeitsschritte können Abbildung A-2 des Anhangs A.2 entnommen werden. Da bei der Identifikation der Komplexitätstreiber in der vorliegenden Arbeit die Suche und Analyse bestehender Literatur fokussiert wird, erfolgt lediglich eine Anwendung der Arbeitsschritte zwei bis vier der von VOM BROCKE ET AL. vorgeschlagenen Vorgehensweise. Daher gilt es, zunächst das zu untersuchende Thema zu konzeptionieren und die Literatursuche zu spezifizieren. Die Spezifikation der Literatursuche erfolgt mittels der STARLITE-Methode nach BOOTH.[524] Das Akronym **STARLITE** steht für die folgenden acht zu spezifizierenden Elemente: „**S**ampling strategy", „**T**ype of studies", „**A**pproaches", „**R**ange of years", „**L**imits", „**I**nclusion and exclusion", „**T**eams" used und „**E**lectronic sources".[525] Da die Methodik eine weite Verbreitung aufweist, wird auf die detaillierte Beschreibung der einzelnen Vorgehensschritte an diese Stelle verzichtet und auf die genannte Literatur verwiesen. Im Rahmen der vorliegenden Arbeit wird ein vollständig selektiver Ansatz gewählt mit dem Ziel, die gesamte Literatur innerhalb festgeschriebener Grenzen zu betrachten. Hierzu erfolgt die Betrachtung von Zeitschriftenaufsätzen, Konferenzberichten und Fachbüchern innerhalb der letzten drei Dekaden sowie die Nutzung einer Schlagwortsuche in elektronischen Datenbanken unter Verwendung einer Vorwärts- und Rückwärtssuche. Zudem werden englisch- und deutschsprachige Quellen in die

---

[520] Vgl. Mayers (1997), Prozeß- und Produktoptimierung, S. 48.
[521] Vgl. Mayers (1997), Prozeß- und Produktoptimierung, S. 49.
[522] Vgl. vom Brocke et al. (2009), Reconstructing the Giant.
[523] Vgl. vom Brocke et al. (2009), Reconstructing the Giant, S. 7ff.
[524] Vgl. Booth (2006), "Brimful of STARLITE".
[525] Vgl. Booth (2006), "Brimful of STARLITE", S. 424.

Analyse einbezogen. Zur Bildung der Suchbegriffe, nach denen in Titeln, den Schlüsselwörtern sowie dem Abstract der Veröffentlichungen gesucht wird, werden ausgewählte Begriffe sowie Synonyme definiert. Mittels sog. „boolescher Operatoren" (bspw. AND, OR oder NOT) werden die Schlüsselwörter zu sog. „Suchstrings" kombiniert anhand derer die Datenbanken durchsucht werden. Zur Definition alternativer Suchbegriffe des Begriffs „Komplexitätstreiber", wird auf der Arbeit von VOGEL UND LASCH[526] aufgebaut, sodass nachfolgende alternative Suchbegriffe des Begriffs sowie seine englischsprachigen Synonyme an dieser Stelle festgehalten werden (vgl. Abbildung 5-8):

Komplexitätstreiber		
Komplexitätstreiber (complexity driver)	Komplexitätsfaktor (complexity factor)	Komplexitätsindikator (complexity indicator)
Komplexitätsparameter (complexity parameter)	Komplexitätsquelle (complexity source)	Komplexitätsvariable (complexity variable)

Abbildung 5-8: Alternative Suchbegriffe für Komplexitätstreiber[527]

Um das Suchfeld auch hinsichtlich des thematischen Kontextes hybrider Leistungsangebote zu definieren, werden über einen OR-Operator weitere Begriffe, wie Dienstleistung, Produkt oder auch hybride Wertschöpfung ergänzt. Diese zusätzlichen Begriffe sind einerseits allgemein genug, um den Suchraum nicht zu stark zu verkleinern und gegebenenfalls relevante Veröffentlichungen auszuschließen, andererseits jedoch ausreichend spezifisch, um den Suchraum hinsichtlich einer inhaltlichen Ausrichtung zu konkretisieren. Die getrennte Suche nach dienst- bzw. sachleistungsspezifischen Komplexitätstreibern (Verwendung der OR-Verknüpfung) adressiert darüber hinaus den Anspruch neben der Komplexität, die sich aus der Kombination der Leistungsbestandteile ergibt, auch die Komplexität der einzelnen Sach- und Dienstleistungsbestandteile zu berücksichtigen, die einen Einfluss auf die Gesamtkomplexität haben kann. Die beiden sich ergebenden vollständigen Suchstrings können Abbildung 5-9 entnommen werden.

Sprache	Suchstring
Deutsch	("Dienstleistung" OR "Produkt" OR "Hybride Lösung" OR "Hybrides Produkt" OR "Hybrides Leistungsbündel" OR "Integration" OR "Kunden Integration" OR "Hybride Wertschöpfung" OR "Netzwerk") AND ("Komplexitätstreiber" OR "Komplexitätsfaktor" OR "Komplexitätsindikator" OR "Komplexitätsquelle" OR "Komplexitätsvariable" OR "Komplexitätsparameter")
Englisch	("Service" OR "Product" OR "Hybrid Solution" OR "Hybrid Product" OR "Product Service System" OR "Value Co-Creation" OR "Customer Integration" OR "Hybrid Value Creation" OR "Manufacture" OR "Network") AND ("Complexity Driver" OR "Complexity Factor" OR "Complexity Indicator" OR "Complexity Parameter" OR "Complexity Source" OR "Complexity Variable")

Abbildung 5-9: Suchstrings zur Identifikation von Komplexitätstreibern

[526] Vgl. Vogel und Lasch (2016), Complexity drivers in manufacturing companies.

[527] In Anlehnung an Vogel und Lasch (2016), Complexity drivers in manufacturing companies, S. 4.

Zur umfangreichen Abdeckung der wissenschaftlichen Literaturformate werden die drei Datenbanken Web of Science, Scopus und IEEE Xplore Digital Library ausgewählt und mittels des definierten Suchstrings nach relevanten wissenschaftlichen Veröffentlichungen durchsucht. Die Auswahl der drei Datenbanken liegt darin begründet, dass sie eine große Abdeckung wissenschaftlicher Literatur gewährleisten und eine systemische Auswahl der Literatur mittels einer erweiterten Suchfunktion ermöglichen.

Nach der Spezifikation der Literatursuche erfolgt in einem zweiten und dritten Arbeitsschritt die eigentliche Literatursuche, -analyse, und -synthese (vgl. Abbildung A-2 des Anhangs A.2). Die grundsätzliche Durchführung der Literatursuche und Literaturauswertung geschieht in Anlehnung an VOM BROCKE ET AL.[528], wobei das Prisma Phasenmodell nach MOHER ET AL.[529] im Rahmen der Detaildurchführung der einzelnen Arbeitsschritte zur Anwendung kommt (vgl. Abbildung A-3 des Anhangs A.2).

Mittels des beschriebenen kombinierten Vorgehens konnten insgesamt 17 relevante Veröffentlichungen identifiziert werden (vgl. Tabelle A-1 des Anhangs A.2). Die 17 identifizierten Veröffentlichungen wiederum weisen 155 potenziell relevante Komplexitätstreiber auf, welche im nachfolgenden Arbeitsschritt der Strukturierung weiter konsolidiert werden (vgl. Abbildung 5-10).

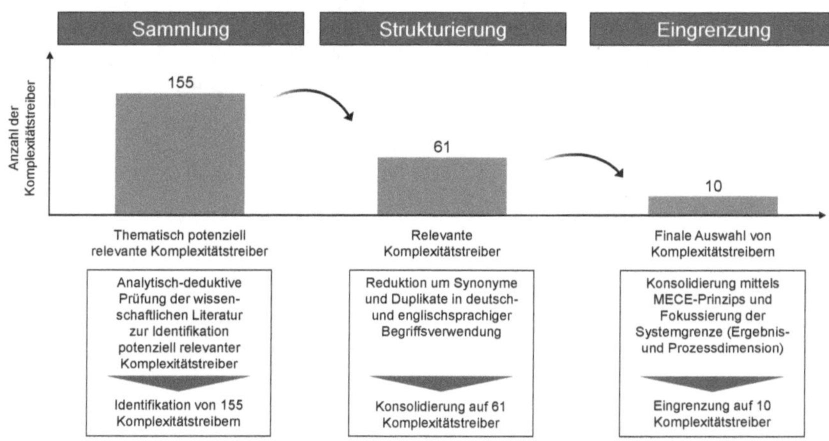

Abbildung 5-10: Heuristisches Screenings von Komplexitätstreibern[530]

[528] Vgl. vom Brocke et al. (2009), Reconstructing the Giant, S. 8.

[529] Vgl. Moher et al. (2009), The PRISMA statement, S. 2f.

[530] In Anlehnung an Mayers (1997), Prozeß- und Produktoptimierung, S. 48.

Im Rahmen der **Strukturierung** wurden die 155 Komplexitätstreiber weiter konsolidiert, sodass sich 61 relevante Komplexitätstreiber ergeben. Dies konnte mit einer Reduktion um Synonyme und Duplikate erreicht werden, die in der deutsch- und englischsprachigen Literatur oder zwischen den Sprachen äquivalent verwendet werden.

Zur vereinfachten Anwendbarkeit des Beschreibungsmodells werden die 61 relevanten Komplexitätstreiber im dritten und letzten Schritt des heuristischen Screenings nach MAYERS, der **Eingrenzung**, weiter konsolidiert. Hierzu findet das MECE-Prinzip[531] Anwendung, welches sich eignet, um komplexe Sachverhalte durch eine endliche Anzahl an Teilelementen sowohl vollständig als auch überschneidungsfrei darzustellen.[532] Innerhalb der Eingrenzung der Komplexitätstreiber wird das Kriterium der Überschneidungsfreiheit fokussiert, da dem Kriterium der Vollständigkeit bereits durch die umfassende Sammlung entsprochen wird. Um dem Anspruch auf Überschneidungsfreiheit gerecht zu werden, wurden die 61 Komplexitätstreiber in Anlehnung an SCHLÖẞER auf eine inhaltliche Überschneidungen geprüft, indem eindeutige Begriffsdefinitionen je Komplexitätstreiber erarbeitet wurden.[533] Darüber hinaus wurden die Komplexitätstreiber hinsichtlich ihrer Zugehörigkeit zur Ergebnis- bzw. Prozessdimension des Ordnungsrahmens zur Beschreibung der Komplexität (vgl. Abbildung 5-7) abgeglichen, um ihre Verwendbarkeit zur Beschreibung des hybriden Leistungsangebots zu gewährleisten. Nach der Auflösung der inhaltlichen Überschneidungen und der Fokussierung der Ergebnis- und Prozessdimension nach der zuvor definierten Systemgrenze verbleiben zehn konsolidierte und überschneidungsfreie Komplexitätstreiber.[534] Abbildung 5-11 zeigt die zehn Komplexitätstreiber innerhalb des Ordnungsrahmens zur Beschreibung der Komplexität hybrider Leistungsangebote.

[531] MECE steht als Akronym für „Mutually-Exclusive-And-Collectively-Exhaustive“ oder zu Deutsch „einander ausschließend und insgesamt vollständig“.

[532] Vgl. Rasiel und Friga (2001), The McKinsey mind, S. 3.

[533] Vgl. Schlößer (2020), Auslegung prototypischer Produktinkremente, S. 133.

[534] Die 61 Komplexitätstreiber einschließlich ihrer zugrundeliegenden Literaturnachweise sowie ihre Strukturierung und Eingrenzung nach dem MECE-Prinzip können Anhang A.3 entnommen werden.

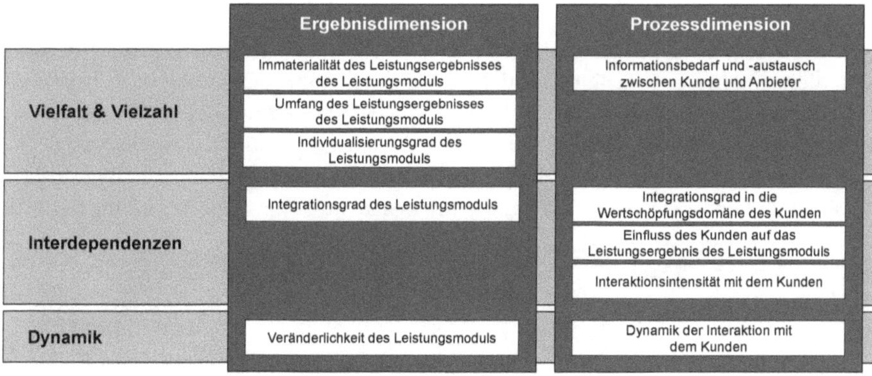

Abbildung 5-11: Übersicht der identifizierten Komplexitätstreiber

Die entsprechenden Definitionen der zehn generischen Komplexitätstreiber sind in Tabelle 5-1 aufgeführt.

Tabelle 5-1: Definition der generischen Komplexitätstreiber

Komplexitätstreiber	Definition
Immaterialität des Leistungsergebnisses des Leistungsmoduls	Beschreibt zu welchem Grad das hybride Leistungsmodul auf ein immaterielles Leistungsergebnis abzielt und damit wie stark es am Leistungsergebnis ausgerichtet ist.
Umfang des Leistungsergebnisses des Leistungsmoduls	Beschreibt in welchem Umfang das hybride Leistungsmodul Prozesse und Verfügungsobjekte des Kunden tangiert und damit den Wirkbereich des hybriden Leistungsmoduls.
Individualisierungsgrad des Leistungsmoduls	Beschreibt die Kundenspezifität des hybriden Leistungsmoduls und damit den Grad zu dem das hybride Leistungsmodul als Ganzes sowie die beinhalteten einzelnen Leistungskomponenten an die individuellen Kundenanforderungen anzupassen sind.
Integrationsgrad des Leistungsmoduls	Beschreibt die Intensität der inneren Vernetzung der einzelnen Leistungskomponenten innerhalb des hybriden Leistungsmoduls.
Veränderlichkeit des Leistungsmoduls	Beschreibt zu welchem Grad die Leistungskonfiguration des Leistungsmoduls über dem Lebenszyklus Änderungen unterliegt oder proaktiv geändert werden kann.
Informationsbedarf und -austausch zwischen Kunde und Anbieter	Beschreibt den Grad des notwendigen Informationsbedarfs und -austauschs zwischen Anbieter und Kunde, womit der Umfangs des kundenspezifischen Wissens abgebildet wird.
Integrationsgrad in die Wertschöpfungsdomäne des Kunden	Beschreibt den Grad zu dem das hybride Leistungsmodul in die Prozesse des Kunden integriert ist und damit wie stark das hybride Leistungsmodul in die internen Prozesse des Kunden eingreift.
Einfluss des Kunden auf das Leistungsergebnis des Leistungsmoduls	Beschreibt das Ausmaß in dem der Kunde am Erbringungsprozess beteiligt ist und damit seinen Einfluss auf den Erfolg und die Qualität des Leistungsergebnisses des Anbieters.
Interaktionsintensität mit dem Kunden	Beschreibt die Intensität der Interaktionen zwischen dem Kunden und dem Anbieter des hybriden Leistungsmoduls während der Leistungserbringung und damit den Grad der Zusammenarbeit.
Dynamik der Interaktion mit dem Kunden	Beschreibt die Dynamik der Interaktion zwischen dem Kunden und dem Anbieter im Rahmen der Leistungserbringung in Bezug auf erforderliche Schnittstellen und Prozesse.

5.1.3.3 Operationalisierung der Komplexitätstreiber

Zur Bestimmung der Komplexität hybrider Leistungsmodule und der in Kapitel 5.3.2 angestrebten Definition eines Komplexitätswerts werden die im vorgegangenen Abschnitt identifizierten zehn Komplexitätstreiber aufgegriffen und operationalisiert. Zunächst gilt es, für den theoretischen Begriff, im vorliegenden Fall für die identifizierten

Komplexitätstreiber, sog. „(Ersatz-)Dimensionen" zu identifizieren.[535] Diese (Ersatz-)Dimensionen beschreiben den übergeordneten theoretischen Begriff, sodass es möglich wird, diesen bisher unscharfen und nicht direkt messbaren Sachverhalt einheitlich und vergleichbar zu beschreiben.[536] Auf der Grundlage dieses einheitlichen Verständnisses werden nachfolgend die (Ersatz-)Dimensionen skaliert, wodurch eine eindeutige Bewertung der Komplexitätstreiber ermöglicht wird, die sich durch eine hohe Wiederholgenauigkeit über verschiedene Anwender hinweg auszeichnet (vgl. Abbildung 5-12).[537]

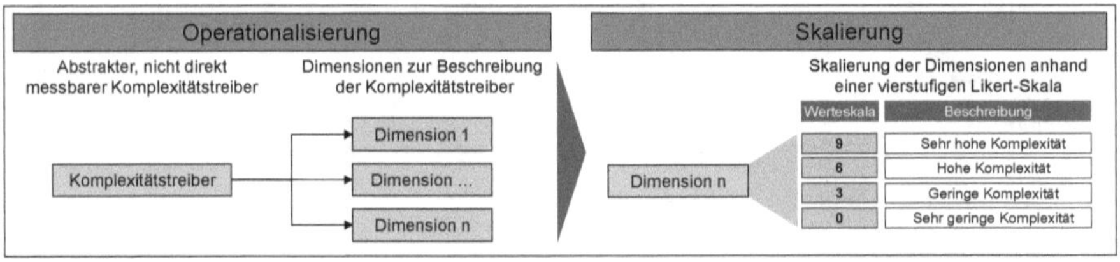

Abbildung 5-12: Vorgehen zur Operationalisierung von Komplexitätstreibern[538]

Zur Bewertung und Quantifizierung der Komplexitätstreiber erfolgt eine Skalierung der (Ersatz-)Dimension anhand einer Likert-Skala.[539] Diese hat sich aufgrund ihrer einfachen Anwendbarkeit bewährt.[540] Im Rahmen der vorliegenden Arbeit soll eine vierstufige Ordinalskala Anwendung finden. Dies ist dadurch begründet, dass es bei einer vierstufigen Skala nicht möglich ist, eine indifferente Bewertung anhand des Mittelwerts vorzunehmen, sondern die Bewertung immer mit einer Tendenz zu einer niedrigen bzw. hohen Komplexität versehen werden muss. Die vier Stufen werden mit den Werten, 0, 3, 6 und 9 versehen, wobei eine „0" eine sehr geringe und eine „9" eine sehr hohe Komplexität repräsentiert. Die Werte „3" und „6" decken den Zwischenbereich zwischen den beiden Maximalausprägungen ab und bilden eine geringe bzw. hohe Komplexität ab. Abschließend sei angemerkt, dass das Ziel verfolgt wird, jeweils nur eine geeignete (Ersatz-)Dimension zur Operationalisierung eines jeden Komplexitätstreibers zu verwenden. Im weiteren Verlauf des vorliegenden Methodenschritts werden die zehn Komplexitätstreiber zur Bewertung der Komplexität hybrider Leistungsmodule operationalisiert und eine individuelle Bewertungslogik anhand einer vierstufigen Likert-Skala erläutert.

---

535 Vgl. Häder (2019), Empirische Sozialforschung, S. 49.

536 Vgl. Diels (2017), Ermittlung agil zu entwickelnder Produktumfänge, S. 56.

537 Vgl. Häder (2019), Empirische Sozialforschung, S. 53f.

538 In Anlehnung an Diels (2017), Ermittlung agil zu entwickelnder Produktumfänge, S. 148.

539 Zur ausführlichen Beschreibung der Likert-Skala vgl. Schnell et al. (2014), Methoden der empirischen Sozialforschung, S. 176ff. oder Häder (2019), Empirische Sozialforschung, S. 102f.

540 Vgl. Häder (2019), Empirische Sozialforschung, S. 102.

Immaterialität des Leistungsergebnisses des Leistungsmoduls

Der Komplexitätstreiber Immaterialität des Leistungsergebnisses des Leistungsmoduls beschreibt zu welchem Grad das hybride Leistungsmodul auf ein immaterielles Leistungsergebnis abzielt und damit wie stark es am Leistungsergebnis ausgerichtet ist. Die Immaterialität reicht dabei von hybriden Leistungsmodulen, bei denen der Fokus des Leistungsergebnisses auf der reinen Erbringung einer Sachleistung liegt bis hin zu ergebnisorientierten Lösungen, bei denen dem Kunden durch den Anbieter ein spezifisches Ergebnis garantiert wird. Grundsätzlich gilt dabei, dass je stärker das Leistungsmodul am Leistungsergebnis ausgerichtet ist, desto höher ist der Dienstleistungscharakter und desto komplexer ist das Leistungsergebnis und dessen Erbringung. Zur Operationalisierung des Komplexitätstreibers Immaterialität des Leistungsergebnisses des Leistungsmoduls soll das Reifemodell für industrielle Dienstleistungen nach SPATH UND DEMUß[541] herangezogen werden. Die Stufe der geringsten Immaterialität stellen sachleistungsorientierte Leistungsmodule dar, bei denen Sachleistungskomponenten das Leistungsmodul determinieren. Sind Dienstleistungskomponenten enthalten, so zielen diese ausschließlich auf den Erhalt der optimalen Eigenschaften und der Betreuung der enthaltenen Sachleistungskomponenten ab. Auf der zweiten Stufe zielt das hybride Leistungsmodul auf die Optimierung einzelner Funktionen und Wertschöpfungsaktivitäten des Kunden durch Beratung ab, die direkt oder indirekt von den Sachleistungskomponenten betroffen sind. Die dritte Stufe der Immaterialität ist durch die Übernahme eines technischen Risikos durch den Anbieter mittels des hybriden Leistungsmoduls charakterisiert, wie beispielsweise der Garantie der Verfügbarkeit. Hierbei ist der Kunde nur noch für den Betrieb verantwortlich. Im Gegensatz dazu übernimmt der Anbieter mit dem hybriden Leistungsmodul auf der vierten Ebene der Immaterialität zusätzlich die Verantwortung für das Ergebnis seiner Leistung in Form einer Leistungsgarantie. Tabelle 5-2 zeigt zusammenfassend die vier Stufen und die jeweiligen Skalenwerte des Komplexitätstreibers Immaterialität des Leistungsergebnisses des Leistungsmoduls.

Tabelle 5-2: Komplexitätsbewertung Immaterialität des Leistungsergebnisses des Leistungsmoduls

Werteskala	Beschreibung
9	**Ergebnisorientierung:** Leistungsmodul, welches die Übernahme der Verantwortung für das Ergebnis eines Leistungsumfangs umfasst.
6	**Verfügbarkeitsorientierung:** Leistungsmodul, welches die Übernahme von technischen Risiken des Kunden umfasst und auf die Sicherstellung der Verfügbarkeit des Sachleistungsanteils abzielt.
3	**Funktionsorientierung:** Leistungsmodul zur Optimierung und Beratung im Hinblick auf einzelne Funktionen und Wertschöpfungsaktivitäten, die durch die Sachleistungskomponenten determiniert werden.
0	**Sachleistungsorientierung:** Leistungsmodul mit überwiegendem Sachleistungsanteil.

[541] Vgl. Spath und Demuß (2006), Entwicklung hybrider Produkte, S. 470.

Umfang des Leistungsergebnisses des Leistungsmoduls

Der Komplexitätstreiber Umfang des Leistungsergebnisses des Leistungsmoduls beschreibt in welchem Umfang das hybride Leistungsmodul Prozesse des Kunden tangiert. Zur Bewertung des Komplexitätstreibers wird der Wirkbereich des Leistungsmoduls in Bezug auf die Verfügungsobjekte des Kunden[542] und damit im Spezifischen im Hinblick auf die Wertschöpfungsprozesse des Kunden als adäquate Dimension angesehen. Der Wirkbereich beschreibt wie umfangreich Geschäftsprozesse durch das Leistungsmodul tangiert werden, wobei eine Zunahme des Wirkbereichs mit einer Steigerung der Komplexität der Leistungserbringung durch zusätzliche Schnittstellen und Interdependenzen einhergeht.[543] Die Operationalisierung des Komplexitätstreibers Umfang des Leistungsergebnisses des Leistungsmoduls erfolgt in Anlehnung an die Ausführungen von PALOHEIMO ET AL. zu industriellen Services und ihrem Betrachtungsbereich.[544] Auf der ersten Stufe wird lediglich die Bereitstellung des Sachleistungsanteils des Leistungsmoduls adressiert, womit sich der Wirkradius alleinig auf die Funktions- und Nutzungsfähigkeit der Sachleistungskomponenten beschränkt. Hierzu zählen beispielsweise die Lieferung, Installation oder die Kalibrierung einer Maschine. Auf der zweiten Stufe adressiert das Leistungsmodul kundenspezifische Hilfsprozesse im Umfeld der Sachleistungskomponenten, wobei diese jedoch losgelöst von den Wertschöpfungsprozessen des Kunden sind. Als Beispiele können Anwenderschulungen oder Wartungsmanagement genannt werden. Auf einer dritten Stufe wird der Ablauf von Wertschöpfungsprozessen des Kunden im Umfeld der Sachleistungskomponenten, beispielsweise durch Optimierung, fokussiert. Während der Wirkbereich des Leistungsmoduls auf der dritten Stufe hauptsächlich im unmittelbaren Umfeld der Sachleistungskomponenten zu verorten ist, werden auf der vierten Stufe auch vor- und nachgelagerte Wertschöpfungsprozesse umfasst, die zuvor zumeist in alleiniger Verantwortung des Kunden lagen (vgl. Tabelle 5-3).

Tabelle 5-3: Komplexitätsbewertung Umfang des Leistungsergebnisses des Leistungsmoduls

Werteskala	Beschreibung
9	**Geschäftsprozess:** Fokussierung von vor- und nachgelagerten Prozessen, welche Wertschöpfungsprozesse des Kunden darstellen und über das unmittelbare Umfeld der Sachleistungskomponenten hinausgehen.
6	**Teilprozesse:** Fokussierung von Teilprozessen, welche gleichzeitig Wertschöpfungsprozesse des Kunden darstellen und im unmittelbaren Umfeld der Sachleistungskomponenten liegen.
3	**Hilfsprozess:** Fokussierung einzelner Hilfsprozesse im Umfeld der Sachleistungskomponente, die keine direkten Wertschöpfungsprozesse darstellen.
0	**Bereitstellung:** Bereitstellung der Sachleistungskomponenten.

[542] Verfügungsobjekte des Kunden sind beispielsweise Sachgüter, Prozesse, Wissen oder Informationen
[543] Vgl. Burianek et al. (2007), Typologisierung hybrider Produkte, S. 13f.
[544] Vgl. Paloheimo et al. (2004), Customer oriented industrial services, S. 23f.

Individualisierungsgrad des Leistungsmoduls

Der Komplexitätstreiber Individualisierungsgrad des Leistungsmoduls beschreibt die Kundenspezifität des hybriden Leistungsmoduls und damit den Grad, zu dem das hybride Leistungsmodul als Ganzes sowie die beinhalteten Leistungskomponenten an die individuellen Kundenanforderungen anzupassen sind. Mit steigendem Individualisierungsgrad aus Sicht des Anbieters steigt die Komplexität der Leistungserbringung. Die Operationalisierung des Komplexitätstreibers erfolgt in Anlehnung an das Individualisierungskonzept von Produkten nach PILLER UND STOTKO[545], die in ihrem Modell verschiedene Typen von Produktkonfigurationen anhand ihrer Individualität unterscheiden. Die Stufe der geringsten Individualität und damit auch der geringsten Komplexität stellt die Strategie „Bundle-to-Order" dar. In Bezug auf hybride Leistungsmodule bedeutet dies, dass das Leistungsmodul aus standardisierten Leistungskomponenten besteht und somit als Ganzes nicht kundenspezifisch individualisierbar ist. Ein Leistungsmodul dieser Art kann ohne Änderungen einer Vielzahl von Kunden angeboten werden. Die zweite Stufe „Assemble-to-order" wird durch Leistungsmodule repräsentiert, die überwiegend aus standardisierten Leistungskomponenten bestehen und teilweise zu kundenindividuellen Lösungen konfiguriert werden. Auf der dritten Stufe wird das Konzept „Make-to-order" herangezogen, wobei Leistungskomponenten kundenspezifisch angepasst werden müssen, welche wiederum zu kundenspezifischen Leistungsmodulen kombiniert werden. Verglichen mit der zweiten Stufe ergibt sich somit eine Erhöhung der Komplexität nicht nur durch die Konfiguration von maßgeblich standardisierten Leistungskomponenten, sondern zusätzlich durch deren Individualisierung. Auf der vierten Stufe, als „Engineer-to-order" bezeichnet, müssen nahezu alle Leistungskomponenten des Leistungsmoduls an Kundenspezifika angepasst werden, sodass sich ein hoch kundenspezifisches Leistungsmodul ergibt, welches in seiner Ausprägung anderen Kunden nicht offeriert oder für diese erbracht werden kann. Die vier Stufen einschließlich der jeweiligen Skalenwerte sind in Tabelle 5-4 zusammengefasst.

Tabelle 5-4: Komplexitätsbewertung Individualisierungsgrad des Leistungsmoduls

Werteskala	Beschreibung
9	**Engineering-to-order:** Bündelung von überwiegend kundenspezifischen Leistungskomponenten zu einem kundenspezifischen Leistungsmodul.
6	**Make-to-order:** Bündelung von teilweise kundenspezifischen und teilweise standardisierten Leistungskomponenten zu einem kundenspezifischen Leistungsmodul.
3	**Assemble-to-order:** Bündelung von überwiegend standardisierten Leistungskomponenten zu einer kundenindividuellen Konfigurationen des Leistungsmoduls.
0	**Bundle-to-order:** Bündelung von standardisierten Leistungskomponenten zu einem überwiegend standardisierten Leistungsmodul.

[545] Vgl. Piller und Stotko (2003), Mass Customization und Kundenintegration, S. 82ff.

Integrationsgrad des Leistungsmoduls

Der Komplexitätstreiber Integrationsgrad des Leistungsmoduls beschreibt die Intensität der inneren Vernetzung der einzelnen Leistungskomponenten innerhalb des hybriden Leistungsmoduls. Je höher diese ausfällt, desto mehr Abstimmungsbedarfe zwischen den einzelnen Leistungskomponenten ist erforderlich und desto höher ist die Komplexität der Leistungserbringung. Zur Operationalisierung des Integrationsgrads des Leistungsmoduls soll das Konzept der Leistungsverbunde nach FRIEGE[546] herangezogen werden. FRIEGE unterscheidet drei Formen von Leistungsverbunden, wobei er als Unterscheidungsmerkmal den Zeitpunkt der Erbringung der Einzelleistungen des Leistungsverbundes heranzieht.[547] Die Übertragung des Konzepts auf den vorliegenden Komplexitätstreiber Integrationsgrad des Leistungsmoduls liefert die nachfolgende Abstufung: Die Stufe mit dem geringsten Integrationsgrad und damit der geringsten Komplexität ist das „Unbundling". Diese zeichnet sich dadurch aus, dass Leistungskomponenten des Leistungsmoduls unabhängig voneinander zu verschiedenen Zeitpunkten erbracht werden können. Auf der zweiten Stufe „Mixed Bundling" mit geringer Interdependenz können die Leistungskomponenten des Leistungsmoduls überwiegend unabhängig voneinander erbracht werden. Auf der dritten Stufe, dem „Mixed Bundling mit hoher Interdependenz", müssen die Leistungskomponenten des Leistungsmoduls überwiegend gleichzeitig erbracht werden, da sich die einzelnen Leistungskomponenten im Rahmen ihrer Erbringung gegenseitig determinieren und erfordern. Mit „Bundling" wird die vierte Stufe der höchsten Integration und damit Komplexität bezeichnet. Auf dieser können die Leistungskomponenten des Leistungsmoduls nur gemeinsam und zeitgleich erbracht werden. Die vier Stufen des Integrationsgrads können Tabelle 5-5 entnommen werden.

Tabelle 5-5: Komplexitätsbewertung Integrationsgrad des Leistungsmoduls

Werteskala	Beschreibung
9	**Bundling:** Zwischen den Leistungskomponenten des Leistungsmoduls bestehen sehr intensive Abhängigkeiten bei ihrer Erbringung, sodass sie nur gemeinsam und zeitgleich erbracht werden können.
6	**Mixed Bundling mit hoher Interdependenz:** Leistungskomponenten des Leistungsmoduls determinieren und erfordern sich gegenseitig bei ihrer Erbringung, sodass sie überwiegend gleichzeitig erbracht werden müssen.
3	**Mixed Bundling mit geringer Interdependenz:** Leistungskomponenten des Leistungsmoduls sind in Bezug auf ihre zeitliche Erbringung mehrheitlich unabhängig voneinander und können überwiegend separat erbracht werden.
0	**Unbundling:** Leistungskomponenten des Leistungsmoduls sind in Bezug auf ihre Erbringung zeitlich unabhängig voneinander und können separat voneinander erbracht werden.

[546] Vgl. Friege (1995), Preispolitik für Leistungsverbunde, S. 53ff.

[547] Vgl. Friege (1995), Preispolitik für Leistungsverbunde, S. 53.

Veränderlichkeit des Leistungsmoduls

Der Komplexitätstreiber Veränderlichkeit des Leistungsmoduls beschreibt zu welchem Grad die Leistungskonfiguration des Leistungsmoduls über den Lebenszyklus Änderungen unterliegt. Je häufiger die Leistungskonfiguration aufgrund von geplanten oder ungeplanten Änderungen geändert wird, desto höher ist der Aufwand, die Unsicherheit der Leistungserbringung und somit letztlich die Komplexität. Eine Operationalisierung des Komplexitätstreibers erfolgt unter Anwendung des Technologielebenszyklus nach SOMMERLATTE UND DESCHAMPS, welche verschiedene Lebenszyklusphasen anhand des Technologiereifegrads unterscheiden.[548] Die vorliegende Arbeit folgt dabei der Annahme, dass der Einsatz reifer Technologien zu weniger geplanten und vor allem ungeplanten Veränderungen führen als neue, schnell veränderliche Technologien und damit eine geringere Komplexität nach sich ziehen. Auf der Stufe der geringsten Komplexität sind damit Leistungsmodule einzuordnen, die durch überwiegend etablierte Technologien geprägt sind, womit nahezu keine geplanten und ungeplanten Änderungen über den Lebenszyklus notwendig werden. Auf der zweiten Stufe sind Leistungsmodule angesiedelt, welche auf in der Industrie verbreiteten Technologien fußen, sodass es zu einer geringen Anzahl an geplanten Änderungen kommen kann. Auf der dritten Stufe werden innerhalb des Leistungsmoduls Technologien in der Wachstumsphase eingesetzt. Sie sind durch eine mittlere Unsicherheit über die technische Leistungsfähigkeit charakterisiert, womit teilweise ungeplante Änderungen auftreten können, die jedoch einen kontrollierbaren Veränderungsbedarf hervorrufen. Auf der vierten Stufe ist das Leistungsmodul durch neue, sich schnell verändernde Technologien in der Entstehungsphase geprägt. Ihr Einsatz führt zu einer hohen Unsicherheit, sodass eine hohe Anzahl an geplanten und ungeplanten Änderungen mit hohem Anpassungsbedarf auftreten kann. Tabelle 5-6 fasst die vier Stufen und jeweiligen Skalenwerte des Komplexitätstreibers Veränderlichkeit des Leistungsmoduls zusammen.

Tabelle 5-6: Komplexitätsbewertung Veränderlichkeit des Leistungsmoduls

Werteskala	Beschreibung
9	**Technologie in Entstehungsphase:** Hohe Unsicherheit über die technische Leistungsfähigkeit, damit einhergehend hohe Anzahl an geplanten und ungeplanten Änderungen mit hohem Anpassungsbedarf.
6	**Technologie in Wachstumsphase:** Mittlere Unsicherheit über technische Leistungsfähigkeit, daher eine mittlere Anzahl an ungeplanten Änderungen, die einen kontrollierbaren Veränderungsbedarf hervorrufen.
3	**Technologie in Reifephase:** Verbreitete Technologien mit einer geringen Unsicherheit der technischen Leistungsfähigkeit, daher eine geringe Anzahl an geplanten Änderungen über den Lebenszyklus.
0	**Technologie in Sättigungsphase:** Etablierte Technologien mit einer sehr geringen Unsicherheit der technischen Leistungsfähigkeit, daher nahezu keine geplanten sowie ungeplanten Änderungen über den Lebenszyklus.

[548] Vgl. Sommerlatte und Deschamps (1985), Der strategische Einsatz von Technologien, S. 52f.

Informationsbedarf und -austausch zwischen Kunde und Anbieter

Der Komplexitätstreiber Informationsbedarf und -austausch zwischen Kunde und Anbieter beschreibt den Grad der notwendigen Informationsbreite des Anbieters über die Wertschöpfungsprozesse des Kunden. Eine effektive Zusammenarbeit zwischen Kunde und Anbieter zur Erbringung des Leistungsmoduls setzt voraus, dass alle für die Erbringung erforderlichen Informationen zwischen den beiden Parteien ausgetauscht werden und der Anbieter über das erforderliche kundenspezifische Wissen verfügt.[549] Je kundenspezifischer der erforderliche Informationsbedarf für die Leistungserbringung ist, desto schwieriger und unsicherer gestaltet sich der Austausch relevanter Informationen sowie der Wissensaufbau auf Anbieterseite und desto höher ist die Komplexität für den Anbieter. Für die Operationalisierung des vorliegenden Komplexitätstreibers soll damit der Umfang des notwendigen kundenspezifischen Wissens und Informationsbedarfs zur Erbringung des hybriden Leistungsmoduls herangezogen werden. Die geringste Stufe der Komplexität ist dadurch gekennzeichnet, dass kein Wissen über die Wertschöpfungsprozesse des Kunden erforderlich ist. Dies wäre beispielsweise bei der reinen Erbringung von Sachleistungskomponenten oder Trainings und Seminaren der Fall. Auf der zweiten Stufe ist geringes kundenspezifisches Wissen erforderlich, wie dies beispielsweise bei einfachen Beratungsleistungen notwendig wäre. Die dritte Stufe ist durch hohes kundenspezifisches Wissen charakterisiert, wobei die höchste Stufe der Komplexität durch eine intensive Kenntnis der Wertschöpfungsprozesse des Kunden gekennzeichnet ist. Letztere ist beispielsweise der Fall, wenn mit der Erbringung des Leistungsmoduls auf die Übernahme einzelner Wertschöpfungsprozesse des Kunden abgezielt wird. In Tabelle 5-7 sind die vier Stufen zur Bewertung der Komplexität des Informationsbedarfs und -austauschs zwischen Kunde und Anbieter dargestellt.

Tabelle 5-7: Komplexitätsbewertung Informationsbedarf und -austausch zwischen Kunde und Anbieter

Werteskala	Beschreibung
9	**Sehr hoher Informationsbedarf:** Intensive Kenntnis der Kundenprozesse und Kenntnis kritischer Kunden- und Prozessinformationen.
6	**Hoher Informationsbedarf:** Hohes kundenspezifisches Wissen erforderlich.
3	**Geringer Informationsbedarf:** Geringes kundenspezifisches Wissen erforderlich.
0	**Kein spezifisches Wissen:** Keine Kenntnis über Kundenprozesse erforderlich; Informationsbedarf beschränkt sich nur auf Sachleistungskomponenten.

[549] Vgl. Fliess und Lexutt (2019), How to be successful with servitization, S. 68f.

Integrationsgrad in die Wertschöpfungsdomäne des Kunden

Der Komplexitätstreiber Integrationsgrad in die Wertschöpfungsdomäne des Kunden beschreibt den Grad, zu dem das hybride Leistungsmodul in die Geschäftsprozesse des Kunden integriert ist. Je tiefer das hybride Leistungsmodul in die internen Abläufe des Kunden integriert ist, desto stärker sind die Interdependenzen zwischen Kunde und Anbieter im Rahmen der Leistungserbringung und desto höher ist die Komplexität. Der Integrationsgrad in die Systemlandschaft der Kunden wird hierbei maßgeblich über die Dienstleistungskomponenten des hybriden Leistungsmoduls beeinflusst, da diese unmittelbar Prozesse und Verfügungsobjekte des Kunden im Rahmen ihrer Erbringung tangieren. Aus diesem Grund werden für die Bewertung des Integrationsgrads in die Wertschöpfungsdomäne des Kunden die im Leistungsmodul enthaltenen Dienstleistungskomponenten in Abhängigkeit ihres Integrationsgrads in Anlehnung an KERSTEN ET AL.[550] und KOWALKOWSKI UND ULAGA[551] herangezogen. Die Stufe der geringsten Integration spiegeln sachleistungsunabhängige Dienstleistungskomponenten, wie Finanzierungsdienstleistungen wider, die lediglich eine punktuelle Interaktion zwischen Anbieter und Kunde erfordern. Auf der zweiten Stufe sind prozessunterstützende Dienstleistungskomponenten, wie Schulungen, Seminare oder Beratungen, angesiedelt, die den Kunden bei der Optimierung seiner Prozesse unterstützen. Effizienzsteigernde Dienstleistungskomponenten charakterisieren die dritte Stufe. Sie zielen auf die Sicherstellung der Funktionalität von Sachleistungskomponenten ab oder tragen zur Steigerung der Produktivität beim Kunden bei. Die höchste und vierte Stufe der Integration ist durch die vollständige oder zumindest teilweise Übernahme von Wertschöpfungsprozessen des Kunden durch die Dienstleistungskomponenten gekennzeichnet. Die Skala zur Bewertung des Integrationsgrads in die Wertschöpfungsdomäne des Kunden ist in Tabelle 5-8 dargestellt.

Tabelle 5-8: Komplexitätsbewertung Integrationsgrad in die Wertschöpfungsdomäne des Kunden

Werteskala	Beschreibung
9	**Dienstleistungskomponenten zur Übernahme von Kundenprozessen:** Vollständige oder teilweise Übernahme von Wertschöpfungsprozessen der Kunden.
6	**Effizienzsteigernde Dienstleistungskomponenten:** Sicherstellung der Funktionalität von Sachleistungskomponenten oder Beitrag zur Steigerung der Produktivität.
3	**Prozessunterstützende Dienstleistungskomponenten:** Unterstützende Dienstleistungskomponenten zur Optimierung von Prozessen.
0	**Sachleistungsunabhängige Dienstleistungskomponenten:** Dienstleistungskomponenten ohne direkten Bezug zu Sachleistungskomponenten, sodass keine Integration erforderlich ist.

[550] Vgl. Kersten et al. (2006), Wertschöpfungsnetzwerke zur Entwicklung und Produktion, S. 193f.

[551] Vgl. Kowalkowski und Ulaga (2017), Service strategy in action, S. 133ff.

Einfluss des Kunden auf das Leistungsergebnis des Leistungsmoduls

Der Komplexitätstreiber Einfluss des Kunden auf das Leistungsergebnis des Leistungsmoduls beschreibt das Ausmaß, zu dem der Erfolg und die Qualität des Leistungsergebnisses des Anbieters vom Kunden beeinflusst wird. Die Einbindung des Kunden in die Leistungserbringung bedeutet für den Anbieter einen gewissen Verlust an Kontrolle über den Erbringungsprozess.[552] Mit zunehmender Einbindung und zunehmendem Einfluss des Kunden auf das Leistungsergebnis steigt die Unsicherheit des Anbieters und damit die Komplexität der Erbringung des hybriden Leistungsmoduls. Eine Operationalisierung des vorliegenden Komplexitätstreibers erfolgt dabei auf der Basis der Beteiligung des Kunden in Anlehnung nach BOGNER, die verschiedene Arten der Kundenintegration differenziert.[553] Ihr folgend reichen die Ausprägungen dabei von passiver Einflussnahme bis hin zur aktiven Mitwirkung des Kunden. Angewandt auf den hier vorliegenden Kontext ergibt sich folgende vierstufige Skalierung: Auf der niedrigsten Stufe des Einflusses ist das Leistungsergebnis, welches durch das hybride Leistungsmodul erzeugt wird, nahezu unabhängig von den Einflüssen des Kunden, wie es beispielsweise bei der reinen Lieferung von Sachleistungskomponenten der Fall wäre. Die zweite Stufe ist durch eine passive Einflussnahme des Kunden charakterisiert. Hierbei ist es erforderlich, dass der Kunde Informationen zur Verfügung stellt, wobei er jedoch keinen Einfluss darauf hat, ob und wie diese Informationen im Erbringungsprozess zur Verwendung kommen. Die dritte Stufe ist von der aktiven Einflussnahme des Kunden geprägt. Der Kunde trifft hierbei gemeinsam mit dem Anbieter Entscheidungen und definiert Anforderungen. Die Ausführung der Leistungserbringung liegt jedoch vollständig beim Anbieter und in dessen Verantwortung. Auf der vierten Stufe, der aktiven Mitwirkung, führt der Kunde eigenverantwortlich Aktivitäten im Rahmen des Erbringungsprozesses durch, die Teil der Erbringung des hybriden Leistungsmoduls sind. Durch die erforderliche aktive Handlung des Kunden hat dieser einen direkten Einfluss auf das Leistungsergebnis. Die beschriebenen Stufen sind in Tabelle 5-9 zusammengefasst.

Tabelle 5-9: Komplexitätsbewertung Einfluss des Kunden auf das Leistungsergebnis des Leistungsmoduls

Werteskala	Beschreibung
9	**Aktive Mitwirkung:** Aktive, eigenverantwortliche Tätigkeiten des Kunden im Rahmen der Leistungserbringung.
6	**Aktive Einflussnahme:** Treffen von Entscheidungen in Zusammenarbeit mit Anbieter.
3	**Passive Einflussnahme:** Bereitstellung von Informationen durch den Kunden.
0	**Keine Einflussnahme:** Das Leistungsergebnis ist nahezu unabhängig vom Einfluss des Kunden.

[552] Vgl. Fließ (2009), Dienstleistungsmanagement, S. 11.

[553] Vgl. Bogner (2019), Strategien der Produktindividualisierung, S. 50f.

Interaktionsintensität mit dem Kunden

Der Komplexitätstreiber Interaktionsintensität mit dem Kunden beschreibt die Intensität der Interaktionen zwischen dem Kunden und dem Anbieter des hybriden Leistungsmoduls während der Leistungserbringung. Hierbei gilt grundsätzlich, dass eine intensivere Einbindung des Kunden in die Leistungserbringung zu einer Erhöhung der Spezifität der Schnittstellen, des Informationsaustauschs bzw. Kommunikationsaufwands sowie des Aufwands der Prozesssteuerung führt. Je intensiver die gemeinsame Wertschöpfung von Kunde und Anbieter ist, desto höher ist somit die Komplexität für den Anbieter. Eine Bewertung und Operationalisierung der Interaktionsintensität geschieht in Anlehnung an HOFER ET AL.[554] sowie HILBERT UND SCHERER[555], die verschiedene Formen der Zusammenarbeit differenzieren. Auf der untersten Stufe, der Kommunikation, beschränkt sich die Interaktion zwischen Kunde und Anbieter auf den wechselseitigen, zweckgerichteten Austausch von Informationen und Wissen. Die Form der Koordination auf der zweiten Stufe umfasst zusätzlich zur Kommunikation die Notwendigkeit nach einer Abstimmung zwischen den Parteien hinsichtlich Terminen, Ressourcen und Prozessen. Anbieter und Kunde führen jedoch ihre Prozesse unabhängig voneinander durch, sodass keine gemeinsame Arbeit stattfindet. Die dritte Stufe, die Kooperation, charakterisiert eine gemeinsame Arbeit von Anbieter und Kunde, wobei diese von geringer Intensität ist und sich auf unterschiedliche Besitztümer des Kunden oder Prozesse bezieht. Eine strukturierte Arbeitsteilung mit definierten Schnittstellen zwischen den Parteien ist hierbei charakteristisch. Eine Kollaboration als vierte Stufe ist durch die gemeinsame Erfüllung von Tätigkeiten sowie eine hohe Interaktionsintensität zwischen Anbieter und Kunde an gleichen Besitztümern des Kunden oder Prozessen determiniert. Die Ressourcen beider Parteien führen bei der Erbringung des hybriden Leistungsmoduls gemeinsam Tätigkeiten aus, wobei keine definierten Standards hinsichtlich Verantwortlichkeiten und Aufgabenverteilung existieren, sodass sich Teilaufgaben und ihre Bearbeitung zwischen den Parteien nicht klar abgrenzen lassen (vgl. Tabelle 5-10).

Tabelle 5-10: Komplexitätsbewertung Interaktionsintensität mit dem Kunden

Werteskala	Beschreibung
9	**Kollaboration:** Gemeinsame Zusammenarbeit mit hoher Intensität an gleichen Besitztümern des Kunden oder Prozessen.
6	**Kooperation:** Gemeinsame Zusammenarbeit geringer Intensität an unterschiedlichen Besitztümern des Kunden oder Prozessen.
3	**Koordination:** Abstimmung von Terminen, Prozessen und Ressourcen; keine gemeinsame Zusammenarbeit.
0	**Kommunikation:** Austausch von Informationen und Wissen.

[554] Vgl. Hofer et al. (2007), Modellierung und Management kollaborativer Geschäftsprozesse, S. 61ff.
[555] Vgl. Hilbert und Scherer (2014), Virtuelle Organisation für Bauprojekte, S. 146f.

Dynamik der Interaktion mit dem Kunden

Der Komplexitätstreiber Dynamik der Interaktion mit dem Kunden beschreibt die Dynamik der Interaktion zwischen dem Kunden und dem Anbieter im Rahmen der Leistungserbringung. Die Interaktion ist hierbei insbesondere durch Schnittstellen und gemeinsame Prozesse charakterisiert, die zur Erbringung des hybriden Leistungsmoduls notwendig sind. Je stärker die Erbringung eine dynamische Interaktion zwischen beiden Parteien erfordert, desto weniger lassen sich die notwendigen Prozesse und Schnittstellen durch den Anbieter planen und standardisieren.[556] In der Konsequenz kommt es zu einem Anstieg der Komplexität. Zur Operationalisierung des Komplexitätstreibers Dynamik der Interaktion mit dem Kunden, wird daher der Umfang der Standardisierung der Leistungserbringung herangezogen. Standardisierung beschreibt hierbei das Ausmaß immer gleichartig verlaufender und durchführbarer Prozesse.[557] Auf der untersten Stufe lässt sich somit die Möglichkeit einer hohen Standardisierung mit einer definierten Rollen- und Aufgabenverteilung zwischen beiden Parteien verorten, welche für nahezu alle Kunden identisch ist. Die zweite Stufe ist durch eine überwiegende Standardisierung von notwendigen Erbringungsprozessen geprägt, wobei Aktivitäten zur Erbringung des Leistungsmoduls in Einzelfällen teilweise kundenspezifisch angepasst werden müssen. Erbringungsprozesse und Schnittstellen auf der dritten Stufe hingegen sind für den Anbieter vorab und nur bedingt planbar, wobei es wechselnden Prozessabläufen im Rahmen der Erbringung des Leistungsmoduls je nach Kunde bedarf. Die vierte Stufe ist dadurch charakterisiert, dass nahezu keine Standarisierung möglich ist. Eine situations- und kundenspezifische Erbringung des hybriden Leistungsmoduls ist notwendig. Die vier beschriebenen Stufen sind in Tabelle 5-11 zusammengefasst.

Tabelle 5-11: Komplexitätsbewertung Dynamik der Interaktion mit dem Kunden

Werteskala	Beschreibung
9	**Nahezu keine Standardisierung:** Eine situations- und kundenspezifische Erbringung des hybriden Leistungsmoduls ist notwendig, sodass nahezu keine Standardisierung möglich ist.
6	**Bedingte Standardisierung:** Erbringungsprozesse und Schnittstellen sind für den Anbieter vorab nur bedingt planbar, sodass es wechselnder Prozessabläufe zur Erbringung des Leistungsmoduls je nach Kunde bedarf.
3	**Überwiegende Standardisierung:** Erbringungsprozesse können überwiegend standardisiert werden, wobei eine kundenspezifische Anpassung in Einzelfällen notwendig ist.
0	**Hohe Standardisierung:** Möglichkeit einer hohen Standardisierung mit definierter Rollen- und Aufgabenverteilung zwischen beiden Parteien, welche für nahezu alle Kunden identisch ist.

Durch die identifizierten Komplexitätstreiber, die jeweils individuell durch eine vierstufige Likert-Skalen operationalisiert worden sind, ist es möglich verschiedene hybride Leistungsmodule hinsichtlich ihrer Komplexität zu beschreiben.

---

[556] Vgl. Leicht (2016), Veränderung und Innovativität in der deutschen Kreditwirtschaft, S. 54f.

[557] Vgl. Frese (1992), Organisationstheorie, S. 118.

Zusammenfassend ist festzuhalten, dass das in diesem Kapitel erarbeitete Beschreibungsmodell den Anwender befähigt, hybride Leistungsangebote aus zweierlei Sichtweisen zu beschreiben. Einerseits wird es ihm unter Verwendung des Value Proposition Canvas ermöglicht die einzelnen Leistungsbestandteile zu identifizieren, welche in das hybride Leistungsangebot zu inkludiert sind. Das hybride Leistungsangebot und die identifizierten Leistungsbestandteile werden im Anschluss mittels einer Leistungsarchitektur strukturiert, sodass sie einheitlich beschrieben werden können. Durch die Ableitung generischer Komplexitätstreiber erfolgt andererseits die ganzheitliche, komplexitätsorientierte Beschreibung hybrider Leistungsangebote. Das Beschreibungsmodell bildet die Grundlage für die im weiteren Verlauf der vorliegenden Arbeit angestrebte Definition hybrider Leistungsmodule als Erbringungsobjekte innerhalb des Wertschöpfungsnetzwerks (vgl. Kapitel 5.2). Die operationalisierten Komplexitätstreiber fungieren als Grundlage der Quantifizierung der Komplexität hybrider Leistungsmodule mittels eines Komplexitätswerts (vgl. Kapitel 5.3).

Die nachfolgende Abbildung 5-13 fasst die beschriebenen Methodenschritte zur Strukturierung und komplexitätsorientierten Beschreibung hybrider Leistungsangebote innerhalb des vorliegenden Kapitels 5.1 zusammen.

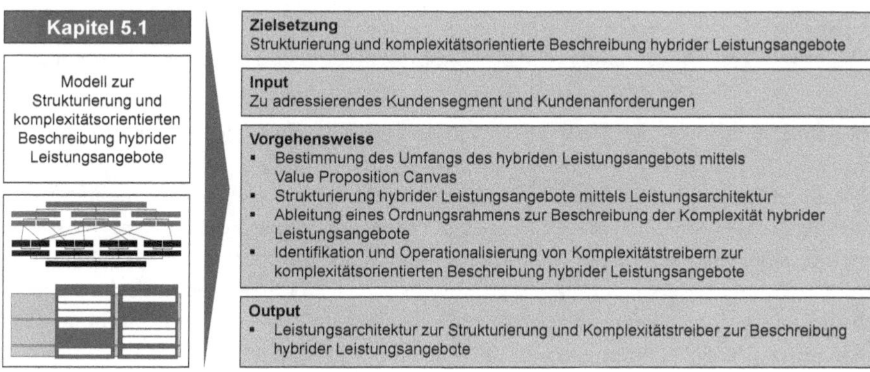

Abbildung 5-13: Strukturierung und komplexitätsorientierte Beschreibung hybrider Leistungsangebote

5.2 Bestimmung hybrider Leistungsmodule und ihrer Geschäftsmodellrelevanz

Nach der Erarbeitung des Modells zur Strukturierung und komplexitätsorientierten Beschreibung hybrider Leistungsangebote im vorangegangenen Kapitel werden nachfolgend Schritt der Methodik hybride Leistungsmodule einschließlich ihrer Geschäftsmodellrelevanz bestimmt (vgl. Abbildung 5-14). Hybride Leistungsmodule bestehen nach dem zugrundeliegenden Verständnis aus Kapitel 2.1.3.3 wiederum aus verschiedenen Leistungskomponenten (Sach- und/oder Dienstleistungskomponenten) mit einer ausgeprägten Wechselwirkung zueinander. Sie dienen als Erbringungsobjekte, welche entweder durch das fokale Unternehmen oder durch seine Partner innerhalb eines Wertschöpfungsnetzwerks erbracht werden können. Zur fundierten Befähigung dieser Entscheidung fungieren sie daher als Betrachtungsobjekte innerhalb der Methodik.

Abbildung 5-14: Bestimmung hybrider Leistungsmodule und ihrer Geschäftsmodellrelevanz

Vor dem Hintergrund der Zielsetzung werden zunächst die strategischen Ziele des zugrundeliegenden Geschäftsmodells identifiziert und priorisiert, anhand derer die Geschäftsmodellrelevanz der hybriden Leistungsmodule eruiert wird (vgl. Kapitel 5.2.1). Nachfolgend werden die hybriden Leistungsmodule auf der Basis der Analyse der Wechselwirkungen zwischen den Leistungskomponenten und unter Anwendung einer Multiple-Domain Matrix definiert (vgl. Kapitel 5.2.2). Abschließend wird der strategische Beitrag der hybriden Leistungsmodule bestimmt, welcher als Kennzahl für ihre Geschäftsmodellrelevanz herangezogen werden kann (vgl. Kapitel 5.2.3).

5.2.1 Identifikation und Priorisierung strategischer Ziele des Geschäftsmodells

Um als Ergebnis des zweiten Schritts der Methodik neben den hybriden Leistungsmodulen auch deren strategische Beiträge und damit ihre Relevanz für das zugrundeliegende Geschäftsmodell bestimmen zu können, ist das Ziel des vorliegenden ersten Methodenschritts zunächst die Identifikation und Priorisierung strategischer Ziele des Geschäftsmodells im Kontext hybrider Leistungsangebote. Aufgrund der Wichtigkeit des durchzuführenden Methodenschritts, empfiehlt sich dessen Bearbeitung in einem interdisziplinären Expertengremium. Dieses Expertengremium sollte eine ähnliche Zusammensetzung aufweisen, wie das Gremium, welches bereits den Umfang des hybriden Leistungsangebots festgelegt hat (vgl. Kapitel 5.1.1). Wie bereits in Kapitel 2.1.1.3 sowie Kapitel 5.1.1 erläutert, sind hybride Leistungsangebote auf das offerierte Nutzenversprechen ausgerichtet. Ein erfolgreiches Geschäftsmodell zeichnet sich durch die Erzeugung eines hohen Kundennutzens aus[558], welcher im Nutzenversprechen des Geschäftsmodells verankert ist und die Ziele des Geschäftsmodells determiniert[559]. Zur Detailanalyse des Nutzenversprechens und damit zur Identifikation relevanter Geschäftsmodellziele, wird auf das bereits verwendete Value Proposition Canvas zurückgegriffen. Ausgehend von den Kundentätigkeiten über die Schmerzpunkte und Nutzen des adressierten Kundensegmentes wurden Schmerzlinderer und Nutzenstifter identifiziert, die das Nutzenversprechen und damit die Zielsetzung des Geschäftsmodells bestimmen. Auf dieser Basis wurden essenzielle Schmerzlinderer und Nutzenstifter für die Festlegung der Leistungsbestandteile des hybriden Leistungsangebots herangezogen (vgl. Kapitel 5.1.1). Die Definition der strategischen Ziele des Geschäftsmodells erfolgt ebenfalls unter Nutzung der als essenziell eingestuften Schmerzlinderer und Nutzenstifter. Diese werden miteinander abgeglichen und ggf. aggregiert, sodass sie zueinander widerspruchsfrei sind und sich eine handhabbare Anzahl ergibt. Sie bilden die Menge an strategischen Zielen für die weiteren Methodenschritte. Zur Festlegung des strategischen Beitrags gilt es, nachfolgend die definierten strategischen Ziele in Bezug auf ihre Wichtigkeit für das Geschäftsmodell zu beurteilen. Als eine geeignete Methode zur Gewichtung verschiedener Lösungsalternativen und ihrer Bedeutung hat sich der paarweise Vergleich herausgestellt, da er eine universell einsetzbare und gleichzeitig einfach durchzuführende Methodik darstellt.[560] Im Rahmen des vorliegenden Abschnitts wird er deshalb zur Gewichtung der strategischen Ziele herangezogen (vgl. Abbildung 5-15). Bei der Durchführung des paarweisen Vergleiches werden die strategischen Ziele zunächst zeilen- und spaltenweise in einer Matrix aufgetragen und nachfolgend paarweise gegenübergestellt. Bei der zeilenweisen Gegenüberstellung wird verglichen, welches strategische Ziel eine höhere Bedeutung aufweist.[561] Hierbei kommt eine dreistufige Bewertungsskala zum Einsatz, welche die Stufen „0“ bis „2“ umfasst. Der Wert „0“ bedeutet, dass das Ziel der Zeile weniger wichtig als das Ziel in der Spalte ist. Der Wert „1“ wird eingetragen, wenn das Ziel in Zeile und Spalte von gleicher Wichtigkeit sind. Der Bewertung mit dem Wert „2“ liegt das Verständnis zugrunde, dass das Ziel in der Zeile wichtiger als das Ziel in der Spalte ist.

558 Vgl. Teece (2010), Business Models, Business Strategy and Innovation, S. 173.
559 Vgl. Osterwalder und Pigneur (2010), Business Model Generation, S. 22f.
560 Vgl. Feldhusen et al. (2013), Vorgehen bei einzelnen Schritten des Produktentstehungsprozesses, S. 388.
561 Vgl. Conrad (2019), Grundlagen der Konstruktionslehre, S. 220f.

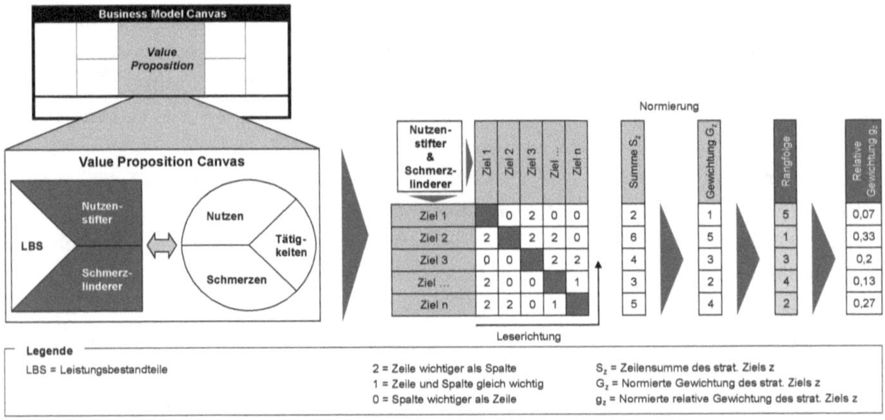

Abbildung 5-15: Identifikation und Priorisierung von strategischen Zielen

Für jedes strategische Ziel z wird nachfolgend seine Zeilensumme S_z bestimmt, worauf aufbauend je strategischem Ziel die normierte Gewichtung G_z und die normierte relative Gewichtung g_z bestimmt wird, sodass sich eine Rangfolge ergibt.[562] In Anlehnung an SCHMITT erfolgt die Berechnung der normierten Gewichtung G_z sowie der normierten relativen Gewichtung g_z nach Formel 5.1.[563]

$$G_z = Rd\left((n-1) * \frac{S_z - S_{min}}{S_{max} - S_{min}} + 1\right) \text{ und } g_z = \frac{G_z}{G_{ges}} \text{ mit } G_{ges} = \sum_{z=1}^{n} G_z \tag{5.1}$$

mit:

G_z	Normierte Gewichtung des strat. Ziels z (mit z = 1, …, n)
S_z	Zeilensumme des strat. Ziels z (mit z = 1, …., n)
S_{min}	Minimale Zeilensumme der strat. Ziele
S_{max}	Maximale Zeilensumme der strat. Ziele
g_z	Normierte relative Gewichtung des strat. Ziels z (mit z = 1, …., n)
G_{ges}	Summe aller normierten Gewichtungen

Als Ergebnis des paarweisen Vergleiches liegt eine normierte relative Gewichtung g_z jedes strategischen Ziels vor, welche die Wichtigkeit des strategischen Ziels in Bezug auf das zugrundeliegende Geschäftsmodell und dessen Nutzenversprechen widerspiegelt.

562 Vgl. Lindemann (2009), Methodische Entwicklung technischer Produkte, S. 184f.

563 Vgl. Schmitt (2015), Basiswissen Qualitätsmanagement, S. 85.

5.2.2 Definition hybrider Leistungsmodule

Ein weiteres Ziel des vorliegenden zweiten Methodenschritts besteht in der Bestimmung hybrider Leistungsmodule. Als Aufsatzpunkt zur Bestimmung der hybriden Leistungsmodule fungiert die in Kapitel 5.1.2 erarbeitete Leistungsarchitektur. Die dort erarbeitete Leistungsarchitektur betrachtet die einzelnen Leistungsbestandteile, also Sach- und Dienstleistungsbestandteile, des hybriden Leistungsangebots innerhalb der Leistungsstruktur jedoch nicht in einer integrierten Perspektive. Vielmehr setzt sich die Leistungsstruktur aus zwei parallel nebeneinander existierenden Strukturen zusammen, der Sach- und der Dienstleistungsstruktur (vgl. Abbildung 5-4). Zur Bestimmung hybrider Leistungsmodule, welche aus Sach- und/oder Dienstleistungskomponenten bestehen, bedarf es somit einer Analyse der Wechselwirkungen zwischen Sach- und Dienstleistungsstruktur. Auf dieser Basis können nachfolgend Sach- und Dienstleistungskomponenten mit einer intensiven Wechselwirkung zueinander zu hybriden Leistungsmodulen zusammengefasst werden, sodass sie gemeinsam erbracht werden können. Innerhalb der Funktionsstruktur liegt eine lösungsneutrale Beschreibung des hybriden Leistungsangebots durch Haupt- und Teilfunktionen vor. Die einzelnen Teilfunktionen wiederum werden durch einzelne Sach- und Dienstleistungskomponenten der Leistungsstruktur gemeinsam erfüllt, sodass die Teilfunktionen als Bindeglied zur Verlinkung der Sach- und Dienstleistungskomponenten herangezogen werden. Darüber hinaus gilt es, die strategischen Ziele sowohl mit den Funktionen als auch mit den Leistungskomponenten zu verlinken, um den strategischen Beitrag der einzelnen Leistungskomponenten zu bestimmen. Aus diesem Grund erfolgt zunächst eine Verlinkung der Ziele mit den Teilfunktionen, bevor nachfolgend die Teilfunktionen mit den Leistungskomponenten zueinander in Beziehung gesetzt werden. Die Verknüpfung der Ziele, Teilfunktionen und Leistungskomponenten sowie die Bestimmung der Wechselwirkungen erfolgt in Anlehnung an DANILOVIC UND BROWING mittels Design Structure Matrices (DSM) und Domain Mapping Matrices (DMM) innerhalb einer Multiple-Domain Matrix (MDM) (vgl. Abbildung 5-17).[564] Mithilfe einer MDM lassen sich die Abhängigkeiten innerhalb einer Domäne und zwischen verschiedenen Domänen übersichtlich und zielgerichtet abbilden.[565] Die DSM ist eine quadratische Matrix mit GxG Elementen, die die Abhängigkeiten zwischen den G Elementen einer Domäne visualisiert[566] und auf STEWARD[567] zurückgeht. In der vorliegenden Arbeit wird dem Verständnis nach BROWNING gefolgt, der eine systematische Analyse von Elementen und ihrer Beziehungen fokussiert.[568] Hiernach

[564] Vgl. Danilovic und Browning (2007), Managing complex product development projects, S. 306ff.
[565] Vgl. Lindemann et al. (2009), Structural Complexity Management, S. 69ff.
[566] Vgl. Eppinger und Browning (2012), Design Structure Matrix Methods and Applications, S. 2.
[567] Vgl. Steward (1981), The Design Structure System, S. 71ff.
[568] Vgl. Browning (2001), Applying the Design Structure Matrix, S. 292ff.

werden entsprechende Felder einer Zeilen- und Spaltenkreuzung markiert, sofern eine Wechselwirkungen zwischen den Elementen besteht. Bei der Bewertung der Wechselwirkungen wird innerhalb der DSM eine bidirektionale Abhängigkeit zwischen den Funktionen bzw. Leistungskomponenten unterstellt. Diese Annahme der ungerichteten Abhängigkeiten ist auch vor dem Hintergrund der Zielsetzung der Bestimmung von hybriden Leistungsmodulen als ausreichend anzusehen, als das lediglich das Vorliegen von Abhängigkeiten zwischen den Elementen innerhalb der Domänen von Relevanz ist jedoch nicht ihre Wirkrichtung. In der Konsequenz kann eine eingetragene Wechselwirkung entlang der Matrixdiagonalen gespiegelt werden, womit auf der Matrixdiagonalen selbst keine Bewertung der Wechselwirkungen erfolgt und die Handhabbarkeit der DSM vereinfacht wird. Die Anwendung der DSM zeichnet sich somit zusammenfassend durch ihre Prägnanz, ein intuitives Verständnis der Analyse sowie ihre Flexibilität aus.[569] Neben DSM kommen DMM zur Analyse der Wechselwirkungen zwischen unterschiedlichen Domänen zum Einsatz. Innerhalb einer DMM werden Elemente von zwei Dimensionen miteinander verglichen, weshalb sie aus FxH Elementen aufgebaut ist. Das Konzept der DMM ist als Weiterentwicklung der DSM zu verstehen und geht auf DANILOVIC UND BÖRJESSON zurück.[570] Auch innerhalb der DMM werden die Wechselwirkungen zwischen den Elementen im entsprechenden Feld einer Zeilen- und Spaltenkreuzung markiert.

Zur Abbildung der Stärke der Wechselwirkungen reichen Ansätze in der fachspezifischen Literatur von binären Bewertungslogiken bis hin zu Ansätzen, die ihrer Bewertung eine Skala im Wertebereich von „0“ bis „10“ zugrunde legen. Bei der Definition des Detailgrads der Bewertungslogik ist jedoch zu berücksichtigen, dass eine Erhöhung des Detailgrads mit höheren Ansprüchen an die Informationsbasis einhergeht sowie in einer Erhöhung des Bewertungsaufwands resultiert.[571] In der vorliegenden Arbeit kommt daher eine dreistufige Logik zur Bewertung der Stärke der Wechselwirkungen zwischen den Elementen innerhalb der DSM und DMM zur Anwendung (vgl. Abbildung 5-16).

Bewertungslogik

0 keine Wechselwirkung	1 schwache Wechselwirkung	2 starke Wechselwirkung

Abbildung 5-16: Bewertungslogik zur Evaluierung von Wechselwirkungen

Liegt keine Abhängigkeit zwischen den Elementen vor, so wird das entsprechende Feld in der Matrix mit dem Wert „0“ versehen. Wird eine schwache bzw. starke Wechsel-

569 Vgl. Eppinger und Browning (2012), Design Structure Matrix Methods and Applications, S. 10.

570 Vgl. Danilovic und Börjesson (2001), Managing the multiproject environment; Danilovic und Börjesson (2001), Participatory Dependence Structure Matrix Approach.

571 Vgl. Helmer et al. (2010), Systematic module and interface definition using, S. 650.

wirkung identifiziert, so wird in das entsprechende Feld der Zeilen- und Spaltenkreuzung in der Matrix der Wert „1“ bzw. der Wert „2“ eingetragen. Die dreistufige Bewertungslogik erlaubt eine aufwandsarme Bewertung der Stärke der Wechselwirkungen. Die im Rahmen dieser Arbeit zur Anwendung kommende MDM mit ihren einzelnen DSM und DMM ist in Abbildung 5-17 dargestellt.

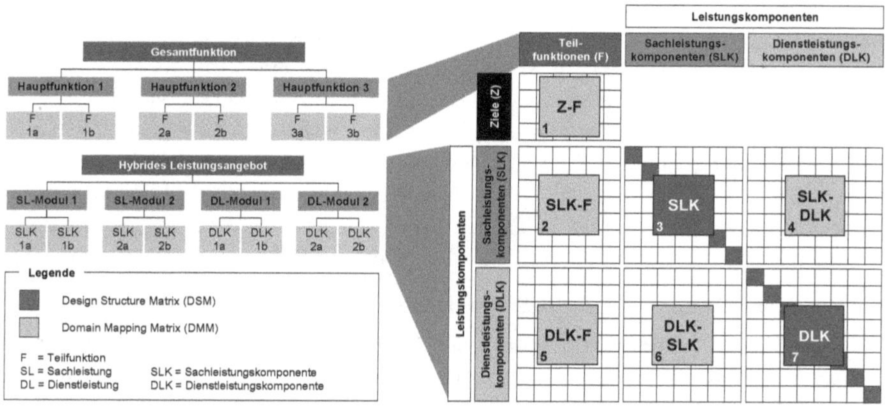

Abbildung 5-17: Vorgehen zur Ermittlung hybrider Leistungsmodule

Wie Abbildung 5-17 entnommen werden kann, fußt die Methode zur Ermittlung hybrider Leistungsmodule sowie ihres strategischen Beitrags auf zwei DSM sowie fünf DMM. Die DSM für Sachleistungskomponenten Nr. 3 und Dienstleistungskomponenten Nr. 7 sind dabei entlang der Diagonalen angeordnet, während die vier DMM Nr. 2, 4, 5 und 6 die Verbindung zwischen den zwei DSM herstellen. Zusätzlich wird eine DMM Nr. 1 aufgebaut, welche eine Verlinkung der strategischen Ziele und der Teilfunktionen ermöglicht. Der Teil der MDM, welche die Leistungskomponenten beinhaltet Nr. 3, 4, 6 und 7, ist darüber hinaus symmetrisch aufgebaut. Der symmetrische Aufbau in Kombination mit der Festlegung, dass die Wirkrichtungen der Wechselwirkungen keine Berücksichtigung finden, führt dazu, dass die DSM Nr. 3 und Nr. 7 ebenfalls symmetrisch sind und die DMM Nr. 4 die transponierte Darstellung der DMM Nr. 6 darstellt. Nachfolgend wird erläutert, wie hybride Leistungsmodule unter Einbeziehung der Matrices der MDM und der Wechselwirkungen bestimmt werden.

5.2.2.1 Identifikationen von Wechselwirkungen mit Teilfunktionen

Wie bereits eingangs erläutert, werden einzelne Teilfunktionen durch Sach- und Dienstleistungskomponenten der Leistungsstruktur gemeinsam erfüllt, sodass die in der Funktionsstruktur identifizierten Teilfunktionen als Bindeglied zur Verlinkung der Sach- und Dienstleistungskomponenten herangezogen werden.

Zur Identifikation der Wechselwirkungen zwischen den Teilfunktionen und den vorliegenden Leistungskomponenten werden die DMM Nr. 2 und 5 aufgebaut (vgl. Abbildung 5-17). Die Wechselwirkungen innerhalb der DMM Nr. 2 und 5 werden durch einen zeilenweisen Abgleich der Teilfunktionen mit den Sach- bzw. Dienstleistungskomponenten vorgenommen. Der Vorgehensweise wird damit die Leserichtung „Leistungskomponente X trägt zur Realisierung von Teilfunktion Y bei" zugrunde gelegt. Die Stärke der Wechselwirkung gibt dabei an, wie „stark" die jeweilige Leistungskomponente zur Realisierung der Teilfunktion beiträgt. Somit ist eine „1" bzw. „2" in der Zeilen- und Spaltenkreuzung einzutragen, abhängig davon, wie umfangreich der Beitrag der Sach- bzw. Dienstleistungskomponente zur Funktionsrealisierung ist. Eine „0" hingegen indiziert, dass eine Sach- bzw. Dienstleistungskomponente keinen Beitrag zur Funktionsrealisierung leistet. Die bestimmten Wechselwirkungen sind für die Bestimmung des strategischen Beitrags der Leistungskomponenten und der hybriden Leistungsmodule im weiteren Verlauf des vorliegenden Schritts von Relevanz.

5.2.2.2 Identifikation von Wechselwirkungen zwischen Leistungskomponenten

Nach der Erstellung der funktionsbezogenen Matrices der MDM, werden innerhalb eines letzten Schritts die Matrices Nr. 3, 4, 6 und 7 gebildet und befüllt. Diese vier Matrices bilden die Wechselwirkungen zwischen den Sach- und Dienstleistungskomponenten ab. In Summe bilden die vier Matrices wiederum eine DSM, welche als Datenbasis für die Nutzung eines Clusteralgorithmus zur Bestimmung der hybriden Leistungsmodule herangezogen wird (vgl. Abbildung 5-17).

Die Wechselwirkungen zwischen den Sachleistungskomponenten werden in der DSM Nr. 3 dokumentiert. Als Startpunkt zur Festlegung der Wechselwirkungen wird die Sachleistungsstruktur aus Kapitel 5.1.2 herangezogen. Zur detaillierten Aufnahme der Wechselwirkungen gilt es, die Sachleistungskomponenten zeilen- und paarweise miteinander zu vergleichen und Wechselwirkungen sowie die Wechselwirkungsstärke gemäß der dreistufigen Bewertungslogik zu bewerten und in die entsprechenden Felder einer Zeilen- und Spaltenkreuzung einzutragen. Bei der Bewertung der Wechselwirkungen ist die Perspektive der Leistungserbringung einzunehmen. In der Konsequenz bedeutet dies, dass z.B. auch dann ein Zusammenhang zwischen Sachleistungskomponenten besteht, wenn bestimmte Sachleistungskomponenten benötigt werden, damit andere Komponenten überhaupt erst erbracht werden können.

In gleicher Vorgehensweise wie bei den Sachleistungskomponenten sind die Wechselwirkungen zwischen den Dienstleistungskomponenten zu bestimmen und in DSM Nr. 7 zu dokumentieren. Als Startpunkt kann auf die in Kapitel 5.1.2 erarbeitete Dienstleistungsstruktur zurückgegriffen werden. Nachfolgend werden die Dienstleistungskomponenten paarweise miteinander verglichen und ihre Wechselwirkungen sowie die Wechselwirkungsstärke bestimmt. Wechselwirkungen zwischen Dienstleistungskomponenten sind dabei maßgeblich von organisatorischer und informatorischer Natur. Eine Wechselwirkung zwischen Dienstleistungskomponenten ist somit dann gegeben, wenn diese über einen Informationsaustausch verfügen, sodass der Informationsausgang einer Dienstleistungskomponente den Informationseingang einer anderen Dienstleistungskomponente beeinflusst. Sowohl innerhalb der DSM Nr. 3 als auch bei der DSM Nr. 7 werden die Abhängigkeiten in einer ungerichteten Form beschrieben, sodass Matrices mit einem symmetrisch aufgebauten Inhalt entstehen.

Abschließend gilt es, innerhalb der DMM Nr. 4 die Wechselwirkungen zwischen den Sach- und Dienstleistungskomponenten aufzunehmen. Die Leistungsarchitektur kann hierbei jedoch nicht als Ausgangspunkt fungieren, da Sach- und Dienstleistungskomponenten separat innerhalb der Sach- bzw. Dienstleistungsstruktur strukturiert sind. Sach- und Dienstleistungskomponenten sind jedoch über die Transformationsbeziehungen mit Teilfunktionen der Funktionsstruktur verknüpft. Diese Verknüpfung wiederum können als Anhaltspunkt zur Bestimmung der Wechselwirkungen zwischen Sach- und Dienstleistungskomponenten herangezogen werden. Bei der Bestimmung der Wechselwirkungen sowie der Wechselwirkungsstärke auf der Basis der dreistufigen Logik ist erneut die Perspektive der Leistungserbringung einzunehmen. Wechselwirkungen zwischen beiden Strukturen sind somit vorliegend, wenn eine Sachleistungskomponente benötigt wird um eine Dienstleistungskomponente zu erbringen oder wenn eine Dienstleistungskomponente den Vertrieb oder Betrieb der Sachleistungskomponente erfordert. Dadurch das die Wirkrichtung der Wechselwirkungen für die Bestimmung hybrider Leistungsmodule von untergeordneter Bedeutung ist und somit an dieser Stelle keine Unterscheidung der Wirkrichtung vorgenommen wird, stellen DMM Nr. 4 und Nr. 6 transponierte Matrices voneinander dar.

Die sechs beschriebenen Matrices bilden die Wechselwirkungen zwischen den Funktionen und den Leistungskomponenten des gesamten hybriden Leistungsangebots ab. Innerhalb der Matrices Nr. 3, 4, 6 und 7 sind die Wechselwirkungen zwischen den Leistungskomponenten dokumentiert. Die vier Matrices bilden zusammen wiederum eine DSM aller Leistungskomponenten, welche die Datengrundlage für den nachfolgend anzuwendenden Clusteralgorithmus zur Bestimmung der hybriden Leistungsmodule darstellt.

5.2.2.3 Bestimmung hybrider Leistungsmodule

Auf Basis der identifizierten Wechselwirkungen innerhalb der Matrices Nr. 3, 4, 6 und 7 kann die Bestimmung der hybriden Leistungsmodule erfolgen. Da die Wechselwirkungen zwischen den Sach- und Dienstleistungskomponenten keinem systematischen Muster folgen, wird die Relevanz der Nutzung eines Clusteralgorithmus deutlich. Mittels eines Clusteralgorithmus wird eine Menge von Elementen zu einem Cluster zusammengefasst, deren interne Abhängigkeiten um ein vielfaches größer sind als deren externe Abhängigkeiten.[572] Übertragen auf die vorliegende Arbeit besteht das Ziel der Nutzung des Clusteralgorithmus somit darin, diejenigen Sach- und Dienstleistungskomponenten mit starken Wechselwirkungen zueinander zu einem Cluster, einem hybriden Leistungsmodul, zusammenzufassen. Darüber hinaus gilt es zu gewährleisten, dass hybride Leistungsmodule möglichst geringe gegenseitige Wechselwirkungen aufweisen, womit sie als möglichst „eigenständig" angesehen werden können. Hierdurch wird ihre Erbringung durch unterschiedliche Partner innerhalb des Wertschöpfungsnetzwerks unterstützt. Diesem Zweck wird der von BORJESSON UND HÖLTTÄ-OTTO entwickelte Idicula-Gutierrez-Thebeau-Algorithmus (IGTA-Algorithmus) in der „plus-Version" gerecht, weshalb er in der vorliegenden Arbeit zur Anwendung kommt.[573] Der IGTA-plus-Algorithmus stellt eine Weiterentwicklung des IGTA-Algorithmus[574] dar, der in seiner ursprünglichen Form von IDICULA[575] entwickelt und nachfolgend von GUTIERREZ[576] sowie THEBEAU[577] verbessert worden ist.[578] Dem IGTA-Algorithmus liegt die grundsätzliche Zielsetzung der Minimierung der Kosten zugrunde, welche durch die Wechselwirkungen zwischen den Elementen verursacht werden.[579] Hierbei erzeugen Wechselwirkungen zwischen Elementen innerhalb eines Clusters geringere Kosten als Wechselwirkungen zwischen Elementen verschiedener Cluster.[580] Abschließend sei an dieser Stelle angemerkt, dass die Vorteile der Nutzung des IGTA-Clusteralgorithmus darin bestehen, dass der Algorithmus bereits seit vielen Jahren anerkannt und stetig verbessert worden ist, seine Funktionsweise und Anwendbarkeit wissenschaftlich dokumentiert ist, seine

[572] Vgl. Maurer (2007), Structural Awareness in Complex Product Design, S. 127; Eppinger und Browning (2012), Design Structure Matrix Methods and Applications, S. 18.
[573] Vgl. Borjesson und Hölttä-Otto (2012), Improved Clustering Algorithm for Design Structure Matrix.
[574] Vgl. Borjesson und Hölttä-Otto (2012), Improved Clustering Algorithm for Design Structure Matrix, S. 924.
[575] Vgl. Idicula (1995), Planning for concurrent engineering.
[576] Vgl. Gutierrez Fernandez (1998), Integration analysis of product architecture.
[577] Vgl. Thebeau (2001), Knowledge Management of System Interfaces.
[578] Vgl. Borjesson und Hölttä-Otto (2014), A module generation algorithm for product architecture, S. 34f.
[579] Vgl. Borjesson und Hölttä-Otto (2014), A module generation algorithm for product architecture, S. 37.
[580] Vgl. Borjesson und Hölttä-Otto (2012), Improved Clustering Algorithm for Design Structure Matrix, S. 922.

freie Zugänglichkeit unter Verwendung der Software MATLAB[581] gewährleistet ist und seine anwendungsfallspezifische Anpassung möglich ist.[582] Für eine detailliertere Beschreibung des IGTA-Algorithmus und der Unterschiede zum IGTA-plus-Algorithmus sei auf den Anhang A.4 verwiesen.

Zur Durchführung der Clusterung der Leistungskomponenten zu hybriden Leistungsmodulen mittels des IGTA-plus-Algorithmus wird die in der linken Hälfte der Abbildung 5-18 dargestellte DSM benötigt. Diese enthält alle bewerteten Wechselwirkungen zwischen den Sach- und Dienstleistungskomponenten. Bei Start der Clusterung wählt der Algorithmus zufällig eine Leistungskomponente aus und prüft diese auf Wechselwirkungen zu anderen Leistungskomponenten. Werden Wechselwirkungen zu anderen Leistungskomponenten bzw. Clustern identifiziert, so weist der Algorithmus die ausgewählte Leistungskomponente der Leistungskomponente bzw. dem Cluster zu, zu der bzw. dem eine starke Wechselwirkung besteht. In Bezug auf die DSM führt der Algorithmus durch diese Zuweisung eine Neuanordnung der Zeilen und Spalten durch. Nach der Neuanordnung sind Leistungskomponenten mit starken gegenseitigen Wechselwirkungen sowohl zeilen- als auch spaltenweise nebeneinander angeordnet. Durch die Neuanordnung der Leistungskomponenten entstehen Cluster entlang der Matrixdiagonalen. Diese Cluster sind von hohen Abhängigkeiten der Leistungskomponenten untereinander geprägt, was daran zu erkennen ist, dass entsprechende Zeilen- und Spaltenkreuzungen mit den Werten „1“ bzw. „2“ befüllt sind (vgl. rechte Matrix in Abbildung 5-18). Dieses Vorgehen wird durch den Algorithmus iterativ so lange durchlaufen, bis die dem Algorithmus zugrundeliegende Kostenfunktion einen minimalen Wert angenommen hat. Dies bedeutet, dass keine Reduktion von Abhängigkeiten der Leistungskomponenten zueinander mehr möglich ist. Die entstehenden Cluster stellen im Rahmen der vorliegenden Arbeit die hybriden Leistungsmodule dar. Darüber hinaus wird durch den Algorithmus sichergestellt, dass die Wechselwirkungen zu Leistungskomponenten anderer Cluster so gering wie möglich sind, weshalb die einzelnen Cluster relativ unabhängig voneinander sind. Die relative Unabhängigkeit der Cluster bzw. der hybriden Leistungsmodule ist insofern wichtig für die vorliegende Arbeit, als dass hybride Leistungsmodule als Erbringungsobjekte anzusehen sind, welche unterschiedlichen Partnern zugewiesen werden.

---

[581] MATLAB ist Teil der sog. Mathematikprogrammsysteme mit denen unter Aufbau einer numerischen Umgebung zahlreiche in Technik, Natur- und Wirtschaftswissenschaften auftretende mathematische Probleme berechnet werden können (vgl. Benker (2010), Ingenieurmathematik kompakt, S. 1.).

[582] Vgl. Borjesson und Hölttä-Otto (2012), Improved Clustering Algorithm for Design Structure Matrix, S. 922; Diels (2017), Ermittlung agil zu entwickelnder Produktumfänge, S. 124f.

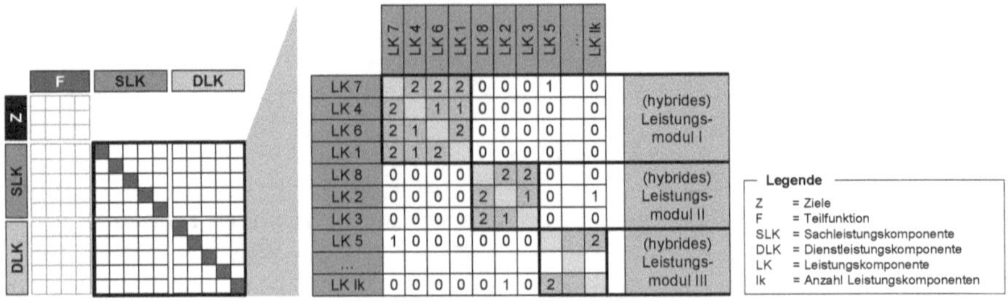

Abbildung 5-18: Clusterung hybrider Leistungsmodule

Dadurch, dass innerhalb des vorliegenden Abschnitts die Wechselwirkungen zwischen der Funktionsstruktur sowie der Sach- und Dienstleistungsstruktur eruiert worden sind, kann abschließend die bislang existierende Leistungsarchitektur zu einer hybriden Leistungsarchitektur weiterentwickelt werden. Durch das erzeugte Wissen über Wechselwirkungen zwischen der Funktions-, Sachleistungs- und Dienstleistungsdimension wird die auf Seiten der Leistungsstruktur bislang existierende parallele Perspektive (separate Sach- und Dienstleistungsstruktur) in eine integrierte und hybride Perspektive überführt. Abbildung 5-19 stellt die hybride Leistungsarchitektur dar.

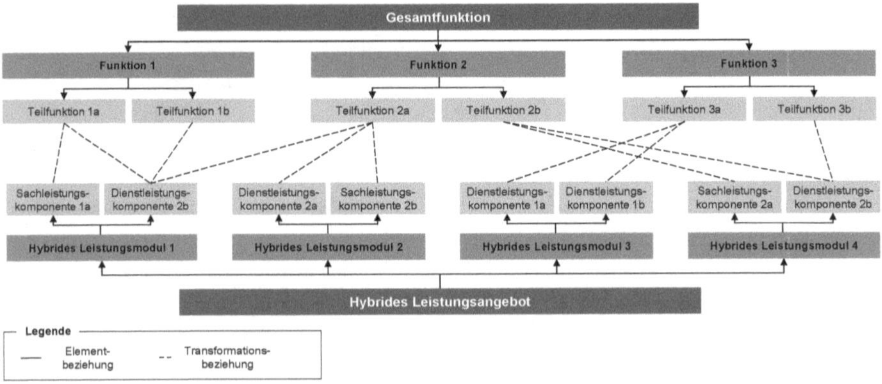

Abbildung 5-19: Hybride Leistungsarchitektur

Auf der Basis der im vorliegenden Abschnitts identifizierten Wechselwirkungen zwischen Funktionen und Leistungskomponenten sowie den bestimmten hybriden Leistungsmodulen, gilt es, abschließend den strategischen Beitrag der Leistungskomponenten sowie der hybriden Leistungsmodule zu bestimmen. Die Bestimmung des strategischen Beitrags ist Gegenstand des nachfolgenden Abschnitts.

5.2.3 Bestimmung des strategischen Beitrags hybrider Leistungsmodule

Nachdem hybride Leistungsmodule bestimmt werden konnten, wird abschließend der strategische Beitrag der hybriden Leistungsmodule bestimmt. Der strategische Beitrag eines Leistungsmoduls ist eine Kennzahl, die die Bedeutung eines Leistungsmoduls hinsichtlich der strategischen Ziele des Geschäftsmodells widerspiegelt. Konkret ist der strategische Beitrag der prozentuale Anteil, den ein Leistungsmodul zur Erfüllung der in Kapitel 5.2.1 identifizierten strategischen Ziele leistet. Je höher dieser ist, desto relevanter ist ein Leistungsmodul für den Erfolg und zur Realisierung des offerierten Nutzenversprechens einzustufen. Im Hinblick auf die Erbringungsentscheidung im weiteren Verlauf der Methodik, ob ein hybrides Leistungsmodul vom fokalen Unternehmen selbst oder durch Partner des Wertschöpfungsnetzwerks erbracht werden sollte, ist das Wissen über den strategischen Beitrag somit von zentraler Bedeutung.

5.2.3.1 Identifikation von Wechselwirkungen zwischen Zielen und Funktionen

Der strategische Beitrag der hybriden Leistungsmodule leitet sich aus den strategischen Zielen des Geschäftsmodells ab. Ausgangspunkt zur Bestimmung des strategischen Beitrags stellen somit die strategischen Ziele sowie ihre normierte relative Gewichtung g_z dar, welche in Kapitel 5.2.1 bestimmt worden sind. Strategische Ziele wiederum werden durch das hybride Leistungsangebot und im Spezifischen durch seine Funktionen und Leistungsbestandteile realisiert. Es gilt somit in einem ersten Schritt diejenigen Funktionen des hybriden Leistungsangebots zu identifizieren, welche für die Zielerfüllung von zentraler Bedeutung sind. Zur Identifikation der Wechselwirkungen zwischen den strategischen Zielen und den Teilfunktionen des hybriden Leistungsangebots wird ebenfalls auf eine DMM zurückgegriffen. Die DMM Nr. 1 bildet die strategischen Ziele auf die Teilfunktionen des hybriden Leistungsangebots ab (vgl. Abbildung 5-17). Wie bereits bei den beschriebenen DMM in Kapitel 5.2.2 ist zur Bestimmung der Wechselwirkungen erneut zeilenweise vorzugehen. Für jedes strategische Ziel wird innerhalb der DMM zeilenweise geprüft, welche Teilfunktionen zur Erfüllung des strategischen Ziels von Relevanz sind. Die Einstufung der Wechselwirkungen zwischen strategischen Zielen und Teilfunktionen erfolgt erneut mit einer dreistufigen Logik. Dabei wird eine „0“ in der Zeilen- und Spaltenkreuzung von Ziel und Teilfunktion eingetragen, wenn die Teilfunktion zur Zielerfüllung nicht von Relevanz ist. Eine „1“ hingegen wird eingetragen, wenn die Teilfunktion zur Zielerfüllung teilweise beiträgt und eine „2“, wenn die Teilfunktion zur Zielerfüllung besonders stark beiträgt. Die Wechselwirkungen zwischen strategischen Zielen und Teilfunktionen werden nachfolgend mit den bereits erhobenen Wechselwirkungen zwischen Teilfunktionen und Leistungskomponenten aus Kapitel 5.2.2 verknüpft, sodass der strategische Beitrag der Leistungsmodule bestimmt werden kann.

5.2.3.2 Bestimmung des strategischen Beitrags hybrider Leistungsmodule

Zur Bestimmung des strategischen Beitrags der Leistungsmodule wird auf der Basis der zuvor eruierten Wechselwirkungen zwischen den strategischen Zielen und den Teilfunktionen zunächst der strategische Beitrag sb_f der Teilfunktionen bestimmt. Dieser berechnet sich basierend auf der DMM Nr. 1 der strategischen Ziele und Teilfunktionen mit Formel 5.2 als Anteil der Spaltensumme der Teilfunktion S_f und der Summe aller Spaltensummen der Teilfunktionen S_{ges}. Die Spaltensumme einer Funktion S_f ergibt sich als Summenprodukt aus der Gewichtung des Ziels g_z und der Wechselwirkung zwischen der Teilfunktion und dem strategische Ziel $w_{z,f}$ (vgl. Formel 5.3). Nachfolgende Abbildung 5-20 zeigt die Berechnung des strategischen Beitrags der Leistungskomponenten auf der Basis der MDM aus Kapitel 5.2.2 und den zuvor eruierten Wechselwirkungen zwischen den strategischen Zielen und Teilfunktionen.

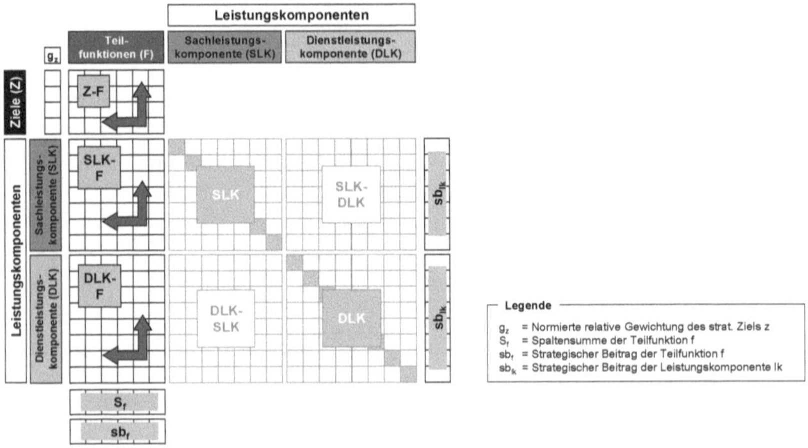

Abbildung 5-20 Bestimmung der strategischen Beiträge

$$sb_f = \frac{S_f}{S_{ges}} \tag{5.2}$$

$$mit\ S_f = \sum_{z=1}^{n} g_z * w_{z,f}\ und\ S_{ges} = \sum_{f=1}^{m} S_f \tag{5.3}$$

mit:

sb_f	Strategischer Beitrag der Teilfunktion f (mit f = 1, …, m)
S_f	Spaltensumme der Teilfunktion f (mit f = 1, …, m)
S_{ges}	Summe aller Spaltensummen
g_z	Normierte relative Gewichtung des strat. Ziels z (mit z = 1, …, n)

$w_{z,f}$ Wechselwirkung zwischen dem strat. Ziel z (mit z = 1, …, n) und der Teilfunktion f (mit f = 1, …, m)

Teilfunktionen werden durch Leistungskomponenten realisiert. Der Beitrag einzelner Leistungskomponenten zur Funktionsrealisierung wurde bereits in Kapitel 5.2.2 in einer MDM in Form der identifizierten Wechselwirkungen zwischen Teilfunktionen und Leistungskomponenten in DMM Nr. 2 und 5 eruiert (vgl. Abbildung 5-17). Diese Ergebnisse werden nun aufgegriffen, um den strategischen Beitrag der Leistungskomponenten sb_{lk} zu berechnen. Dieser berechnet sich zeilenweise als Summenprodukt der strategischen Beiträge der Teilfunktion sb_f und der Wechselwirkung zwischen der Teilfunktion und den Leistungskomponenten $w_{f,lk}$ nach Formel 5.4 (vgl. Abbildung 5-20).

$$sb_{lk} = \sum_{f=1}^{m} sb_f * w_{f,lk} \tag{5.4}$$

mit:

sb_{lk} Strategischer Beitrag der Leistungskomponente lk (mit lk = 1, …, o)

sb_f Strategischer Beitrag der Teilfunktion f (mit f = 1, …, m)

$w_{f,lk}$ Wechselwirkung zwischen der Teilfunktion f (mit f = 1, …, m) und der Leistungskomponente lk (mit lk = 1, …, o)

Die in vorherigen Kapitel 5.2.2 bestimmten Leistungsmodule setzten sich aus Leistungskomponenten zusammen, sodass durch die Bestimmung des strategischen Beitrags der Leistungskomponenten in der beschriebenen Art und Weise auch bereits der strategische Beitrag der Leistungsmodule vorliegend ist. Der strategische Beitrag der Leistungsmodule sb_{lm} setzt sich somit gemäß Formel 5.5 aus der Summe der im Leistungsmodul aggregierten Leistungskomponenten und ihrer strategischen Beiträge sb_{lk} zusammen. Für die weitere Verwendung der strategischen Beiträge der Leistungsmodule werden diese gemäß Formel 5.6. auf einen Wertebereich zwischen null und fünf normiert.

$$sb_{lm} = \sum_{lk \in LM_{lm}} sb_{lk} \tag{5.5}$$

$$SB_{lm} = 5 * \left(\frac{sb_{lm} - sb_{min}}{sb_{max} - sb_{min}}\right) mit\ 0 \leq SB_{lm} \leq 5 \tag{5.6}$$

mit:

sb_{lm} Strategischer Beitrag des Leistungsmoduls lm (mit lm = 1, …, p)

LM_{lm} Leistungsmodul lm (mit lm = 1, …, p)

sb_{lk} Strategischer Beitrag der Leistungskomponente lk (mit lk = 1, …, o)

SB_{lm}	Normierter strategischer Beitrag des Leistungsmoduls lm (mit lm = 1, …, p)
sb_{min}	Kleinster strategischer Beitrag aller Leistungsmodule
sb_{max}	Größter strategischer Beitrag aller Leistungsmodule

Mittels der beschriebenen Vorgehensweise können die strategischen Beiträge der Leistungsmodule berechnet werden, die die Bedeutung der Leistungsmodule hinsichtlich der strategischen Ziele des Geschäftsmodells widerspiegeln.

Abschließend fasst Abbildung 5-21 die in Kapitel 5.2 dargelegten Methodenschritte und Ergebnisse zusammen. Das vorliegende Teilmodell ermöglicht die Bestimmung hybrider Leistungsmodule. Hierbei gilt es, eine möglichst hohe Unabhängigkeit der hybriden Leistungsmodule sicherzustellen, sodass sie unterschiedlichen Partnern innerhalb des Wertschöpfungsnetzwerks zugewiesen werden können. Hierzu werden zunächst die strategischen Geschäftsmodellziele auf Basis des Nutzenversprechens des Geschäftsmodells abgeleitet. Nachfolgend werden die Wechselwirkungen zwischen den strategischen Zielen, den Teilfunktionen sowie den Leistungskomponenten des hybriden Leistungsangebots mittels verschiedener DSM und DMM eruiert und unter Anwendung des IGTA-plus-Algorithmus hybride Leistungsmodule bestimmt. Um innerhalb der Entscheidung, ob hybride Leistungsmodule durch das fokale Unternehmen oder durch seine Partner innerhalb der Wertschöpfungsnetzwerks erbracht werden sollen, ebenfalls ihre Relevanz für das Geschäftsmodell des fokalen Unternehmens zu berücksichtigen, wird abschließend ihr strategischer Beitrag zur Erfüllung der Geschäftsmodellziele bestimmt. Die Entscheidung hinsichtlich der Erbringung hybrider Leistungsmodule fokussiert der nachfolgende Schritt der Methodik in Kapitel 5.3.

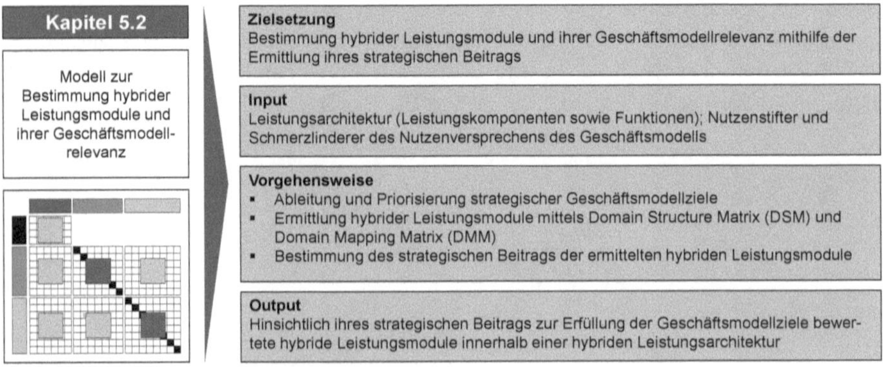

Abbildung 5-21: Bestimmung hybrider Leistungsmodule und ihrer Geschäftsmodellrelevanz

5.3 Identifikation von Erbringungsmöglichkeiten hybrider Leistungsmodule

Nach der der Bestimmung hybrider Leistungsmodule im vorherigen Kapitel, erfolgt im dritten Schritt der Methodik die Festlegung, welche hybriden Leistungsmodule das fokale Unternehmen und welche durch Partner innerhalb des Wertschöpfungsnetzwerks erbracht werden sollten (vgl. Abbildung 5-22).

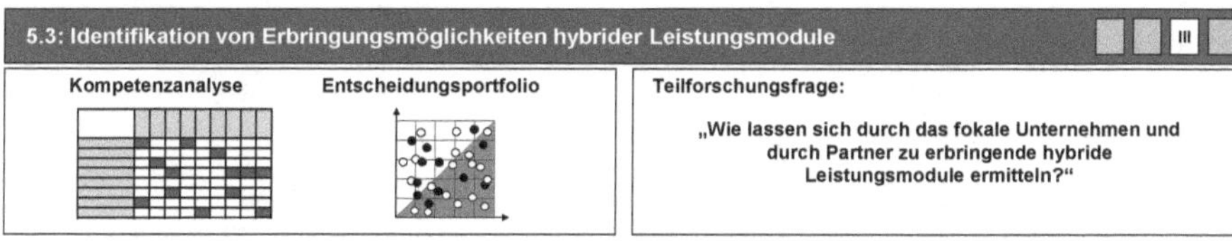

Abbildung 5-22: Identifikation von Erbringungsmöglichkeiten hybrider Leistungsmodule

Für die Identifikation von Erbringungsmöglichkeiten hybrider Leistungsmodule wird die für die Erbringungsentscheidung benötigte Entscheidungsgrundlage neben dem bereits dargelegten strategischen Beitrag um die Dimensionen der erforderlichen Kompetenzen sowie der Komplexität der hybriden Leistungsmodule ergänzt. Zu diesem Zweck werden die zur Erbringung der hybriden Leistungsmodule erforderlichen Kompetenzen identifiziert und ihre Kompetenzbedeutung bewertet. Hieran anschließend erfolgt eine Analyse der Kompetenzausstattung des fokalen Unternehmens und dessen Kompetenzstärke (vgl. Kapitel 5.3.1). Nachfolgend wird die Komplexität der hybriden Leistungsmodule bewertet, indem basierend auf den operationalisierten Komplexitätstreibern ein Komplexitätswert abgeleitet wird (vgl. Kapitel 5.3.2). Abschließend erfolgt der Aufbau eines Entscheidungsportfolios, welches die drei entscheidungsrelevanten Dimensionen integriert betrachtet. Dieses fungiert als Ausgangspunkt der Entscheidung, welche der hybriden Leistungsmodule durch das fokale Unternehmen und welche durch Partner innerhalb des Wertschöpfungsnetzwerks zu erbringen sind (vgl. Kapitel 5.3.3).

5.3.1 Ermittlung erforderlicher Kompetenzen zur Erbringung hybrider Leistungsmodule

Das Ziel des Abschnitts besteht darin, hybride Leistungsmodule im Hinblick auf die erforderlichen Kompetenzen (Soll-Kompetenzen) zu ihrer Erbringung zu analysieren und die erforderlichen Kompetenzen mit der Kompetenzausstattung (Ist-Kompetenzen) des fokalen Unternehmens abzugleichen. Auf der Basis des Abgleiches wird die Möglichkeit der Erbringung der hybriden Leistungsmodule durch das fokale Unternehmen bewertet.

Bevor eine Bewertung der zur Erbringung der hybriden Leistungsmodule erforderlichen Kompetenzen erfolgen kann, gilt es zunächst, diese zu identifizieren.

5.3.1.1 Identifikation erforderlicher Kompetenzen

Für das Angebot hybrider Leistungsangebote ist ein Verständnis über die erforderlichen Kompetenzen von essenzieller Bedeutung.[583] Den Ausgangspunkt der Identifikation erforderlichen Kompetenzen stellen die in Kapitel 5.2.2 definierten hybriden Leistungsmodule dar (vgl. Abbildung 5-23). Erforderliche Kompetenzen sind in diesem Zusammenhang als diejenigen unternehmerischen Kompetenzen zu verstehen, welche zur Erbringung eines hybriden Leistungsmoduls über dessen Produktlebenszyklus und beim Kunden notwendig sind (vgl. Kapitel 2.4.4).

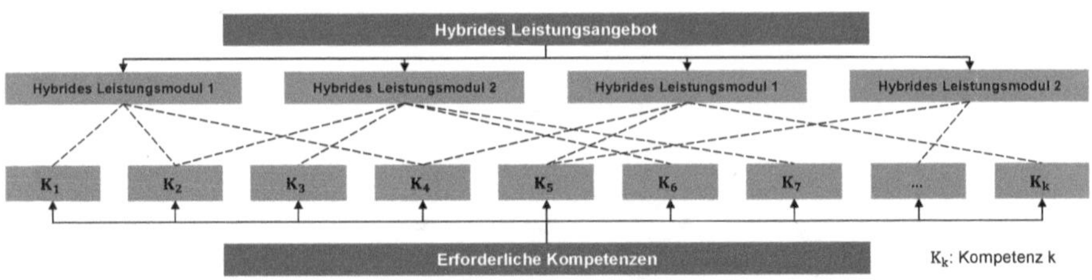

Abbildung 5-23: Identifikation erforderlicher Kompetenzen zur Erbringung

Die Identifikationen erforderlicher Kompetenzen geschieht unter Zuhilfenahme der in Kapitel 2.4.4.3 dargelegten drei Dimensionen von Kompetenzen nach BURR. Kompetenzen werden bezogen auf einzelne Elemente dieser drei Dimensionen spezifiziert. Die integrierte Betrachtung der drei Dimensionen unterstützt die detaillierte und hinsichtlich ihrer Vollständigkeit bestmögliche Identifikation von Kompetenzen[584] und soll an dieser Stelle Berücksichtigung finden. Die Identifikation erforderlicher Kompetenzen im Hinblick auf die zu erbringenden Leistungsmodule wird zudem durch nachfolgende drei Leitfragen unterstützt, welche die Kompetenzdimensionen berücksichtigen:

- Welche Kompetenzen sind in Bezug auf die verschiedenen Arten von Ressourcen für die Erbringung des Leistungsmoduls erforderlich?
- Welche Kompetenzen werden hinsichtlich bestimmter offerierter Leistungen benötigt?
- Welche Kompetenzen sind vor dem Hintergrund der verschiedenen beteiligten Funktionsbereiche im Unternehmen von Relevanz?

---

[583] Vgl. Baureis (2013), Kompetenzen für hybride Leistungsbündel, S. 4.

[584] Vgl. Burr (2008), Zur Anwendung des resource based view of a firm, S. 187.

Es gilt jedoch zu klären, wie Kompetenzen zu identifizieren sind. Nach BURR sind die Spezialisierung und die Häufigkeit der Aufgabenerfüllung, zumeist über einen längeren Zeitraum hinweg, für die Entstehung von Kompetenzen von hoher Bedeutung. Hierbei bilden sich Routinen, Prozesse und Wissen heraus, die die Entstehung von Kompetenzen befähigen.[585] Darüber hinaus beruhen Kompetenzen immer auf kollektiver Interaktion innerhalb eines Unternehmens, sodass sie niemals rein auf individuellen Handlungen fußen. Hieraus leitet sich ab, dass eine Kompetenz durch das Unternehmen wiederholt einsetzbar ist und nicht von einmaliger Natur ist.[586] Zusammenfassend ist bei der Kompetenzidentifikation im Rahmen der vorliegenden Arbeit zu gewährleisten, dass Kompetenzen auf kollektiver Interaktion und Wissen beruhen sowie wiederholt im Unternehmen einsetzbar sind.

Wie bereits zum Ausdruck gekommen, adressieren unternehmerische Kompetenzen verschiedene Funktionsbereiche im Unternehmen. Aus diesem Grund gilt es, zur Identifikation der erforderlichen Kompetenzen einen interdisziplinären Ansatz zu verfolgen und Experten aus unterschiedlichen Unternehmensbereichen und Funktionen einzubinden. Es empfiehlt sich Manager und Experten mit Schlüssel- oder Schnittstellenfunktionen in interdisziplinären Workshops einzubeziehen, die über das notwendige Wissen der erforderlichen Beurteilung verfügen.[587] Zudem hat sich die Einbindung von Mitarbeitern mit langjähriger Betriebszugehörigkeit bei der Identifikation relevanter Kompetenzen als erfolgreich herausgestellt.[588] Bezüglich des Granularitätsgrads der Kompetenzen gilt es, in Anlehnung an KAGE den Grundsatz „Soweit wie möglich und nicht weiter als nötig“[589] zu befolgen. Durch eine kontinuierliche Reflexion der aufgenommenen Kompetenzen wird dabei sichergestellt, dass diese nicht zu detailliert sind. Ein zu hoher Detailgrad der Kompetenzidentifikation würde im Umkehrschluss zu einer zu hohen und nicht hilfreichen Komplexität der Methodik führen[590] und die Recherche möglicher Partner erschweren (vgl. Kapitel 5.4.1.2).

Als letzter Schritt der Identifikation erforderlicher Kompetenzen sind die Kompetenzen hinsichtlich ihrer Bedeutung für die Leistungserbringung zu bewerten. Dies ist insbesondere vor dem Hintergrund der nachfolgenden Untersuchung von Relevanz, ob eine Kompetenz in ausreichendem Maße beim fokalen Unternehmen vorliegt und daher eine

---

585 Vgl. Burr (2008), Zur Anwendung des resource based view of a firm, S. 191.
586 Vgl. Galavan (2015), Understanding Resources, Competences, and Capabilities, S. 3f.
587 Vgl. Javidan (1998), Core competence, S. 64.
588 Vgl. Baureis (2013), Kompetenzen für hybride Leistungsbündel, S. 139.
589 Kage (2018), Positionierung in technologieinduzierten Wertschöpfungsnetzwerken, S. 128.
590 Vgl. Fleischer et al. (2007), Business Capabilities as configuration elements, S. 188.

Erbringung des hybriden Leistungsmoduls durch dieses möglich und zu empfehlen ist. Ebenso ist das Wissen über die Bedeutung der Kompetenzen zur Erbringung der einzelnen Leistungsmodule für die Auswahl adäquater Partner notwendig.

Zur generischen und allgemein gültigen Bewertung der Bedeutung der Kompetenzen für die Erbringung der Leistungsmodule wird die Bedarfshäufigkeit in Anlehnung an KAGE[591] sowie die Bedarfsbreite in Anlehnung an HAFEEZ ET AL.[592] herangezogen. Die **Bedarfshäufigkeit** besagt, dass die Bedeutung einer Kompetenz für die Leistungserbringung umso wichtiger anzusehen ist, desto häufiger diese erforderlich ist. Bei der Bedarfshäufigkeit einer Kompetenz während der Erbringung wird zwischen einer einmaligen, mehrfach diskreten (mehrfach mit Unterbrechung) und kontinuierlichen (durchgängig über den gesamten Erbringungsprozess) Erfordernis der Kompetenz unterschieden.[593] Ist eine Kompetenz tendenziell kontinuierlich erforderlich, so ist die Bedeutung des Vorliegens der Kompetenz im Unternehmen höher einzustufen. Die **Bedarfsbreite** hingegen bildet ab, im welchem Umfang die Kompetenz im Unternehmen vorliegen muss. In Anlehnung an HEFEEZ ET AL. sind Kompetenzen in Bezug auf ihren Umfang danach zu unterscheiden, ob sie funktionsübergreifend, produktübergreifend oder geschäftsfeldübergreifend in der Organisation vorhanden sein müssen.[594] Das funktionsübergreifende Vorliegen einer Kompetenz impliziert, dass sich eine Kompetenz nicht nur auf einige wenige Spezialisten im Unternehmen beschränkt, sondern die Kompetenz über einzelne Funktionen innerhalb des Unternehmens, wie den Service oder den Vertrieb, hinweg vorliegend ist. Eine produktübergreifende Kompetenz tritt unabhängig von einer bestimmten Leistung in Erscheinung, während eine geschäftsfeldübergreifende Kompetenz sich über verschiedene Geschäftsfelder eines Unternehmens erstreckt. Werden Bedarfshäufigkeit und Bedarfsbreite als Indikation für die Bedeutung einer Kompetenz kombiniert betrachtet, so ergibt sich nachfolgendes Portfolio für die Bewertung der Bedeutung einer Kompetenz, welches für die vorliegende Arbeit gelten soll (vgl. Abbildung 5-24).

[591] Kage (2018), Positionierung in technologieinduzierten Wertschöpfungsnetzwerken.

[592] Hafeez et al. (2002), Core Competence for Sustainable Competitive Advantage.

[593] Vgl. Kage (2018), Positionierung in technologieinduzierten Wertschöpfungsnetzwerken, S. 128f.

[594] Vgl. Hafeez et al. (2002), Core Competence for Sustainable Competitive Advantage, S. 32.

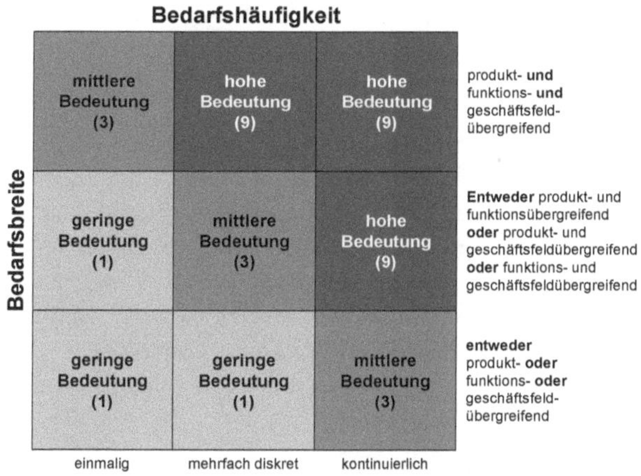

Abbildung 5-24: Portfolio zur Bewertung der Bedeutung einer Kompetenz

Je nach Ausprägungsbereich von Bedarfshäufigkeit und Bedarfsbereite der Kompetenz wird die Kompetenzbedeutung als gering mit dem Wert „1", mittel mit dem Wert „3" oder hoch mit dem Wert „9" bewertet. Innerhalb der interdisziplinären Workshops lassen sich somit nicht nur die erforderlichen Kompetenzen für die Erbringung der hybriden Leistungsmodule entlang der drei Kompetenzdimensionen identifizieren, sondern auch hinsichtlich ihrer Bedeutung bewerten. Als Ergebnis der Identifikation erforderlicher Kompetenzen ergibt sich je hybridem Leistungsmodul ein Kompetenzanforderungsprofil, wie es in Abbildung 5-25 beispielhaft dargestellt ist. Selbstverständnis kann eine einzelne Kompetenz auch für unterschiedliche hybride Leistungsmodule notwendig sein, weshalb eine eindeutige Nummer je Kompetenz vergeben wird.

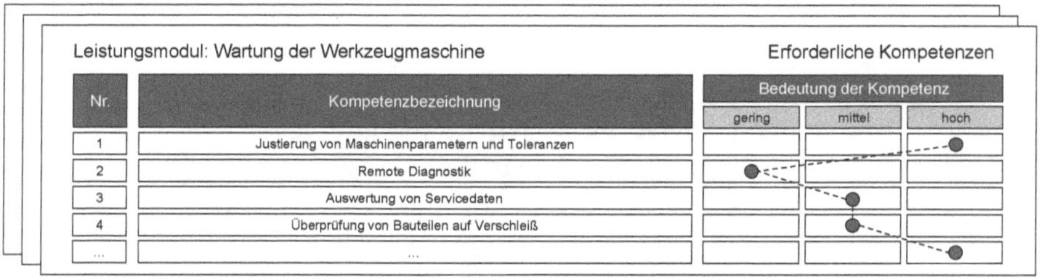

Abbildung 5-25: Exemplarisches Kompetenzanforderungsprofil

Die erarbeiteten Kompetenzprofile sowie die identifizierten erforderlichen Kompetenzen dienen im nächsten Methodenschritt zum Abgleich mit der Kompetenzausstattung des fokalen Unternehmens und damit der Bestimmung, welche hybriden Leistungsmodule durch das fokale Unternehmen erbracht werden können.

5.3.1.2 Kompetenzabgleich erforderlicher Kompetenzen und Kompetenzausstattung

Zur Ermittlung derjenigen Leistungsmodule, die durch das fokale Unternehmen zu erbringen sind, werden die identifizierten erforderlichen Kompetenzen der Kompetenzausstattung des fokalen Unternehmens gegenübergestellt. Hierzu wird die vorhandene Kompetenzausstattung des fokalen Unternehmens erfasst und die Kompetenzstärke bewertet, sodass sie mit den erforderlichen Kompetenzen für die Erbringung der hybriden Leistungsmodule verglichen werden können. Die Erhebung der Kompetenzausstattung sowie die Bewertung der Kompetenzstärke ist, wie bereits bei der Identifikation erforderlicher Kompetenzen, erneut in einem interdisziplinären funktionsübergreifenden Team durchzuführen.

Die Bewertung der Kompetenzstärke erfolgt nach dem Vorgehen zur Bewertung der Bedeutung der erforderlichen Kompetenzen, sodass eine hohe Bewertung der Bedeutung einer erforderlichen Kompetenz eine hohe Kompetenzstärke der Kompetenzausstattung eines Unternehmens für die Erbringung des Leistungsmoduls erfordert. Ebenso genügt bei einer mittleren bzw. niedrigen Kompetenzbedeutung eine Kompetenzausstattung von mindestens mittlerer bzw. niedriger Stärke.[595] Die Bewertung der Kompetenzstärke des fokalen Unternehmens erfolgt ebenfalls auf der Basis des Portfolios zur Bewertung der Bedeutung einer Kompetenz (vgl. Abbildung 5-24). Im Gegensatz zur Bewertung der Kompetenzbedeutung, gilt es, bei der Bewertung der vorliegenden Kompetenzausstattung zu beurteilen, zu welchem Grad die Kompetenz das Unternehmen durchdringt (Bedarfsbreite) und in welcher Häufigkeit diese abgerufen werden kann (Bedarfshäufigkeit). Die Kompetenzstärke wird erneut abhängig von ihrer Einordnung im Bewertungsportfolio mittels der dreistufigen Logik niedrig mit dem Wert „1“, mittel mit dem Wert „3“ und hoch mit dem Wert „9“ beurteilt, wobei der Wert „0“ vergeben wird, wenn die Kompetenz im Unternehmen nicht vorhanden ist. Eine Bewertung einer Kompetenz mit einem Wert „9“, was einer hohen Kompetenzstärke entspricht, kommt einer Kernkompetenz gleich, welche sich durch eine schwierige Imitierbarkeit durch Wettbewerber auszeichnet und dem fokalen Unternehmen einen nachhaltigen Wettbewerbsvorteil verschafft (vgl. Kapitel 2.4.4.3).

---

[595] Baureis verfolgt einen ähnlichen Abgleich von erforderlichen und vorhandenen Kompetenzen innerhalb einer Unternehmung, um Kompetenzlücken aufzudecken und entsprechende Handlungsempfehlungen zum Kompetenzaufbau abzuleiten (vgl. Baureis (2013), Kompetenzen für hybride Leistungsbündel, S. 117ff.).

Der Abgleich der benötigen erforderlichen Kompetenzen mit der im fokalen Unternehmen vorliegenden Kompetenzausstattung wird mittels einer Kompetenzmatrix durchgeführt. Hierzu werden die in den Anforderungsprofilen dokumentierten erforderlichen Kompetenzen und ihre Kompetenzbedeutung aggregiert und den Leistungsmodulen in einer Matrix gegenübergestellt (vgl. Abbildung 5-26). Die Bedeutung einer Kompetenz für ein Leistungsmodul $KS_{k,lm}^{soll}$ wird dazu an der entsprechenden Zeilen- und Spaltenkreuzung in der Matrix eingetragen. Ebenso erfolgt die Eintragung der Bewertung der Kompetenzstärke des fokalen Unternehmens je Kompetenz KS_k^{ist} in der untersten Zeile.

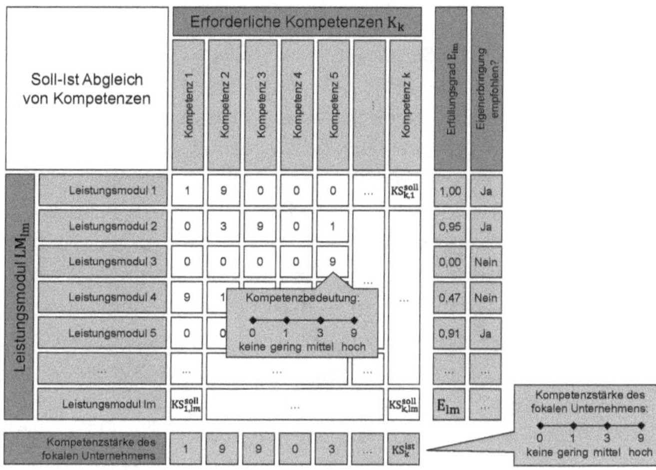

Abbildung 5-26: Kompetenzabgleich mittels Kompetenzmatrix

Zur Bewertung, ob für die Erbringung eines hybriden Leistungsmoduls ausreichend Kompetenzen beim fokalen Unternehmen vorliegen, wird ein sog. Erfüllungsgrad für jedes hybride Leistungsmodul berechnet. Der Erfüllungsgrad E_{lm} sagt aus, zu welchem Grad die für die Erbringung des hybriden Leistungsmoduls erforderlichen Kompetenzen beim fokalen Unternehmen vorhanden sind. Er berechnet sich aus allen erforderlichen Soll-Kompetenzen und ihrer Kompetenzbedeutung $KS_{k,lm}^{soll}$, die für die Erbringung des hybriden Leistungsmoduls notwendig sind, und den im fokalen Unternehmen vorliegenden Ist-Kompetenzen und ihrer Kompetenzstärke KS_k^{ist} (vgl. Formel 5.7).

$$E_{lm} = \frac{\sum_{k \in M_{lm}} min(\frac{KS_k^{ist}}{KS_{k,lm}^{soll}}; 1)}{\sum_{k \in M_{lm}} 1} \tag{5.7}$$

mit:

E_{lm}	Erfüllungsgrad der Kompetenzanforderungen eines Leistungsmoduls lm (mit lm = 1, …, p)
M_{lm}	Menge der erforderlichen Kompetenzen eines Leistungsmoduls lm (mit lm = 1, …, p) mit $KS_{k,lm}^{soll} \neq 0$
KS_{k}^{ist}	Kompetenzstärke des fokalen Unternehmens bezogen auf die Kompetenz k (mit k = 1, …, q)
$KS_{k,lm}^{soll}$	Bedeutung der Kompetenz k (mit k = 1, …, q) für die Erbringung des Leistungsmodul lm (mit lm = 1, …, p)

Basierend auf dem Erfüllungsgrad wird abschließend entschieden, ob ein Leistungsmodul durch das fokale Unternehmen und seine Kompetenzausstattung sinnvoll zu erbringen ist. Grundsätzlich kann bei einem hohen Erfüllungsgrad (0,9-1,0) davon ausgegangen werden, dass die Erbringung des Leistungsmoduls durch das fokale Unternehmen möglich ist. Dennoch ist an dieser Stelle kein allgemeingültiger Grenzwert für den Erfüllungsgrad zu definieren. Vielmehr wird empfohlen den Erfüllungsgrad als Entscheidungshilfe heranzuziehen und jene kritischen Kompetenzen und Leistungsmodule, bei denen eine Entscheidung rein auf der Basis des Erfüllungsgrads nicht eindeutig ist, im interdisziplinären Expertengremium zu diskutieren. Bei der Abwägung einer Entscheidung sollte hierbei die Frage, ob die vorliegende Kompetenzlücke so gravierend ist, dass eine Erbringung durch das fokale Unternehmen ausgeschlossen werden sollte, im Vordergrund der Überlegungen stehen. Als Ergebnis liegt die Erkenntnis darüber vor, welche Leistungsmodule durch das fokale Unternehmen erbracht werden könnten. Ob eine Erbringung jedoch aus komplexitätsorientieren Aspekten sinnvoll ist, ist Gegenstand des folgenden Abschnitts.

5.3.2 Bewertung der Komplexität hybrider Leistungsmodule

Zur Bewertung der Komplexität hybrider Leistungsmodule werden die in Kapitel 5.1.3 im Rahmen der komplexitätsorientierten Beschreibung hybrider Leistungsangebote identifizierten und operationalisierten zehn Komplexitätstreiber aufgegriffen und eine Quantifizierung der Komplexität anhand eines Komplexitätswerts erarbeitet. Die Komplexität hybrider Leistungsmodule stellt den Aufwand dar, der dem strategischen Beitrag und damit den für das fokale Unternehmen entstehenden Nutzen entgegensteht (vgl. Kapitel 5.2.3). Neben dem strategischen Beitrag und den erforderlichen Kompetenzen (vgl. Kapitel 5.3.1), bildet die Komplexität der Leistungsmodule die dritte Dimension zur Entscheidung, ob Leistungsmodule durch das fokale Unternehmen oder durch seine Partner im Wertschöpfungsnetzwerk erbracht werden sollten.

5.3.2.1 Gewichtung der Komplexitätstreiber

Zur Erfüllung der Zielsetzung des vorliegenden Teilmodells, die Komplexität hybrider Leistungsmodule mittels eines Komplexitätswerts zu quantifizieren, gilt es zu bewerten, welche der zehn Komplexitätstreiber den größten Einfluss auf die Bewertung und damit die Höhe der Komplexität hybrider Leistungsmodule haben. Zur systematischen Analyse des Einflusses der Komplexitätstreiber innerhalb eines hybriden Leistungsmoduls kommt das Sensitivitätsmodell nach VESTER[596] zur Anwendung und hybride Leistungsmodule werden erneut aus der Systemtheorie heraus betrachtet (vgl. Kapitel 2.4.1 und Kapitel 2.4.3). Mittels der Analyse der Wirkbeziehungen zwischen den Komplexitätstreibern wird dabei das Ziel verfolgt, die einzelnen Komplexitätstreiber bei der Berechnung des Komplexitätswerts eines hybriden Leistungsmoduls gemäß ihrem Einfluss zu gewichten. Komplexitätstreiber, die einen hohen Einfluss auf die Komplexität des hybriden Leistungsmoduls haben, erhalten deshalb eine höhere Gewichtung als Komplexitätstreiber von untergeordnetem Einfluss. Konkret wird eine Einflussmatrix angewandt, die eine quantitative Bewertung der Stärke der Wirkbeziehungen zwischen den Komplexitätstreibern vorsieht.[597] Hierzu werden die zehn Komplexitätstreiber aufgelistet und in einer Matrix gegenübergestellt. Nachfolgend wird die Wirkung der Zeileneinträge auf die Spalteneinträge eruiert und die Wirkintensität an der Zeilen-Spaltenkreuzung eingetragen.[598] Die Bewertung der Wirkintensität erfolgt in Anlehnung an ULRICH UND PROBST anhand einer vierstufigen Skala von „0“ bis „3“.[599] Besteht zwischen zwei Komplexitätstreibern kein Zusammenhang, so wird der Wert „0“ vergeben. Stehen zwei Komplexitätstreiber hingegen in starker Wirkintensität zueinander so beträgt der Wert „3“. Die Werte „1“ und „2“ zwischen den beiden Extrema repräsentieren entsprechend eine geringe bzw. mittlere Wirkintensität. Die Bewertung der Wirkbeziehungen sowie ihrer Intensität entlang der dargelegten Skala erfolgt nachfolgend auf Basis des Wissensstands aus Forschung und Praxis sowie durch eine sachlogische Bewertung des Autors. Mit dem Vorliegen der Wirkintensitäten zwischen den Komplexitätstreibern werden die Aktiv- und Passivsummen bestimmt. Die Aktivsumme eines Komplexitätstreibers gibt Aufschluss darüber, in welchem Maße der jeweilige Komplexitätstreiber andere Komplexitätstreiber beeinflusst. Die Passivsumme im Umkehrschluss beschreibt,

[596] Vgl. Vester (2015), Die Kunst vernetzt zu denken, S. 190ff.

[597] Andere Autoren, wie Feldhütter (2018), Beitrag zur modellbasierten Bewertung der Komplexität, S. 141ff. oder Schuh et al. (2016), Approach to evaluate complexity in new product development projects, S. 580 verwenden ebenfalls eine Einflussmatrix, um einzelne Komplexitätstreiber und ihre Einflüsse innerhalb eines Systems zu eruieren. Sie verfolgen jedoch die Zielsetzung besonders kritische Komplexitätstreiber zu identifizieren, um für diese spezifische Maßnahmen im Rahmen des Komplexitätsmanagements zu definieren.

[598] Vgl. Lindemann (2009), Methodische Entwicklung technischer Produkte, S. 75f.

[599] Vgl. Ulrich und Probst (1995), Anleitung zum ganzheitlichen Denken, S. 143.

in welchem Maße der jeweilige Komplexitätstreiber von anderen Komplexitätstreibern beeinflusst wird.[600] Abschließend werden die Aktiv- und Passivsummen der Komplexitätstreiber in Anlehnung an LINDEMANN zur einfacheren Vergleichbarkeit normiert.[601] Hierzu wird das Verhältnis von Aktiv- zu Passivsumme jedes Komplexitätstreibers berechnet, welches auch unter der Bezeichnung „Aktivität" bekannt ist. Die Aktivität gibt dabei Aufschluss darüber, wie stark ein Komplexitätstreiber die Komplexität des Systems beeinflusst.[602] Als weitere Vergleichsgröße wird die Kritikalität bestimmt, welche sich als Produkt von Aktiv- und Passivsumme ergibt. Sie lässt eine Aussage darüber zu, wie der jeweilige Komplexitätstreiber im System vernetzt ist, also inwieweit der von Veränderungen im System betroffen ist bzw. selbst eine Änderung am System hervorrufen kann.[603] Die Bewertung der Wirkbeziehungen innerhalb der Einflussmatrix und des Einflussportfolios, die Bestimmung der Aktiv- und Passivsumme sowie die Berechnung der Aktivität und Kritikalität einschließlich zugrundeliegender Formeln sind in Anhang A.5 erörtert und dargestellt.

Um die Einflussstärke der Komplexitätstreiber bei der Bestimmung des Komplexitätswerts des hybriden Leistungsmoduls zu berücksichtigen, wird eine individuelle Gewichtung eines jeden Komplexitätstreibers g_{kt} basierend auf seiner Kritikalität bestimmt. Dies ist dadurch begründet, dass diese die Vernetzung des jeweiligen Komplexitätstreibers in einem System widerspiegelt. Hierdurch wird eine differenziertere Abbildung der Wechselwirkungen innerhalb des hybriden Leistungsmoduls und der Komplexitätseinflüsse im Rahmen des Komplexitätswerts erreicht, als dies bei einer Gleichverteilung als einheitliche Gewichtung der Fall wäre. Die Gewichtung eines Komplexitätstreibers g_{kt} setzt sich aus diesem Grund zu 50 % aus seinem Einfluss auf die Gesamtkomplexität basierend auf seiner Kritikalität sowie zu 50 % aus einer Gleichverteilung einer Gewichtung der Komplexitätstreiber zusammen und wird gemäß Formel 5.8 berechnet:

$$g_{kt} = \frac{\left(1 + \frac{Kritikalität_{kt}}{max.\ Kritikalität}\right)}{2} \tag{5.8}$$

mit:

g_{kt}	Gewichtung des Komplexitätstreibers kt (mit kt = 1, …, 10)
$Kritikalität_{kt}$	Kritikalität des Komplexitätstreibers kt (mit kt = 1, …, 10)
$max. Kritikalität$	Maximaler Wert der Kritikalität aller Komplexitätstreiber

[600] Vgl. Probst und Gomez (1991), Die Methodik des vernetzten Denkens, S. 13.

[601] Vgl. Lindemann (2009), Methodische Entwicklung technischer Produkte, S. 75f.

[602] Vgl. Lindemann (2009), Methodische Entwicklung technischer Produkte, S. 76

[603] Vgl. Lindemann (2009), Methodische Entwicklung technischer Produkte, S. 76.

Für die vorliegenden zehn Komplexitätstreiber ergeben sich unter Anwendung von Formel 5.8 folgende Gewichtungen, die in den nachfolgenden Komplexitätswert einfließen (vgl. Tabelle 5-12).

Tabelle 5-12: Gewichtung der Komplexitätstreiber

Komplexitätstreiber	Gewichtung g_{kt}
KT 1 - Immaterialität des Leistungsergebnisses des Leistungsmoduls	0,58
KT 2 - Umfang des Leistungsergebnisses des Leistungsmoduls	0,77
KT 3 - Individualisierungsgrad des Leistungsmoduls	0,74
KT 4 - Integrationsgrad des Leistungsmoduls	0,69
KT 5 - Veränderlichkeit des Leistungsmoduls	0,52
KT 6 - Informationsbedarf und -austausch zwischen Kunde und Anbieter	0,88
KT 8 - Integrationsgrad in die Wertschöpfungsdomäne des Kunden	1,00
KT 7 - Einfluss des Kunden auf das Leistungsergebnis des Leistungsmoduls	0,86
KT 9 - Interaktionsintensität mit dem Kunden	0,86
KT 10 - Dynamik der Interaktion mit dem Kunden	0,85

5.3.2.2 Bestimmung eines Komplexitätswerts für Leistungsmodule

Aufbauend auf der Gewichtung der Komplexitätstreiber, gilt es nun, einen Komplexitätswert zu bestimmen. Dieser Komplexitätswert, eine quantitative Kennzahl, wird herangezogen, um die Komplexität verschiedener hybrider Leistungsmodule zu beziffern und miteinander zu vergleichen. Hierdurch wird die Entscheidung einer Erbringung des hybriden Leistungsmoduls durch das fokale Unternehmen oder durch seine Partner im Wertschöpfungsnetzwerk unterstützt. In Anlehnung an RIESENER ET AL. wird zur Bestimmung des Komplexitätswerts ein vektorieller Ansatz gewählt.[604] Dies ist darin begründet, dass die Verwendung von Vektoren insbesondere im Rahmen der Komplexitätsbewertung ein gängiges und etabliertes Instrument darstellt.[605]

Ausgehend von der Bewertung der Komplexitätstreiber anhand der individuellen vierstufigen Werteskala je Leistungsmodul $kw_{kt,\,lm}$ sowie der Gewichtung der jeweiligen Komplexitätstreiber g_{kt} wird für jedes Leistungsmodul ein Komplexitätsvektor $\overrightarrow{KV_{lm}}$ aufgestellt. Der Komplexitätsvektor jedes Leistungsmoduls beinhaltet zehn Einträge, die den gewichteten und bewerteten Komplexitätswerten der zehn Komplexitätstreiber entsprechen. Abschließend wird der Komplexitätsvektor mittels Betragsbildung in einen normierten Komplexitätswert eines Leistungsmoduls KW_{lm} überführt, der die Gesamtkomplexität des Leistungsmoduls widerspiegelt. Abbildung 5-27 stellt das Vorgehen zur Ermittlung des Komplexitätswerts hybrider Leistungsmodule dar.

---

[604] Vgl. Riesener et al. (2020), Methodology for the Assessment of Complexity.

[605] Folgende Autoren greifen bei der Komplexitätsbewertung ebenfalls auf einen vektoriellen Ansatz zurück: Windt et al. (2008), Complexity cube for the characterization of complex production systems, S. 97ff. oder Feldhütter (2018), Beitrag zur modellbasierten Bewertung der Komplexität, S. 151ff.

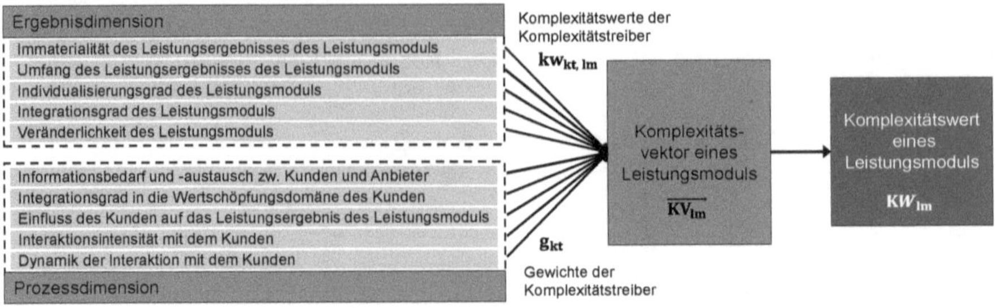

Abbildung 5-27: Bestimmung eines Komplexitätswerts eines Leistungsmoduls

Zunächst werden die gewichteten Komplexitätswerte der Komplexitätstreiber der Leistungsmodule $KW_{kt,\,lm}$ berechnet, die sich aus der Multiplikation der bewerteten Komplexitätswerte $kw_{kt,\,lm}$, basierend auf der vierstufen Werteskala (vgl. Kapitel 5.1.3.3), und der Gewichtung des Komplexitätstreibers g_{kt} nach Formel 5.9 ergeben. Hierauf aufbauend kann der Komplexitätsvektor für jedes Leistungsmodul $\overrightarrow{KV_{lm}}$ mittels Formel 5.10 aufgestellt werden. Der Betrag des Komplexitätsvektors für jedes Leistungsmodul $|\overrightarrow{KV_{lm}}|$ ergibt sich anhand von Formel 5.11, der wiederum abschließend unter Anwendung von Formel 5.12 normiert wird, sodass sich letztendlich ein normierter Komplexitätswert für jedes hybride Leistungsmodul KW_{lm} ergibt.

$$KW_{kt,\,lm} = g_{kt} * kw_{kt,\,lm} \tag{5.9}$$

$$\overrightarrow{KV_{lm}} = \begin{pmatrix} KW_{1,\,lm} \\ KW_{2,\,lm} \\ \dots \\ KW_{10,\,lm} \end{pmatrix} \tag{5.10}$$

$$|\overrightarrow{KV_{lm}}| = \sqrt{{KW_{1,\,lm}}^2 + \dots + {KW_{10,\,lm}}^2} \tag{5.11}$$

$$KW_{lm} = 5 * \frac{|\overrightarrow{KV_{lm}}| - |\overrightarrow{KV}|_{min}}{|\overrightarrow{KV}|_{max} - |\overrightarrow{KV}|_{min}} \tag{5.12}$$

mit:

$KW_{kt,\,lm}$	Gewichteter Komplexitätswert des Komplexitätstreibers kt (mit kt = 1, …, 10) des Leistungsmoduls lm (mit lm= 1, …, p)
g_{kt}	Gewichtung des Komplexitätstreibers kt (mit kt = 1, …, 10)
$kw_{kt,\,lm}$	Komplexitätswert des Komplexitätstreibers kt (mit kt = 1, …, 10) des Leistungsmoduls lm (mit lm= 1, …, p)
$\overrightarrow{KV_{lm}}$	Komplexitätsvektors des Leistungsmoduls lm (mit lm= 1, …, p)

$\lvert\overrightarrow{KV_{lm}}\rvert$	Betrag des Komplexitätsvektors des Leistungsmoduls lm (mit lm= 1, ..., p)
KW_{lm}	Normierter Komplexitätswert eines Leistungsmoduls lm (mit lm= 1, ..., p)
$\lvert\overrightarrow{KV}\rvert_{max}$	Größter Betrag eines Komplexitätsvektors KV eines Leistungsmoduls
$\lvert\overrightarrow{KV}\rvert_{min}$	Kleinster Betrag eines Komplexitätsvektors KV eines Leistungsmoduls

Anhand des dargelegten Vorgehens kann die Komplexität der Leistungsmodule quantifiziert werden, sodass jeweils ein normierter Komplexitätswert für jedes hybride Leistungsmodul KW_{lm} vorliegt. Dieser bildet die Komplexität und damit die dritte relevante Dimension, neben dem strategischen Beitrag und der erforderlichen Kompetenz, zur Entscheidung in Bezug auf die Erbringung der hybriden Leistungsmodule durch das fokale Unternehmen oder durch Partner innerhalb des Wertschöpfungsnetzwerks ab. Eine integrative Betrachtung aller drei Dimensionen im Rahmen eines Entscheidungsportfolios ist inhaltlicher Schwerpunkt des folgenden Methodenschritts in Kapitel 5.3.3.

5.3.3 Erbringung durch das fokale Unternehmen oder Netzwerkpartner

Das Ziel des nachfolgenden Methodenschritts besteht darin die Entscheidung der Erbringung der hybriden Leistungsmodule durch das fokale Unternehmen oder durch Partner innerhalb des Wertschöpfungsnetzwerks zu unterstützen. Hierzu gilt es, die drei in den vorangegangenen Abschnitten hergeleiteten, entscheidungsrelevanten Dimensionen strategischer Beitrag (vgl. Kapitel 5.2.3), Kompetenzausstattung (vgl. Kapitel 5.3.1) und Komplexität (vgl. Kapitel 5.3.2) zusammenzuführen und integriert im Rahmen der Entscheidungsfindung zu betrachten. Als Resultat der Entscheidung liegen hybride Leistungsmodule vor, die entweder durch das fokale Unternehmen oder durch Partner innerhalb des Wertschöpfungsnetzwerks zu erbringen sind. Im Hinblick auf eine integrierte und dennoch differenzierte Entscheidungsfindung haben sich Portfolioansätze als hilfreich herausgestellt. Sie kommen innerhalb verschiedener Themengebiete zur Anwendung und haben hierdurch eine weite Verbreitung erzielt.[606] Für die Entscheidungsfindung innerhalb des vorliegenden Methodenschritts wird daher ein Entscheidungsportfolio erarbeitet, welches die systematische Entscheidung der Erbringung der hybriden Leistungsmodule durch das fokale Unternehmen oder durch Partner innerhalb

[606] Vgl. Gausemeier et al. (1996), Szenario-Management, S. 156.

des Wertschöpfungsnetzwerks unterstützt.[607] Hierzu wird zunächst die entscheidungsrelevante Dimension der Kompetenz aufgegriffen. Im Spezifischen wird das Ergebnis der Gegenüberstellung der erforderlichen Kompetenzen und der Kompetenzausstattung (vgl. Kapitel 5.3.1) in Form des Erfüllungsgrads eines Leistungsmoduls E_{lm} herangezogen. Der Erfüllungsgrad gibt Aufschluss darüber, ob das fokale Unternehmen das hybride Leistungsmodul mit seiner vorliegenden Kompetenzausstattung und Kompetenzstärke grundsätzlich erbringen kann oder nicht. Auch wenn das fokale Unternehmen ein hybrides Leistungsmodul unter der Berücksichtigung seiner Kompetenzausstattung erbringen kann, gilt es zu prüfen, ob dies in allen Fällen auch sinnvoll ist. Hierbei gilt grundsätzlich, dass das fokale Unternehmen hybride Leistungsmodule mit einer hohen strategischen Bedeutung möglichst selbst erbringen sollte, da der Erfolg des hybriden Leistungsangebots und des Geschäftsmodells von diesen Leistungsmodulen insbesondere abhängig ist. Sie sind für das fokale Unternehmen somit von besonders hoher strategischer Bedeutung. Die strategische Bedeutung spiegelt sich durch den strategischen Beitrag der Leistungsmodule SB_{lm} wider (vgl. Kapitel 5.2.3). Dem strategischen Beitrag als Nutzen der Erbringung der hybriden Leistungsmodule steht jedoch die Komplexität als Aufwandsdimensionen gegenüber. Daher kann pauschal nicht angenommen werden, dass hybride Leistungsmodule mit einem hohen strategischen Beitrag grundsätzlich durch das fokale Unternehmen zu erbringen sind, wenn die erforderliche Kompetenzausstattung es ermöglicht. Stattdessen gilt es aus Sicht des fokalen Unternehmens, die Komplexität zu optimieren und nicht nutzenstiftende Komplexität auf seine Netzwerkpartner zu übertragen.[608] Aus diesem Grund sind maßgeblich nur solche Leistungsmodule zu erbringen, bei denen der Nutzen der Erbringung in Form des strategischen Beitrags den entgegenstehenden Aufwand in Form der Komplexität überwiegt. Zur Abbildung der Komplexität wird daher der Komplexitätswert der Leistungsmodule KW_{lm} (vgl. Kapitel 5.3.2) herangezogen. Den Ausführungen folgend, ergeben sich grundsätzlich zwei Strategien in Bezug auf die Erbringung hybride Leistungsmodule aus der Sicht des fokalen Unternehmens, die es mit seiner vorliegenden Kompetenzausstattung erbringen kann (vgl. Tabelle 5-13).

[607] Der Portfolioansatz im Kontext von (Erbringungs-)Entscheidungen hat sich dabei bei einer Vielzahl von Autoren als hilfreich bewährt, wobei jedoch unterschiedliche entscheidungsrelevante Dimensionen Berücksichtigung finden. Erwähnenswert sind diesem Kontext beispielsweise: Gerybadze (2004), Technologie- und Innovationsmanagement; Lehner (2014), Verfahren zur Entwicklung geschäftsmodell-orientierter Diversifikationsstrategien, S. 147; Rübbelke (2015), Systematik zur innovationsorientierten Kompetenzplanung, S. 103 und S. 107; Kage (2018), Positionierung in technologieinduzierten Wertschöpfungsnetzwerken, S. 129.

[608] Vgl. Böhmann und Krcmar (2006), Komplexitätsmanagement als Herausforderung, S. 101f.

Tabelle 5-13: Grundsätze Strategien der Erbringung hybrider Leistungsmodule

Bewertung	Strategie und Entscheidungsempfehlung
$\frac{SB_{lm}}{KW_{lm}} \geq 1$	**Eigenerbringung**: Das Leistungsmodul liefert einen hohen strategischen Beitrag zum Geschäftsmodell, welcher die Komplexität überwiegt. Eine Eigenerbringung wird empfohlen.
$\frac{SB_{lm}}{KW_{lm}} < 1$	**Fremdbezug**: Die Höhe der Komplexität überwiegt den strategischen Beitrag des Leistungsmoduls. Die Erbringung des Leistungsmoduls ist im Sinne der Komplexitätsübertragung an Partner auszulagern.

Diese binäre Strategie in Bezug auf die Erbringungsentscheidung soll jedoch noch weiter differenziert werden, um die Grenzbereiche (niedriger und hoher strategischer Beitrag hybrider Leistungsmodule) individueller abzubilden und damit die strategisch vorteilhafte Ausrichtung des fokalen Unternehmens zu unterstützen. Daher werden die drei entscheidungsrelevanten Dimensionen (strategischer Beitrag, erforderliche Kompetenzen und Komplexität) mit ihren jeweiligen quantitativen Kenngrößen in einem Entscheidungsportfolio abgebildet. Das Entscheidungsportfolio aus der Sicht des fokalen Unternehmens ist in Abbildung 5-28 visualisiert und dient als Ausgangspunkt zur Ableitung differenzierter Erbringungsentscheidungen. Das Entscheidungsportfolio wird auf der Abszisse durch den strategischen Beitrag SB_{lm} und auf der Ordinate durch den Komplexitätswert KW_{lm} des hybriden Leistungsmoduls aufgespannt, wobei beide Kenngrößen bereits bei ihrer Bestimmung in den vorherigen Abschnitten auf einen Wertebereich zwischen 0 und 5 normiert worden sind. Damit steht im Entscheidungsportfolio dem Nutzen, in Form des strategischen Beitrags, der Aufwand, in Form der Komplexität, gegenüber. Die hybriden Leistungsmodule werden anhand der beiden Kenngrößen im Portfolio verortet, wobei sie durch Kreise visualisiert sind. Diejenigen Module, die aufgrund einer mangelnden Kompetenzausstattung des fokalen Unternehmens nicht durch dieses erbracht werden sollten, sind als Kreise mit einer schwarzen Füllung dargestellt. Hierfür wird der in Kapitel 5.3.1.2 hergeleitete Erfüllungsgrad der Kompetenzanforderungen eines Leistungsmoduls mit einem Grenzwert von 0,9 herangezogen. Diese Leistungsmodule sind aufgrund der fehlenden Kompetenzausstattung des fokalen Unternehmens durch Partner innerhalb des Wertschöpfungsnetzwerks zu erbringen. Zudem ist die Winkelhalbierende des Portfolios von zentraler Bedeutung. Sind Leistungsmodule auf der Winkelhalbierenden verortet, so halten sich der strategische Beitrag und die Komplexität die Waage. Unterhalb der Winkelhalbierenden überwiegt grundsätzlich der strategische Beitrag, während oberhalb der Winkelhalbierenden die Komplexität dominiert.

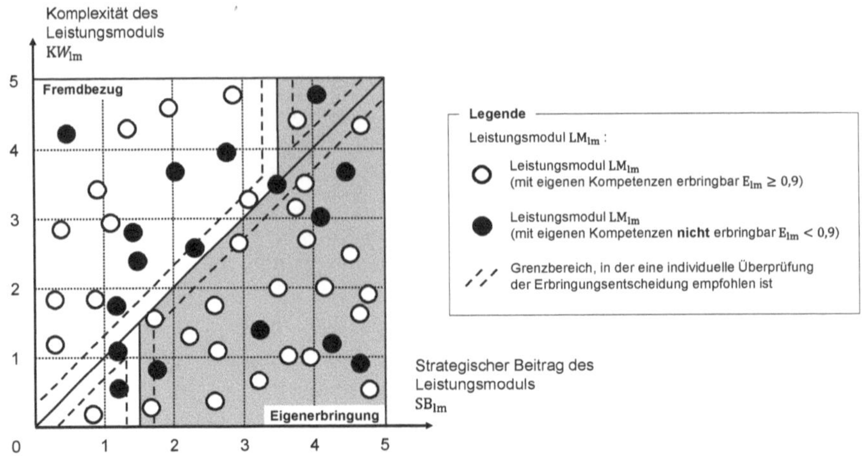

Abbildung 5-28: Entscheidungsportfolio zur Erbringung von Leistungsmodulen

Unter Einbeziehung einer differenzierteren Berücksichtigung des strategischen Beitrags sowie der Kompetenzausstattung kommen deshalb vier Strategien für das fokale Unternehmen, abhängig von der Verortung der Leistungsmodule im Portfolio, bei der Erbringungsentscheidung zur Anwendung (vgl. Tabelle 5-15).

Tabelle 5-14: Erbringungsentscheidungen mittels Entscheidungsportfolio

Bereich	Erbringungsentscheidung
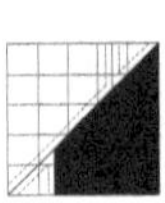	**Eigenerbringung**: Die in diesem Bereich verorteten Leistungsmodule weisen einen hohen strategischen Beitrag auf, welcher die Komplexität überwiegt. Eine Eigenerbringung wird empfohlen, sofern sie basierend auf Kompetenzausstattung des fokalen Unternehmens erbracht werden können ($E_{lm} \geq 0{,}9$). Aufgrund des hohen strategischen Beitrags und damit der strategischen Bedeutung für das fokale Unternehmen, wird bei Leistungsmodulen mit einem hohen Erfüllungsgrad ($0{,}9 > E_{lm} > 0{,}75$) eine Eigenerbringung ebenfalls empfohlen und vorliegende Kompetenzdefizite sollten durch einen Kompetenzaufbau geschlossen werden.
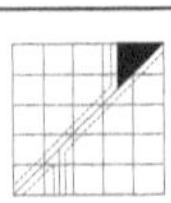	**Selektive Eigenerbringung**: Die in diesem Bereich verorteten Leistungsmodule weisen einen hohen strategischen Beitrag auf. Auch wenn die Komplexität den strategischen Beitrag leicht überwiegt, wird eine Eigenerbringung aufgrund der strategischen Bedeutung der Leistungsmodule empfohlen, sofern sie basierend auf Kompetenzausstattung des fokalen Unternehmens erbracht werden können ($E_{lm} \geq 0{,}9$). Ein Kompetenzaufbau, um einen geringen Erfüllungsgrad ($0{,}9 > E_{lm}$) auszugleichen, wird hingegen nicht empfohlen.
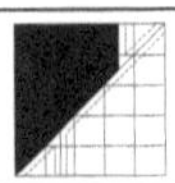	**Fremdbezug**: Bei in diesem Bereich verorteten Leistungsmodulen überwiegt die Komplexität den strategischen Beitrag des Leistungsmoduls. Die Erbringung der Leistungsmodule ist im Sinne der Komplexitätsübertragung an Partner innerhalb des Wertschöpfungsnetzwerkes auszulagern, auch wenn die Kompetenzausstattung des fokalen Unternehmens eine Eigenerbringung der Leistungsmodule erlauben würde.
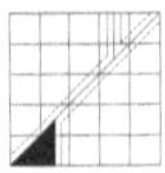	**Selektiver Fremdbezug**: Bei in diesem Bereich verorteten Leistungsmodulen überwiegt der strategische Beitrag die Komplexität des Leistungsmoduls leicht, wobei die Leistungsmodule von untergeordneter strategischer Bedeutung sind. Aufgrund der als eher gering eingestuften strategischen Bedeutung, ist die Erbringung der Leistungsmodule an Partner innerhalb des Wertschöpfungsnetzwerkes auszulagern, auch wenn die Kompetenzausstattung des fokalen Unternehmens eine Eigenerbringung der Leistungsmodule erlauben würde.

Für Leistungsmodule, die entlang der Grenzflächen der vier Bereiche im Portfolio verortet sind (innerhalb der gestrichelten Linien) und ihre Zuordnung zu einem der vier Bereiche des Portfolios nicht eindeutig ist, ist eine individuelle Überprüfung der Erbringungsentscheidung empfohlen.

Mittels des Entscheidungsportfolios kann für jedes Leistungsmodul entschieden werden, ob das Leistungsmodul durch das fokale Unternehmen oder durch Partner innerhalb des Wertschöpfungsnetzwerks erbracht werden sollte. Die Erbringungsentscheidung aus der Perspektive des fokalen Unternehmens stellt somit sicher, dass diejenigen Leistungsmodule des hybriden Leistungsangebots, welche für das fokale Unternehmen von hoher strategischer Bedeutung sind, auch von diesem erbracht werden, sofern dies seine Kompetenzausstattung zulässt. Darüber hinaus unterstützt es das fokale Unternehmen bei der Komplexitätsoptimierung, indem diejenigen Leistungsmodule, bei denen der Komplexität kein entsprechender Nutzen im Sinne eines hohen strategischen Beitrags gegenübersteht, gezielt an Partner innerhalb des Wertschöpfungsnetzwerks ausgelagert werden.

Der in Kapitel 5.3 entwickelte Methodenschritt befähigt das fokale Unternehmen, als Anwender der vorliegenden Methodik, eine fundierte Erbringungsentscheidung hinsichtlich der hybriden Leistungsmodule des hybriden Leistungsangebots zu treffen und sich hinsichtlich der Leistungserbringung strategisch auszurichten. Die wesentlichen Schritte zu dieser systematischen Erbringungsentscheidung sind abschließend in Abbildung 5-29 dargestellt. Die sich aus der Erbringungsentscheidung ergebenen hybriden Leistungsmodule, die durch Partner innerhalb des Wertschöpfungsnetzwerks zu erbringen sind, bilden die Grundlage der Allokation ebendieser innerhalb des Wertschöpfungsnetzwerks im folgenden Schritt der Methodik in Kapitel 5.4.

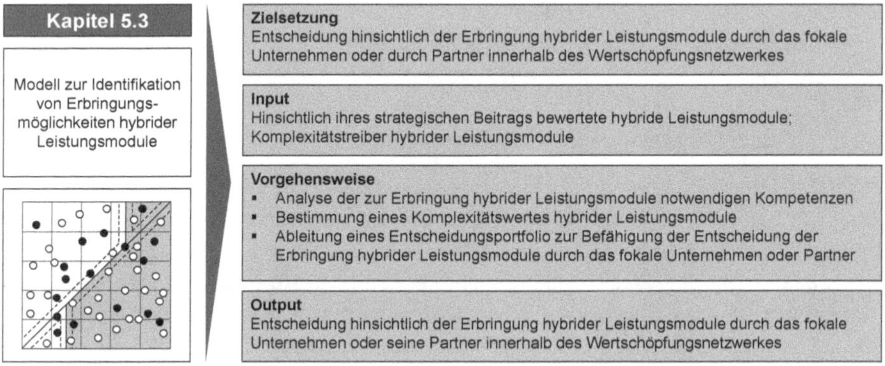

Abbildung 5-29: Identifikation von Erbringungsmöglichkeiten hybrider Leistungsmodule

5.4 Allokation hybrider Leistungsmodule im Wertschöpfungsnetzwerk

Die zu erarbeitende Methodik wird durch die Allokation der von Partnern zu erbringenden hybriden Leistungsmodule sowie die Ableitung von Normstrategien zur kooperativen Einbindung potenzieller Partner abgeschlossen (vgl. Abbildung 5-30).

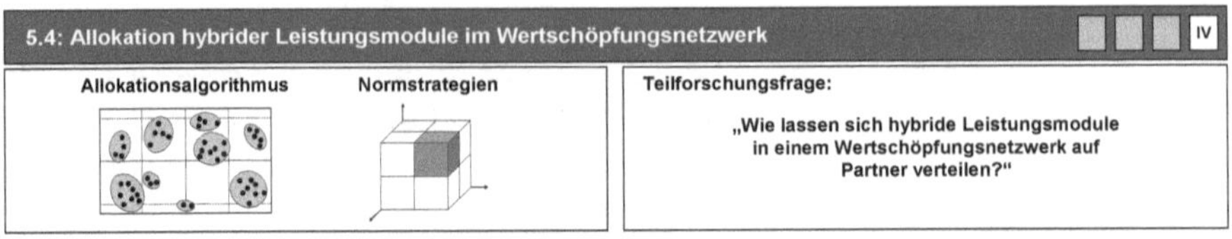

Abbildung 5-30: Allokation hybrider Leistungsmodule im Wertschöpfungsnetzwerk

Zur Allokation der durch Partner zu erbringenden hybriden Leistungsmodule werden initial zunächst diejenigen Leistungsmodule identifiziert, welche ähnliche Kompetenzen für ihre Erbringung erfordern, sodass sie von potenziellen Partnern mit einer adäquaten Kompetenzausstattung erbracht werden können. Zur Bestimmung der Ähnlichkeiten zwischen den Leistungsmodulen in Bezug auf die erforderlichen Kompetenzen zu ihrer Erbringung wird die Methode der multidimensionalen Skalierung unter Zuhilfenahme des euklidischen Distanzmaßes angewendet (vgl. Kapitel 5.4.1). Im Anschluss erfolgt die Definition von Leistungsbündeln, bestehend aus verschiedenen Leistungsmodulen, mithilfe des Greedy-Algorithmus. Sie stellen den Erbringungsumfang eines potenziellen Partners dar (vgl. Kapitel 5.4.2). Abschließend werden Normstrategien zur kooperativen Einbindung potenzieller Partner basierend auf einem Entscheidungswürfel abgeleitet. Hierbei werden die drei entscheidungsrelevanten Dimensionen strategischer Beitrag, erforderliche Kompetenzen und Komplexität in Bezug auf den Erbringungsumfang jedes Partners berücksichtigt (vgl. Kapitel 5.4.3).

5.4.1 Ähnlichkeitsanalyse hybrider Leistungsmodule

Zur effizienten Gestaltung des Wertschöpfungsnetzwerks und der kooperativen Einbindung von Partnern, ist es für das fokale Unternehmen zunächst von großer Wichtigkeit zu wissen, welche Kompetenzen durch Partner in das Wertschöpfungsnetzwerk einzubringen sind, um diejenigen Leistungsmodule zu erbringen, welche es selber nicht erbringen kann. Ist ein Überblick über die fehlenden Kompetenzen geschaffen, lässt sich die Suche nach möglichen Partnern sowie eine systematische Partnerauswahl und Partnereinbindung effizient durchführen.[609] Aufgrund der angestrebten Langfristigkeit

[609] Vgl. Wiendahl und Lutz (2002), Production in Networks, S. 575f.

der Kooperation mit Partnern innerhalb des Wertschöpfungsnetzwerks ist hierbei mit Sorgfalt vorzugehen. Ist die Auswahl für einen Partner getroffen und die Kooperation etabliert, ist diese häufig nur unter großem Aufwand wieder rückabzuwinkeln und unter Umständen der Erfolg des gesamten Wertschöpfungsnetzwerks beeinträchtigt.[610] Es gilt somit sicherzustellen, dass Bündel von Leistungsmodulen, die durch einen Partner erbracht werden sollen, auch durch diesen mit seiner Kompetenzausstattung erbracht werden können. Dies gilt insbesondere vor dem Hintergrund der zunehmenden Spezialisierung von Unternehmen auf ihre Kernkompetenzen und der hierdurch abnehmenden Wertschöpfungstiefe.[611] Aus diesem Grund sollen bei der Bündelung von Leistungsmodulen und damit bei der Definition des jeweiligen Erbringungsumfangs eines Partners nur diejenigen Leistungsmodule betrachtet werden, die sich bzgl. der Anforderung an die erforderlichen Kompetenzen ähneln. Zur Vorbereitung der Allokation der Leistungsmodule auf Partner innerhalb des Wertschöpfungsnetzwerks werden daher in einem ersten Schritt die Leistungsmodule im Hinblick auf ähnliche Kompetenzen analysiert und zu sog. Kompetenzclustern zusammengefasst sowie in einer Kompetenzlandkarte visualisiert. Hierzu kommt das Verfahren der multidimensionalen Skalierung unter Einbezug des euklidischen Distanzmaßes zur Anwendung. In einem zweiten Schritt werden die Kompetenzcluster wiederum herangezogen, um Anforderungsprofile für die Recherche von Partnern abzuleiten und die Partnersuche durchzuführen.

5.4.1.1 Identifikation von Kompetenzclustern und Aufbau einer Kompetenzlandkarte

Den Ausgangspunkt zur Bestimmung der Kompetenzcluster und ihrer Visualisierung in einer Kompetenzlandkarte bilden die in Kapitel 5.3.1 identifizierten erforderlichen Kompetenzen, welche notwendig sind um die hybriden Leistungsmodule erbringen zu können. Basierend auf der entwickelten Kompetenzmatrix zur Identifikation der erforderlichen Kompetenzen sowie ihrer Kompetenzbedeutung je Leistungsmodul (vgl. Abbildung 5-26), wird nun ein Kompetenzvektor für jedes Leistungsmodul abgeleitet. Dieser ergibt sich für jedes Leistungsmodul aus der jeweiligen Zeile der Matrix und weist als Einträge jeweils die Bedeutung der jeweiligen Kompetenz für die Erbringung des Leistungsmoduls $KS_{k,lm}^{soll}$ auf. Abbildung 5-31 zeigt die Ableitung des Kompetenzvektors $\overrightarrow{KS_{lm}}$ für die Leistungsmodule basierend auf der Kompetenzmatrix.

[610] Vgl. Winkler et al. (2008), Bewertung, Auswahl und Entwicklung relevanter Partnerunternehmen bei der Bildung strategischer Wertschöpfungsnetzwerke, S. 90f.

[611] Vgl. Schuh et al. (2011), Vernetzte Wertschöpfung und Kooperationsmanagement, S. 476.

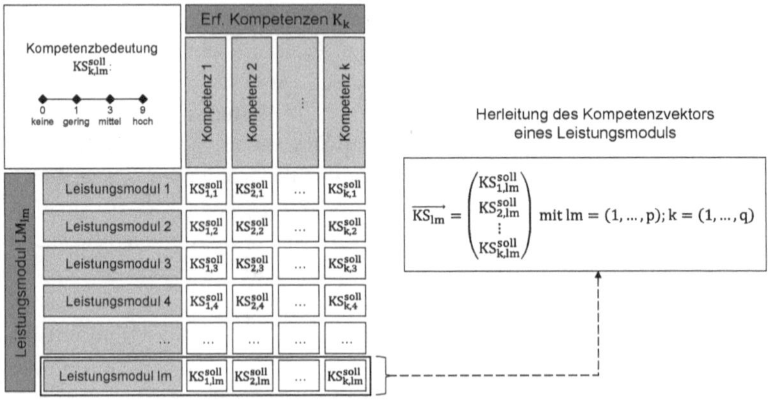

Abbildung 5-31: Aufbau eines Kompetenzvektors

Der Kompetenzvektor für jedes Leistungsmodul $\overrightarrow{KS_{lm}}$ ergibt sich gemäß Formel 5.13.

$$\overrightarrow{KS_{lm}} = \begin{pmatrix} KS_{1,lm}^{soll} \\ KS_{2,lm}^{soll} \\ \vdots \\ KS_{k,lm}^{soll} \end{pmatrix} \tag{5.13}$$

mit:

$\overrightarrow{KS_{lm}}$	Kompetenzvektor zur Erbringung des Leistungsmoduls lm (mit lm = 1, …, p)
$KS_{k,\,lm}^{soll}$	Bedeutung der Kompetenz k (mit k = 1, …, q) für das Leistungsmodul lm (mit lm = 1, …, p)

Die Dimension des Kompetenzvektors entspricht dabei der Anzahl der Kompetenzen, die für die Erbringung des hybriden Leistungsangebots benötigt werden. Vergleicht man die Kompetenzvektoren der einzelnen Leistungsmodule, so können Ähnlichkeiten festgestellt werden. Zur Detailanalyse der Ähnlichkeiten sowie zur Zusammenfassung von Leistungsmodulen mit ähnlichen Kompetenzanforderungen, kommt nachfolgend die Methode der multidimensionalen Skalierung zur Anwendung.[612] Als multidimensionale Skalierung (MDS) werden nach BACKHAUS ET AL. Verfahren bezeichnet, mit deren Hilfe

[612] RÜBBELKE verwendet die multidimensionale Skalierung zur Bündelung von ähnlichen Kompetenzen, sodass diese in sog. Kompetenzaufbauprojekten gemeinsam in einem Unternehmen aufgebaut und erschlossen werden können (vgl. Rübbelke (2015), Systematik zur innovationsorientierten Kompetenzplanung, S. 114ff.)

sich Ähnlichkeiten zwischen zu vergleichenden Objekten räumlich in einem zwei- oder mehrdimensionalen Raum darstellen lassen.[613] Werden die Objekte in einer zweidimensionalen Ebene dargestellt, ist diese vergleichbar mit einer Landkarte auf der Städte eingetragen sind. Je dichter zwei Objekte hierbei in der Ebene beieinanderliegen, desto ähnlicher sind sie, während sie im Umkehrschluss umso unähnlicher sind, desto weiter sie voneinander entfernt liegen.[614] Ähnlichkeiten werden mittels Ähnlichkeitsmaßen quantifiziert, wobei gilt, dass je größer der Wert des Ähnlichkeitsmaßes ist, desto ähnlicher sind sich die beiden Objekte. Unähnlichkeiten zwischen zwei Objekten hingegen werden mit Distanzmaßen gemessen. Je größer der Wert des Distanzmaßes dabei ist, desto unähnlicher sind sich die zu vergleichenden zwei Objekte.[615] Die Wahl der Verwendung eines Ähnlichkeitsmaßes oder eines Distanzmaßes hängt dabei davon ab, welcher Skalierung die Rohdaten folgen, mit denen die zu vergleichenden Objekte beschrieben sind. Grundsätzlich wird dabei zwischen metrischen Skalen (Intervall), nominalen Skalen (Häufigkeitsdaten) und binären Skalen (0/1-Variable) differenziert.[616] In Abbildung A-7 des Anhangs A.6 sind einige der gebräuchlichsten Distanzmaße aufgeführt. Vorliegend ist die Kompetenzbedeutung nicht nominal skaliert, sondern metrisch, sodass das euklidische Distanzmaß zur Anwendung kommt. Das euklidische Distanzmaß stellt gleichzeitig das gebräuchlichste Distanzmaß der möglichen Distanzmaße im Kontext der Analyse metrischer Skalen dar.[617] Für weiterführende Informationen bezüglich unterschiedlicher Distanzmaße sei an dieser Stelle auf die Fachliteratur verwiesen.[618]

Das euklidische Distanzmaß beschreibt die kürzeste Entfernung zwischen zwei Punkten, welche bezogen auf das Beispiel der Landkarte mit der Luftlinie zwischen zwei Städten zu vergleichen ist.[619] In einem zweidimensionalen Raum entspricht diese Distanz dem Satz des Pythagoras, sodass sich die Distanz zwischen zwei Punkten A und B mit den Koordinaten A = (a_1, …, a_n) und B = (b_1, …, b_n) grundsätzlich mittels nachfolgender Formel 5.14 berechnen lässt:

$$d(A,B) = \sqrt{\sum_{i=1}^{n}(a_i - b_i)^2} \; mit \; i = (1, \; \ldots, \; n) \tag{5.14}$$

mit:

$d(A,B)$	Distanz zwischen zwei Punkten A und B
a_i, b_i	Koordinaten der Punkte A und B

[613] Vgl. Backhaus et al. (2018), Multivariate Analysemethoden, S. 589.
[614] Vgl. Backhaus et al. (2018), Multivariate Analysemethoden, S. 589.
[615] Vgl. Backhaus et al. (2018), Multivariate Analysemethoden, S. 439f.
[616] Vgl. Backhaus et al. (2018), Multivariate Analysemethoden, S. 440.
[617] Vgl. Backhaus et al. (2018), Multivariate Analysemethoden, S. 450.
[618] Vgl. Backhaus et al. (2018), Multivariate Analysemethoden; Deza und Deza (2009), Encyclopedia of Distances.
[619] Vgl. Backhaus et al. (2018), Multivariate Analysemethoden, S. 592.

Angewandt auf die Ähnlichkeitsanalyse zweier Leistungsmodule und ihre jeweiligen Kompetenzvektoren, ergibt sich Formel 5.15. Diese ist auf die Kompetenzvektoren $\overrightarrow{KS_1}$ und $\overrightarrow{KS_2}$ beispielhaft angewandt.

$$d(\overrightarrow{KS_1}, \overrightarrow{KS_2}) = \sqrt{\sum_{k=1}^{q} (KS_{k,1}^{soll} - KS_{k,2}^{soll})^2} \tag{5.15}$$

mit:

$d(\overrightarrow{KS_1}, \overrightarrow{KS_2})$	Distanz zwischen den Kompetenzvektoren $\overrightarrow{KS_1}$ und $\overrightarrow{KS_2}$
$KS_{k,lm}^{soll}$	Bedeutung der Kompetenz k (mit k = 1, …, q) für das Leistungsmodul lm (mit lm = 1, …, p)

Formel 5.14 zeigt darüber hinaus einen weiteren Vorteil des euklidischen Distanzmaßes. Durch die Quadrierung haben größere Differenzwerte einen größeren Einfluss auf das Distanzmaß.[620] Bezogen auf den vorliegenden inhaltlichen Kontext kommt somit Kompetenzen, welche mit einer hohen Bedeutung bewertet worden sind, ein verstärkter Einfluss innerhalb der MDS zu. Unähnlichkeiten zwischen Leistungsmodulen in Bezug auf die erforderlichen Kompetenzen fallen daher innerhalb der Clusterbildung stärker ins Gewicht. In der Konsequenz wird hierdurch sichergestellt, dass sich die Kompetenzcluster ausreichend voneinander unterscheiden. Die ermittelten Distanzen zwischen den einzelnen Kompetenzvektoren der Leistungsmodule werden nachfolgend in eine euklidische Distanzmatrix überführt, wie sie in Abbildung 5-32 dargestellt ist.

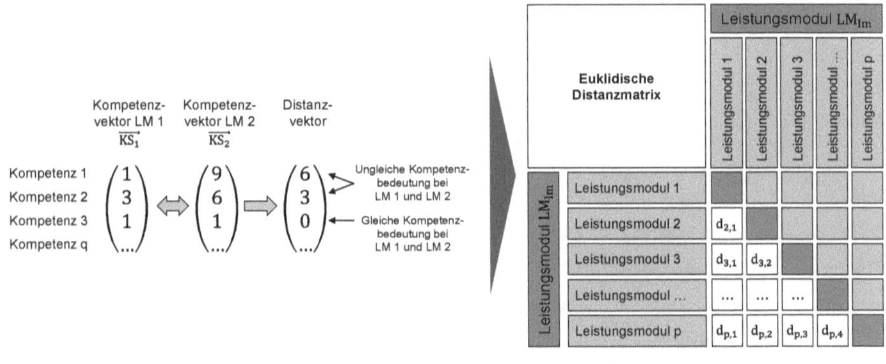

Abbildung 5-32: Ableitung einer Distanzmatrix aus Kompetenzvektoren

620 Vgl. Backhaus et al. (2018), Multivariate Analysemethoden.

Bei der darstellten Distanzmatrix handelt es sich um eine untere Diagonalmatrix, in der die Werte der euklidischen Distanzen angeben sind. Je größer der Wert in einer Zeilen-Spaltenkreuzung, desto unähnlicher sind sich die Leistungsmodule in der jeweiligen Zeile und Spalte in Bezug auf die erforderlichen Kompetenzen zu ihrer Erbringung. Die Distanzmatrix ist die Ausgangsbasis zur Anwendung des Verfahrens der MDS.

Die MDS lässt sich unter Zuhilfenahme der Software „SPSS" des Softwareunternehmens IBM umsetzen. Basierend auf der Definition der Objekte sowie einer importierten Distanzmatrix wird mit dem Programm eine konfigurierbare MDS erstellt. Auf eine Ausführung zur Anwendung des Verfahrens der MDS wird an dieser Stelle verzichtet und stattdessen auf die weiterführende Literatur verwiesen.[621] Das Ergebnis der Anwendung der MDS ist eine Abbildung der Ähnlichkeiten der erforderlichen Kompetenzen in einem zweidimensionalen Raum, der sog. Kompetenzlandkarte (vgl. Abbildung 5-33).

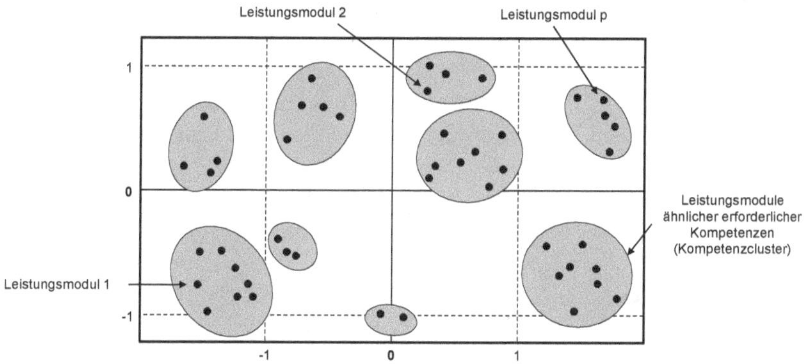

Abbildung 5-33: Kompetenzlandkarte der multidimensionalen Skalierung

Die Kompetenzlandkarte enthält alle hybriden Leistungsmodule, welche nicht vom fokalen Unternehmen erbracht werden. Sie sind räumlich entsprechend ihrer Ähnlichkeiten in Bezug auf die erforderlichen Kompetenzen verortet. Für Leistungsmodule, welche räumlich nah beieinanderliegen, sind folglich ähnliche Kompetenzen erforderlich. Zur Definition von verschiedenen Kompetenzclustern, bestehend aus Leistungsmodulen ähnlicher Kompetenzanforderung, werden Grenzen um die räumliche Agglomeration von Leistungsmodulen gezogen. Die Kompetenzcluster als Ergebnis des vorliegenden Abschnitts zeigen transparent auf, welche Kompetenzfelder für die Erbringung des hybriden Leistungsangebots von Relevanz sind, jedoch dem fokalen Unternehmen fehlen

[621] Für weitere Informationen rund um die Nutzung von SPSS im Rahmen der MDS siehe beispielweise Janssen und Laatz (2007), Statistische Datenanalyse mit SPSS für Windows.

und dementsprechend durch Kooperationen mit Partnern auszugleichen sind. Die Ergebnisse dienen als Grundlage für die Recherche und Erstauswahl potenzieller Partner im nachfolgenden Abschnitt.

5.4.1.2 Recherche möglicher Kooperationspartner

Für die Recherche möglicher Partner werden die im vorherigen Abschnitt identifizierten Kompetenzcluster herangezogen. Diese geben Aufschluss darüber, welche Kompetenzen dem fokalen Unternehmen fehlen, um alle Leistungsmodule des hybriden Leistungsangebots zu erbringen und es dementsprechend auf Partner angewiesen ist. Für eine effiziente und systematische Partnersuche empfiehlt LARGE die Definition von dedizierten Anforderungen, z.B. in Anforderungsprofilen, welche die relevantesten Kompetenzen potenzieller Partnern beinhalten.[622] Zur Unterstützung der Partnerrecherche wird daher im Rahmen des vorliegenden Methodenschritts ein Anforderungsprofil für jedes der identifizierten Kompetenzcluster ausgearbeitet. Neben der Aufführung der erforderlichen Kompetenzen enthält das Anforderungsprofil darüber hinaus eine Kennzahl, welche Aufschluss über die Kompetenzbedeutung innerhalb des Kompetenzclusters gibt. Kompetenzen mit einer hohen Bedeutung innerhalb des Kompetenzclusters sind damit übergreifend für die Erbringung der enthaltenen Leistungsmodule innerhalb des Kompetenzclusters von großer Wichtigkeit, ähnlich einer Kernkompetenz, und determinieren damit die Partnersuche und -auswahl. Die Kompetenzbedeutung innerhalb eines Kompetenzclusters $KS_k^{soll,c}$ berechnet sich mittels Formel 5.16 als Summe aller Kompetenzbedeutungen der für die jeweiligen Leistungsmodule erforderlichen Kompetenzen innerhalb des Kompetenzclusters.

$$KS_k^{soll,c} = \sum_{lm \in C_c} KS_{k,lm}^{soll} \tag{5.16}$$

mit:

$KS_k^{soll,c}$	Bedeutung der Kompetenz k (mit k = 1, …, q) innerhalb des Kompetenzclusters c (mit c = 1, …, t)
$KS_{k,lm}^{soll}$	Bedeutung der Kompetenz k (mit k = 1, …, q) für das Leistungsmodul lm (mit lm = 1, …, p)
C_c	Kompetenzcluster c (mit c = 1, …, t)

[622] Vgl. Large (2013), Strategisches Beschaffungsmanagement, S. 166.

Basierend auf der Bedeutung der Kompetenz innerhalb des Kompetenzclusters $KS_k^{soll,c}$ wird eine Rangfolge der innerhalb des Clusters notwendigen Kompetenzen anhand ihrer Bedeutung abgeleitet. Die hierarchisierten Kompetenzen einschließlich ihrer Kompetenzbedeutung für das jeweilige Kompetenzcluster werden abschließend im Anforderungsprofil dokumentiert (vgl. Abbildung 5-34).

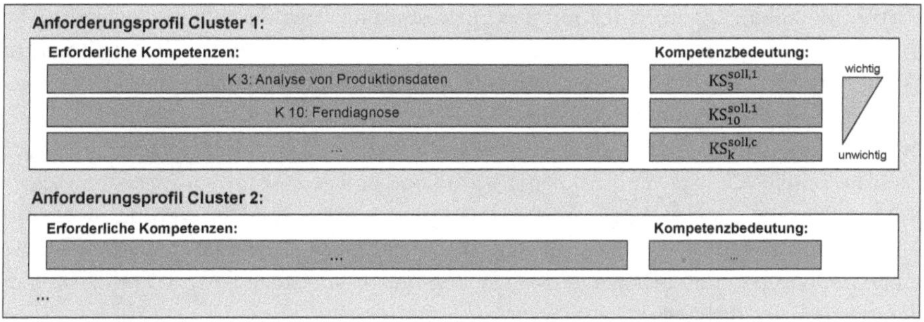

Abbildung 5-34: Anforderungsprofil für die Recherche von Kooperationspartnern

Auf der Grundlage des Anforderungsprofils der jeweiligen Kompetenzcluster wird die Recherche und Vorauswahl potenzieller Partner mit einer passenden Kompetenzausstattung durch die Beschaffung oder das Kooperationsmanagement durchgeführt. Die vorausgewählten potenziellen Partner mit einer adäquaten Kompetenzausstattung gilt es in der Folge zu priorisieren, sodass präferierte Partner vorrangig bei der Allokation der Leistungsmodule adressiert werden können. Das Vorgehen zur Recherche und Vorauswahl von Partnern und Lieferanten ist in der bestehenden Literatur, z.B. im Rahmen des Beschaffungs- und Lieferantenmanagements, bereits von zahlreichen Autoren adressiert und ausreichend beschrieben. Aus diesem Grund wird das Vorgehen an dieser Stelle nicht weiter detailliert und stattdessen auf die bestehende wissenschaftliche Literatur verwiesen.[623] Das Resultat der Recherche und Vorauswahl von Partnern stellt eine Liste möglicher Partner in einer priorisierten Rangfolge dar, wobei für jeden möglichen Partner vermerkt ist, welche der zuvor definierten Kompetenzcluster dieser mit ausreichender Kompetenzausstattung adressiert. Den ausgewählten und priorisierten potenziellen Partnern werden nachfolgend basierend auf ihrer Kompetenzausstattung Leistungsmodule der von ihnen adressierten Kompetenzclustern zugewiesen. Die Allokation der Leistungsmodule bildet den inhaltlichen Schwerpunkt des nächsten Abschnitts.

---

[623] Vgl. Large (2013), Strategisches Beschaffungsmanagement, S. 162ff.; Schuh et al. (2014), Lieferantenauswahl, S. 189ff.; Kreuzpointner und Reißer (2006), Praxishandbuch Beschaffungsmanagement, S. 38ff.; Koppelmann (2000), Beschaffungsmarketing, S. 238; Disselkamp und Schüller (2004), Lieferantenrating, S. 17.

5.4.2 Allokation zu erbringender Leistungsmodule auf Kooperationspartner

Nachdem im vorangegangenen Abschnitt die durch Partner zu erbringenden Leistungsmodule in Bezug auf ihre ähnlichen Kompetenzanforderungen untersucht und in Kompetenzcluster in einer Kompetenzlandkarte eingeteilt worden sind, gilt es, die Leistungsmodule auf die identifizierten potenziellen Partner zu allokieren. Konkret sollen jedem Partner in Abhängigkeit seiner Kompetenzausstattung Leistungsmodule zugeteilt werden, die von ihm im Rahmen einer Kooperation mit dem fokalen Unternehmen im Wertschöpfungsnetzwerk zu erbringen sind. Die Allokation der Leistungsmodule auf Partner wird unter Zuhilfenahme des sog. Greedy-Algorithmus durchgeführt (vgl. Abbildung 5-35). Der Greedy-Algorithmus ist ein bekanntes Verfahren zur Lösung von sog. Zuordnungs-, Packungs- und Allokationsproblemen, wobei er im vorliegenden Fall zur Lösung des sog. „Rucksackproblems" herangezogen wird. Für Hintergrundinformationen zum Rucksackproblem und verbreiteter Verfahren für seine Lösung sowie für Argumente, weshalb im vorliegenden Methodenschritt der Greedy-Algorithmus verwendet wird, sei auf Anhang A.7 verwiesen.

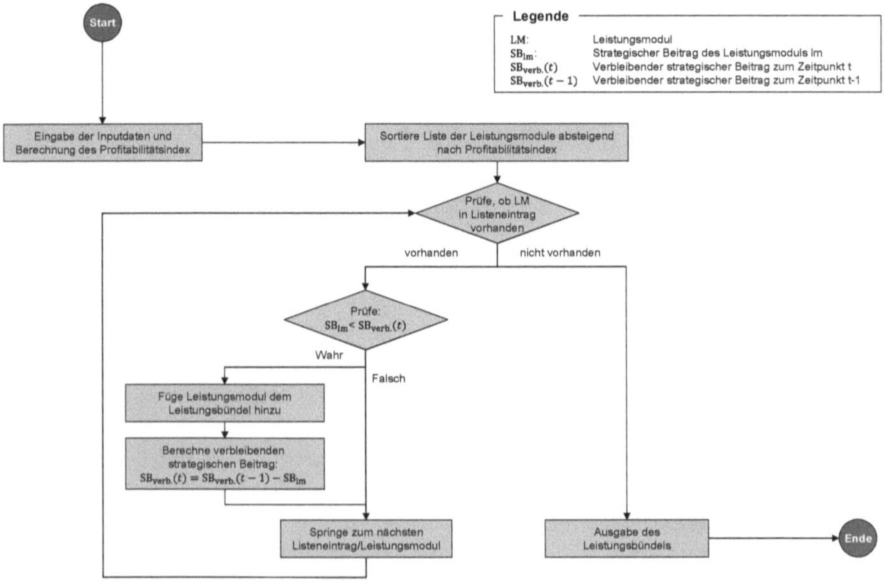

Abbildung 5-35: Allokation von Leistungsmodulen mittels Greedy-Algorithmus

Da den Beschreibungen in Anhang A.7 auch die allgemeine Vorgehensweise der Anwendung des Greedy-Algorithmus im Kontext von Rucksackproblemen entnommen werden kann, konzentrieren sich die folgenden Ausführungen auf die spezifische Implementierung und Anwendung des Greedy-Algorithmus im vorliegenden Kontext. Das Ablaufdiagramm in Abbildung 5-35 beschreibt das Vorgehen zur Auswahl von Leistungsmodulen für ein Leistungsbündel, welches an einen bestimmten Partner abgegeben wird. Hierbei werden nur Leistungsmodule berücksichtigt, welche Kompetenzclustern entstammen für die der potenzielle Partner eine ausreichende Kompetenzausstattung aufweist, sodass die grundsätzliche Möglichkeit zur Erbringung der enthaltenen Leistungsmodule durch den Partner sichergestellt ist. Zunächst erfolgt die Dateneingabe, welche die Liste der von dem jeweiligen Partner grundsätzlich erbringbaren Leistungsmodule einschließlich ihres strategischen Beitrags und ihrer Komplexitätsbewertung enthält. Weist ein Partner also eine Kompetenzausstattung auf, welche ihm die grundsätzliche Erbringung der Leistungsmodule von zwei Kompetenzclustern ermöglicht, so sind Leistungsmodule dieser beiden Kompetenzcluster Bestandteil der Dateneingabe. Nachfolgend wird durch den Greedy-Algorithmus der sog. Greedy-Index bestimmt und die Liste der Leistungsmodule nach absteigendem Greedy-Index sortiert. Der Greedy-Index stellt allgemein die Bewertung der zu betrachtenden Objekte zur Befähigung der Entscheidungskette dar und ist in Abhängigkeit des vorliegenden Optimierungsproblems zu definieren. Im Rahmen des klassischen Rucksackproblems bildet er das Verhältnis von Wert eines Gegenstands zu seinem Gewicht ab (vgl. Anhang A.7). Im vorliegenden Anwendungskontext wird der Greedy-Index eines Leistungsmoduls als das Verhältnis des strategischen Beitrags des Leistungsmoduls zu seiner Komplexität definiert und als Profitabilitätsindex bezeichnet. Der Greedy-Index bzw. Profitabilitätsindex eines jeden Leistungsmoduls berechnet sich nach Formel 5.17.

$$PI_{lm} = \frac{SB_{lm}}{KW_{lm}} \tag{5.17}$$

mit:

PI_{lm}	Profitabilitätsindex eines Leistungsmoduls lm (mit lm = 1, …, p) (entspricht dem Greedy-Index)
SB_{lm}	Normierter strategischer Beitrag des Leistungsmoduls lm (mit lm = 1, …, p)
KW_{lm}	Normierter Komplexitätswert eines Leistungsmoduls lm (mit lm = 1, …, p)

Formel 5.17 folgend, bewertet der Algorithmus die Leistungsmodule unter Anwendung des Profitabilitätsindex nach dem Nutzen-Aufwand-Verhältnis aus der Perspektive des fokalen Unternehmens. Dieses ist äquivalent zur Positionierung der Leistungsmodule im

Entscheidungsportfolio (vgl. Kapitel 5.3.3 bzw. Abbildung 5-28). Durch den Profitabilitätsindex wird transparent, welche Leistungsmodule aus der Sicht des fokalen Unternehmens einen besonders hohen Stellenwert innerhalb des hybriden Leistungsangebots haben. In Bezug auf die Wahl des Partners sind Leistungsmodule mit einem hohen Profitabilitätsindex deshalb von strategischer Bedeutung und sollten daher von Partnern erbracht werden, mit denen das fokale Unternehmen eine strategische, langfristig orientierte Partnerschaft anstrebt. Nach der Sortierung der Leistungsmodule anhand der Profitabilitätsindex, wird zunächst eine Prüfung durchgeführt, ob Leistungsmodule in den entsprechenden Listeneinträgen vorhanden sind. Ist dies der Fall, wird die Liste der Leistungsmodule von oben nach unten bearbeitet, also beginnend mit dem Leistungsmodul mit dem höchsten Profitabilitätsindex. Beginnend mit dem Leistungsmodul des ersten Listeneintrags wird geprüft, ob eine Aufnahme des Leistungsmoduls in das Leistungsbündel, welches durch den Partner zu erbringen ist, aufzunehmen ist. Die Entscheidung, ob ein Leistungsmodul dem Leistungsbündel hinzuzufügen ist, fußt auf der Obergrenze des strategischen Gesamtbeitrags eines Bündels bzw. Partners SB_{max}. Im ursprünglichen Rucksackproblem entspricht diese Obergrenze dem Maximalgewicht des Rucksacks (vgl. Anhang A.7). Bezogen auf den inhaltlichen Kontext der Allokation der Leistungsmodule, wird die Obergrenze genutzt, um den strategischen Gesamtbeitrag eines einzelnen Partners zu begrenzen. Dies geschieht vor dem strategischen Hintergrund der Vermeidung von einseitigen Abhängigkeiten des fokalen Unternehmens von einzelnen Partnern innerhalb des Wertschöpfungsnetzwerks. Die Obergrenze des strategischen Gesamtbeitrags eines Bündels bzw. Partners SB_{max} wird daher anhand des strategischen Gesamtbeitrags des fokalen Unternehmens festgelegt. Die Ermittlung der Obergrenze erfolgt gemäß Formel 5.18, indem die strategischen Beiträge des Leistungsmodule SB_{lm} summiert werden, welche auf der Grundlage des Entscheidungsportfolios in Abschnitt 5.3.3 durch das fokale Unternehmen erbracht werden. Ein Partner des fokalen Unternehmens kann somit durch die Erbringung von Leistungsmodulen des hybriden Leistungsangebots maximal strategisch so bedeutsam werden, wie das fokale Unternehmen selbst.

$$SB_{max} = \sum\nolimits_{lm \in M(fok.\,UN)} SB_{lm} \qquad (5.18)$$

mit:

SB_{max}	Obergrenze des strategischen Gesamtbeitrags eines Partners
SB_{lm}	Normierter strategischer Beitrag des Leistungsmoduls lm (mit lm = 1, …, p)
$M(fok.\ UN)$	Menge der vom fokalen Unternehmen zu erbringenden Leistungsmodule

Ist der strategische Beitrag des Leistungsmoduls SB_{lm} kleiner als die Obergrenze des strategischen Gesamtbeitrags eines Bündels bzw. Partners SB_{max} (bzw. als der verbleibende strategische Beitrag $SB_{verb.}(t)$ bei weiteren Durchläufen der Algorithmusschleife) gemäß Formel 5.19, so wird das Leistungsmodul dem Leistungsbündel hinzugefügt.

$$SB_{lm} < SB_{verb.}(t) \text{ mit } SB_{verb.}(t_o) = SB_{max} \tag{5.19}$$

mit:

$SB_{verb.}(t)$	Verbleibender strategischer Beitrag zum Zeitpunkt t
SB_{lm}	Normierter strategischer Beitrag des Leistungsmoduls lm (mit lm = 1, …, p)
$SB_{verb.}(t_o)$	Verbleibender strategischer Beitrag zum Startzeitpunkt t_0
SB_{max}	Obergrenze des strategischen Gesamtbeitrags eines Partners

Der verbleibende strategische Beitrag $SB_{verb.}(t)$ berechnet sich gemäß Formel 5.20 und fungiert als neue Obergrenze bei erneutem Durchlauf der Algorithmusschleife.

$$SB_{verb.}(t) = SB_{verb.}(t-1) - SB_{lm} \tag{5.20}$$

mit:

$SB_{verb.}(t)$	Verbleibender strategischer Beitrag zum Zeitpunkt t
$SB_{verb.}(t-1)$	Verbleibender strategischer Beitrag zum Zeitpunkt t-1
SB_{lm}	Normierter strategischer Beitrag des Leistungsmoduls lm (mit lm = 1, …, p)

Wird die Obergrenze $SB_{verb.}(t)$ durch das Hinzufügen eines Leistungsmoduls überschritten, so wird das Leistungsmodul dem Leistungsbündel nicht hinzugefügt und zum nächsten Eintrag und damit Leistungsmodul in der Liste gesprungen. Die Schleife beginnt erneut und das Leistungsmodul mit dem zu diesem Zeitpunkt höchsten Profitabilitätsindex wird geprüft. Gemäß der beschriebenen Vorgehensweise prüft der Algorithmus alle Leistungsmodule der Liste in der Reihenfolge der Höhe ihres Profitabilitätsindexes, die für den jeweiligen Partner für eine Erbringung in Frage kommen. Ist der Algorithmus am Ende der Liste angekommen, womit alle Leistungsmodule überprüft wurden, endet der Algorithmus und das Leistungsbündel mit den unter den beschriebenen Bedingungen ausgewählten Leistungsmodulen wird ausgegeben. Der beschriebene Greedy-Algorithmus lässt sich aufgrund seiner einfachen Anwendbarkeit (vgl. Anhang A.7) aufwandsarm mit einfachen Programmierkenntnissen mittels Excel-VBA (Visual Basic for Applications)[624] implementieren.[625]

[624] Mittels der strukturierten Programmierung von VBA kann Microsoft Excel um Funktionen erweitert werden, welche nicht standardmäßig in Microsoft Excel enthalten sind

[625] Zur Programmierung mit VBA in Microsoft Excel sei auf die einschlägige Fachliteratur verwiesen, z.B. Benker (2014), EXCEL in der Wirtschaftsmathematik, S. 29ff.

Für jeden im vorherigen Methodenschritt des Kapitel 5.4.1 identifizierten potenziellen Partner wird der Greedy-Algorithmus genau einmal durchgeführt. Für jeden Partner wird so, basierend auf seinen in das Wertschöpfungsnetzwerk einbringbaren Kompetenzen, individuell ein Leistungsbündel definiert. Angemerkt sei an dieser Stelle, dass die Reihenfolge, in welcher den potenziellen Partnern Leistungsmodule zugewiesen werden, einen Einfluss auf das Ergebnis der Leistungsbündel der potenziellen Partner hat. Dies ist darin begründet, dass der Greedy-Algorithmus zunächst die Leistungsmodule mit dem höchsten Profitabilitätsindex einem Leistungsbündel zuweist, also tendenziell diejenigen Leistungsmodule mit einem hohen strategischen Beitrag. Aus diesem Grund sollten Leistungsbündel zunächst präferierten Partnern zugewiesen werden, mit denen eine enge und langfristig orientierte Partnerschaft angestrebt wird (vgl. Kapitel 5.4.1). Abbildung 5-36 zeigt die schrittweise Allokation der Leistungsmodule auf die potenziellen Partner.

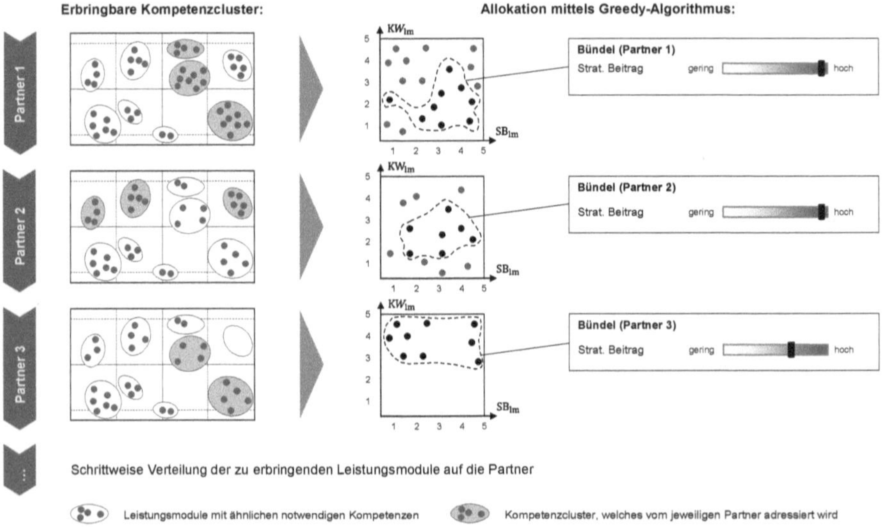

Abbildung 5-36: Vorgehen zur Allokation von Leistungsmodulen auf Partner

In Abbildung 5-36 sind für einen potenziellen Partner 1 zunächst diejenigen Kompetenzcluster in der Kompetenzlandkarte grau hinterlegt, die er aufgrund seiner Kompetenzausstattung erbringen könnte. Die darin enthaltenen Leistungsmodule dienen als Input für den Greedy-Algorithmus mit dessen Hilfe entschieden wird, welche der möglichen Leistungsmodule einem Leistungsbündel für Partner 1 hinzugefügt werden. Nicht dem Leistungsbündel hinzugefügte Leistungsmodule, z.B. weil ein Hinzufügen die

Obergrenze des strategischen Gesamtbeitrags eines Bündels bzw. Partners überschreiten würde, bleiben zur Verteilung an andere Partner erhalten. Der strategische Gesamtbeitrag des Leistungsbündels des Partners ist zudem durch eine Skala visualisiert. Ein hoher Gesamtbeitrag repräsentiert hierbei ein Leistungsbündel, welches die Obergrenze des strategischen Gesamtbeitrags eines Partners erreicht hat. Die hier beispielhaft dargestellten ersten drei Partner haben eine relativ komplementäre Kompetenzausstattung, sodass sie eine Vielzahl strategisch relevanter Leistungsmodule zugewiesen bekommen. Bei den ersten beiden Partnern wird die Obergrenze erreicht und nicht alle möglichen Leistungsmodule werden den Partnern zugewiesen. Dies ist lediglich beim potenziellen Partner 3 der Fall. Hier wird die Obergrenze nicht erreicht, sodass ihm alle Leistungsmodule der beiden erbringbaren Kompetenzcluster zugewiesen werden. Insbesondere die potenziellen Partnern 1 und 2 stellen grundsätzlich für das fokale Unternehmen zentrale Partner mit einem hohen strategischen Beitrag dar. Mit weiterem Fortschritt der Allokation, in Abbildung 5-36 nicht mehr visualisiert, sind mehr und mehr Leistungsmodule der einzelnen Kompetenzcluster verteilt. In der Konsequenz führt dies dazu, dass die Leistungsbündel späterer Partner sowohl vom Umfang als auch von ihrem strategischen Gesamtbeitrag geringer ausfallen, da die Obergrenze nicht mehr erreicht wird oder im Hinblick auf die Kompetenzausstattung eines möglichen Partners potenzielle Leistungsmodule bereits anderen Partnern zugewiesen sind. Auch nimmt unter Umständen die Kompetenzausstattung der Partner ab, da sie sich auf einzelne Nischen spezialisiert haben, sodass der beschriebene Effekt verstärkt wird. Nachdem alle Leistungsmodule auf potenzielle Partner allokiert sind, gilt es, abschließend aus Sicht des fokalen Unternehmens zu entscheiden, wie die Partner in Abhängigkeit der von ihnen zu erbringenden Leistungsbündel kooperativ in das Wertschöpfungsnetzwerk eingebunden werden sollten. Dies bildet den inhaltlichen Schwerpunkt des nachfolgenden und abschließenden Kapitels 5.4.3 der Gesamtmethodik der vorliegenden Arbeit.

5.4.3 Ableitung von Normstrategien zur kooperativen Einbindung

Nachdem im vorherigen Abschnitt Erbringungsumfänge in Form von Leistungsbündeln für die potenziellen Partner definiert wurden, besteht die Zielsetzung des vorliegenden Abschnitts darin, Normstrategien bzgl. der kooperativen Einbindung der Partner aufzuzeigen. Die Normstrategien in Form von konkreten Handlungsempfehlungen unterstützen dabei das fokale Unternehmen als Anwender der Methodik der vorliegenden Arbeit, die Anbahnung der Kooperation mit jedem potenziellen Partner zu strukturieren und so das Wertschöpfungsnetzwerk aus seiner Sicht vorteilhaft und zu seinen Gunsten zu konfigurieren.

In Anlehnung an RÜBBELKE werden die Normstrategien auf der Basis eines Entscheidungswürfels abgeleitet.[626] Die drei Dimensionen des Entscheidungswürfels werden durch die Entscheidungsdimensionen **strategische Bedeutung** (vgl. Kapitel 5.2.3), **Erfüllungsgrad der Kompetenzanforderungen** (vgl. Kapitel 5.3.1) und **Komplexität** (vgl. Kapitel 5.3.2) in Bezug auf das jeweilige Leistungsbündel der potenziellen Partner aufgespannt (vgl. Abbildung 5-37).

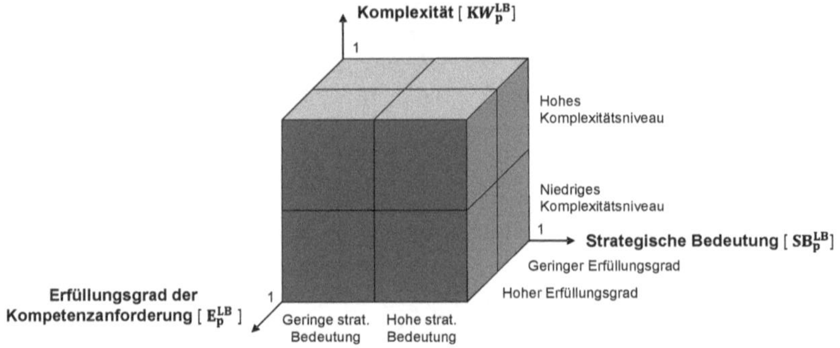

Abbildung 5-37: Entscheidungswürfel zur Ableitung von Normstrategien

Zur Ableitung einer Normstrategie für jeden potenziellen Partner in Abhängigkeit der Verortung des von ihm zu erbringenden Leistungsbündels innerhalb des Entscheidungswürfels, gilt es, nachfolgend zunächst Kennzahlen für jede Entscheidungsdimension in Bezug auf die Leistungsbündel zu definieren und die grundsätzlichen Überlegungen hinsichtlich der Normstrategien darzulegen.

Die Einordnung des **Erfüllungsgrads der Kompetenzanforderungen** als erste Dimension des Entscheidungswürfels in Bezug auf ein Leistungsbündel eines potenziellen Partners erfolgt unter Verwendung des in Kapitel 5.3.1 definierten Erfüllungsgrads der Kompetenzanforderungen der Leistungsmodule durch das fokale Unternehmen. Der durchschnittliche Erfüllungsgrad der Kompetenzanforderungen des fokalen Unternehmens bzgl. des durch Partner p zu erbringenden Leistungsbündels E_p^{LB} berechnet sich gemäß Formel 5.21.

$$E_p^{LB} = \frac{\sum_{lm \in M_p} E_{lm}}{a_p} \tag{5.21}$$

[626] Vgl. Rübbelke (2015), Systematik zur innovationsorientierten Kompetenzplanung, S. 110f.

mit:

E_p^{LB}	Durchschnittlicher Erfüllungsgrad der Kompetenzanforderungen des fokalen Unternehmens bzgl. des durch Partner p (mit p = 1, …, r) zu erbringenden Leistungsbündels
M_p	Menge der von Partner p (mit p = 1, …, r) zu erbringenden Leistungsmodule
a_p	Anzahl der vom Partner p (mit p = 1, …, r) zu erbringenden Leistungsmodule
E_{lm}	Erfüllungsgrad der Kompetenzanforderungen des Leistungsmoduls lm (mit lm = 1, …, p)

Liegt auf der Grundlage der Berechnung von E_p^{LB} zur Erbringung des Leistungsbündels eines Partner auch Kompetenz auf Seiten des fokalen Unternehmens vor, so besteht neben der Fremderbringung ebenfalls die Option einer partnerschaftlichen Erbringung gemeinsam mit dem Partner. Hierdurch besteht für das fokale Unternehmen die Möglichkeit die Wertschöpfung in Bezug auf das Leistungsbündel nicht vollständig aus der Hand zu geben. Im Umkehrschluss besteht diese Möglichkeit jedoch nicht für Leistungsbündel, für deren Erbringung das fokale Unternehmen geringe Kompetenzen aufweist. Abschließend existiert eine weitere strategische Stoßrichtung in der Eingliederung relevanter Kompetenzen durch Unternehmenszukäufe. Diese Option ist insbesondere für Leistungsbündel, welche sich durch eine geringe Komplexität und einen hohen strategischen Beitrag auszeichnen von Interesse.

Die Einordnung der **strategischen Bedeutung** als zweite Dimension des Entscheidungswürfels in Bezug auf ein Leistungsbündel eines potenziellen Partners, erfolgt anhand des strategische Beitrags des Leistungsbündels des Partners p im Verhältnis zum strategischen Beitrag des fokalen Unternehmens. Hierzu werden die strategischen Beiträge der Leistungsmodule SB_{lm} des Leistungsbündels (vgl. Kapitel 5.2.3) und die Obergrenze der strategischen Gesamtbeitrags eines Partners SB_{max}, welcher dem strategischen Gesamtbeitrag des fokalen Unternehmens entspricht, ins Verhältnis gesetzt (vgl. Kapitel 5.4.2). Der Zusammenhang ist in Formel 5.22 abgebildet.

$$SB_p^{LB} = \frac{\sum_{lm \in M_p} SB_{lm}}{SB_{max}} \tag{5.22}$$

mit:

SB_p^{LB}	Strategische Bedeutung des Leistungsbündels des Partners p (mit p = 1, …, r) im Verhältnis zur strategischen Bedeutung des Leistungsbündels des fokalen Unternehmens
M_p	Menge der von Partner p (mit p = 1, …, r) zu erbringenden Leistungsmodule

SB_{lm} Normierter strategischer Beitrag des Leistungsmoduls lm (mit lm = 1, …, p)

SB_{max} Obergrenze der strategischen Gesamtbeitrags eines Partners

Die strategische Bedeutung der Leistungsbündel ist für die Ableitung von Normstrategien zur kooperativen Einbindung von großer Relevanz, da der Erfolg des hybriden Leistungsangebots und damit des fokalen Unternehmens als dessen Anbieter in großem Maße von diesen Leistungsbündeln sowie ihrer erfolgreichen Erbringung durch Partner abhängig ist. Vor diesem Hintergrund sollte sich das fokale Unternehmen auf die Zusammenarbeit mit diesen zentralen Netzwerkpartnern fokussieren und langfristige, strategische Kooperationen aufbauen. Hierdurch bietet sich für das fokale Unternehmen zudem eine größere Kontroll- und Beeinflussungsmöglichkeit hinsichtlich der Erbringung dieser besonders relevanten Leistungsbündel. Auch Unternehmenszukäufe stellen eine mögliche Option für das fokale Unternehmen dar. Im Gegenzug gilt es diejenigen Leistungsbündel mit einer geringen strategischen Bedeutung zuzukaufen, sodass mit einem potenziellen Partner tendenziell eher ein klassisches Zulieferer-Abnehmer-Verhältnis etabliert werden sollte.

Die Einordnung der **Komplexität** als dritte Dimension des Entscheidungswürfels in Bezug auf ein Leistungsbündel eines potenziellen Partners erfolgt anhand der durchschnittlichen Komplexität der Leistungsmodule innerhalb des Leistungsbündels KW_p^{LB}. Hierzu wird der normierte Komplexitätswert der Leistungsmodule KW_{lm} (vgl. Kapitel 5.3.2) aufgriffen, sodass sich nachfolgende Formel 5.23 ergibt:

$$KW_p^{LB} = \frac{\sum_{lm \in M_p} KW_{lm}}{5 * a_p} \quad (5.23)$$

mit:

KW_p^{LB} Durchschnittlicher Komplexitätswert der Leistungsmodule des Leistungsbündels von Partner p (mit p = 1, …, r)

M_p Menge der von Partner p (mit p = 1, …, r) zu erbringenden Leistungsmodule

a_p Anzahl der vom Partner p (mit p = 1, …, r) zu erbringenden Leistungsmodule

KW_{lm} Normierter Komplexitätswert des Leistungsmoduls lm (mit lm = 1, …, p)

In Bezug auf die Ableitung von Normstrategien zur kooperativen Einbindung von Partnern gilt es für Leistungsbündel mit einem hohen durchschnittlichen Komplexitätswert insbesondere darauf zu achten, Partner auszuwählen, die aufgrund ihrer Spezialisierung und Erfahrung mit dieser Komplexität umgehen können.[627] Darüber hinaus kann bei Leistungsbündeln, die neben einer hohen Komplexität auch durch eine hohe strategische Bedeutung charakterisiert sind, eine partnerschaftliche Erbringung zur Komplexitätsbeherrschung erfolgversprechend sein, sofern der Erfüllungsgrad der Kompetenzanforderungen des fokalen Unternehmens ausreichend ist. Hierdurch ergibt sich zudem die Möglichkeit für das fokale Unternehmen diese Leistungsbündel strategisch hoher Bedeutung nicht vollständig aus seinem Einflussbereich zu geben.

Basierend auf den dargelegten Prämissen und Erläuterungen sind nachfolgend die Normstrategien für die kooperative Einbindung der Partner in Tabelle 5-15 definiert.

Tabelle 5-15: Normstrategien zur kooperativen Zusammenarbeit

Bewertung	Strategie und Entscheidungsempfehlung
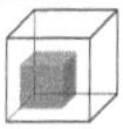	**Vollständig auslagern:** Die Leistungsbündel sind aufgrund eines Kompetenzmangels auszulagern. Aufgrund geringer strategischer Bedeutung werden diese Leistungsbündel vollständig extern erbracht. Es sollte ein einfaches Anbieter-Abnehmer-Verhältnis aufgebaut werden.
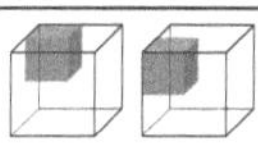	**Vollständig auslagern, Komplexität übertragen:** Die betreffenden Leistungsbündel sind im Sinne einer Komplexitätsübertragung an einen Partner auszulagern, der aufgrund seiner Erfahrung und Spezialisierung mit der Komplexität umgehen kann. Aufgrund geringer strategischer Bedeutung werden diese Leistungsbündel vollständig extern erbracht. Es sollte ein einfaches Anbieter-Abnehmer-Verhältnis aufgebaut werden.
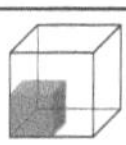	**Priorisiert auslagern, partnerschaftliche Erbringung prüfen:** Diese Leistungsbündel sind priorisiert auszulagern, da sie von geringer strategischer Bedeutung für das fokale Unternehmen sind, obwohl die notwendige Kompetenzstärke vorhanden und die Komplexität gering ist. Um den eigenen Wertschöpfungsanteil zu steigern, kann in Einzelfällen eine partnerschaftliche Erbringung in Betracht gezogen werden.
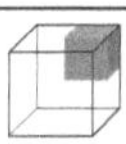	**Strategisch kooperieren:** Aufgrund einer hohen strategischen Bedeutung der Leistungsbündel sind die betreffenden Partner eng einzubinden, Vertrauen aufzubauen und eine langfristige Kooperation anzustreben. Es sind zudem Partner zu wählen, die durch ihre Erfahrung und Spezialisierung zur Beherrschung der hohen Komplexität fähig sind.
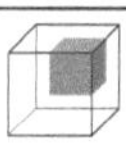	**Strategisch kooperieren, partnerschaftliche Erbringung prüfen:** Obwohl die notwendigen Kompetenzen beim fokalen Unternehmen vorhanden sind, ist die Komplexität hoch. Durch die hohe strategische Bedeutung des Leistungsbündels ist eine langfristige, enge Kooperation mit den Partnern anzustreben. Es sind zudem Partner zu wählen, die durch ihre Erfahrung und Spezialisierung zur Beherrschung der hohen Komplexität fähig sind. Eine partnerschaftliche Erbringung im Rahmen einer strategischen Kooperation und die Kombination der vorhandenen Kompetenzen und Kapazitäten des fokalen Unternehmens und des Partners sind zu erwägen.
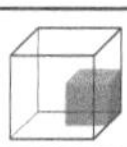	**Strategisch kooperieren, Unternehmenszukauf prüfen:** Die Leistungsbündel sind durch eine hohe strategische Bedeutung und eine geringe Komplexität attraktiv. Neben einer strategischen, langfristigen Kooperation ist die Möglichkeit einer Akquisition der fehlenden Kompetenzen durch einen Unternehmenszukauf zu prüfen.
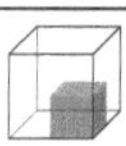	**Vollständig selbst erbringen bzw. strategisch kooperieren, partnerschaftliche Erbringung prüfen:** Die Leistungsbündel sind aufgrund einer hohen strategischen Bedeutung, der geringen Komplexität sowie der vorliegenden Kompetenzausstattung durch das fokale Unternehmen zu erbringen. In diesem Fall liegen die Leistungsbündel bereits auf der Basis des Entscheidungsportfolios aus Kapitel 5.3.3 vor. Erfolgt keine Eigenerbringung, da die Kompetenzausstattung des fokalen Unternehmens nicht vollständig ausreichend ist, so ist eine partnerschaftliche Erbringung im Rahmen einer strategischen Kooperation und die Kombination der vorhandenen Kompetenzen und Kapazitäten des fokalen Unternehmens und des Partners sind zu erwägen.

[627] Vgl. Böhmann und Krcmar (2006), Komplexitätsmanagement als Herausforderung, S. 102.

Die dargestellten Normstrategien sind als Gestaltungsempfehlungen zur kooperativen Einbindung von Partnern innerhalb des Wertschöpfungsnetzwerks im Spannungsfeld der drei entscheidungsrelevanten Dimensionen zu verstehen. Sie berücksichtigen dabei Möglichkeiten des fokalen Unternehmens zur Eingliederung relevanter fehlender Kompetenzen, zur Übertragung von Komplexität auf Partner sowie zur Fokussierung strategisch bedeutsamer Leistungsumfänge.

Zur Dokumentation der Ergebnisse und Detaillierung der individuell angestrebten Kooperation mit den jeweiligen potenziellen Partnern werden Steckbriefe für jedes Leistungsbündel und damit jeden potenziellen Partner empfohlen. Ein beispielhafter Steckbrief als Grundlage der weiteren Anbahnung und Ausgestaltung der Kooperation ist in Abbildung 5-38 dargestellt.

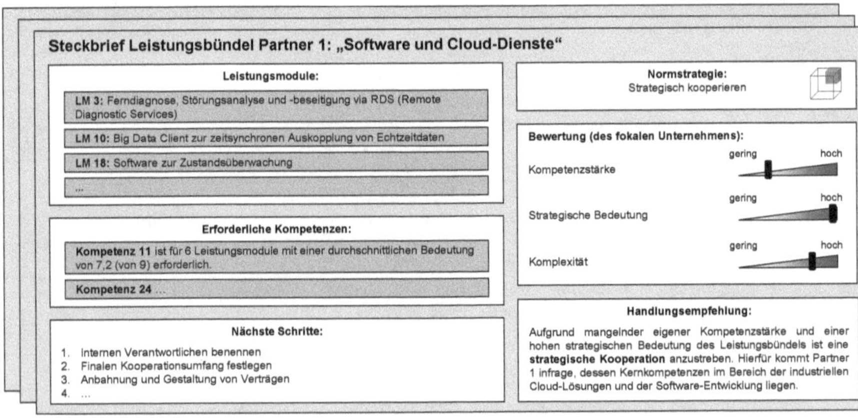

Abbildung 5-38: Steckbrief eines Leistungsbündels zur Kooperationsanbahnung

Neben der empfohlenen Normstrategie und Handlungsempfehlung, sind zudem die im Leistungsbündel des jeweiligen Partners enthaltenen Leistungsmodule, die Bewertung der entscheidungsrelevanten Dimensionen und die maßgeblich für die Erbringung der Leistungsmodule erforderlichen Kompetenzen aufgeführt. Zudem kann der Steckbrief mit konkreten nächsten Schritten und Projektplänen der weiteren Anbahnung und Ausgestaltung der Kooperation angereichert werden.

Durch die Allokation der Leistungsmodule des hybriden Leistungsangebots, welche das fokale Unternehmen nicht erbringen kann oder sollte, auf Partner innerhalb des Wertschöpfungsnetzwerks sowie die Ableitung von Normstrategien der kooperativen Einbindung potenzieller Partner im Spannungsfeld der drei entscheidungsrelevanten Dimensionen, wird das fokale Unternehmen zu einer systematischen und zielorientierten Ausgestaltung der Kooperationen mit den potenziellen Partnern befähigt. Die Ergebnisse des Methodenschritts unterstützen das fokale Unternehmen zudem dabei seine Kooperationsaktivitäten auf strategisch wichtige Leistungsumfänge des hybriden Leistungsangebots sowie relevante Partner zu fokussieren.

In Abbildung 5-39 sind die Zielsetzung, die Vorgehensweise sowie das Ergebnis des vierten Schritts der Methodik zusammengefasst, bevor das Zwischenfazit im nächsten Kapitel 5.5 das ausgearbeitete Detailkonzept der vorliegenden Arbeit abschließt.

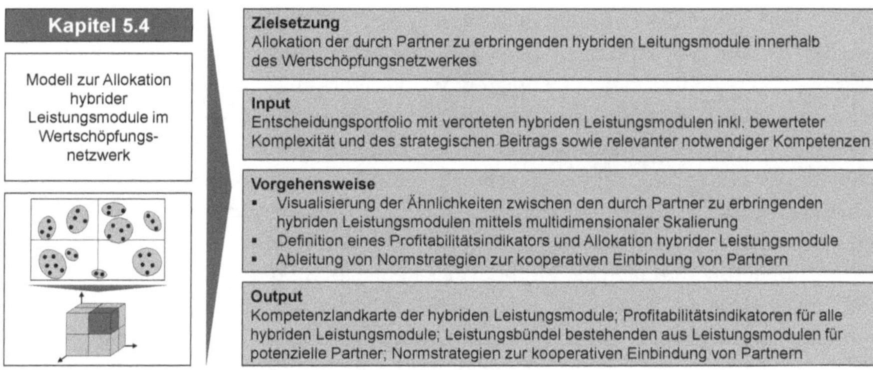

Abbildung 5-39: Allokation hybrider Leistungsmodule im Wertschöpfungsnetzwerk

5.5 Zwischenfazit: Methodik zur Erbringung hybrider Leistungsangebote in Wertschöpfungsnetzwerken

Im fünften Kapitel wurde die Methodik zur Erbringung hybrider Leistungsangebote in Wertschöpfungsnetzwerken detailliert. Die in Kapitel 4.3 dargestellten Methodenschritte bildeten hierfür die Grundlage. In Kapitel 5.1 erfolgte zunächst die Ausarbeitung eines **Beschreibungsmodells** zur Strukturierung und komplexitätsorientierten Beschreibung hybrider Leistungsangebote. Hierfür wurde dargestellt, wie hybride Leistungsangebote einheitlich in Analogie zum Konzept der Produktarchitektur mittels einer Leistungsstruktur und einer Funktionsstruktur strukturiert und mittels einer Leistungsarchitektur visualisiert werden können. Im Anschluss wurde das hybride Leistungsangebot aus der Perspektive der Systemtheorie betrachtet. Dabei wurde ein Ordnungsrahmen zur Beschreibung der Komplexität hybrider Leistungsangebote aufgebaut, welcher die Charakteristika hybrider Leistungsangebote und die Charakteristika der Komplexität integriert betrachtet. Innerhalb des Ordnungsrahmens wurden abschließend zehn Komplexitätstreiber zur komplexitätsorientierten Beschreibung hybrider Leistungsangebote und der enthaltenen Leistungsbestandteile identifiziert und anhand von vierstufigen Likert-Skalen operationalisiert. Im Rahmen von Kapitel 5.2 wurde mit dem **Erklärungsmodell** eine Vorgehensweise zur Bestimmung hybrider Leistungsmodule sowie ihres strategischen Beitrags für das dem hybriden Leistungsangebot zugrundeliegenden Geschäftsmodells dargestellt. Zunächst wurden hierfür strategische Ziele des zugrundeliegenden Geschäftsmodells, basierend auf der dessen Nutzenversprechen, identifiziert und priorisiert. Zur Ermittlung der hybriden Leistungsmodule wurden ausgehend von den Teilfunktionen des hybriden Leistungsangebots und unter Anwendung von DSMs und DMMs Wechselwirkungen zwischen den Leistungskomponenten ermittelt, um Leistungskomponenten mit ausgeprägten Wechselwirkungen zueinander zu hybriden Leistungsmodulen zusammenzufassen. Die Leistungsmodule dienen als Erbringungsobjekte, welche entweder durch das fokale Unternehmen oder durch seine Partner innerhalb des Wertschöpfungsnetzwerks erbracht werden können. In einem abschließenden Schritt wurde der strategische Beitrag der hybriden Leistungsmodule unter Berücksichtigung der eingangs priorisierten Ziele des Geschäftsmodells ermittelt. Der strategische Beitrag fungiert im Rahmen der Methodik als Kennzahl für die Geschäftsmodellrelevanz und gibt Aufschluss über die strategische Wichtigkeit einzelner Leistungsmodule des hybriden Leistungsangebots für das fokale Unternehmen und das Erreichen des von ihm offerierten Nutzenversprechens. Dieser findet im Rahmen der Entscheidung einer Erbringung des hybriden Leistungsmoduls durch das fokale Unternehmen oder durch Partner innerhalb des Wertschöpfungsnetzwerks als wichtige Dimension Berücksichtigung. In Kapitel 5.3 wurde ein **Entscheidungsmodell** zur Unterstützung der Entscheidung bezüglich der Erbringung der hybriden Leistungsmodule durch das fokale Unternehmen oder durch Partner innerhalb des Wertschöpfungsnetzwerks erarbeitet. Hierzu wurde das Spannungsfeld bestehend aus den drei entscheidungsrelevanten Dimensionen strategischer Beitrag, erforderliche Kompetenzen zur Erbringung und Komplexität der hybriden Leistungsmodule betrachtet. In einem ersten Schritt wurde dazu eine Kompetenzanalyse erarbeitet. Mit dieser werden erforderliche Kompetenzen zur Erbringung der hybriden Leistungsmodule identifiziert, ihre Kompetenzbedeutung eruiert und in Bezug zur vorliegenden Kompetenzausstattung des fokalen Unternehmens bewertet. Zur Abbildung der entscheidungsrelevanten Dimension der Komplexität wurden nachfolgend die im Beschreibungsmodell identifizierten und operationalisierten Komplexitätstreiber aufgegriffen und ein Komplexitätswert zur Quantifizierung der Komplexität hybrider Leistungsmodule erarbeitet. Darauf aufbauend wurde als letzter Schritt ein Entscheidungsportfolio aufgebaut, welches die drei entscheidungsrelevanten Dimensionen integriert abbildet. Dieses befähigt das fokale Unternehmen zur Entscheidung, welche der hybriden Leistungsmodule es selbst und welche durch Partner innerhalb des Wertschöpfungsnetzwerks erbracht werden sollten. Das vierte und letzte Modell der Methodik zur Erbringung hybrider Leistungsangebote in Wertschöpfungsnetzwerken ist in Kapitel 5.4 dargestellt und ebenfalls als **Entscheidungsmodell** ausgelegt. Es fokussiert die Allokation hybrider Leistungsmodule, welche nicht durch das fokale Unternehmen erbracht werden, auf Partner innerhalb des Wertschöpfungsnetzwerks und die Ableitung von Normstrategien zu ihrer kooperativen Einbindung. Die entwickelte Vorgehensweise sieht zunächst vor, hybride Leistungsmodule, welche ähnliche Kompetenzen für ihre Erbringung erfordern, unter Anwendung der Methode der multidimensionalen Skalierung zu Kompetenzclustern zusammenzufassen. Die systematische Definition von Kompetenzclustern befähigt zur effizienten und effektiven Recherche möglicher Partner auf der Grundlage ihrer Kompetenzausstattung. Nachfolgend wurde die Nutzung des Greedy-Algorithmus zur Allokation hybrider Leistungsmodule auf potenzielle Partner aufgezeigt. Hierbei wurde dargelegt, wie die Kompetenzausstattung eines potenziellen Partners zu berücksichtigen ist, aber auch, wie unter der Berücksichtigung des strategischen Beitrags sichergestellt wird, dass zu starke Abhängigkeiten des fokalen Unternehmens von seinen Partnern verhindert werden. Zur Ableitung von Normstrategien wurde abschließend ein Entscheidungswürfel unter Einbeziehung der drei entscheidungsrelevanten Dimensionen aufgebaut. Dieser erlaubt es dem fokalen Unternehmen in Abhängigkeit der Platzierung des Erbringungsumfangs eines Partners, im Entscheidungswürfel Gestaltungsempfehlungen zur kooperativen Einbindung des jeweiligen Partners abzuleiten. Hierdurch wird es zur anschließenden systematischen und zielorientierten Kooperationsausgestaltung mit den potenziellen Partnern befähigt.

6 Validierung und kritische Reflexion

Die Zielsetzung des sechsten Kapitels besteht in der exemplarischen Anwendung der allgemeingültigen und unternehmensunabhängigen Methodik zur Erbringung hybrider Leistungsangebote in Wertschöpfungsnetzwerken sowie der darauf aufbauenden kritischen Reflexion der Anwendungserfahrung. Im Kontext des Forschungsprozesses nach ULRICH stellt die Validierung damit eine Überprüfung der im vorherigen Kapitel erarbeiteten Regeln und Modelle im Anwendungszusammenhang dar. Eine durchgängige Anwendung der Methodik fand den Forschungsprozess begleitend bei der Lasermaschinen AG statt. Aus diesem Grund werden in Kapitel 6.1 initial zunächst relevante Hintergründe sowie die Ausgangssituation der Lasermaschinen AG dargelegt. Nachfolgend erfolgt die Beschreibung der Anwendung und Validierung der erarbeiteten Methodik in Kapitel 6.2. Hierbei werden die einzelnen Methodenschritte schrittweise angewandt und erzielte Ergebnisse in einer anonymisierten Form dargestellt. Im Rahmen von Kapitel 6.3 werden die Anwendungserfahrungen zum Abschluss des sechsten Kapitels kritisch reflektiert.

6.1 Ausgangssituation der Lasermaschinen AG

Die Lasermaschinen AG ist ein deutscher Weltmarktführer im Bereich der Werkzeugmaschinen und ist mit einer Vielzahl an globalen Tochtergesellschaften einer der weltweit größten Anbieter in diesem Segment. Neben der Entwicklung, Produktion und Vermarktung von Werkzeugmaschinen umfasst das Portfolio der Lasermaschinen AG ebenfalls den Bereich der Lasertechnik, wobei Laserschneid- und Laserschweißanwendungen als primäre Geschäftsfelder bedient werden.

Die zunehmende Wettbewerbsintensität im globalen Markt der Laserschneidanwendungen sowie ein stetig wachsendes Verlangen der Kunden nach einer ganzheitlichen Lösung anstatt des Kaufes einer singulären Laserschneidmaschine, veranlasste die Lasermaschinen AG zur Neuausrichtung ihres bestehenden produktorientierten Geschäftsmodells hin zu einem ergebnisorientierten Geschäftsmodell. Durch die hiermit einhergehende Intensivierung der Kundenbindung erhofft sich die Lasermaschinen AG die Differenzierung von globalen Wettbewerbern sowie die Generierung neuer Erlösströme. Hierdurch sollen die ehrgeizigen Margen- und Wachstumsziele für das kommende Jahrzehnt realisiert werden. Dementsprechend soll das Nutzenversprechen seitens der Lasermaschinen AG erweitert werden und die neue Generation einer Laserschneidmaschine im Rahmen eines „Pay-per-Part Modells“ vermarket werden. Dieses sieht vor, dass der Kunde anstelle des Kaufes der Laserschneidmaschine, wie es im bisherigen produktorientierten Geschäftsmodell der Lasermaschinen AG der Fall ist, für jedes produzierte Blechteil einen vor der eigentlichen Durchführung des Fertigungsauftrags vereinbarten Preis zahlt. Hierdurch findet eine ergebnisorientierte Abrechnung über die Nutzungsdauer der Laserschneidmaschine statt. Im Rahmen des Pay-per-Part Modells sollen dem Kunden neben der vollautomatischen Laserschneidmaschine u.a. auch ein Lagersystem, Produktions- und Service-Know-how durch zusätzliche Dienstleistungen, notwendige Rohstoffe sowie Leistungsgarantien zur finanziellen Absicherung von Produktionsausfällen zur Verfügung gestellt werden. Die Realisierung dieses integrierten und ganzheitlichen Nutzenversprechens ist der Lasermaschinen AG jedoch aufgrund von Kompetenzdefiziten aus eigenen Kräften nicht möglich. Aus diesem Grund und zur Beherrschung der mit diesem Nutzenversprechen einhergehenden Komplexität, plant sie die Umsetzung des Pay-per-Part Modells gemeinsam mit Partnern in einem Wertschöpfungsnetzwerk. Hierbei zielt sie auf die Rolle des fokalen Unternehmens und der Beibehaltung der direkten Schnittstelle zu ihren Kunden ab.

6.2 Anwendung der Methodik

In den nachfolgenden vier Abschnitten soll die Anwendung der Methodik zur Erbringung hybrider Leistungsangebote in Wertschöpfungsnetzwerken bei der Lasermaschinen AG aufgezeigt werden, um sie schrittweise zu validieren.

6.2.1 Strukturierung und komplexitätsorientierte Beschreibung hybrider Leistungsangebote

Gemäß der erarbeiteten Methodik gilt es, in einem ersten Schritt den Umfang des hybriden Leistungsangebots festzulegen, mit dem es möglich ist, das beabsichtigte Nutzenversprechen zu realisieren. Zur kundennutzenzentrierten Definition des hybriden Leistungsangebots wird zunächst das angestrebte Nutzenversprechen mittels Value Proposition Canvas analysiert. Abbildung 6-1 stellt einen Auszug der Ergebnisse der Analyse des Nutzenversprechens mittels Value Proposition Canvas dar, die gemeinsam mit Experten aus dem Produkt- und Portfoliomanagement sowie dem technischen Vertrieb der Lasermaschinen AG erarbeitet wurden.

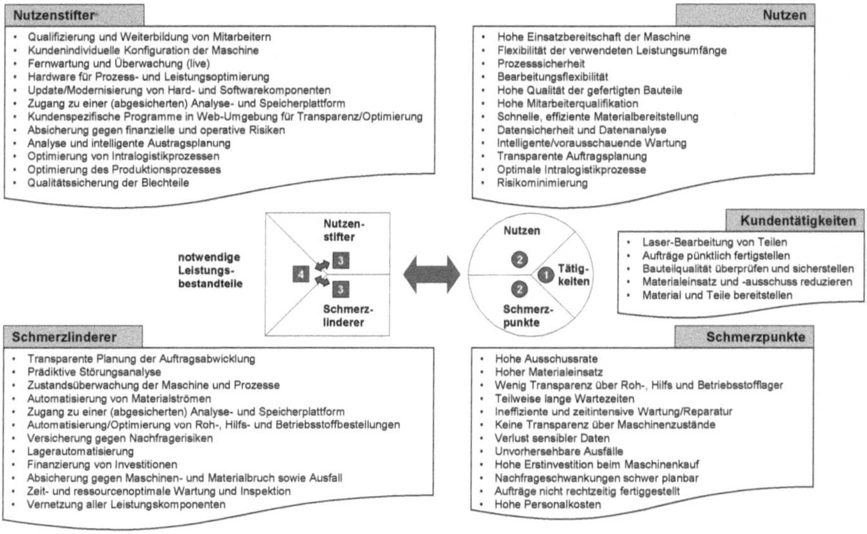

Abbildung 6-1: Analyse des Nutzenversprechens mittels Value Proposition Canvas

Beginnend mit der Analyse des Kundenprofils (rechte Hälfte von Abbildung 6-1) wurden zunächst relevante Schmerzpunkte und Nutzen in Zusammenhang mit zentralen Kundentätigkeiten, die das Nutzenversprechen adressieren, identifiziert. Das Nutzenversprechen besteht grundsätzlich aus der in Kapitel 6.1 skizzierten Zielsetzung des Pay-per-Part Modells dem Kunden für jedes produzierte Blechteil einen vor dem eigentlichen Fertigungsauftrag vereinbarten Preis zu garantieren und ihm zur Produktion dieses Blechteils alle notwendigen Leistungen bereitzustellen. Dies spiegelt sich auch in den zentralen Kundentätigkeiten wider. Nachfolgend wurden auf dieser Grundlage innerhalb der Wertkarte (linke Hälfte von Abbildung 6-1) Schmerzlinderer und Nutzenstifter erarbeitet, die den Ausgangspunkt zur Ableitung von Leistungsbestandteilen des hybriden Leistungsangebots zur Realisierung des beabsichtigten Nutzenversprechens darstellen. Um das übergeordnete Nutzenversprechen und im Spezifischen die relevantesten Schmerzlinderer und Nutzenstifter zu realisieren, wurden 116 Leistungskomponenten (Sach- und Dienstleistungskomponenten) identifiziert, welche zugleich den Umfang des hybriden Leistungsangebots definieren. Ein Auszug der identifizierten Leistungskomponenten kann Abbildung 6-2 entnommen werden, wobei für eine vollständige Auflistung aller Leistungskomponenten auf Tabelle A-3 des Anhangs A.8 verwiesen sei.

Leistungskomponente	SLK/ DLK
Anlieferung	DLK
Erstaufstellung, Inbetriebnahme und Abnahme	DLK
Laser-Bearbeitungszentrum	SLK
Kundendienst	DLK
Hotline	DLK
Trainings vor Ort beim Kunden	DLK
Trainings im Trainingscenter	DLK
Kundenindividuelle Umbauten	SLK
Webshop mit Bestellhistorie, Tracking von Teilen und Wartungsplanung	DLK
Ferndiagnose, Störungsanalyse und -beseitigung	DLK
Ersatzteilanlieferung	DLK
Jährliche Inspektion, Zustandsbericht mit Reparaturempfehlungen	DLK
Upgrade-Vorschläge	DLK
Verschleißteilpaket (Filter-Medienpakete und Abstreifer-Paket)	SLK
Einbau von Verschleißteilen	DLK
[illegible]	[illegible]

Leistungskomponente	SLK/ DLK
Software zur Zustandsüberwachung	DLK
Cloud als Analyse- und Speicherplattform	DLK
Kundeninterne "Private Cloud"	DLK
Internetbasierte "Public Cloud"	DLK
Beratungsleistungen zur Optimierung von Fertigungsketten	DLK
Beratung zur Verfahrensoptimierung	DLK
Einkauf von Ersatzteilen, Ressourcen und Produktionsmaterialien	DLK
Steuerung und Überwachung der Transportkette	DLK
Lagerung von Ersatzteilen, Ressourcen und Produktionsmaterialien	DLK
Materialhandhabungs- und -transportsysteme	SLK
Lagerturm	SLK
Autonome Transportsysteme	SLK
Rücknahme der Maschine nach Vertragsende	DLK
Maschinenversicherung: Absicherung gegen Maschinenbruch	DLK
Verfügbarkeitsgarantie: Entschädigung der Ausfallkosten bei Stillstand	DLK
Performancegarantie: Mitverantwortung für zu erreichende KPIs	DLK

Abbildung 6-2: Auszug identifizierter Leistungskomponenten

Neben den Leistungskomponenten wurden ebenso relevante Funktionen und Teilfunktionen zur lösungsneutralen Beschreibung des hybriden Leistungsangebots erarbeitet, welche Tabelle A-4 des Anhangs A.8 entnommen werden können.

6.2.2 Bestimmung hybrider Leistungsmodule und ihrer Geschäftsmodellrelevanz

Nachdem der Umfang des hybriden Leistungsangebots lösungsneutral durch Funktionen und lösungsspezifisch durch Leistungskomponenten beschrieben ist, besteht der nächste Schritts darin, hybride Leistungsmodule zu definieren. Sie setzen sich aus Leistungskomponenten mit hohen Wechselwirkungen zueinander zusammen, sodass sie gemeinsam erbracht werden müssen. Sie sind damit als Erbringungsobjekte anzusehen, welche entweder durch die Lasermaschinen AG oder ihre Partner innerhalb des Wertschöpfungsnetzwerks erbracht werden können. Darüber hinaus gilt es, den strategischen Beitrag der Leistungsmodule zu bestimmen. Dieser gibt Aufschluss über die Erfüllung der strategischen Ziele des zugrundeliegenden Geschäftsmodells und damit des dem Kunden offerierten Nutzenversprechens durch die einzelnen Leistungsmodule des hybriden Leistungsangebots der Lasermaschinen AG.

Der Zielsetzung folgend müssen zunächst relevante strategische Ziele des Pay-per-Part Modells der Lasermaschinen AG definiert und entsprechend priorisiert werden. Abbildung 6-3 zeigt die aus den Schmerzlinderern und Nutzenstiftern abgeleiteten 12 strategischen Ziele des Pay-per-Part Modells der Lasermaschinen AG sowie ihre Priorisierung mittels paarweisem Vergleich. Es ist erkennbar, dass im Sinne des Angebots einer ganzheitlichen Lösung sowie einer ergebnisorientierten Abrechnung die Bereitstellung aller zur Produktion der Blechteile notwendigen Leistungen von höchster Bedeutung sind. Es schließen sich bedeutende strategische Ziele im Zusammenhang mit der Erhöhung des Prozessoutputs, beispielsweise durch Automatisierung und Verbesserung manueller Arbeitsschritte an, um eine Reduktion der Bauteilkosten zu erreichen. Unbedeutendere strategische Ziele hingegen fokussieren verstärkt produktionsbegleitende oder produktionsunabhängige Prozesse.

		1	2	3	4	5	6	7	8	9	10	11	12	Zeilensumme	g_z
Bereitstellung aller zur Produktion notwendigen Leistungen	1		2	2	2	1	2	2	2	2	2	2	2	21	0,16
Erhöhung des Prozessoutputs	2	0		2	2	2	2	2	2	2	1	2	2	19	0,14
Verbesserung/Automatisierung des Produktionsprozesses	3	0	0		2	2	1	2	2	2	2	0	2	15	0,11
Verbesserung/Automatisierung von Hilfsprozessen	4	0	0	0		2	2	2	1	1	2	2	2	14	0,11
Verbesserung der Planungssicherheit und Transparenz der Auftragsabwicklung	5	1	0	0	0		2	1	2	2	1	2	2	13	0,10
Reduzierung von Liegezeiten und Stillständen	6	0	0	1	0	0		2	2	0	2	2	2	11	0,08
Risikoabsicherung (finanzielle und operative Risiken)	7	0	0	0	0	1	0		2	2	2	1	2	10	0,08
Generierung von Wissen aus Produktions- und Maschinendaten	8	0	0	0	1	0	0	0		2	1	2	2	8	0,06
Erhöhung des Ausbildungsniveaus von Mitarbeitern auf Kundenseite	9	0	0	0	1	0	2	0	0		1	0	2	6	0,05
Finanzierungsunterstützung	10	0	1	0	0	1	0	0	1	1		1	1	6	0,05
Vernetzung und sichere Datenspeicherung	11	0	0	2	0	0	0	1	0	2	1		0	6	0,05
Flexible Nutzung von Zusatzleistungen	12	0	0	0	0	0	0	0	0	0	1	2		3	0,02

Abbildung 6-3: Priorisierte und gewichtete strategische Ziele

Aufbauend auf den bestimmten strategischen Zielen, den im vorherigen Schritt identifizierten Funktionen sowie den Leistungskomponenten werden nachfolgend die hybriden Leistungsmodule definiert. Hierzu wird zunächst die Multiple-Domain Matrix auf der Basis der drei Dimensionen aufgebaut indem die strategischen Ziele, die Teilfunktionen und die Leistungskomponenten, wie in der erarbeiteten Methodik beschrieben, durch den Einsatz von Design Structure Matrices und Domain Mapping Matrices verkettet werden. Nachfolgend werden basierend auf der Einschätzung von Experten der Lasermaschinen AG die Wechselwirkungen zwischen den drei Dimensionen eruiert und der IGTA-plus-Algorithmus angewandt. Das Ergebnis der Clusterung stellen 37 hybride Leistungsmodule dar, welche durch eine hohe Wechselwirkung der enthaltenen Leistungskomponenten determiniert sind und entweder durch die Lasermaschinen AG oder durch seine potenziellen Partner im Wertschöpfungsnetzwerk erbracht werden können. Ein Auszug der definierten hybriden Leistungsmodule kann Abbildung 6-4 entnommen werden, wobei für eine vollständige Auflistung aller 37 hybriden Leistungsmodule einschließlich der enthaltenen Leistungskomponenten auf Tabelle A-5 des Anhangs A.8 verwiesen sei.

Nr.	Leistungsmodule
1	Kundenberatung
2	Maschinenlieferung, -installation und -rücknahme
3	Kundenindividuelle Maschinenkonfiguration und Umbauten
4	Laser-Bearbeitungszentrum
5	Anlagenverwaltung
6	Trainingsangebote
7	Ferndiagnose, Störungsanalyse und -beseitigung
8	Kundenspezifische Programme in Web-Umgebung (Wartungs-, Instandhaltungs- und Fertigungsplanung)
9	Maschinenbezogene Offline-Störungsdiagnose
10	Serviceleistungen
11	Ersatz- und Verschleißteile

Abbildung 6-4: Auszug bestimmter Leistungsmodule

Auf der Basis der eruierten Wechselwirkungen zwischen strategischen Zielen, Funktionen sowie Leistungskomponenten können auch die strategischen Beiträge der hybriden Leistungsmodule bestimmt werden. Tabelle 6-1 zeigt die 37 hybriden Leistungsmodule des hybriden Leistungsangebots in absteigender Höhe ihres strategischen Beitrags und damit ihrer Relevanz für das Pay-per-Part Modell der Lasermaschinen AG.

Tabelle 6-1: Strategische Beiträge der identifizierten Leistungsmodule

Nr.	Leistungsmodule	Strat. Beitrag
7	Ferndiagnose, Störungsanalyse und -beseitigung	5,00
13	Hardwareaufrüstung Laserbearbeitungszentrum	4,90
23	Sensorik Laserbearbeitungszentrum	4,80
15	Cloud-Services	4,47
8	Kundenspezifische Programme in Web-Umgebung (Wartungs-, Instandhaltungs- und Fertigungsplanung)	4,27
12	Zustandsorientierte Serviceleistungen	4,18
14	Programmierung Laserbearbeitungszentrum	3,94
4	Laser-Bearbeitungszentrum	3,86
10	Serviceleistungen	3,80
30	Steuerung und Überwachung der Transportkette	3,47
25	Apps zur Informationsbereitstellung und -visualisierung	2,97
29	Überwachung der gesamten Prozesskette	2,93
11	Ersatz- und Verschleißteile	2,81
16	Statistikprogramm zur Analyse	2,56
28	Beratungsleistungen für Fertigungsvernetzung	2,45
34	Materialwirtschaftslösung zur Verwaltung von Instandhaltungs-, Reparatur- und Betriebsmaterialien	2,45
32	Software für Lagerautomatisierung und Bestandsoptimierung	2,45
5	Anlagenverwaltung	2,29
9	Maschinenbezogene Offline-Störungsdiagnose	2,25
17	Software für das Auftrags- und Fertigungsmanagement	2,15
37	Flexibles Universallager	2,00
27	Beratungsleistungen Produktionsmanagement	1,72
18	Einkauf von Ersatzteilen, Ressourcen und Produktionsmaterialien	1,71
1	Kundenberatung	1,70
3	Kundenindividuelle Maschinenkonfiguration und Umbauten	1,56
31	Lagerung von Ersatzteilen, Ressourcen und Produktionsmaterialien	1,29
6	Trainingsangebote	1,24
20	Software für Einkauf und Beschaffung	1,22
24	Benutzeroberflächen Laserbearbeitungszentrum	1,14
21	Modul Storage (Bestandsmanagement und -optimierung)	1,08
33	(Autonome) Materialhandhabungs- und -transportsysteme	1,00
19	Software zur Angebotserstellung	0,45
36	Versicherungsleistungen	0,42
22	Erfassung der Maschinennutzung und Produktivität	0,42
35	Finanzierungsleistungen	0,41
2	Maschinenlieferung, -installation und -rücknahme	0,29
26	Sorting Guide (KI-gestützte Hilfe für manuelles Aussortieren an Laserschneidmaschine)	0,00

Erkennbar ist, dass hybride Leistungsmodule, die einen direkten Beitrag zur Fertigung der Blechteile sowie zur Automatisierung und Optimierung der Fertigungsprozesse leisten, hohe strategische Beiträge aufweisen. Sie tragen insbesondere zur Effektivitäts- und Effizienzsteigerung des Fertigungsprozesses bei, womit die übergeordnete Zielsetzung des Pay-per-Part Modells hinsichtlich der Fertigung von Blechteilen zu einem vor der Auftragsabwicklung bestimmten und möglichst niedrigen Fertigungspreis erreicht werden kann. Die Ergebnisse der Bestimmung der strategischen Beiträge der hybriden Leistungsmodule stehen zudem im Einklang mit der zuvor durchgeführten und erläuterten Priorisierung der strategischen Ziele des Pay-per-Part Modells.

6.2.3 Identifikation von Erbringungsmöglichkeiten hybrider Leistungsmodule

Nachdem die hybriden Leistungsmodule sowie ihr strategischer Beitrag bestimmt worden sind, gilt es nun aus der Perspektive der Lasermaschinen AG zu entscheiden, welche dieser hybriden Leistungsmodule es im Rahmen des Angebots seines Pay-per-Part Modells selbst erbringen und welche es durch potenzielle Partner im Wertschöpfungsnetzwerk erbringen lassen sollte. Wie in der erarbeiteten Methodik geschildert, sind für diese Entscheidung, neben den strategischen Beiträgen des hybriden Leistungsangebots, auch die zur Erbringung erforderlichen und bei der Lasermaschinen AG vorhandenen Kompetenzen sowie die mit der Erbringung der hybriden Leistungsmodule einhergehende Komplexität von Bedeutung.

Aus diesem Grund werden zunächst notwendige Kompetenzen zur Erbringung der 37 hybriden Leistungsmodule identifiziert und diesen in der Kompetenzmatrix gegenübergestellt. Im Rahmen von interdisziplinären Expertenworkshops wird die Kompetenzbedeutung zur Erbringung der jeweiligen hybriden Leistungsmodule anhand der Bedarfshäufigkeit und der Bedarfsbreite eruiert. Nachfolgend wird die Kompetenzstärke der Lasermaschinen AG bewertet, sodass der Erfüllungsgrad je hybridem Leistungsmodul bestimmt werden kann. Abbildung A-10 des Anhangs A.8 zeigt die Kompetenzmatrix und damit die Bewertung der Kompetenzen in Bezug auf die 37 hybriden Leistungsmodule sowie die bewertete Kompetenzstärke der Lasermaschinen AG, welche die Grundlage der Berechnung des Erfüllungsgrads darstellen. Es ist ersichtlich, dass die Lasermaschinen AG insbesondere Kompetenzen aufweist, die im direkten Bezug zur Laserschneidmaschine stehen, wohingegen sie beispielsweise Kompetenzlücken in Bezug auf den Logistikbereich oder in Bezug auf Finanz- oder Versicherungsdienstleistungen aufweist. Nachfolgende Tabelle 6-2 zeigt die Ergebnisse der Kompetenzanalyse im Hinblick auf die 37 hybriden Leistungsmodule einschließlich des berechneten Erfüllungsgrads. Zudem ist vermerkt, bei welchen der hybriden Leistungsmodule eine Erbringung der Lasermaschinen AG aufgrund ihrer Kompetenzausstattung grundsätzlich möglich wäre. Hierbei wurde durch Experten des Lasermaschinen AG entschieden, dass auch die Leistungsmodule 13 und 23 trotz eines Erfüllungsgrads von unter 0,9 erbringbar sind, da die Kompetenzlücke bei diesen beiden Leistungsmodulen als geringfügig eingestuft wurde.

Tabelle 6-2: Ergebnisse der Kompetenzanalyse einschließlich Erfüllungsgrad

Nr.	Leistungsmodule	Erfüllungsgrad	Erbringung möglich?
1	**Kundenberatung**	**1,00**	**Ja**
2	**Maschinenlieferung, -installation und -rücknahme**	**1,00**	**Ja**
3	**Kundenindividuelle Maschinenkonfiguration und Umbauten**	**1,00**	**Ja**
4	**Laser-Bearbeitungszentrum**	**0,93**	**Ja**
5	**Anlagenverwaltung**	**1,00**	**Ja**
6	Trainingsangebote	0,69	Nein
7	Ferndiagnose, Störungsanalyse und -beseitigung	0,73	Nein
8	Kundenspezifische Programme in Web-Umgebung (Wartungs-, Instandhaltungs- und Fertigungsplanung)	0,49	Nein
9	**Maschinenbezogene Offline-Störungsdiagnose**	**1,00**	**Ja**
10	**Serviceleistungen**	**0,93**	**Ja**
11	**Ersatz- und Verschleißteile**	**1,00**	**Ja**
12	Zustandsorientierte Serviceleistungen	0,84	Nein
13	**Hardwareaufrüstung Laserbearbeitungszentrum**	**0,85**	**Ja**
14	Programmierung Laserbearbeitungszentrum	0,77	Nein
15	Cloud-Services	0,60	Nein
16	Statistikprogramm zur Analyse	0,44	Nein
17	Software für das Auftrags- und Fertigungsmanagement	0,59	Nein
18	Einkauf von Ersatzteilen, Ressourcen und Produktionsmaterialien	0,57	Nein
19	Software zur Angebotserstellung	0,75	Nein
20	Software für Einkauf und Beschaffung	0,70	Nein
21	Modul Storage (Bestandsmanagement und -optimierung)	0,48	Nein
22	Erfassung der Maschinennutzung und Produktivität	0,69	Nein
23	**Sensorik Laserbearbeitungszentrum**	**0,88**	**Ja**
24	Benutzeroberflächen Laserbearbeitungszentrum	0,76	Nein
25	Apps zur Informationsbereitstellung und -visualisierung	0,53	Nein
26	Sorting Guide (KI-gestützte Hilfe für manuelles Aussortieren an Laserschneidmaschine)	0,84	Nein
27	Beratungsleistungen Produktionsmanagement	0,78	Nein
28	Beratungsleistungen für Fertigungsvernetzung	0,78	Nein
29	Überwachung der gesamten Prozesskette	0,78	Nein
30	Steuerung und Überwachung der Transportkette	0,65	Nein
31	Lagerung von Ersatzteilen, Ressourcen und Produktionsmaterialien	0,32	Nein
32	Software für Lagerautomatisierung und Bestandsoptimierung	0,57	Nein
33	(Autonome) Materialhandhabungs- und -transportsysteme	0,47	Nein
34	Materialwirtschaftslösung zur Verwaltung von Instandhaltungs-, Reparatur- und Betriebsmaterialien	0,59	Nein
35	Finanzierungsleistungen	0,48	Nein
36	Versicherungsleistungen	0,59	Nein
37	Flexibles Universallager	0,47	Nein

Die Ergebnisse zeigen, dass basierend auf der Kompetenzausstattung der Lasermaschinen AG eine Erbringung von zehn der 37 hybriden Leistungsmodule möglich wäre. Gemäß den erläuterten Schwerpunkten der Kompetenzen der Lasermaschinen AG sind dies insbesondere hybride Leistungsmodule, die eine umfangreiche Kompetenzausstattung im Hinblick auf Kompetenzen rund um die Laserschneidmaschine erfordern.

Aus der Sicht der Lasermaschinen AG ist es jedoch fraglich, ob sie alle zehn erbringbaren hybriden Leistungsmodule auch selbst erbringen sollte. Im Rahmen einer systematischen und integrierten Erbringungsentscheidung, welche auch auf eine Komplexitätsoptimierung aus der Perspektive des fokalen Unternehmens und damit der Lasermaschinen AG abzielt, wird ebenfalls eine Bewertung der Komplexität der hybriden Leistungsmodule, welche mit ihrer Erbringung einhergeht, durchgeführt. Hierzu wird die Komplexität der 37 hybriden Leistungsmodule mittels der erarbeiteten Bewertungslogik in Bezug auf die zehn identifizierten Komplexitätstreiber gemeinsam mit Experten der Lasermaschinen AG quantifiziert. Auf der Grundlage der Komplexitätsbewertung wiederum kann für jedes hybride Leistungsmodul ein Komplexitätsvektor aufgestellt und ein normierter Komplexitätswert berechnet werden. Abbildung 6-5 zeigt einen Ausschnitt der Komplexitätsbewertung der hybriden Leistungsmodule. Für eine vollumfängliche Darstellung der Komplexitätsbewertung aller 37 hybriden Leistungsmodule sei an dieser Stelle auf Abbildung A-11 des Anhangs A.8 verwiesen.

		Ergebnisdimension					Prozessdimension						
	Komplexitätstreiber	Immaterialität des Leistungsergebnisses des Leistungsmoduls	Umfang des Leistungsergebnisses des Leistungsmoduls	Individualisierungsgrad des Leistungsmoduls	Integrationsgrad des Leistungsmoduls	Veränderlichkeit des Leistungsmoduls	Informationsbedarf und -austausch zwischen Kunde und Anbieter	Integrationsgrad in die Wertschöpfungsdomäne des Kunden	Einfluss des Kunden auf das Leistungsergebnis des Leistungsmoduls	Interaktionsintensität mit dem Kunden	Dynamik der Interaktion mit dem Kunden	Betrag des Komplexitätsvektors	normierter Komplexitätswert
	KT	KT1	KT2	KT3	KT4	KT5	KT6	KT7	KT8	KT9	KT10		
	g_{kt}	0,58	0,77	0,74	0,69	0,52	0,88	1	0,86	0,86	0,85		
Leistungsmodul	**LM**												
Kundenberatung	1	3	3	6	0	0	3	0	0	0	0	11,1	0,4
Maschinenlieferung, -installation und -rücknahme	2	9	0	3	0	0	3	0	0	3	0	12,7	0,6
Kundenindividuelle Maschinenkonfiguration und Umbauten	3	3	3	9	3	3	6	6	0	3	9	35,9	3,4
Laser-Bearbeitungszentrum	4	0	0	6	6	3	3	3	3	3	0	20,9	1,6
Anlagenverwaltung	5	9	6	3	0	0	9	9	9	9	6	49,6	5,0
Trainingsangebote	6	3	3	6	0	3	3	0	6	3	3	23,0	1,8
Ferndiagnose, Störungsanalyse und -beseitigung	7	9	6	3	6	6	9	6	3	0	3	38,4	3,7
Kundenspezifische Programme in Web-Umgebung	8	3	6	9	0	6	3	0	6	3	6	31,6	2,9
Maschinenbezogene Offline-Störungsdiagnose	9	9	9	3	0	3	6	3	0	0	0	24,2	2,0
Serviceleistungen	10	3	3	3	0	0	3	3	0	0	0	11,9	0,5

Abbildung 6-5: Ausschnitt der Komplexitätsbewertung der Leistungsmodule

Die Komplexität der hybriden Leistungsmodule wird übergreifend maßgeblich durch Komplexitätstreiber der Prozessdimension in die Höhe getrieben (vgl. Abbildung A-11 des Anhangs A.8). Dies ist insbesondere bei hybriden Leistungsmodulen der Fall, die auf Beratung oder auf eine Automatisierung sowie Effizienzsteigerung der Prozesskette abzielen und damit durch eine hohe Interaktion mit dem Kunden sowie eine umfangreiche Integration in die Wertschöpfungsdomäne des Kunden charakterisiert sind.

Abschließend gilt es, alle drei entscheidungsrelevanten Dimensionen integriert mittels eines Entscheidungsportfolio zu berücksichtigen. Hierbei gilt aus der Perspektive der Lasermaschinen AG, dass diese grundsätzlich zur Komplexitätsoptimierung nur diejenigen hybriden Leistungsmodule erbringen sollte, bei denen der Komplexität ein hoher Nutzen in der Form eines hohen strategischen Beitrags zum zugrundeliegenden Pay-per-Part Modell gegenübersteht. Abbildung 6-6 zeigt das erarbeitete Entscheidungsportfolio in dem alle 37 hybriden Leistungsmodule verortet sind. Die zehn hybriden Leistungsmodule, welche die Lasermaschinen AG grundsätzlich aufgrund der eigenen Kompetenzausstattung erbringen kann (vgl. Tabelle 6-2), sind schwarz markiert.

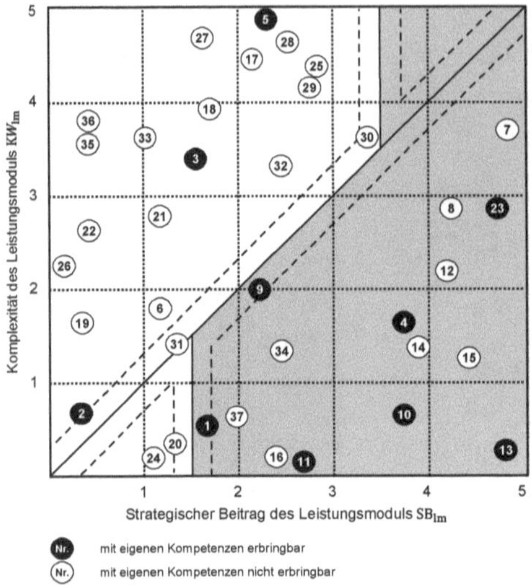

Nr.	Leistungsmodule
1	**Kundenberatung**
2	**Maschinenlieferung, -installation und -rücknahme**
3	**Kundenindividuelle Maschinenkonfiguration und Umbauten**
4	**Laser-Bearbeitungszentrum**
5	**Anlagenverwaltung**
6	Trainingsangebote
7	Ferndiagnose, Störungsanalyse und -beseitigung
8	Kundenspezifische Programme in Web-Umgebung
9	**Maschinenbezogene Offline-Störungsdiagnose**
10	**Serviceleistungen**
11	**Ersatz- und Verschleißteile**
12	Zustandsorientierte Serviceleistungen
13	**Hardwareaufrüstung Laserbearbeitungszentrum**
14	Programmierung Laserbearbeitungszentrum
15	Cloud-Services
16	Statistikprogramm zur Analyse
17	Software für das Auftrags- und Fertigungsmanagement
18	Einkauf von Ersatzteilen, Ressourcen und Produktionsmaterialien
19	Software zur Angebotserstellung
20	Software für Einkauf und Beschaffung
21	Modul Storage (Bestandsmanagement und -optimierung)
22	Erfassung der Maschinennutzung und Produktivität
23	**Sensorik Laserbearbeitungszentrum**
24	Benutzeroberflächen Laserbearbeitungszentrum
25	Apps zur Informationsbereitstellung und -visualisierung
26	Sorting Guide (KI-gestützte Hilfe für manuelles Aussortieren)
27	Beratungsleistungen Produktionsmanagement
28	Beratungsleistungen für Fertigungsvernetzung
29	Überwachung der gesamten Prozesskette
30	Steuerung und Überwachung der Transportkette
31	Lagerung von Ersatzteilen, Ressourcen und Produktionsmaterialien
32	Software für Lagerautomatisierung und Bestandsoptimierung
33	(Autonome) Materialhandhabungs- und -transportsysteme
34	Materialwirtschaftslösung
35	Finanzierungsleistungen
36	Versicherungsleistungen
37	Flexibles Universallager

Abbildung 6-6: Entscheidungsportfolio

Wie dem Entscheidungsportfolio entnommen werden kann, ist aufgrund der zuvor beschriebenen Prämisse nicht bei allen der zehn hybriden Leistungsmodule, welche die Lasermaschinen AG grundsätzlich erbringen könnte, eine Erbringung auch ratsam. Dies ist insbesondere bei den hybriden Leistungsmodulen 3 und 5 der Fall, da hier die mit der Erbringung einhergehende Komplexität den strategischen Beitrag überwiegt. Zur Optimierung der Komplexität und aufgrund des geringen strategischen Beitrags entscheidet sich die Lasermaschinen AG daher gegen eine Eigenerbringung, sodass für die hybriden Leistungsmodule 3 und 5 ein adäquater Partner gefunden werden soll. Auch beim hybriden Leistungsmodul 2 übersteigt die Komplexität den strategischen Beitrag, wobei dies nur minimal der Fall ist. Unter Berücksichtigung des Erfüllungsgrads von 1, womit die Lasermaschinen AG über alle erforderlichen Kompetenzen zur Erbringung des hybriden Leistungsmoduls 2 verfügt, wird sich für eine Eigenerbringung entschieden (vgl. Tabelle 6-2). Somit ist abschließend festzuhalten, dass die Lasermaschinen AG acht hybride Leistungsmodule (1, 2, 4, 9, 10, 11, 13 und 23) erbringt und die Erbringung der verbleibenden 29 hybriden Leistungsmodule durch Partner innerhalb eines Wertschöpfungsnetzwerks anstrebt.

6.2.4 Allokation hybrider Leistungsmodule im Wertschöpfungsnetzwerk

Nachdem im dritten Schritt entschieden worden ist, welche acht hybriden Leistungsmodule die Lasermaschinen AG selber erbringen wird, gilt es in einem letzten Schritt, die 29 hybriden Leistungsmodule, welche durch Partner erbracht werden sollen auf diese zu verteilen. Darüber hinaus soll für jeden potenziellen Partner eine Normstrategie zur kooperativen Einbindung abgeleitet werden. Dazu müssen zunächst potenzielle Partner identifiziert werden, welche über die erforderliche Kompetenzausstattung zur Erbringung der 29 hybriden Leistungsmodule verfügen. Hierzu wird eine Ähnlichkeitsanalyse hinsichtlich der für die Erbringung der 29 hybriden Leistungsmodule erforderlichen Kompetenzen mittels multidimensionaler Skalierung durchgeführt. Aufbauend auf den erforderlichen Kompetenzen zur Erbringung der hybriden Leistungsmodule der Kompetenzanalyse aus Schritt drei, wird für jedes hybride Leistungsmodul ein Kompetenzvektor abgeleitet. Auf dieser Grundlage werden die Ähnlichkeiten zwischen den hybriden Leistungsmodulen hinsichtlich der erforderlichen Kompetenzen mittels Distanzmaß bestimmt und innerhalb einer Distanzmatrix abgebildet (vgl. Abbildung A-12 des Anhangs A.8). Die Visualisierung der Ähnlichkeiten zwischen den 29 hybriden Leistungsmodulen auf der Basis der Distanzmatrix liefert die Kompetenzlandkarte, welche in nachfolgender Abbildung 6-7 dargestellt ist.

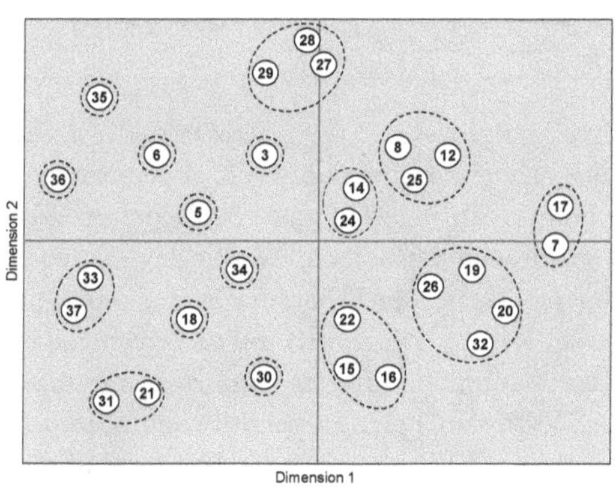

Nr.	Leistungsmodule
3	Kundenindividuelle Maschinenkonfiguration und Umbauten
5	Anlagenverwaltung
6	Trainingsangebote
7	Ferndiagnose, Störungsanalyse und -beseitigung
8	Kundenspezifische Programme in Web-Umgebung
12	Zustandsorientierte Serviceleistungen
14	Programmierung Laserbearbeitungszentrum
15	Cloud-Services
16	Statistikprogramm zur Analyse
17	Software für das Auftrags- und Fertigungsmanagement
18	Einkauf von Ersatzteilen, Ressourcen und Produktionsmaterialien
19	Software zur Angebotserstellung
20	Software für Einkauf und Beschaffung
21	Modul Storage (Bestandsmanagement und -optimierung)
22	Erfassung der Maschinennutzung und Produktivität
24	Benutzeroberflächen Laserbearbeitungszentrum
25	Apps zur Informationsbereitstellung und -visualisierung
26	Sorting Guide (KI-gestützte Hilfe für manuelles Aussortieren)
27	Beratungsleistungen Produktionsmanagement
28	Beratungsleistungen für Fertigungsvernetzung
29	Überwachung der gesamten Prozesskette
30	Steuerung und Überwachung der Transportkette
31	Lagerung von Ersatzteilen, Ressourcen und Produktionsmaterialien
32	Software für Lagerautomatisierung und Bestandsoptimierung
33	(Autonome) Materialhandhabungs- und -transportsysteme
34	Materialwirtschaftslösung
35	Finanzierungsleistungen
36	Versicherungsleistungen
37	Flexibles Universallager

Abbildung 6-7: Kompetenzlandkarte

Als Ergebnis ergeben sich mittels multidimensionaler Skalierung 16 Kompetenzcluster. Aufgrund der Spezifität einzelner hybrider Leistungsmodule im Hinblick auf ihre erforderlichen Kompetenzen beinhalten manche Kompetenzcluster lediglich ein hybrides Leistungsmodul. Beispiele hierfür sind die hybriden Leistungsmodule 35 „Finanzdienstleistungen" und 35 „Versicherungsleistungen". Nach der Erarbeitung eines Anforderungsprofils für jedes der 16 identifizierten Kompetenzcluster wird das Kooperationsmanagement der Lasermaschinen AG damit beauftragt, potenzielle Partner zu identifizieren, welche über die jeweils passende Kompetenzausstattung zur Erbringung der hybriden Leistungsmodule der einzelnen Kompetenzcluster verfügen. Das Kooperationsmanagement der Lasermaschinen AG identifiziert neun potenzielle Kooperationspartner, die die gesamte Bandbreite erforderlicher Kompetenzen der 16 vorliegenden Kompetenzcluster adressieren und die enthaltenen hybriden Leistungsmodule erbringen könnten. Tabelle 6-3 zeigt die potenziellen Partner in absteigender Priorisierung durch das Kooperationsmanagement.

Tabelle 6-3: Potenzielle Kooperationspartner

Potenzieller Partner	Kompetenzausstattung zur Erbringung folgender Leistungsmodule:
Partner 1: Softwareentwickler/IT-Dienstleister 1	(14, 24), (8, 12, 25), (15, 16, 22), (19, 20, 26, 32), (7, 17)
Partner 2: Softwareentwickler/IT-Dienstleister 2	(14, 24), (8, 12, 25), (15, 16, 22), (19, 20, 26, 32), (7, 17)
Partner 3: Beratungsgesellschaft/Produktionsdienstleister	(5), (27, 28, 29)
Partner 4: Logistik- und Lagerlösungen	(30), (33, 37)
Partner 5: Roh,- Hilfs- und Betriebsstoffhändler	(18), (21, 31)
Partner 6: Wartung und Instandsetzung Hardware	(3)
Partner 7: Betriebliche Fort- und Weiterbildung	(6)
Partner 8: Versicherer	(36)
Partner 9: Kreditinstitut	(25)

In Tabelle 6-3 ist erkennbar, dass sowohl der potenzielle Partner 1 als auch der potenzielle Partner 2 eine Kompetenzausstattung aufweist, mit der er fünf Kompetenzcluster und damit zahlreiche hybride Leistungsmodule erbringen könnte. Beide potenziellen Partner weisen hohe Kompetenzen u.a. im Bereich der Software- oder App-Entwicklung, der Analyse von Nutzungs- und Betriebsdaten, der Programmierung und Optimierung von Softwareschnittstellen oder der Remote Diagnostik auf und verfügen damit über stark komplementäre Kompetenzen verglichen mit der Lasermaschinen AG (vgl. auch Abbildung A-10 des Anhangs A.8). Obwohl beide Partner über eine ähnliche Kompetenzausstattung verfügen, spricht das Kooperationsmanagement der Lasermaschinen AG jedoch Partner 1 eine höhere Priorität bei der Allokation von hybriden Leistungsmodulen zu.

Nachfolgend gilt es, die 29 hybriden Leistungsmodule zu allokieren und individuelle Leistungsbündel bestehend aus hybriden Leistungsmodulen für die neun potenziellen Partner zu definieren. Hierbei ist einerseits die Kompetenzausstattung eines jeweiligen Partners zu berücksichtigen andererseits der strategische Beitrag der vom jeweiligen

Partner zu erbringenden hybriden Leistungsmodule. Letzteres ist insbesondere von Relevanz, um eine zu starke Abhängigkeit der Lasermaschinen AG von einem möglichen Partner zu verhindern. Insbesondere mit Blick auf die 14 hybriden Leistungsmodule, welche Partner 1 oder 2 grundsätzlich erbringen könnte, gilt es zu prüfen, ob ihm diese unter dieser Prämisse alle zur Erbringung zugeteilt werden sollten. Zur Allokation unter Berücksichtigung der Kompetenzen sowie zur Vermeidung von Abhängigkeiten der Lasermaschinen AG, kommt der Greedy-Algorithmus zur Anwendung. Abbildung 6-8 zeigt die Verteilung der hybriden Leistungsmodule in Abhängigkeit der vom jeweiligen potenziellen Partner adressierten Kompetenzcluster mittels Greedy-Algorithmus. Der strategische Gesamtbeitrag aller hybriden Leistungsmodule, die durch die Lasermaschinen AG erbracht werden (hybride Leistungsmodule 1, 2, 4, 9, 10, 11, 13 und 23) beträgt 24,4. Dieser ist äquivalent zur Obergrenze des strategischen Gesamtbeitrags eines Partners, wie er im Rahmen der Allokation der hybriden Leistungsmodule mittels Greedy-Algorithmus gilt. In einer ersten Allokationsschleife wird gemäß der Priorisierung der potenziellen Partner durch das Kooperationsmanagement der Lasermaschinen AG zunächst das Leistungsbündel für den potenziellen Partner 1 „Softwareentwickler/IT-Dienstleister 1“ bestimmt. Seine Kompetenzausstattung deckt fünf Kompetenzcluster ab, sodass für eine Erbringung die hybriden Leistungsmodule 7, 8, 12, 14, 15, 16, 17, 19, 20, 22, 24, 25, 26 und 32 in Frage kommen. Bei der Zuordnung dieser hybriden Leistungsmodule zum Leistungsbündel von Partner 1 gemäß der Reihenfolge der Höhe des Profitabilitätsindexes, kommt es jedoch nach der Zuordnung von acht hybriden Leistungsmodulen (16, 24, 20, 15, 14, 12, 34 und 8) zu einem Abbruch der Allokationsschleife, da es durch das Hinzufügen des hybriden Leistungsmoduls 7 zum Leistungsbündel von Partner 1 zu einer Überschreitung der Obergrenze des strategischen Gesamtbeitrags kommen würde (vgl. Abbildung 6-8). Das Leistungsbündel von Partner 1 wird auf diese acht hybriden Leistungsmodule begrenzt, um eine zu starke Abhängigkeit der Lasermaschinen AG von Partner 1 zu verhindern. Partner 2 adressiert mit seiner Kompetenzausstattung ebenfalls diese fünf Kompetenzcluster. Bei Durchlauf der Allokationsschleife wird jedoch die Obergrenze des strategischen Gesamtbeitrags durch die im Kompetenzcluster verbleibenden hybriden Leistungsmodule nicht überschritten, sodass Partner 2 die hybriden Leistungsmodule 7, 32, 25, 17, 19, 22 und 26 zur Erbringung zugeordnet werden.

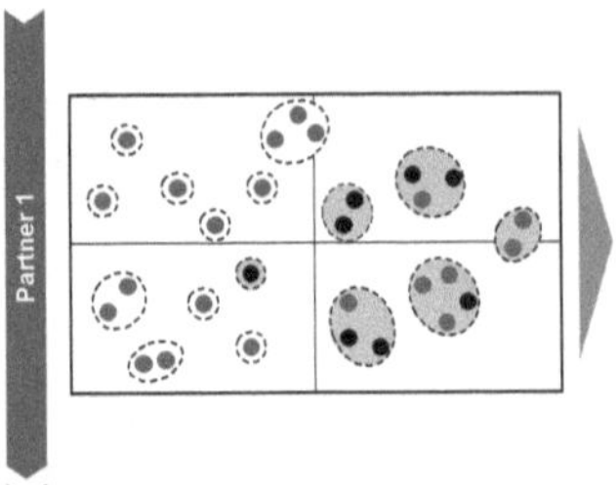

Nr.	Leistungsmodule	Profitabilitäts-index	Strat. Beitrag
16	Statistikprogramm zur Analyse	28,70	2,56
24	Benutzeroberflächen Laserbearbeitungszentrum	5,09	1,14
20	Software für Einkauf und Beschaffung	4,98	1,22
15	Cloud-Services	3,62	4,47
14	Programmierung Laserbearbeitungszentrum	2,97	3,94
12	Zustandsorientierte Serviceleistungen	1,94	4,18
34	Materialwirtschaftslösung	1,79	2,45
8	Kundenspezifische Programme in Web-Umgebung	1,49	4,27
7	Ferndiagnose, Störungsanalyse und -beseitigung	1,36	5,00
32	Software für Lagerautomatisierung und Bestandsoptimierung	0,74	2,45
25	Apps zur Informationsbereitstellung und -visualisierung	0,68	2,97
17	Software für das Auftrags- und Fertigungsmanagement	0,49	2,15
19	Software zur Angebotserstellung	0,29	0,45
22	Erfassung der Maschinennutzung und Produktivität	0,16	0,42
26	Sorting Guide (KI-gestützte Hilfe für manuelles Aussortieren)	0,00	0,00

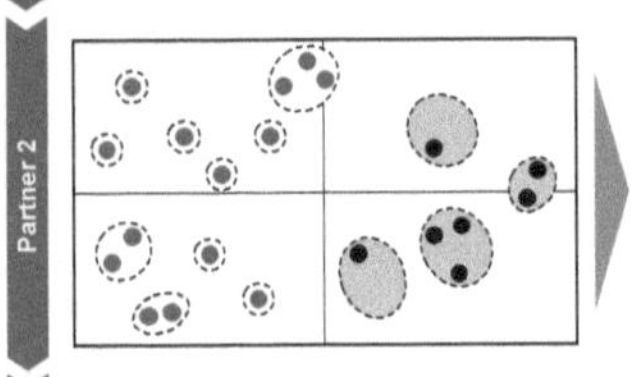

Nr.	Leistungsmodule	Profitabilitäts-index	Strat. Beitrag
7	Ferndiagnose, Störungsanalyse und -beseitigung	1,36	5,00
32	Software für Lagerautomatisierung und Bestandsoptimierung	0,74	2,45
25	Apps zur Informationsbereitstellung und -visualisierung	0,68	2,97
17	Software für das Auftrags- und Fertigungsmanagement	0,49	2,15
19	Software zur Angebotserstellung	0,29	0,45
22	Erfassung der Maschinennutzung und Produktivität	0,16	0,42
26	Sorting Guide (KI-gestützte Hilfe für manuelles Aussortieren)	0,00	0,00

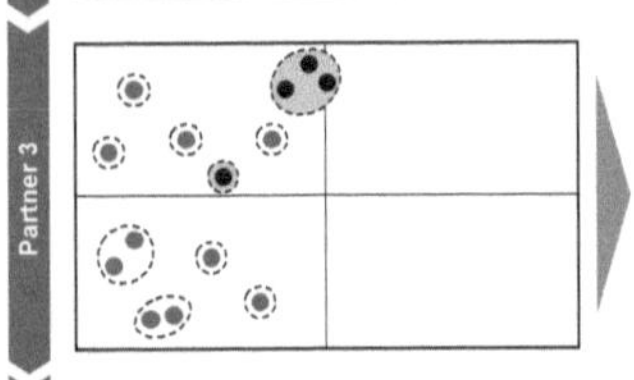

Nr.	Leistungsmodule	Profitabilitäts-index	Strat. Beitrag
29	Überwachung der gesamten Prozesskette	0,69	2,93
28	Beratungsleistungen für Fertigungsvernetzung	0,52	2,45
5	Anlagenverwaltung	0,46	2,29
27	Beratungsleistungen Produktionsmanagement	0,36	1,72

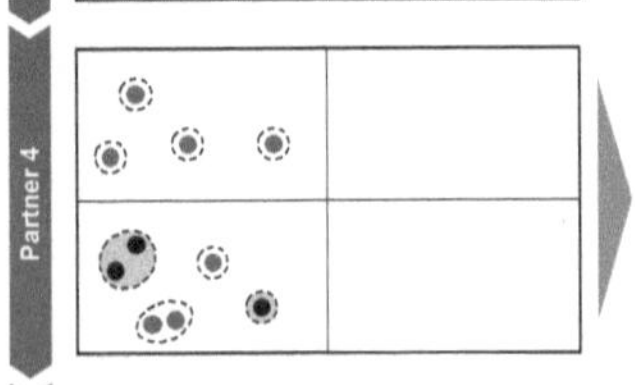

Nr.	Leistungsmodule	Profitabilitäts-index	Strat. Beitrag
37	Flexibles Universallager	4,13	2,00
30	Steuerung und Überwachung der Transportkette	0,96	3,47
33	(Autonome) Materialhandhabungs- und -transportsysteme	0,29	1,00

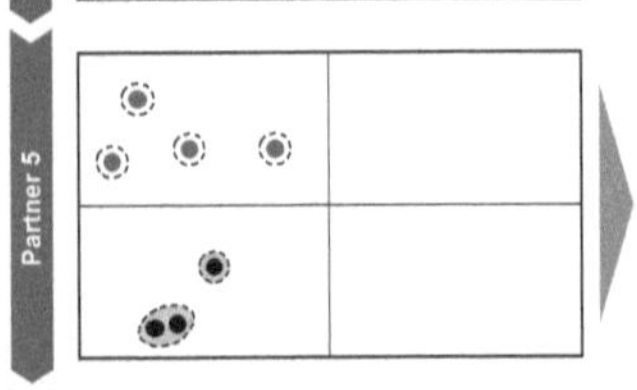

Nr.	Leistungsmodule	Profitabilitäts-index	Strat. Beitrag
31	Lagerung von Ersatzteilen, Ressourcen und Produktionsmaterialien	1,02	1,29
18	Einkauf von Ersatzteilen, Ressourcen und Produktionsmaterialien	0,43	1,71
21	Modul Storage (Bestandsmanagement und -optimierung)	0,38	1,08

...

Schrittweise Verteilung der zu erbringenden Leistungsmodule auf die Partner

Kompetenzcluster

Kompetenzcluster, welches vom jeweiligen Partner adressiert wird

Leistungsmodule des Kompetenzcluster, welche auf potenziellen Partner allokiert worden sind

Abbildung 6-8: Allokation der Leistungsmodule mittels Greedy-Algorithmus

Die restlichen hybriden Leistungsmodule der verbleibenden Kompetenzcluster werden gemäß der Kompetenzausstattung der potenziellen Partner ebenfalls auf die potenziellen Partner verteilt, wobei aufgrund der Verschiedenheit der erforderlichen Kompetenzen zur Erbringung der hybriden Leistungsmodule es nicht mehr zu einer Überschreitung der Obergrenze des strategischen Gesamtbeitrags eines Partners kommt. Die Leistungsbündel der neun potenziellen Partner einschließlich der beinhalteten hybriden Leistungsmodule sowie ihres strategischen Gesamtbeitrags sind in Tabelle A-6 des Anhangs A.8 aufgelistet.

Nachdem mittels Greedy-Algorithmus alle Leistungsbündel der neun potenziellen Partner bestimmt werden konnten, werden nun für diese Normstrategien zur kooperativen Einbindung abgeleitet. Hierdurch wird die Lasermaschinen AG bei der systematischen und zielorientierten Kooperationsausgestaltung mit den potenziellen Partnern unterstützt. Zu diesem Zweck wird der in der zugrundeliegenden Methodik erarbeitete Entscheidungswürfel hergezogen, wobei für eine Einordnung der Leistungsbündel die drei entscheidungsrelevanten Kennwerte strategische Bedeutung, Erfüllungsgrad der Kompetenzanforderung und Komplexität der neun Leistungsbündel bestimmt werden. Abbildung 6-9 zeigt die Leistungsbündel der neun potenziellen Partner einschließlich der drei bestimmten entscheidungsrelevanten Kennwerte sowie die darauf basierende Verortung des Leistungsbündels im Entscheidungswürfel einschließlich der empfohlenen Normstrategie.

	Summe der strategischen Beiträge der LM	Erfüllungsgrad der Kompetenzanforderungen	strategische Bedeutung	Komplexität	Verortung im Würfel	Normstrategie
Partner 1: Softwareentwickler/ IT-Dienstleister 1	24,22	0,65	0,99	0,24		Strategisch kooperieren, partnerschaftliche Erbringung prüfen
Partner 2: Softwareentwickler/ IT-Dienstleister 2	13,43	0,67	0,55	0,63	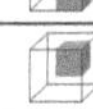	Strategisch kooperieren, partnerschaftliche Erbringung prüfen
Partner 3: Beratungsgesellschaft/ Produktionsdienstleister	9,39	0,83	0,38	0,94	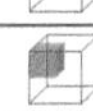	Vollständig auslagern, Komplexität übertragen
Partner 4: Logistik- und Lagerlösungen	6,47	0,53	0,27	0,51		Vollständig auslagern, Komplexität übertragen
Partner 5: Roh,- Hilfs- und Betriebsstoffhändler	4,07	0,45	0,17	0,54		Vollständig auslagern, Komplexität übertragen
Partner 6: Wartung und Instandsetzung Hardware	1,56	1,00	0,06	0,67	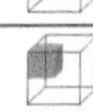	Vollständig auslagern, Komplexität übertragen
Partner 7: Betriebliche Fort- und Weiterbildung	1,24	0,69	0,05	0,37		Priorisiert auslagern, partnerschaftliche Erbringung prüfen
Partner 8: Versicherer	0,42	0,59	0,02	0,76		Vollständig auslagern, Komplexität übertragen
Partner 9: Kreditinstitut	0,41	0,48	0,02	0,73		Vollständig auslagern, Komplexität übertragen

Abbildung 6-9: Abgeleitete Normstrategien

Für den potenziellen Partner 1 beispielweise, einem Softwareentwickler und IT-Dienstleister ergibt sich eine strategische Bedeutung des ihm zugeordneten Leistungsbündels von 0,99. Dies ist darin begründet, dass es zu einem Abbruch der Allokationsschleife bei Durchlauf des Greedy-Algorithmus gekommen ist, womit dem potenziellen Partner 1 hybride Leistungsmodule mit einem strategischen Gesamtbeitrag von nahezu identischer Höhe der Lasermaschinen AG zugewiesen worden sind. Darüber hinaus beträgt der durchschnittliche Erfüllungsgrad der Kompetenzanforderungen der Lasermaschinen AG bzgl. des durch Partner 1 zu erbringenden Leistungsbündels 0,65 und die durchschnittliche Komplexität der im Leistungsbündel enthaltenen hybriden Leistungsmodule weist einen Wert von 0,24 auf. Aufgrund der hohen strategischen Bedeutung sowie dem Umstand, dass die Lasermaschinen AG ebenfalls erforderliche Kompetenzen aufweist, die für die Erbringung des Leistungsbündels erforderlich sind (Erfüllungsgrad der Kompetenzanforderungen von 0,65), ist die Normstrategie „Strategisch (langfristig) kooperieren, partnerschaftliche Erbringung prüfen“ empfohlen.

Abschließend werden zur Dokumentation der Ergebnisse und als Grundlage der weiteren Anbahnung und Ausgestaltung der individuell angestrebten Kooperation mit den jeweiligen potenziellen Partnern Steckbriefe für jedes Leistungsbündel bzw. jeden potenziellen Partner ausgearbeitet. Abbildung 6-10 zeigt den Steckbrief von Partner 1, welcher neben der empfohlenen Normstrategie und Handlungsempfehlung, zudem die im Leistungsbündel enthaltenen acht Leistungsmodule, die Bewertung der drei entscheidungsrelevanten Dimensionen und die maßgeblich für die Erbringung der Leistungsmodule erforderlichen Kompetenzen enthält.

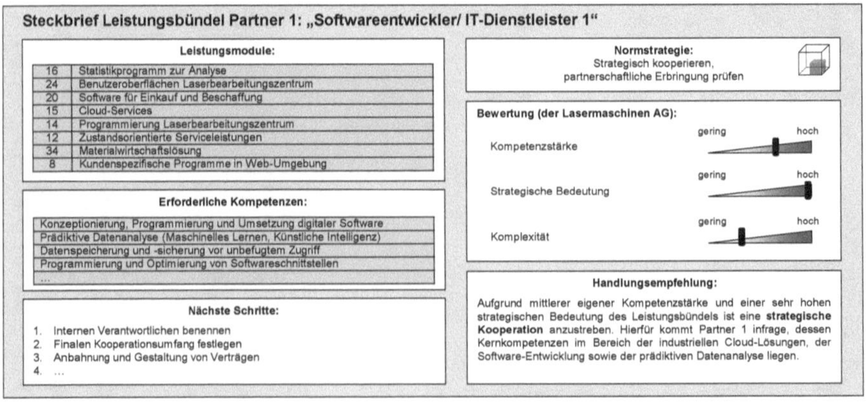

Abbildung 6-10: Steckbrief des Leistungsbündels von Partner 1

6.3 Kritische Reflexion und Anwendungserfahrung

Die Anwendung der Methodik bei der Lasermaschinen AG hat gezeigt, dass diese eine wertvolle Unterstützung bei der Erbringung hybrider Leistungsangebote in Wertschöpfungsnetzwerken leistet. Im weiteren Verlauf gilt es daher, die in Kapitel 4.2 definierten inhaltlichen und formalen Anforderungen an die Methodik hinsichtlich ihrer Erfüllung zu überprüfen. Abschließend gilt es darüber hinaus, die erarbeitete Methodik im Kontext der Anwendungserfahrung in der industriellen Praxis kritisch zu reflektieren.

Übergreifend kann festgehalten werden, dass die in Kapitel 4.2.1 formulierten inhaltlichen Anforderungen an die Methodik vollständig erfüllt werden. Das erarbeitete Beschreibungsmodell unterstützt den Anwender zunächst bei der kundennutzenzentrierten Definition des hybriden Leistungsangebots unter Berücksichtigung des Nutzenversprechens des zugrundeliegenden Geschäftsmodells. Darüber hinaus befähigt es zur Strukturierung des hybriden Leistungsangebots, sodass es in Bezug auf seine einzelnen Leistungsbestandteile aus komplexitätsorientierter Perspektive mittels Komplexitätstreibern beschrieben werden kann. Mittels des Erklärungsmodells wurde dem Anwender ein Vorgehen dargelegt, wie Leistungskomponenten zu hybriden Leistungsmodulen zusammengefasst werden können, die wiederum als Erbringungsobjekte fungieren. Zudem befähigt die Bestimmung des strategischen Beitrags der hybriden Leistungsmodule das fokale Unternehmen, sich bei der strategischen Ausrichtung und beim Aufbau des Wertschöpfungsnetzwerks auf das zugrundeliegende Geschäftsmodell und die relevanten Umfänge des hybriden Leistungsangebots zu konzentrieren. Das sich anschließende Entscheidungsmodell adressiert die Kompetenz- und Komplexitätsperspektive im Kontext der Erbringung hybrider Leistungsangebote. Die integrierte Betrachtung dieser beiden Perspektiven zusammen mit dem strategischen Beitrag unterstützt eine systematische Erbringungsentscheidung des fokalen Unternehmens mittels Entscheidungsportfolio. Hierbei wird insbesondere der einsetzenden Komplexitätsverschiebung Rechnung getragen, indem das fokalen Unternehmen selbst nur diejenigen hybriden Leistungsmodule erbringt, bei denen mit der Komplexität ein entsprechend hoher Nutzen einhergeht. Hierdurch wird die Komplexitätsbeherrschung und -optimierung unterstützt. Zur Allokation derjenigen hybriden Leistungsmodule, die das fokale Unternehmen aufgrund seiner Kompetenzausstattung nicht erbringen kann oder aufgrund der Komplexitätsoptimierung nicht erbringen sollte, wurde ein Entscheidungsmodell zur Verfügung gestellt. Neben der Allokation begünstigt es die Konfiguration komplementärer Kompetenzen im Wertschöpfungsnetzwerk und befähigt die strategische Ausrichtung des fokalen Unternehmens bei der nachfolgenden Ausgestaltung der Kooperationen mit potenziellen Partnern. Durch die integrierte Berücksichtigung strategie-, kompetenz- und komplexitätsspezifischer Rahmenbedingungen kann die Profitabilität der Leistungserbringung des fokalen Unternehmens gesteigert werden.

Die in Kapitel 4.2.2 formulierten formalen Anforderungen an die Methodik werden als ebenfalls erfüllt angesehen. Die formale und empirische Richtigkeit der Methodik können als gewährleistet angesehen werden, da sich während der Anwendung der Methodik in der industriellen Praxis eine hohe Ähnlichkeit der erarbeiteten Modelle mit der darin abgebildeten Realität gezeigt hat. Darüber hinaus können die Ergebnisse der Modellanwendung personenunabhängig reproduziert werden. Ebenso kann die Einhaltung der Zweckbezogenheit bestätigt werden, da sowohl die Gesamtmethodik als auch die einzelnen Teilmodelle Antworten auf spezifische Fragestellungen liefern, die aus Anwendersicht brauchbar und widerspruchsfrei sind. Der Handhabbarkeit kommt die erarbeitete Methodik nach, da die erzielten Ergebnisse eine leichte und intuitive Interpretierbarkeit durch den Anwender zulassen und sich ihre Anwendbarkeit in der industriellen Praxis bestätigt hat. Die letzte formale Anforderung an die Methodik, die Wirksamkeit, kann grundsätzlich durch ein sinnvolles Aufwand-Nutzen-Verhältnis der Modellerstellung und Modellanwendung ebenfalls als gewährleistet bewertet werden. Der Aufwand des Anwenders könnte jedoch durch die Überführung der erarbeiteten Methodik einschließlich ihrer Methodenschritte in ein Softwaretool optimiert werden, sodass eine Teilautomatisierung und Verknüpfung der zu durchlaufenden Methodenschritte ermöglicht wird. Dies würde ebenso die Handhabbarkeit der erarbeiteten Methodik weiter verbessern.

Die Anwendung der Methodik in der industriellen Praxis hat zudem Potenziale zu ihrer Weiterentwicklung aufgedeckt. Zunächst ist zu erwähnen, dass die Anwendung reproduzierbare und leicht zu interpretierende Ergebnisse liefert, jedoch der Durchlauf der Vielzahl der einzelnen Methodenschritte zu erhöhten Übertragungsaufwänden zwischen den Methodenschritten und zur Dokumentation der erzielten Ergebnisse führen. Dies ist insbesondere darin begründet, dass mehrere Softwaretools zur Durchführung der Clusteranalyse, der Ähnlichkeitsanalyse sowie der Allokation zur Anwendung kommen. Hier könnte ein Softwaretool die Handhabbarkeit und damit die Anwendung der Methodenschritte erleichtern. In dieses sollte insbesondere der IGTA-Clusteralgorithmus zur Bestimmung der hybriden Leistungsmodule, die multidimensionale Skalierung zur Bestimmung der Kompetenzlandkarte sowie der Greedy-Algorithmus zur Allokation der hybriden Leistungsmodule integriert werden. Durch ein derartiges Softwaretool ließe sich auch die Aggregation erzielter Ergebnisse einzelner Methodenschritte für eine Weiterverwendung nachfolgender Methodenschritte automatisieren. Dies wäre einerseits für die Erstellung der Anforderungsprofile der Kompetenzcluster für die Partneridentifikation durch das Kooperationsmanagement hilfreich, andererseits bietet die automatisierte Weiterverarbeitung der durch den Greedy-Algorithmus erzielten Ergebnisse Vereinfachungspotenziale im Hinblick auf die Ableitung der jeweiligen Normstrategie und der Dokumentation der Ergebnisse in Form von Steckbriefen für jeden potenziellen Partner. Im Kontext der Anwendung der Methodik stellte sich darüber hinaus die Bewertung der Vielzahl der Wechselwirkungen zwischen den Teilfunktionen und Leistungskomponenten sowie zwischen den Leistungskomponenten als Herausforderung dar. Die Darstellung in Matrixform wurde zwar als intuitiv bewertet, jedoch könnte hier eine automatisierte Abfrage die Handhabbarkeit signifikant erhöhen. Ähnliches, wenn auch nicht so stark ausgeprägt, trifft auch auf eine Bewertung der Komplexitätstreiber und die Kompetenzanalyse zu. In der Anwendung hat sich zudem das Bild bestätigt, dass sowohl eine Bewertung der Komplexitätstreiber als auch der Bedeutung der erforderlichen Kompetenzen zwar nicht in jedem Einzelfall einfach, aber dennoch grundsätzlich problemlos durch Experten möglich ist. Sowohl die Darstellungsform als auch die Interpretierbarkeit des Entscheidungsportfolios und des Entscheidungswürfels wurden als leicht nachvollziehbar bewertet und unterstützen die transparente und systematische Ableitung von Entscheidungen. Hierbei wurde insbesondere die integrierte, aber zugleich intuitive Darstellungsform der drei entscheidungsrelevanten Dimensionen als hilfreich erachtet. Daher soll ihre Darstellungsform zukünftig unverändert bleiben.

7 Zusammenfassung und Ausblick

Produzierende Unternehmen sehen sich im Zuge der fortschreitenden Globalisierung einer steigenden internationalen Wettbewerbsintensität ausgesetzt. Insbesondere in Hochtechnologiebereichen ist eine weitere rein physische und technische Differenzierung auf der Basis einer Qualitäts- oder Kostenführerschaft für Unternehmen zukünftig nur noch schwer realisierbar. Als Reaktion auf diese Herausforderungen streben Unternehmen der produzierenden Industrie vermehrt eine Nutzenführerschaft an und reagieren mit einem Wandel von einem Produktanbieter zu einem Lösungsanbieter durch hybride Leistungsangebote. Hierdurch kommt es zu einer Komplexitätserhöhung auf der Anbieterseite. Zudem erfordert die Erweiterung des Leistungsangebots vielfältigere Ressourcen und Kompetenzen, die ein singulär agierendes Unternehmen jedoch in den meisten Fällen nicht aufweist. Daher agieren Unternehmen vermehrt in Wertschöpfungsnetzwerken. Das fokale Unternehmen als Anbieter des hybriden Leistungsangebots muss dabei entscheiden, welche Umfänge des hybriden Leistungsangebots es eigenständig erbringen kann und für welche Umfänge es Kooperationen mit Partnern anstrebt.

Vor dem Hintergrund der erläuterten Ausgangssituation bestand die Zielsetzung der vorliegenden Arbeit in der Steigerung der Profitabilität des fokalen Unternehmens bei der Erbringung hybrider Leistungsangebote. Hierzu galt es insbesondere notwendige Kompetenzen für die Erbringung des hybriden Leistungsangebots sowie die mit der Erbringung verbundene Komplexität zu berücksichtigen. Zur Umsetzung der Zielsetzung sollte eine Methodik entwickelt werden, die es dem fokalen Unternehmen ermöglicht, ein Wertschöpfungsnetzwerk aufzubauen, um ein hybrides Leistungsangebot gemeinschaftlich mit Partnern zu erbringen. Dabei sollte das fokale Unternehmen bei der Entscheidung unterstützt werden, welche Leistungsmodule des hybriden Leistungsangebots es selber erbringen sollte und welche Leistungsmodule durch Partner innerhalb des Wertschöpfungsnetzwerks erbracht werden sollten. Werden Leistungsmodule durch Partner erbracht, so sollten diese auf mögliche Partner allokiert werden. Darüber hinaus galt es Empfehlungen abzuleiten, wie die möglichen Partner aus wettbewerbsstrategischer Sicht kooperativ eingebunden werden sollten.

Im Rahmen des ersten Kapitels wurden zunächst die Motivation und die Zielsetzung des vorliegenden Forschungsvorhabens sowie der in dieser Arbeit verfolgte forschungsmethodische Ansatz nach ULRICH ET AL. dargelegt. Darüber hinaus wurde der damit einhergehende Aufbau der Arbeit vorgestellt.

Die Zielsetzung des zweiten Kapitels fokussierte die Erläuterung und Definition von Begrifflichkeiten und Grundlagen, die im Kontext der zu erarbeitenden Methodik von Relevanz sind. Zunächst wurden hybride Leistungsangebote erläutert, die den Objektbereich der vorliegenden Arbeit determinieren. Hierbei wurden die Begriffe Leistungsmodul und Leistungskomponente thematisiert, welche bei der Strukturierung hybrider Leistungsangebote von Relevanz sind. Nachfolgend wurden Geschäftsmodelle sowie ihre Dimensionen diskutiert, wobei ein besonderer Fokus auf dem Nutzenversprechen und seiner Analyse lag. Über eine Einführung grundlegender Begriffe, wie Wertschöpfung, Kooperation und Unternehmensnetzwerk, fand in der Folge eine systematische Definition des Begriffs Wertschöpfungsnetzwerk statt. Abschließend wurden die erläuterten Grundlagen in den Kontext der Komplexitätstheorie eingebettet. Hierzu erfolgte initial eine Erläuterung des Komplexitätsbegriffs im Verständnis der Systemtheorie, wobei die interne und externe Dimension von Komplexität differenziert wurden. Die Komplexitätsbeherrschung des Angebots hybrider Leistungsangebote mittels Kompetenzbündelung im Kontext des ressourcenbasierten Ansatzes wurde im Anschluss thematisiert. Zum Abschluss des Kapitels erfolgte die Diskussion der quantitativen Bewertung von Komplexität.

Das dritte Kapitel zielte auf die Identifikation des Forschungsbedarfs auf der Basis der Analyse praktischer und theoretischer Defizite ab. Zunächst erfolgte eine Erläuterung der in der industriellen Praxis bestehenden Herausforderungen anhand von Studienergebnissen. Bestehende Defizite sind zunächst in der Beherrschung der einsetzenden Komplexitätsverschiebung von der Kunden- auf die Anbieterseite im Rahmen des Angebots und der Erbringung hybrider Leistungsangebote zu sehen. Darüber hinaus ergeben sich weitere Defizite im Hinblick auf den Aufbau und die Konzeption von Wertschöpfungsnetzwerken in Abhängigkeit des anstrebten Nutzenversprechens sowie im Hinblick auf die Konfiguration komplementärer Kompetenzen von an der Erbringung hybrider Leistungsangebote beteiligten Partner. Hiermit einhergehend stellt die Auswahl benötigter Partner sowie die Allokation von Erbringungsleistungen auf Partner im Wertschöpfungsnetzwerk Unternehmen vor Herausforderungen, wodurch Potenziale zur Profitabilitätssteigerung durch eine partnerschaftliche Erbringung ungenutzt bleiben. Zur Identifikation theoretischer Defizite wurden Kriterien für eine qualitative

Bewertung bestehender wissenschaftlicher Ansätze definiert. Hierauf aufbauend wurden die bestehenden Ansätze hinsichtlich ihrer Adressierung des Objekt- und Zielbereichs sowie ihres Beitrags zur Lösungshypothese der vorliegenden Arbeit überprüft. Es wurde herausgestellt, dass keiner der Ansätze sämtliche Bewertungskriterien des Objekt- und Zielbereichs sowie der Lösungshypothese der vorliegenden Arbeit hinreichend erfüllt. Es konnten jedoch einzelne Ansätze identifiziert werden, die einen punktuellen Beitrag zu einzelnen Methodenschritten leisten, womit sie den Forschungsprozess unterstützten. Die Mehrzahl der Ansätze weist allerdings eine singuläre Fokussierung einzelner Teilaspekte, wie hybride Leistungsangebote, Komplexität oder Wertschöpfungsnetzwerke auf, wodurch bis dato kein Autor eine integrierte Methodik zur Erbringung hybrider Leistungsangebote in Wertschöpfungsnetzwerken mit der in dieser Arbeit verfolgten Zielsetzung darlegt.

Gegenstand des vierten Kapitels war die Entwicklung eines Konzepts zur Erbringung hybrider Leistungsangebote in Wertschöpfungsnetzwerken. Zur systematischen Konzeption der Methodik wurden zunächst inhaltliche als auch formale Anforderungen an die Methodik formuliert, bevor das vierschrittige methodische Vorgehen konzipiert worden ist. Eine Überführung der vier Schritte in die allgemeine Modelltheorie bildete den Abschluss des Kapitels.

Im Rahmen des fünften Kapitels wurde das erarbeitete Grobkonzept detailliert. Zunächst erfolgte die Ausarbeitung eines Beschreibungsmodells zur Strukturierung und komplexitätsorientierten Beschreibung hybrider Leistungsangebote. Hierfür wurde das Konzept der Produktarchitektur aufgegriffen und im Kontext hybrider Leistungsangebote weiterentwickelt, sodass sich eine Leistungsarchitektur bestehend aus einer Leistungsstruktur und einer Funktionsstruktur ergibt. Im Anschluss wurden analytisch-deduktiv zehn Komplexitätstreiber zur komplexitätsorientierten Beschreibung hybrider Leistungsangebote und der enthaltenen Leistungsbestandteile identifiziert und nachfolgend operationalisiert. Mit dem Erklärungsmodell wurde eine Vorgehensweise zur Bestimmung hybrider Leistungsmodule sowie ihrer Geschäftsmodellrelevanz dargelegt. Zur Ermittlung der hybriden Leistungsmodule wurden mittels DSMs und DMMs Wechselwirkungen zwischen Funktionen sowie den Leistungskomponenten ermittelt, um Leistungskomponenten mit ausgeprägten Wechselwirkungen zueinander zu hybriden Leistungsmodulen zusammenzufassen. Diese dienen als Erbringungsobjekte, welche entweder durch das fokale Unternehmen oder durch Partner erbracht werden können. Abschließend wurde der strategische Beitrag der hybriden Leistungsmodule basierend auf strategischen Zielen des Geschäftsmodells ermittelt. Dieser gibt Aufschluss über die Wichtigkeit einzelner Leistungsmodule zur Erreichung des Nutzenversprechens und gibt damit die Geschäftsmodellrelevanz an. Das dritte Modell wurde in Form eines Entscheidungsmodells ausgearbeitet und zielt auf die Unterstützung der Entscheidung des fokalen Unternehmens hinsichtlich einer Eigenerbringung oder einer Erbringung durch potenzielle Partner innerhalb eines Wertschöpfungsnetzwerks ab. Hierbei bestand die Maßgabe darin, die drei im Rahmen dieser Entscheidung relevanten Dimensionen strategischer Beitrag, erforderliche Kompetenzen und Komplexität der hybriden Leistungsmodule integriert zu betrachtet. Dazu wurde zunächst eine Vorgehensweise zur Kompetenzanalyse erarbeitet, mit der erforderliche Kompetenzen zur Erbringung der hybriden Leistungsmodule und Kompetenzlücken des fokalen Unternehmens aufgedeckt wurden. Zur Berücksichtigung der Komplexität wurden die operationalisierten Komplexitätstreiber aufgegriffen und ein Komplexitätswert zur Quantifizierung der Komplexität der hybriden Leistungsmodule erarbeitet. Ein Entscheidungsportfolio bildet die drei entscheidungsrelevanten Dimensionen integriert ab und fungiert als Grundlage der Erbringungsentscheidung. Das vierte Modell der Methodik ist ebenfalls als Entscheidungsmodell ausgelegt. Es fokussiert die Allokation hybrider Leistungsmodule, welche nicht durch das fokale Unternehmen erbracht werden, auf potenzielle Partner und die Ableitung von Normstrategien zu ihrer kooperativen Einbindung. Hierbei galt es zunächst hybride Leistungsmodule, welche ähnliche Kompetenzen für ihre Erbringung erfordern mittels MDS zu Kompetenzclustern zusammenzufassen, sodass eine effiziente Recherche möglicher Partner befähigt wird. Mittels der Nutzung des Greedy-Algorithmus wurde eine Logik zur Allokation hybrider Leistungsmodule auf potenzielle Partner entwickelt. Diese berücksichtigt einerseits die Kompetenzausstattung eines potenziellen Partners, verhindert andererseits aber eine einseitige Abhängigkeit des fokalen Unternehmens von diesem. Zur Definition von Normstrategien wurde abschließend ein Entscheidungswürfel aufgebaut. Die Normstrategien befähigen das fokale Unternehmen zur zielorientierten Kooperationsausgestaltung mit potenziellen Partnern.

Innerhalb des sechsten Kapitels wurde ein Fallbeispiel der Lasermaschinen AG aus der industriellen Praxis herangezogen und die entwickelte Methodik validiert. Neben der Validierung der Gesamtmethodik sowie der enthaltenen Teilmodelle galt es, Potenziale zur Erweiterung und Verbesserung der Methodik zu identifizieren. Eine kritische Reflexion der Anwendungserfahrung bildete den Abschluss.

Die als Resultat dieser Arbeit vorliegende Methodik befähigt Unternehmen, welche im Rahmen ihrer Transformation zum Lösungsanbieter vermehrt hybride Leistungsangebote anbieten, zum systematischen Aufbau eines Wertschöpfungsnetzwerks. Damit trägt die Methodik zur Steigerung der Profitabilität der Erbringung hybrider Leistungsangebote bei. Dies gelingt dadurch, dass das fokale Unternehmen zur Beherrschung der Komplexitätsverschiebung befähigt wird, seine vorliegenden Kompetenzen sowie die potenzieller Partner komplementär konfiguriert werden und es bei der Kooperationsausgestaltung zur strategisch vorteilhaften Positionierung unterstützt wird.

Zuletzt zeichnet sich eine zielgerichtete Forschungsarbeit dadurch aus, dass sie Ansatzpunkte für weitere wissenschaftliche Untersuchungen im thematisierten Forschungsgebiet aufdeckt. Hierzu soll eine horizontale und eine vertikale Erweiterung der erarbeiteten Methodik aufgezeigt werden. Anknüpfungspunkte für eine horizontale Erweiterung für weitere Forschungsarbeiten werden in der Ausgestaltung der Kooperation zwischen dem fokalen Unternehmen und seiner potenziellen Partner innerhalb des Wertschöpfungsnetzwerks gesehen. Hierbei gilt es, neben den Interessen des fokalen Unternehmens, auch die jeweiligen Interessen potenzieller Partner zu berücksichtigen. Im Rahmen der Anwendung der erarbeiteten Methodik in der industriellen Praxis stellte sich heraus, dass in diesem Zusammenhang insbesondere Anreize für mögliche Partner zur Partizipation an einem Wertschöpfungsnetzwerk von Relevanz sind. Hiermit geht die Überwindung von monetären und ressourcenbedingten Vorabinvestitionen potenzieller Partner einher, da ein kurzfristiger „Return on Investment" bei der Beteiligung und Umsetzung neuartiger Strategien, wie bei einem ergebnisorientierten Geschäftsmodell, nicht immer zeitnah gegeben ist. Darüber hinaus geht mit der Transformation zum Lösungsanbieter und der damit verbundenen Übernahme von Wertschöpfungsaktivitäten des Kunden neben einer Komplexitätsverschiebung auch eine Risikoverschiebung auf die Anbieterseite einher. In der weiteren Erforschung der Beherrschung dieser Risikoverschiebung wird ein Anknüpfungspunkt für eine vertikale Erweiterung der vorliegenden Methodik gesehen. Neben einer Komplexitätsbeherrschung und Optimierung des fokalen Unternehmens, wie es Gegenstand der vorliegenden Arbeit ist, gilt es, für das fokale Unternehmen auch, das bei ihm akkumulierte Risiko zu beherrschen und auf Partner zu verteilen, die an der Vermarktung der Lösung partizipieren. Ein weiterer Anknüpfungspunkt stellt der Umgang mit identifizierten Kompetenzlücken des fokalen Unternehmens dar. Hierbei sollte das fokale Unternehmen bei der Entscheidung unterstützt werden, welche Kompetenzlücken es für eine zukunftsorientierte und strategisch bestmögliche Ausrichtung schließen sollte, wo ein Kompetenzaufbau lohnenswert ist und wie dieser umgesetzt werden kann. Abschließend sei an dieser Stelle noch die Umsetzung eines Softwaretools zur integrierten Abbildung der Methodenschritte erwähnt, wie es im Rahmen der kritischen Reflexion der Anwendungserfahrung bereits thematisiert worden ist.

Literaturverzeichnis

Adam, D.; Johannwille, U., Die Komplexitätsfalle, In: Adam, D. (Hrsg.), In: Komplexitätsmanagement - Schriften zur Unternehmensführung Band 61, Wiesbaden: Gabler, 1998, S. 5-28.

Amit, R.; Zott, C., Value creation in E-business, In: Strategic Management Journal, Jg. 22 Nr. 6-7, 2001, S. 493-520.

Ashby, R. W., An Introduction to Cybernetics, London: Chapman & Hall, 1956.

Aurich, J.; Fuchs, C.; Wagenknecht, C., Life cycle oriented design of technical Product-Service Systems, In: Journal of Cleaner Production, Jg. 14 Nr. 17, 2006, S. 1480-1494.

Aurich, J.; Wolf, N.; Siener, M.; Schweitzer, E., Configuration of product-service systems, In: Journal of Manufacturing Technology Management, Jg. 20 Nr. 5, 2009, S. 591-605.

Bach, N.; Brehm, C.; Buchholz, W.; Petry, T., Wertschöpfungsorientierte Organisation - Architekturen - Prozesse - Strukturen, Wiesbaden: Gabler, 2012.

Bach, N.; Buchholz, W.; Eichler, B., Geschäftsmodelle für Wertschöpfungsnetzwerke - Begriffliche und konzeptionelle Grundlagen, In: Bach, N. (Hrsg.), In: Geschäftsmodelle für Wertschöpfungsnetzwerke - Wilfried Krüger zum 60. Geburtstag, 1. Aufl.; Wiesbaden: Gabler, 2003, S. 1-20.

Backhaus, K.; Erichson, B.; Plinke, W.; Weiber, R., Multivariate Analysemethoden - Eine anwendungsorientierte Einführung, Berlin, Heidelberg: Springer, 2018.

Baden-Fuller, C.; Mangematin, V., Business models: A challenging agenda, In: Strategic Organization, Jg. 11 Nr. 4, 2013, S. 418-427.

Bagheri, S.; Kusters, R.; Trienekens, J., Customer knowledge transfer challenges in a co-creation value network: Toward a reference model, In: International Journal of Information Management, Jg. 47, 2019, S. 198-214.

Baines, T.; Lightfoot, H.; Benedettini, O.; Kay, J., The servitization of manufacturing - A review of literature and reflection on future challenges, In: Journal of Manufacturing Technology Management, Jg. 20 Nr. 5, 2009, S. 547-567.

Baines, T.; Lightfoot, H.; Evans, S.; Neely, A.; Greenough, R.; Peppard, J.; Roy, R.; Shehab, E.; Braganza, A.; Tiwari, A.; Alcock, J.; Angus, J.; Bastl, M.; Cousens, A.; Irving, P.; Johnson, M.; Kingston, J.; Lockett, H.; Martinez, V.; Michele, P.; Tranfield, D.; Walton, I.; Wilson, H., State-of-the-art in product-service systems, In: Proceedings of the Institution of Mechanical Engineers, Part B: Journal of Engineering Manufacture, Jg. 221 Nr. 10, 2007, S. 1543-1552.

Baines, T.; Lightfoot, H.; Peppard, J.; Johnson, M.; Tiwari, A.; Shehab, E.; Swink, M., Towards an operations strategy for product-centric servitization, In: International Journal of Operations & Production Management, Jg. 29 Nr. 5, 2009, S. 494-519.

Baldwin, C.; Clark, K., Managing in an Age of Modularity, In: Harvard business review, Jg. 5 Nr. 75, 1997, S. 84-93.

Baldwin, C. Y.; Clark, K. B., Design rules - The Power of Modularity, Cambridge, Massachusetts: MIT Press, 2000.

Ballon, P., Business Modelling as the Configuration of Control and Value, In: Bled eConference 2007, 2007, S. 563-579.

Bandte, H., Komplexität in Organisationen - Organisationstheoretische Betrachtungen und agentenbasierte Simulation, 1. Aufl., Wiesbaden: Deutscher Universitäts-Verlag, 2007.

Barg, S. J., Kontextbezogene Auslegung von Produktbaukästen, Aachen: Apprimus Verlag, 2018.

Barney, J., Firm Resources and Sustained Competitive Advantage, In: Journal of Management, Jg. 17 Nr. 1, 1991, S. 99-120.

Barquet, A.; Oliveira, M. de; *Amigo, C.; Cunha, V.; Rozenfeld, H.*, Employing the business model concept to support the adoption of product–service systems (PSS), In: Industrial Marketing Management, Jg. 42 Nr. 5, 2013, S. 693-704.

Baureis, D., Eine Methode zur Identifikation erforderlicher Kompetenzen für hybride Leistungsbündel, 1. Aufl., Stuttgart: Europäischer Hochschulverlag, 2013.

Bayer, T., Integriertes Variantenmanagement - Variantenkostenbewertung mit faktorenanalytischen Komplexitätstreibern, 1. Aufl., München: Hampp, 2010.

Becker, J.; Beverungen, D.; Knackstedt, R., Wertschöpfungsnetzwerke von Produzenten und Dienstleistern als Option zur Organisation der Erstellung hybrider Leistungsbündel, In: Becker, J.; Knackstedt, R.; Pfeiffer, D. (Hrsg.), In: Wertschöpfungsnetzwerke - Konzepte für das Netzwerkmanagement und Potenziale aktuelle Informationstechnologien, Heidelberg: Physica-Verlag, 2008, S. 3-32.

Becker, W., Begriff und Funktionen des Controlling, Bamberg: Otto-Friedrich-Universität, 1999.

Beer, S., Kybernetik und Management, Frankfurt am Main: Fischer Verlag, 1962.

Beier, R.; Vöcking, B., Das Rucksackproblem, In: Vöcking, B.; Alt, H.; Dietzfelbinger, M.; Reischuk, R.; Scheideler, C.; Vollmer, H.; Wagner, D. (Hrsg.), In: Taschenbuch der Algorithmen, Berlin, Heidelberg: Springer, 2008, S. 405-411.

Benedettini, O.; Neely, A., Complexity in services: an interpretative framework, In: POMS 23rd Annual Conference, 2012.

Benger, A., Gestaltung von Wertschöpfungsnetzwerken, Berlin: GITO Verlag, 2007.

Benkenstein, M.; Güthoff, J., Typologisierung von Dienstleistungen - Ein Ansatz auf der Grundlage system-und käuferverhaltenstheoretischer Überlegungen, In: Zeitschrift für Betriebswirtschaft, Jg. 66 Nr. 1, 1996, S. 1493-1510.

Benker, H., Ingenieurmathematik kompakt – Problemlösungen mit MATLAB - Einstieg und Nachschlagewerk für Ingenieure und Naturwissenschaftler, Berlin: Springer, 2010.

Benker, H., EXCEL in der Wirtschaftsmathematik - Anwendung von Tabellenkalkulationsprogrammen für Studenten, Dozenten und Praktiker, Wiesbaden: Springer Fachmedien, 2014.

Berens, W.; Schmitting, W., Controllinginstrumente für das Komplexitätsmanagement: Potentiale es internen Rechnungswesens, In: Adam, D. (Hrsg.), In: Komplexitätsmanagement - Schriften zur Unternehmensführung Band 61, Wiesbaden: Gabler, 1998, S. 97-110.

Bick, W.; Drexl-Wittbecker, S., Komplexität reduzieren - Konzept, Methoden, Praxis, Stuttgart: LOG_X Vertrag, 2008.

Bickhoff, N.; Böhmer, C.; Eilenberger, G.; Hansmann, K.-W.; Niggemann, M.; Ringle, C.; Spremann, K.; Tjaden, G., Mit virtuellen Unternehmen zum Erfolg - Ein Quick-Check für Manager, Berlin: Springer, 2003.

Bieger, T.; Reinhold, S., Das wertbasierte Geschäftsmodell – Ein aktualisierter Strukturierungsansatz, In: Bieger, T.; Knyphausen-Aufseß, D. zu; Krys, C. (Hrsg.), In: Innovative Geschäftsmodelle - Konzeptionelle Grundlagen, Gestaltungsfelder und unternehmerische Praxis, Berlin, Heidelberg: Springer, 2011, S. 13-70.

Bienzeisler, B.; Ganz, W., Management hybrider Wertschöpfung: Einführung in die Problemstellung, In: Ganz, W.; Bienzeisler, B. (Hrsg.), In: Management hybrider Wertschöpfung - Potenziale, Perspektiven und praxisorientierte Beispiele, Stuttgart: Fraunhofer Verlag, 2010, S. 7-16.

Birke, F., Technologische Kompetenz und Erfolg junger Unternehmen - Eine Analyse der Einflussfaktoren, Dissertation, Technische Universität Berlin, 2010.

Birkie, S.; Trucco, P., Understanding dynamism and complexity factors in engineer-to-order and their influence on lean implementation strategy, In: Production Planning and Control, Jg. 27 Nr. 5, 2016, S. 345-359.

Bliss, C., Management von Komplexität - Ein integrierter, systemtheoretischer Ansatz zur Komplexitätsreduktion, Wiesbaden: Gabler, 2000.

Blockus, M.-O., Komplexität in Dienstleistungsunternehmen - Komplexitätsformen, Kosten- und Nutzenwirkungen, empirische Befunde und Managementimplikationen, 1. Aufl., Wiesbaden: Gabler, 2010.

Bochning, H.; Uhlmann, E.; Ziefle, A., Assistenzsystem - IPSS-CAD als informationstechnische Unterstützung der integrierten Sach- und Dienstleistungsentwicklung in der IPSS-Entwurfsphase, In: Meier, H.; Uhlmann, E. (Hrsg.), In: Industrielle Produkt-Service Systeme, Berlin, Heidelberg: Springer, 2017, S. 95-116.

Bogner, E., Strategien der Produktindividualisierung in der produzierenden Industrie im Kontext der Digitalisierung, Dissertation, Friedrich-Alexander-Universität Erlangen-Nürnberg, 2019.

Böhmann, T.; Krcmar, H., Komplexitätsmanagement als Herausforderung hybrider Wertschöpfung im Netzwerk, In: Wojda, F.; Barth, A. (Hrsg.), In: Innovative Kooperationsnetzwerke, Wiesbaden: DUV Deutscher Universitäts Verlag, 2006, S. 81-105.

Böhmann, T.; Krcmar, H., Modulare Servicearchitekturen, In: Bullinger, H.-J.; Scheer, A.-W.; Schneider, K. (Hrsg.), In: Service Engineering - Entwicklung und Gestaltung innovativer Dienstleistungen, 2., vollst. überarb. und erw. Aufl.; Berlin, Heidelberg: Springer, 2006, S. 377-402.

Bonjour, É.; Micaëlli, J.-P., Design Core Competence Diagnosis: A Case From the Automotive Industry, In: IEEE Transactions on Engineering Management, Jg. 57 Nr. 2, 2010, S. 323-337.

Booth, A., "Brimful of STARLITE": toward standards for reporting literature searches, In: Journal of the Medical Library Association, Jg. 94 Nr. 4, 2006, 421-429.

Borchert, M.; Urspruch, T., Unternehmensnetzwerke, Universität Duisburg-Essen, 2003.

Borjesson, F.; Hölttä-Otto, K., Improved Clustering Algorithm for Design Structure Matrix, In: Proceedings of the ASME International Design Engineering Technical

Conferences and Computers and Information in Engineering Conference - 2012, New York: ASME, 2012, S. 921-930.

Borjesson, F.; Hölttä-Otto, K., A module generation algorithm for product architecture based on component interactions and strategic drivers, In: Research in Engineering Design, Jg. 25 Nr. 1, 2014, S. 31-51.

Boßlau, M.; Gesing, J.; Meier, H.; Wieseke, J., Geschäftsmodelle für Industrielle Produkt-Service Systeme, In: Meier, H.; Uhlmann, E. (Hrsg.), In: Industrielle Produkt-Service Systeme, Berlin, Heidelberg: Springer, 2017, S. 299-324.

Braun, E., Vom klassischen Produzenten zum Lösungsanbieter - Ein Ansatz zur Umsetzung von Kundenlösungen im High-End Konsumgüter Bereich, Dissertation, Universität St. Gallen, 2013.

Brax, S.; Bask, A.; Hsuan, J.; Voss, C., Service modularity and architecture – an overview and research agenda, In: International Journal of Operations & Production Management, Jg. 37 Nr. 6, 2017, S. 686-702.

Breunig, S., Produktarchitekturgestaltung mechatronischer Baukastensysteme, Aachen: Apprimus Verlag, 2017.

Brexendorf, J., Komplexität in Kooperationen - Eine empirisch basierte Analyse unter der Anwendung des Sensitivitätsmodells, Dissertation, Universität St. Gallen, 2012.

Browning, T., Applying the Design Structure Matrix to System Decomposition and Integration Problems: A Review and New Directions, In: IEEE Transactions on Engineering Management, Jg. 48 Nr. 3, 2001, S. 292-306.

Budde, L., Integriertes Komplexitätsmanagement in produzierenden Unternehmen - Ein Modell zur Bewertung von Komplexität, Dissertation, Universität St. Gallen, 2015.

Bullinger, H.-J.; Schreiner, P., Service Engineering - Ein Rahmenkonzept für die systematische Entwicklung von Dienstleistungen, In: Bullinger, H.-J.; Scheer, A.-W.; Schneider, K. (Hrsg.), In: Service Engineering - Entwicklung und Gestaltung innovativer Dienstleistungen, 2., vollst. überarb. und erw. Aufl.; Berlin, Heidelberg: Springer, 2006, S. 53-84.

Bundesministerium für Wirtschaft und Energie, Schlaglichter der Wirtschaftspolitik - Monatsbericht Oktober 2019, Bundesministerium für Wirtschaft und Energie (Hrsg.), 2019.

Burianek, F.; Ihl, C.; Bonnemeier, S.; Reichwald, R., Typologisierung hybrider Produkte: Ein Ansatz basierend auf der Komplexität der Leistungserbringung, München: Technische Universität München (TUM), Lehrstuhl für Betriebswirtschaftslehre - Information, Organisation und Management, 2007.

Buriánek, F., Vertragsgestaltung bei hybriden Leistungsangeboten - Eine ökonomische Betrachtung, Wiesbaden: Gabler, 2009.

Burr, W., Zur Anwendung des resource based view of the firm auf Dienstleistungsunternehmen – Versuch einer Präzisierung des resource based view, In: Eisenkopf, A.; Opitz, C.; Proff, H. (Hrsg.), In: Strategisches Kompetenz-Management in der Betriebswirtschaftslehre, Wiesbaden: Gabler, 2008, S. 183-194.

Burr, W., Service Engineering bei technischen Dienstleistungen - Eine ökonomische Analyse der Modularisierung, Leistungstiefengestaltung und Systembündelung, 2. Aufl., Wiesbaden: Springer, 2016.

Chen, M., A Greedy Algorithm with Forward-Looking Strategy, In: Bednorz, W. (Hrsg.), In: Advances in Greedy Algorithms, Wien: In-Teh, 2008, S. 1-16.

Chesbrough, H.; Rosenbloom, R., The role of the business model in capturing value from innovation: evidence from Xerox Corporation's technology spin-off companies, In: Industrial and Corporate Change, Jg. 11 Nr. 3, 2002, S. 529-555.

Chowdhury, S.; Haftor, D.; Pashkevich, N., Smart Product-Service Systems (Smart PSS) in Industrial Firms: A Literature Review, In: Procedia CIRP, Jg. 73, 2018, S. 26-31.

Christensen, C.; Johnson, M.; Kagermann, H., Wie Sie Ihr Geschäftsmodell neu erfinden, In: Harvard Business Manager, Jg. 4, 2009, S. 37-49.

Clausing, D., Total quality development - A step-by-step guide to world-class concurrent engineering, New York: American Society Of Mechanical Engineers, 1998.

Conrad, K.-J., Grundlagen der Konstruktionslehre - Maschinenbau-Anwendungen und Orientierung auf Menschen, 7. Aufl., München: Hanser, 2019.

Cornet, A., Plattformkonzepte in der Automobilentwicklung, Koblenz: Deutscher Universitäts-Verlag, 2002.

Corsten, H., Betriebswirtschaftslehre der Dienstleistungsunternehmungen - Einführung, 2., durchges. Aufl., München: Oldenbourg, 1990.

Corsten, H.; Gössinger, R., Dienstleistungsmanagement, 5., vollständig überarb. u. erw. Aufl., München: Oldenbourg, 2007.

Cutherell, D., Product Architecture, In: Rosenau, M. D. (Hrsg.), In: The PDMA handbook of new product development, New York: Wiley, 1996, S. 217-235.

Dalhöfer, J., Komplexitätsbewertung indirekter Geschäftsprozesse - Strategisches Controlling der komplexitätsbedingten Kosten administrativer Abläufe in der auftragsbezogenen Kleinserien- und Einzelproduktion, 1. Aufl., Aachen: Shaker Verlag, 2009.

Danilovic, M.; Börjesson, H., Managing the multiproject environment, In: Proceedings of the 3rd Dependece Structure Matrix (DSM) International Workshop, 2001.

Danilovic, M.; Börjesson, H., Participatory Dependence Structure Matrix Approach, In: Proceedings of the 3rd Dependece Structure Matrix (DSM) International Workshop, 2001.

Danilovic, M.; Browning, T., Managing complex product development projects with design structure matrices and domain mapping matrices, In: International Journal of Project Management, Jg. 25 Nr. 3, 2007, S. 300-314.

Dehnen, K., Strategisches Komplexitätsmanagement in der Produktentwicklung, Hamburg: Kovač, 2004.

Deiser, R., Organizing for Business Ecosystem Leadership - Insights from Expert Conversations and a Global Survey, Center for the Future of Organization (Hrsg.), 2020.

Dellanoi, R., Kommunalitäten bei der Entwicklung variantenreicher Produktfamilien, Dissertation, Universität St. Gallen, 2006.

Denk, R.; Pfneissl, T., Komplexität und Komplexitätsmanagement, In: Denk, R.; Pfneissl, T. (Hrsg.), In: Komplexitätsmanagement, Wien: Linde, 2009, S. 13-50.

Deutsches Institut für Normung (DIN), PAS 1094 Beuth Verlag Berlin: 2009

Deutsches Institut für Normung (DIN), DIN EN ISO 9001 Beuth Verlag Berlin: 2015

Deutsches Institut für Normung (DIN), DIN EN ISO 9000 Beuth Verlag Berlin: 2015

Deza, E.; Deza, M. M., Encyclopedia of Distances, Berlin, Heidelberg: Springer, 2009.

Diels, F., Indikatoren für die Ermittlung agil zu entwickelnder Produktumfänge, Aachen: Apprimus Verlag, 2017.

Disselkamp, M.; Schüller, R., Lieferantenrating - Instrumente, Kriterien, Checklisten, Wiesbaden: Gabler, 2004.

Döbler, T. M.; Bending, O. B.; Janik, J., Der zweite Frühling für den Maschinenbau - Servicedigitalisierung als Wachstumstreiber, Monitor Deloitte (Hrsg.), 2020.

Driedonks, B.; Hengstebeck, B.; Viertler, M., What's wrong with solutions selling - and how to put it right - If you want to grow your business, improve your commercial capabilities, McKinsey & Company (Hrsg.), 2019.

Drucker, P. F., Management - Tasks, responsibilities, practices, New Brunswick, NJ: Transaction Publishers, 2007.

Dudenredaktion (o. J.)"komplex" auf Duden online, "komplex" auf Duden online. URL: https://www.duden.de/rechtschreibung/komplex [Zuletzt geprüft: 27.11.2021].

Dudenredaktion (o. J.)"Produkt" auf Duden online, "Produkt" auf Duden online. URL: https://www.duden.de/rechtschreibung/Produkt [Zuletzt geprüft: 27.11.2021].

DWDS (o. J.)"hybrid" auf DWDS online, "hybrid" auf DWDS online. URL: https://www.dwds.de/wb/hybrid [Zuletzt geprüft: 27.11.2021].

DWDS (o. J.)"Kooperation" auf DWDS online, "Kooperation" auf DWDS online. URL: https://www.dwds.de/wb/Kooperation [Zuletzt geprüft: 27.11.2021].

Eisen, S., Der Netpreneur: Handlungs- und Gestaltungsempfehlungen für den Aufbau von Netzwerken, Dissertation, Universität St. Gallen, 2001.

Eloranta, V.; Turunen, T., Platforms in service-driven manufacturing: Leveraging complexity by connecting, sharing, and integrating, In: Industrial Marketing Management, Jg. 55, 2016, S. 178-186.

Emmrich, V.; Döbele, M.; Bauernhansl, T.; Paulus-Rohmer, D.; Schatz, A.; Weskamp, M., Geschäftsmodell-Innovation durch Industrie 4.0 - Chancen und Risiken für den Maschinen- und Anlagenbau, Dr. Wieselhuber & Partner GmbH, Fraunhofer-Institut für Produktionstechnik und Automatisierung IPA (Hrsg.), 2015.

Engelhardt, W.; Kleinaltenkamp, M.; Reckenfelderbäumer, M., Leistungsbündel als Absatzobjekte - Ein Ansatz zur Überwindung der Dichotomie von Sach- und Dienstleistungen, in: Zeitschrift für betriebswirtschaftliche Forschung, In: Zeitschrift für betriebswirtschaftliche Forschung, 1993, S. 395-426.

Engelhardt, W.; Reckenfelderbäumer, M., Industrielles Service-Management, In: Kleinaltenkamp, M.; Plinke, W.; Jacob, F.; Söllner, A. (Hrsg.), In: Markt- und Produktmanagement - Die Instrumente des Business-to-Business-Marketing, 2. Aufl.; Wiesbaden: Gabler, 2006, S. 209-320.

*Engeser, M. (*2014)Die Macht der Daten schlägt in allen Branchen durch, Die Macht der Daten schlägt in allen Branchen durch. URL: https://www.wiwo.de/technologie/digitale-welt/strategie-die-macht-der-daten-schlaegt-in-allen-branchen-durch/9516198.html [Zuletzt geprüft: 06.10.2021].

Eppinger, S. D.; Browning, T. R., Design Structure Matrix Methods and Applications, Cambridge Massachusetts: MIT Press, 2012.

Esser, L.; Seiter, M., Industrial Service Networks - Spezifika und Überblick über den Stand der Forschung, In: Schmalenbachs Zeitschrift für betriebswirtschaftliche Forschung, Jg. 67 Nr. 69, 2015, S. 1-16.

Fearns, H., Die Entstehung von Kernkompetenzen - Eine evolutionstheoretische Betrachtung, Konstanz: Deutscher Universitäts-Verlag, 2004.

Feldhusen, J.; Grote, K.-H., Pahl/Beitz Konstruktionslehre - Methoden und Anwendung erfolgreicher Produktentwicklung, 8. Aufl., Berlin, Heidelberg: Springer, 2013.

Feldhusen, J.; Grote, K.-H.; Göpfert, J.; Tretow, G., Technische Systeme, In: Feldhusen, J.; Grote, K.-H. (Hrsg.), In: Pahl/Beitz Konstruktionslehre - Methoden und Anwendung erfolgreicher Produktentwicklung, 8. Aufl.; Berlin, Heidelberg: Springer, 2013, S. 237-279.

Feldhusen, J.; Grote, K.-H.; Nagarajah, A.; Pahl, G.; Beitz, W.; Wartzack, S., Vorgehen bei einzelnen Schritten des Produktentstehungsprozesses, In: Feldhusen, J.; Grote, K.-H. (Hrsg.), In: Pahl/Beitz Konstruktionslehre - Methoden und Anwendung erfolgreicher Produktentwicklung, 8. Aufl.; Berlin, Heidelberg: Springer, 2013, S. 291-409.

Feldhütter, V., Beitrag zur modellbasierten Bewertung der Komplexität in der Montagelogistik der Automobilindustrie, Dissertation, Technische Universität Dortmund, 2018.

Fleischer, J.; Herm, M.; Ude, J., Business Capabilities as configuration elements of value added networks, In: Production Engineering, Jg. 1 Nr. 2, 2007, S. 187-192.

Fließ, S., Dienstleistungsmanagement - Kundenintegration gestalten und steuern, 1. Aufl., Wiesbaden: Gabler/GWV Fachverlage, 2009.

Fliess, S.; Lexutt, E., How to be successful with servitization - Guidelines for research and management, In: Industrial Marketing Management, Jg. 78, 2019, S. 58-75.

Freiling, J., Terminologische Grundlagen des Resource-based View, In: Bellmann, K.; Freiling, J.; Hammann, P.; Mildenberger, U. (Hrsg.), In: Aktionsfelder des Kompetenz-Managements, Wiesbaden: Deutscher Universitäts-Verlag, 2002, S. 3-28.

Frese, E., Organisationstheorie - Historische Entwicklung - Ansätze - Perspektiven, 2., überarb. und wesentlich erw. Aufl., Wiesbaden: Gabler, 1992.

Fricker, A., Eine Methodik zur Modellierung, Analyse und Gestaltung komplexer Produktionsstrukturen, Dissertation, RWTH Aachen University, 1996.

Friedli, T., Die Architektur von Kooperationen, Dissertation, Universität St. Gallen, 2000.

Friege, C., Preispolitik für Leistungsverbunde im Business-to-Business-Marketing, Wiesbaden: Deutscher Universitäts-Verlag, 1995.

Gackstatter, S.; Lingens, B.; Lemaire, A.; Böger, M., Business Ecosystems - Partnership of equals for corporates, SMEs and startups, Roland Berger GmbH (Hrsg.), 2019.

Gaitanides, M., Prozesskettenmanagement, In: Kern, W.; Schröder, H.-H.; Weber, J. (Hrsg.), In: Handwörterbuch der Produktionswirtschaft, 2., völlig neu gestaltete Aufl.; Stuttgart: Schäffer-Poeschel, 1996, Sp. 1682-1696.

Gaitanides, M.; Scholz, R.; Vrohlings, A.; Raster, M., Prozeßmanagement - Konzepte, Umsetzungen und Erfahrungen des Reengineering, München: Hanser, 1994.

Galavan, R. J., Understanding Resources, Competences, and Capabilities in EU Common Security and Defence Policy, Edward M Kennedy Institute for Conflict Intervention & School of Business Maynooth University (Hrsg.), 2015.

Galipoglu, E.; Wolter, M., Typologien industrienaher Dienstleistungen: Eine Literaturübersicht, In: Thomas, O.; Nüttgens, M.; Fellmann, M. (Hrsg.), In: Smart Service Engineering, Wiesbaden: Springer Fachmedien, 2017, S. 170-192.

Garbe, B., Industrielle Dienstleistungen - Einfluß und Erfolgsfaktoren, Wiesbaden: Gabler, 1998.

Gassmann, O.; Frankenberger, K.; Csik, M., Geschäftsmodelle entwickeln - 55 innovative Konzepte mit dem St. Galler Business Model Navigator, München: Hanser, 2013.

Gausemeier, J.; Fink, A.; Schlake, O., Szenario-Management - Planen und Führen mit Szenarien, 2., bearb. Aufl., München: Hanser, 1996.

Gausemeier, J.; Wieseke, J.; Echterhoff, B.; Koldewey, C.; Mittag, T.; Scheider, M.; Isenberg, L., Integrative Planung von Geschäftsmodellen und Wertschöpfungssystemen - Mit Industrie 4.0 zum Unternehmenserfolg, Paderborn: Heinz Nixdorf Institut, Universität Paderborn (Hrsg.), 2017.

Gausmann, O., Kundenindividuelle Wertschöpfungsnetze - Gestaltungsempfehlungen unter Berücksichtigung einer auftragsorientierten Produktindividualisierung, 1. Aufl., Wiesbaden: Gabler/GWV Fachverlage, 2009.

Gebauer, H.; Paiola, M.; Saccani, N., Characterizing service networks for moving from products to solutions, In: Industrial Marketing Management, Jg. 42 Nr. 1, 2012, S. 31-46.

Geiger, O., Kennzahlenorientiertes Entwicklungscontrolling - Ein ganzheitliches, kennzahlenbasiertes Planungs-, Steuerungs- und Kontrollinstrument zur Analyse des Entwicklungsbereichs industrieller Unternehmen, Aachen: Shaker Verlag, 2000.

Geissbauer, R.; Lübben, E.; Schrauf, S.; Pillsbury, S., Digital Champions - How industry leaders build integrated operations ecosystems to deliver end-to-end customer solutions, PwC Strategy& Germany (Hrsg.), 2018.

Gerybadze, A., Technologie- und Innovationsmanagement - Strategie, Organisation und Implementierung, 1. Aufl., München: Vahlen, 2004.

Gill, C., Architektur für das Service Engineering zur Entwicklung von technischen Dienstleistungen, Aachen: Shaker Verlag, 2004.

Goedkoop, M.; van Halen, C.; te Riele, H.; Rommens, P., Product Service systems, Ecological and Economic Basics, 1999.

Gomez, P.; Probst, G. J. B., Die Praxis des ganzheitlichen Problemlösens - Vernetzt denken, unternehmerisch handeln, persönlich überzeugen, 3., unveränd. Aufl., Bern: Haupt, 2007.

Göpfert, J., Modulare Produktentwicklung - Zur gemeinsamen Gestaltung von Technik und Organisation, Norderstedt: Books on Demand, 1998.

Gratl, R., Management virtueller Unternehmensnetzwerke unter besonderer Berücksichtigung der Erfolgsevaluation von Internet-Strategien, Dissertation, Universität St. Gallen, 2002.

Green, M.; Davies, P.; Ng, I., Two strands of servitization: A thematic analysis of traditional and customer co-created servitization and future research directions, In: International Journal of Production Economics, Jg. 192, 2017, S. 40-53.

Grossmann, C., Komplexitätsbewältigung im Management - Anleitungen, integrierte Methodik und Anwendungsbeispiele, Winterthur: Verlag GNC, 1992.

Gutenberg, E., Grundlagen der Betriebswirtschaftslehre - Erster Band Die Produktion, Berlin, Heidelberg: Springer, 1951.

Gutierrez Fernandez, C., Integration analysis of product architecture to support effective team co-location, Massachusetts Institute of Technology (MIT), 1998.

Haberfellner, R.; Weck, O. L. de; *Fricke, E.*, Systems Engineering - Fundamentals and Applications, Cham: Springer, 2019.

Häckel, B.; Übelhör, J., Digitale Geschäftsmodelle in der Industrie: Eine Analyse der Auswirkungen und Herausforderungen, In: Meinhardt, S.; Pflaum, A. (Hrsg.), In: Digitale Geschäftsmodelle – Band 2, Wiesbaden: Springer Fachmedien, 2019, S. 167-180.

Häder, M., Empirische Sozialforschung - Eine Einführung, 4. Aufl., Wiesbaden: Springer Fachmedien, 2019.

Hafeez, K.; Zhang, Y.; Malak, N., Core Competence for Sustainable Competitive Advantage: A Structured Methodology for Identifying Core Competence, In: IEEE Transactions on Engineering Management, Jg. 49 Nr. 1, 2002, S. 28-35.

Hakanen, T., Co-creation of integrated service solutions in business networks, Dissertation, Tampere University of Technology, 2014.

Hamel, G., Leading the revolution: How to thrive in turbulent times by making innovation a way of life, 1. Aufl., New York, NY: Plume, 2002.

Haupt, S., Digitale Wertschöpfungsnetzwerke und kooperative Strategien in der deutschen Lackindustrie, Dissertation, Universität St. Gallen, 2003.

Heinen, E., Einführung in die Betriebswirtschaftslehre, 8. durchgesehene Aufl., Wiesbaden: Gabler, 1968.

Helmer, R.; Yassine, A.; Meier, C., Systematic module and interface definition using component design structure matrix, In: Journal of Engineering Design, Jg. 21 Nr. 6, 2010, S. 647-675.

Herrmann, C.; Kuntzky, K.; Mennenga, M.; Royer-Torney, M.; Bergmann, L., Joint Framework for Product Service Systems and Life Cycle Management, In: Sakao, T.; Larsson, T. C.; Lindahl, M. (Hrsg.), In: Proceedings of the 2nd CIRP International Conference on Industrial Product-Service Systems (IPS^2), Linköping, 2010, S. 453-459.

Herrmann, D.; Schumny, H., Greedy-Methoden, In: Herrmann, D.; Schumny, H. (Hrsg.), In: Programmierprinzipien in BASIC und Pascal, Wiesbaden: Vieweg+Teubner Verlag, 1984, S. 47-51.

Hess, T., Anwendungsmöglichkeiten des Konzerncontrolling in Unternehmensnetzwerken, In: Sydow, J.; Windeler, A. (Hrsg.), In: Steuerung von Netzwerken - Konzepte und Praktiken, Opladen: Westdeutscher Verlag, 2001, S. 156-177.

Hess, T., Netzwerkcontrolling - Instrumente und ihre Werkzeugunterstützung, Wiesbaden: Deutscher Universitäts-Verlag, 2002.

Hilbert, F.; Scherer, R., Virtuelle Organisation für Bauprojekte, In: Scherer, R. J.; Schapke, S.-E. (Hrsg.), In: Informationssysteme im Bauwesen 1 - Modelle, Methoden und Prozesse, Berlin, Heidelberg: Springer, 2014, S. 143-165.

Hilke, W., Grundprobleme und Entwicklungstendenzen des Dienstleistungs-Marketing, In: Hilke, W.; Trippen, L.; Peiner, W.; Köhler, S. A. (Hrsg.), In: Dienstleistungs-Marketing - Banken und Versicherungen. Freie Berufe. Handel und Transport, Wiesbaden: Gabler, 1989, S. 5-44.

Hofer, A.; Adam, O.; Zang, S.; Vanderhaeghen, D., Modellierung und Management kollaborativer Geschäftsprozesse, In: Loos, P.; Vanderhaeghen, D. (Hrsg.), In: Kollaboratives Prozessmanagement - Unterstützung kooperations- und koordinationsintensiver Geschäftsprozesse am Beispiel des Bauwesens, Berlin: Logos Verlag, 2007, S. 61-81.

Hölttä-Otto, K.; Tang, V.; Otto, K., Module Definition for Product-Service Systems, In: 6th International Conference on Micro- and Nanosystems; 17th Design for Manufacturing and the Life Cycle Conference, 5. Aufl.; American Society Of Mechanical Engineers, 2012, S. 359-368.

Homburg, C.; Kebbel, P., Komplexität als Determinante der Qualitätswahrnehmung von Dienstleistungen, In: Schmalenbachs Zeitschrift für betriebswirtschaftliche Forschung, Jg. 53 Nr. 5, 2001, S. 478-499.

Huikkola, T.; Kohtamäki, M., Solution providers' strategic capabilities, In: Journal of Business & Industrial Marketing, Jg. 32 Nr. 5, 2017, S. 752-770.

Idicula, J., Planning for concurrent engineering, Gintic Institute Research Report, Singapur, 1995.

Illner, B.; Konjusic, R.; Lässig, R.; Lorenz, M.; Petzke, A., Digitale Angebote erfolgreich vermarkten - Leitfaden zur Kommerzialisierung von digitalen Produkten und Services, Verband Deutscher Maschinen- und Anlagenbau (VDMA) (Hrsg.), 2019.

Ivens, B., Wertschöpfungsorientierte Unternehmensführung: „Value Creation" und „Value Claiming" als grundlegende strategische Prozesse, In: Ulrich, P.; Baltzer, B. (Hrsg.), In: Wertschöpfung in der Betriebswirtschaftslehre - Festschrift für Prof. Dr. habil. Wolfgang Becker zum 65. Geburtstag, Wiesbaden: Springer Fachmedien, 2019, S. 451-470.

Janello, C., Wertschöpfung im digitalisierten Buchmarkt, Wiesbaden: Gabler/Springer Fachmedien, 2010.

Janssen, J.; Laatz, W., Statistische Datenanalyse mit SPSS für Windows, 6, neu bearb. und erw. Aufl., Berlin, Heidelberg: Springer, 2007.

Jarillo, J., On strategic networks, In: Strategic Management Journal, Jg. 9 Nr. 1, 1988, S. 31-41.

Javidan, M., Core competence - What does it mean in practice?, In: Long Range Planning, Jg. 31 Nr. 1, 1998, S. 60-71.

Johnston, R.; Lawrence, P., Vertikale Integration II: Wertschöpfungspartnerschaften leisten mehr, In: Harvard Manager, Jg. 11 Nr. 1, 1989, S. 81-88.

Kage, M., Systematik zur Positionierung in technologieinduzierten Wertschöpfungsnetzwerken, Dissertation, Universität Paderborn, 2018.

Kagermann, H.; Österle, H., Geschäftsmodelle 2010 - Wie CEOs Unternehmen transformieren, 2. Aufl., Frankfurt am Main: FAZ-Institut für Management- Markt- und Medieninformationen, 2007.

Kaiser, A., Integriertes Variantenmanagement mit Hilfe der Prozesskostenrechnung, Dissertation, Universität St. Gallen, 1995.

Kampker, A.; Schuh, G.; Franzkoch, B.; Hoeschen, A.; Bachmann, F., Komplexitätsorientierte Gestaltung von Unternehmensnetzwerken, In: ZWF Zeitschrift für wirtschaftlichen Fabrikbetrieb, Jg. 105 Nr. 9, 2010, S. 773-777.

Kersten, W.; Zink, T.; Kern, E.-M., Wertschöpfungsnetzwerke zur Entwicklung und Produktion hybrider Produkte - Ansatzpunkte und Forschungsbedarf, In: Blecker, T.; Gemünden, H. G. (Hrsg.), In: Wertschöpfungsnetzwerke - Festschrift für Bernd Kaluza, Berlin: Erich Schmidt, 2006, S. 189-201.

Kindström, D.; Kowalkowski, C., Service innovation in product-centric firms: a multidimensional business model perspective, In: Journal of Business & Industrial Marketing, Jg. 29 Nr. 2, 2014, S. 96-111.

Kirchhof, R., Ganzheitliches Komplexitätsmanagement - Grundlagen und Methodik des Umgangs mit Komplexität im Unternehmen, Wiesbaden: Springer Fachmedien, 2003.

Kleinaltenkamp, M., Begriffsabgrenzung und Erscheinungsformen von Dienstleistungen, In: Bruhn, M.; Meffert, H. (Hrsg.), In: Handbuch Dienstleistungsmanagement - Von der strategischen Konzeption zur praktischen Umsetzung, Wiesbaden: Gabler, 1998, S. 29-52.

Kohr, D.; Budde, L.; Friedli, T., Identifying Complexity Drivers in Discrete Manufacturing and Process Industry, In: Procedia CIRP, Jg. 63, 2017, S. 52-57.

Kölsch, P.; Aurich, J., Innovative Serviceprodukte für individualisierte, verfügbarkeitsorientierte Geschäftsmodelle, In: Aurich, J. C.; Koch, W.; Kölsch, P.; Herder, C. F. (Hrsg.), In: Entwicklung datenbasierter Produkt-Service Systeme, Berlin, Heidelberg: Springer, 2019, S. 1-4.

Kölsch, P.; Aurich, J.; Herder, C., Grundlagen zu Produkt-Service Systemen, In: Aurich, J. C.; Koch, W.; Kölsch, P.; Herder, C. F. (Hrsg.), In: Entwicklung datenbasierter Produkt-Service Systeme, Berlin, Heidelberg: Springer, 2019, S. 5-16.

Koppelmann, U., Beschaffungsmarketing, 3., neu bearbeitete und erweiterte Auflage, Berlin, Heidelberg: Springer, 2000.

Korthals, K., Wertstromanalyse in der Produktentwicklung, 1. Aufl., Aachen: Apprimus Verlag, 2014.

Köster, O., Systematik zur Entwicklung von Geschäftsmodellen in der Produktentstehung, Münster: Verlagshaus Monsenstein und Vannerdat, 2014.

Kotler, P.; Keller, K. L.; Opresnik, M. O., Marketing-Management - Konzepte - Instrumente - Unternehmensfallstudien, 14., aktualisierte Aufl., Hallbergmoos: Pearson, 2015.

Kowalkowski, C.; Ulaga, W., Service strategy in action - A practical guide for growing your B2B service and solution business, Middletown: Service Strategy Press, 2017.

Kreß, J.; Dölle, C.; Riesener, M.; Schuh, G., Concept for a Complexity-Oriented Structuring of Corporate Value Networks for the Provision of Product-Service Systems, In: Behrens, B.-A.; Brosius, A.; Drossel, W.-G.; Hintze, W.; Ihlenfeldt, S.; Nyhuis, P. (Hrsg.), In: Production at the Leading Edge of Technology, Cham: Springer International Publishing, 2021, S. 675-683.

Kreuzpointner, A.; Reißer, R., Praxishandbuch Beschaffungsmanagement, Wiesbaden: Betriebswirtschaftlicher Verlag Gabler/GWV Fachverlage, 2006.

Krüger, W.; Homp, C., Kernkompetenz-Management - Steigerung von Flexibilität und Schlagkraft im Wettbewerb, Wiesbaden: Gabler, 1997.

Kubicek, H., Heuristische Bezugsrahmen und heuristisch angelegte Forschungsdesigns als Elemente einer Konstruktionsstrategie empirischer Forschung, In: Köhler, R. (Hrsg.), In: Empirische und handlungstheoretische Forschungskonzeptionen in der Betriebswirtschaftslehre - Bericht über die Tagung in Aachen, März 1976, 1. Aufl.; Stuttgart: Poeschel, 1977, S. 3-36.

Kuntzky, K., Systematische Entwicklung von Produkt-Service-Systemen, Essen: Vulkan-Verlag, 2013.

Kuster, J., Systembündelung technischer Dienstleistungen, Aachen: Shaker Verlag, 2004.

Lado, A.; Boyd, N.; Wright, P., A Competency-Based Model of Sustainable Competitive Advantage: Toward a Conceptual Integration, In: Journal of Management, Jg. 18 Nr. 1, 1992, S. 77-91.

Large, R. O., Strategisches Beschaffungsmanagement - Eine praxisorientierte Einführung, 5. Aufl., Wiesbaden: Springer Fachmedien, 2013.

Leang, S.; Wan Mahmood, W.; Rahman, M.A.A., The impact of manufacturing complexity drivers on performance-a preliminary study, In: IOP Conference Series: Materials Science and Engineering, Jg. 328 Nr. 1, 2018.

Lehner, M., Verfahren zur Entwicklung geschäftsmodell-orientierter Diversifikationsstrategien, Dissertation, Universität Paderborn, 2014.

Leicht, T., Veränderung und Innovativität in der deutschen Kreditwirtschaft - Eine institutionenökonomische Analyse im Kontext der Vereinbarkeit von Beruf und Familie, Frankfurt am Main: Peter Lang, 2016.

Levitt, T., After the Sale Is Over, In: Harvard business review, Jg. 61, 1983.

Lindemann, U., Methodische Entwicklung technischer Produkte - Methoden flexibel und situationsgerecht anwenden, 3., korrigierte Aufl., Berlin, Heidelberg: Springer, 2009.

Lindemann, U.; Maurer, M. S.; Braun, T., Structural Complexity Management - An Approach for the Field of Product Design, Berlin, Heidelberg: Springer, 2009.

Lins, D.; Arnold, D.; Prinz, C.; Kuhlenkötter, B., Befähigungssystem für die Transformation zu hybrider Wertschöpfung, In: ZWF Zeitschrift für wirtschaftlichen Fabrikbetrieb, Jg. 114 Nr. 12, 2019, S. 851-854.

Logofătu, D., Grundlegende Algorithmen mit Java, Wiesbaden: Springer Fachmedien, 2014.

Lösch, J., Controlling der Variantenvielfalt - Eine koordinationsorientierte Konzeption zur Steuerung von Produktvarianten, Aachen: Shaker Verlag, 2001.

Lubarski, A.; Pöppelbuß, J., Methods for Service Modularization - A Systematization Framework, In: PACIS 2016 Proceedings, 2016.

Luczak, H.; Fricker, A., Komplexitätsmanagement - ein Mittel der strategischen Unternehmensgestaltung, In: Schuh, G.; Wiendahl, H.-P. (Hrsg.), In: Komplexität und Agilität - Steckt die Produktion in der Sackgasse?, Berlin, Heidelberg: Springer, 1997, S. 309-323.

Luczak, H.; Keith, H.; Gill, C., Kompetenzentwicklung für das Service Engineering, In: Luczak, H. (Hrsg.), In: Betriebliche Tertiarisierung - Der ganzheitliche Wandel vom Produktionsbetrieb zum dienstleistenden Problemlöser, Wiesbaden: Deutscher Universitäts-Verlag, 2004, S. 97-123.

Luhmann, N., Funktionen und Folgen formaler Organisation, Berlin: Duncker und Humblot, 1964.

Luhmann, N., Einführung in die Systemtheorie, 5. Aufl., Heidelberg: Auer, 2009.

Lyman, M.; Ref, R.; Wright, O., Corner Stone Of Future Growth - Ecosystems, Accenture Strategy (Hrsg.), 2018.

Magretta, J., Why Business Models Matter, In: Harvard business review, Jg. 80 Nr. 5, 2002, 86-92, 133.

Mahoney, J., The Management of Resources and the Resource of Management, In: Journal of Business Research, Jg. 33 Nr. 2, 1995, S. 91-101.

Malik, F., Strategie des Managements komplexer Systeme - Ein Beitrag zur Management-Kybernetik evolutionärer Systeme, 10. Aufl., Bern: Haupt, 2008.

Mangoldt, J. von, Methode zur Ausrichtung der technologiekompetenzbasierten Diversifikation, Aachen: Apprimus Verlag, 2018.

Mannweiler, C.; Aurich, J., Modularization of Products and Services for Configuring Product-Service Systems, In: Shimomura, Y.; Kimita, K. (Hrsg.), In: The Philosopher's Stone for Sustainability - Proceedings of the 4th CIRP International Conference on Industrial Product-Service Systems, Tokyo, Japan, November 8th - 9th, 2012, Berlin, Heidelberg: Springer, 2013, S. 37-41.

Manzini, E.; Vezzoli, C., A strategic design approach to develop sustainable product service systems: examples taken from the 'environmentally friendly innovation' Italian prize, In: Journal of Cleaner Production, Jg. 11 Nr. 8, 2003, S. 851-857.

Mattern, C., Steigerung der Kollaborationsproduktivität in der interdisziplinären Produktentwicklung, Aachen: Apprimus Verlag, 2018.

Maurer, M., Structural Awareness in Complex Product Design, Dissertation, Technische Universität München, 2007.

Mayers, B., Prozeß- und Produktoptimierung mit Hilfe der statistischen Versuchsmethodik, Aachen: Shaker Verlag, 1997.

Meffert, H.; Bruhn, M.; Hadwich, K., Dienstleistungsmarketing - Grundlagen - Konzepte - Methoden, Wiesbaden: Springer Fachmedien, 2018.

Meffert, J.; Patel, M.; Stützle, R., Aus Konkurrenten werden Partner - Wie digitale B2B-Ökosysteme das Wertschöpfungspotenzial traditioneller Industrieunternehmen sichern können, McKinsey & Company (Hrsg.), 2019.

Meier, H.; Roy, R.; Seliger, G., Industrial Product-Service Systems—IPS^2, In: CIRP Annals - Manufacturing Technology, Jg. 59 Nr. 2, 2010, S. 607-627.

Meier, H.; Uhlmann, E., Hybride Leistungsbündel – ein neues Produktverständnis, In: Meier, H.; Uhlmann, E. (Hrsg.), In: Integrierte Industrielle Sach- und Dienstleistungen, Berlin, Heidelberg: Springer, 2012, S. 1-22.

Meier, H.; Uhlmann, E.; Kortmann, D., Hybride Leistungsbündel - Nutzenorientiertes Produktverständnis durch interferierende Sach- und Dienstleistungen, In: wt Werkstattstechnik online, Jg. 95 Nr. 7/8, 2005, S. 528-532.

Meier, J., Produktarchitekturtypen globalisierter Unternehmen, Aachen: Shaker Verlag, 2007.

Meyer, C. M., Integration des Komplexitätsmanagements in den strategischen Führungsprozess der Logistik, 1. Aufl., Bern: Haupt, 2007.

Meyer, L.; Seiz, M., Digitale Strategien im Mittelstand - Ökosysteme, neue Geschäftsmodelle und digitale Plattformen, Deloitte (Hrsg.), 2019.

Mitchell, M., Complexity - A guided tour, 1. paperback ed., Oxford: Oxford University Press, 2009.

Mittag, T., Systematik zur Gestaltung der Wertschöpfung für digitalisierte hybride Marktleistungen, Dissertation, Universität Paderborn, 2019.

Moher, D.; Liberati, A.; Tetzlaff, J.; Altman, D., Preferred reporting items for systematic reviews and meta-analyses: The PRISMA statement, In: PLoS medicine, Jg. 6 Nr. 7, 2009, 1-6.

Mont, O., Clarifying the concept of product-service system, In: Journal of Cleaner Production, Jg. 10, 2002, S. 237-245.

Morris, M.; Schindehutte, M.; Allen, J., The entrepreneur's business model: Toward a unified perspective, In: Journal of Business Research, Jg. 58 Nr. 6, 2005, S. 726-735.

Mourtzis, D.; Fotia, S.; Boli, N.; Pittaro, P., Product-service system (PSS) complexity metrics within mass customization and Industry 4.0 environment, In: The International Journal of Advanced Manufacturing Technology, Jg. 97 Nr. 1-4, 2018, S. 91-103.

Müller-Stewens, G.; Lechner, C., Strategisches Management - Wie strategische Initiativen zum Wandel führen, 4., überarb. Aufl., Stuttgart: Schäffer-Poeschel, 2011.

Nagl, A., Der Businessplan - Geschäftspläne professionell erstellen Mit Checklisten und Fallbeispielen, 9. Auflage, Wiesbaden: Springer Fachmedien, 2018.

Nagl, A.; Bozem, K., Geschäftsmodelle 4.0 - Business Model Building mit Checklisten und Fallbeispielen, Wiesbaden: Springer Fachmedien, 2018.

Nebel, M.; Wild, S., Entwurf und Analyse von Algorithmen - Eine Einführung in die Algorithmik mit Java, Wiesbaden: Springer, 2018.

Nebuloni, G.; Hernandez, D.; Carter, P., IDC Servitization Barometer: Charing your path to new revenue streams, International Data Corporation (IDC) (Hrsg.), 2019.

Normann, R.; Ramírez, R., From value chain to value constellation: Designing interactive strategy, In: Harvard business review, Jg. 71 Nr. 4, 1993, S. 65-77.

Osterwalder, A., The Business Model Ontology: A proposition in a design science approach, Dissertation, Universität Lausanne, 2004.

Osterwalder, A.; Pigneur, Y., An e-Business Model Ontology for Modeling e-Business, In: 15th Bled Electronic Commerce Conference, 2002, S. 1-12.

Osterwalder, A.; Pigneur, Y., Business Model Generation - A handbook for visionaries, game changers, and challengers, Toronto: Flash Reproductions, 2010.

Osterwalder, A.; Pigneur, Y.; Bernarda, G.; Smith, A., Value Proposition Design - How to create products and services customers want, Hoboken: John Wiley & Sons, 2014.

Ottmann, T., Prinzipien des Algorithmenentwurfs, Heidelberg: Spektrum, 1997.

Paloheimo, K.-S.; Miettinen, I.; Brax, S. A., Customer oriented industrial services, Espoo: Helsinki University of Technology, 2004.

Pampel, J., Kooperation mit Zulieferern - Theorie und Management, Wiesbaden: Gabler, 1993.

Patzak, G., Systemtechnik - Planung komplexer innovativer Systeme - Grundlagen, Methoden, Techniken, Berlin, Heidelberg: Springer, 1982.

Penrose, E. T., The theory of the growth of the firm, Oxford: Oxford University Press, 1957.

Peteraf, M., The Cornerstones of Competitive Advantage: A Resource-Based View, In: Strategic Management Journal, Jg. 14 Nr. 3, 1993, S. 179-191.

Pidun, U.; Reeves, M.; Schüssler, M., Why Do Most Business Ecosystems Fail?, Boston Consulting Group, BCG Henderson Institute (Hrsg.), 2020.

Piller, F.; Möslein, K.; Ihl, C.; Reichwald, R., Interaktive Wertschöpfung kompakt - Open Innovation, Individualisierung und neue Formen der Arbeitsteilung, Wiesbaden: Springer Fachmedien, 2017.

Piller, F.; Stotko, C., Mass Customization und Kundenintegration - Neue Wege zum innovativen Produkt, 1. Auflage, Düsseldorf: Symposion Publishing, 2003.

Piya, S.; Shamsuzzoha, A.; Khadem, M., An approach for analysing supply chain complexity drivers through interpretive structural modelling, In: International Journal of Logistics Research and Applications, Jg. 23 Nr. 4, 2020, S. 311-336.

Piya, S.; Shamsuzzoha, A.; Khadem, M.; Al-Kindi, M., Supply chain complexity drivers and solution methods, In: International Journal of Supply Chain Management, Jg. 6 Nr. 4, 2017, S. 43-50.

Ponn, J. C., Situative Unterstützung der methodischen Konzeptentwicklung technischer Produkte, 1. Aufl., München: Dr. Hut, 2007.

Ponn, J. C.; Lindemann, U., Konzeptentwicklung und Gestaltung technischer Produkte - Konzeptentwicklung und Gestaltung technischer Produkte Systematisch von Anforderungen zu Konzepten und Gestaltlösungen, 2. Aufl., Berlin, Heidelberg: Springer, 2011.

Porter, M., Competitive Strategy, In: Measuring Business Excellence, Jg. 1 Nr. 2, 1997, S. 12-17.

Porter, M. E., Competitive advantage - Creating and sustaining superior performance, New York: Free Press, 1985.

Porter, M. E., Wettbewerbsvorteile - Spitzenleistungen erreichen und behaupten, 8., durchges. Aufl., Frankfurt am Main: Campus-Verlag, 2014.

Prahalad, C.; Hamel, G., The Core Competence of the Corporation, In: Harvard business review, Jg. 68 Nr. 3, 1990, S. 79-90.

Probst, G.; Gomez, P., Die Methodik des vernetzten Denkens zur Lösung komplexer Probleme, In: Probst, G. J. B.; Gomez, P. (Hrsg.), In: Vernetztes Denken - Ganzheitliches Führen in der Praxis, 2., erweiterte Auflage; Wiesbaden: Gabler, 1991, S. 3-22.

Puhl, H., Komplexitätsmanagement - Ein Konzept zur ganzheitlichen Erfassung, Planung und Regelung der Komplexität in Unternehmensprozessen, Dissertation, Universität Kaiserslautern, 1999.

Rabe, M., Systematik zur Konzipierung von Smart Services für mechatronische Systeme, Dissertation, Universität Paderborn, 2020.

Rasche, C., Wettbewerbsvorteile durch Kernkompetenzen - Ein ressourcenorientierter Ansatz, Gabler Edition Wissenschaft, Bayreuth: Deutscher Universitäts-Verlag, 1994.

Rasiel, E. M.; Friga, P. N., The McKinsey mind - Understanding and implementing the problem-solving tools and management techniques of the world's top strategic consulting firm., Chicago, IL: McGraw-Hill, 2001.

Raufeisen, M., Konzept zur Komplexitätsmessung des Auftragsabwicklungsprozesses - Eine empirische Untersuchung, München: TCW-Transfer-Centrum-Verlag, 1999.

Redlich, T., Wertschöpfung in der Bottom-up-Ökonomie, Berlin, Heidelberg: Springer, 2011.

Reim, W.; Parida, V.; Örtqvist, D., Product–Service Systems (PSS) business models and tactics – A systematic literature review, In: Journal of Cleaner Production, Jg. 97, 2015, S. 61-75.

Reiß, M., Komplexitätsmanagement (I), In: Das Wirtschaftsstudium - WISU, Jg. 22 Nr. 1, 1993, S. 54-60.

Rennekamp, M., Methode zur Bewertung des Komplexitätsgrades von Unternehmen, Dissertation, RWTH Aachen University, 2013.

Reschke, R., Gestaltungsmodell der Kennzahlen und Indikatoren bei der Einführung und Weiterentwicklung von Qualitätsmanagementsystemen für deutsche Hochschulen, Aachen: Apprimus Verlag, 2019.

Resta, B., Designing and configuring the value creation network for servitization - A product-service provider's perspective, Dissertation, Universität Bergamo, 2012.

Ricciotti, F., From value chain to value network: a systematic literature review, In: Management Review Quarterly, Jg. 70 Nr. 2, 2020, S. 191-212.

Rieck, A., Qualitätsprüfung komplexer Dienstleistungen - Ein ergebnisorientierter und kennzahlenbasierter Ansatz, Wiesbaden: Gabler/Springer Fachmedien, 2011.

Riesener, M.; Dölle, C.; Kreß, J.; Boßmann, C.; Schuh, G., Methodology for Structuring and Bundling Product-Service Systems, In: DS 112: Proceedings of the 23rd International DSM Conference (DSM 2021), Montréal, Canada, October, 12 - 14, 2021, The Design Society, October 12 - 14 2021, S. 60-69.

Riesener, M.; Dölle, C.; Kreß, J.; Schuh, G., Methodology for the Assessment of Complexity in Corporate Value Networks, In: 2020 IEEE International Conference on Industrial Engineering and Engineering Management (IEEM), 2020, S. 445-449.

Riesener, M.; Kuhn, M.; Kreß, J.; Tönnis, J.; Schuh, G., Methodology for Organizing Product-Service System Provision in Corporate Value Networks, In: 2021 IEEE International Conference on Industrial Engineering and Engineering Management, 2021, S. 542-546.

Ritsch, K., Wissensorientierte Gestaltung von Wertschöpfungsnetzwerken, Dissertation, Technische Universität Graz, 2004.

Roos, J.; Krogh, G. v., Figuring Out Your Competence Configuration, In: European Management Journal, Jg. 10 Nr. 4, 1992, S. 422-427.

Rübbelke, R., Systematik zur innovationsorientierten Kompetenzplanung, Dissertation, Universität Paderborn, 2015.

Rudolf, S., Produktionsgerechte Baukastengestaltung, Aachen: Apprimus Verlag, 2013.

Rüegg-Stürm, J., Das neue St. Galler Management-Modell - Grundkategorien einer integrierten Managementlehre - Der HSG-Ansatz, 8. Nachdr. der 2. durchgesehenen u. korr. Aufl., Bern: Haupt, 2005.

Rumelt, R., How much does industry matter?, In: Strategic Management Journal, Jg. 12 Nr. 3, 1991, S. 167-185.

Sabisch, H., Produkte und Produktgestaltung, In: Kern, W.; Schröder, H.-H.; Weber, J. (Hrsg.), In: Handwörterbuch der Produktionswirtschaft, 2., völlig neu gestaltete Aufl.; Stuttgart: Schäffer-Poeschel, 1996, S. 1439-1451.

Schallmo, D. R. A., Geschäftsmodell-Innovation - Grundlagen, bestehende Ansätze, methodisches Vorgehen und B2B-Geschäftsmodelle, Wiesbaden: Springer Fachmedien, 2013.

Schallmo, D. R. A., Geschäftsmodelle erfolgreich entwickeln und implementieren - Mit Aufgaben, Kontrollfragen und Templates, Berlin, Heidelberg: Springer, 2018.

Scheer, C.; Loos, P., Internetbasierte Geschäftsmodelle - Neue Möglichkeiten der Wertschöpfungsorganisation in der Internet-Ökonomie, In: Dangelmaier, W.; Emmrich, A.; Kaschula, D. (Hrsg.), In: Modelle im E-Business, Paderborn: Fraunhofer-Anwendungszentrum Logistikorientierte Betriebswirtschaft; Heinz-Nixdorf-Institut Universität Paderborn, 2002, S. 27-38.

Scheithauer, G., Zuschnitt- und Packungsoptimierung - Problemstellungen, Modellierungstechniken, Lösungsmethoden, 1. Aufl., Wiesbaden: Vieweg+Teubner Verlag, 2008.

Schenkl, S., Wissensorientierte Entwicklung von Produkt-Service-Systemen, Dissertation, Technische Universität München, 2015.

Scherf, O., Komplexität aus systemischer Sicht, Dissertation, Universität St. Gallen, 2003.

Scherrer-Rathje, M.; Arnoscht, J.; Egri, P.; Braun, E.; Csaji, B.; Schuh, G., A Generic Model to Handle Complexity in Collaborative Networks, In: PICMET 2009 Portland International Conference on Management of Engineering & Technology, IEEE, 2009, S. 271-287.

Schlange, L., Komplexitätsmanagement - Grundlagen und Perspektiven, In: Schüller, A.; Schlange, L. E. (Hrsg.), In: Komplexität und Managementpraxis - Reale Visionen zum Komplexitätsmanagement, Stuttgart: Enke, 1994, S. 1-32.

Schlößer, E. S., Auslegung prototypischer Produktinkremente im Kontext agiler Entwicklungsprojekte - Prototype design in agile product development, Aachen: Apprimus Verlag, 2020.

Schmidt, D. O., Unternehmenskooperationen in Deutschland - Voraussetzungen und Verbreitung, Wiesbaden: Deutscher Universitäts-Verlag, 1997.

Schmitt, R., Basiswissen Qualitätsmanagement, 1. Aufl., Düsseldorf: Symposion, 2015.

Schnell, R.; Hill, P.; Esser, E., Methoden der empirischen Sozialforschung, 10. Aufl., München: De Gruyter Oldenbourg, 2014.

Schoeneberg, K.-P., Komplexität – Einführung in die Komplexitätsforschung und Herausforderungen für die Praxis, In: Schoeneberg, K.-P. (Hrsg.), In: Komplexitätsmanagement in Unternehmen, Wiesbaden: Springer Fachmedien, 2014, S. 13-28.

Schroeck, M.; Kwan, A.; Kawamura, J., Ecosystem-driven portfolio strategy - Building a portfolio of digital industrial solutions leveraging powerful business ecosystems, Deloitte (Hrsg.), 2020.

Schuh, G.; Anderl, R.; Dumitrescu, R.; Krüger, A.; ten Hompel, M., Industrie 4.0 Maturity Index - Die digitale Transformation von Unternehmen gestalten - UPDATE 2020, München: acatech – Deutsche Akademie der Technikwissenschaften, 2020.

Schuh, G.; Dölle, C., Sustainable Innovation, Berlin, Heidelberg: Springer, 2021.

Schuh, G.; Friedli, T.; Gebauer, H., Fit for Service: Industrie als Dienstleister, München: Hanser, 2004.

Schuh, G.; Hoppe, M.; Schubert, J.; von Mangoldt, J., Lieferantenauswahl, In: Schuh, G. (Hrsg.), In: Einkaufsmanagement, 2. Aufl.; Berlin, Heidelberg: Springer, 2014, S. 183-254.

Schuh, G.; Kampker, A.; Rittstieg, M., Vernetzte Wertschöpfung und Kooperationsmanagement, In: Schuh, G.; Kampker, A. (Hrsg.), In: Strategie und Management produziernder Unternehmen, Berlin, Heidelberg: Springer, 2011, S. 463-536.

Schuh, G.; Krumm, S.; Amann, W., Chefsache Komplexität - Navigation für Führungskräfte, Wiesbaden: Springer, 2013.

Schuh, G.; Kuntz, J.; Stich, V.; Jussen, P., Managing Complexity in Product Service Systems and Smart Services, In: Procedia CIRP, Jg. 83, 2019, S. 410-414.

Schuh, G.; Millarg, K.; Göransson, Å., Virtuelle Fabrik - Neue Marktchancen durch dynamische Netzwerke, München: Hanser, 1998.

Schuh, G.; Riesener, M., Produktkomplexität managen - Strategien - Methoden - Tools, 3., vollst. überarb. Aufl., München: Hanser, 2017.

Schuh, G.; Riesener, M.; Mattern, C., Approach to evaluate complexity in new product development projects, In: International Journal of Design & Nature and Ecodynamics, Jg. 11 Nr. 4, 2016, S. 573-583.

Schuh, G.; Riesener, M.; Prote, J.-P.; Dölle, C.; Molitor, M.; Schloesser, S.; Liu, Y.; Tittel, J., Industrie 4.0: Agile Entwicklung und Produktion im Internet of Production, In: Frenz, W. (Hrsg.), In: Handbuch Industrie 4.0: Recht, Technik, Gesellschaft, Berlin: Springer, 2020, S. 467-488.

Schuh, G.; Rudolf, S.; Breunig, S.; Lukas, M., Evaluation of Complexity in Industrial Services, In: The ISPIM Asia-Pacific Innovation Forum 2014, 2014, S. 1-18.

Schuh, G.; Salmen, M.; Jussen, P.; Riesener, M.; Zeller, V.; Hensen, T.; Begovic, A.; Birkmeier, M.; Hocken, C.; Jordan, F.; Kantelberg, J.; Kelzenberg, C.; Kolz, D.; Maasem, C.; Siegers, J.; Stark, M.; Tönnes, C., Geschäftsmodell-Innovationen, In: Reinhart, G. (Hrsg.), In: Handbuch Industrie 4.0 - Geschäftsmodelle, Prozesse, Technik, München: Hanser, 2017, S. 3-30.

Schuh, G.; Wellensiek, M.; von Mangoldt, J., Competence-Based Diversification: A Conceptual Approach for Evaluating the Attractiveness of New Market Opportunities, In: 2013 Proceedings of PICMET, 2013, S. 2344-2352.

Schwenk-Willi, U., Integriertes Komplexitätsmanagement - Anleitungen und Methodiken für die produzierende Industrie auf Basis einer typologischen Untersuchung, Dissertation, Universität St. Gallen, 2001.

Seiter, M.; Autenrieth, P.; Haas, J.; Heering, F.; Jung, M.; Kalla, M.; Rusch, M.; Treusch, O.; Zilker, T., Innovationen und Kooperationen in zukünftigen Wertschöpfungsnetzwerken, Stuttgart: IMPULS-Stiftung des VDMA (Hrsg.), 2020.

Serdarasan, S., A review of supply chain complexity drivers, In: Computers & Industrial Engineering, Jg. 66 Nr. 3, 2013, S. 533-540.

Shannon, C.; Waever, W., A Mathematical Theory of Communication, In: Bell System Technical Journal, Jg. 27 Nr. 3, 1948, S. 379-423.

Simon, H., The Architecture of Complexity, In: Proceeding of the American Philosophical Society, Jg. 106 Nr. 6, 1962, 467-482.

Sommerlatte, T.; Deschamps, J.-P., Der strategische Einsatz von Technologien - Konzepte und Methoden zur Einbeziehung von Technologien in die Strategieentwicklung des Unternehmens, In: Arthur D. Little International (Hrsg.), In: Management im Zeitalter der Strategischen Führung, Wiesbaden: Gabler, 1985, S. 38-76.

Song, W.; Sakao, T., A customization-oriented framework for design of sustainable product/service system, In: Journal of Cleaner Production, Jg. 140, 2017, S. 1672-1685.

Spath, D.; Demuß, L., Entwicklung hybrider Produkte - Gestaltung materieller und immaterieller Leistungsbündel, In: Bullinger, H.-J.; Scheer, A.-W.; Schneider, K.

(Hrsg.), In: Service Engineering - Entwicklung und Gestaltung innovativer Dienstleistungen, 2., vollst. überarb. und erw. Aufl.; Berlin, Heidelberg: Springer, 2006, S. 463-502.

Specht, G., Strategische Kompetenzen in der Produkt- und Prozessentwicklung von Technologieunternehmen, In: von den Eichen, S. A. F.; Hinterhuber, H. H.; Matzler, K.; Stahl, H. K. (Hrsg.), In: Entwicklungslinien des Kompetenzmanagements, 1. Aufl.; Wiesbaden: Deutscher Universitäts-Verlag, 2004, S. 445-477.

Stachowiak, H., Allgemeine Modelltheorie, Wien: Springer, 1973.

Stengel, R. von, Gestaltung von Wertschöpfungsnetzwerken, Gabler Edition Wissenschaft, Wiesbaden: Deutscher Universitäts-Verlag, 1999.

Steward, D., The Design Structure System: A Method for Managing the Design of Complex Systems, In: IEEE Transactions on Engineering Management, Jg. 28 Nr. 3, 1981, S. 71-74.

Stich, V.; Schröer, T.; Linnartz, M.; Marek, S.; Herkenrath, C.; Hocken, C.; Kaufmann, J., Wertschöpfungsnetzwerke in Zeiten von Infektionskrisen, Forschungsbeirat der Plattform Industrie 4.0, acatech – Deutsche Akademie der Technik-wissenschaften (Hrsg.), 2021.

Struckmann, W.; Wätjen, D., Mathematik für Informatiker - Grundlagen und Anwendungen, Berlin, Heidelberg: Springer, 2016.

Stüttgen, M., Strategien der Komplexitätsbewältigung in Unternehmen - Ein transdisziplinärer Bezugsrahmen, 2. Aufl., Bern: Haupt, 2003.

Sucky, U., Von der Wertschöpfung zum Wertschöpfungsmanagement, In: Ulrich, P.; Baltzer, B. (Hrsg.), In: Wertschöpfung in der Betriebswirtschaftslehre - Festschrift für Prof. Dr. habil. Wolfgang Becker zum 65. Geburtstag, Wiesbaden: Springer Fachmedien, 2019, S. 343-364.

Sun, J.; Chai, N.; Pi, G.; Zhang, Z.; Fan, B., Modularization of product service system based on functional requirement, In: Procedia CIRP 64, Jg. 64, 2017, S. 301-305.

Sydow, J., Strategische Netzwerke - Evolution und Organisation, 1. Aufl., 6. Nachdr, Wiesbaden: Gabler, 2005.

Sydow, J., Management von Netzwerkorganisationen – Zum Stand der Forschung, In: Sydow, J. (Hrsg.), In: Management von Netzwerkorganisationen - Beiträge aus der "Managementforschung", 5., aktualisierte Aufl.; Wiesbaden: Gabler, 2010, 373-472.

Tallman, S., Strategic management models and resource-based strategies among mnes in a host market, In: Strategic Management Journal, Jg. 12 Nr. 1, 1991, S. 69-82.

Teece, D., Business Models, Business Strategy and Innovation, In: Long Range Planning, Jg. 43 Nr. 2-3, 2010, S. 172-194.

Teece, D.; Rumelt, R.; Dosi, G.; Winter, S., Towards a Theory of Corporate Coherence - Theory and evidence, In: Journal of Economic Behaviour & Organization, 1994, S. 1-30.

Thebeau, R., Knowledge Management of System Interfaces and Interactions for Product Development Processes, Massachusetts Institute of Technology (MIT), 2001.

Timmers, P., Business Models for Electronic Markets, In: Electronic Markets, Jg. 8 Nr. 2, 1998, S. 3-8.

Trier, M.; Bobrik, A.; Neumann, N.; Wyssussek, B., Systemtheorie und Modell, In: Krallmann, H.; Bobrik, A.; Levina, O. (Hrsg.), In: Systemanalyse im Unternehmen - Prozessorientierte Methoden der Wirtschaftsinformatik, 6., überarb. und erw. Aufl.; München: Oldenbourg, 2013, S. 41-72.

Tukker, A., Eight types of product–service system: eight ways to sustainability? Experiences from SusProNet, In: Business Strategy and the Environment, Jg. 13 Nr. 4, 2004, S. 246-260.

Tukker, A.; Tischner, U., Product-services as a research field: past, present and future. Reflections from a decade of research, In: Journal of Cleaner Production, Jg. 14 Nr. 17, 2006, S. 1552-1556.

Übelhör, J., Industrieunternehmen und die Transformation von Geschäftsmodellen im Kontext der Digitalisierung – Eine empirische Studie über die Auswirkungen anhand des Business Model Canvas, In: HMD Praxis der Wirtschaftsinformatik, Jg. 56 Nr. 2, 2019, S. 453-467.

Uhlmann, E.; Meier, H., Produktverständnis im Wandel, In: Meier, H.; Uhlmann, E. (Hrsg.), In: Industrielle Produkt-Service Systeme, Berlin, Heidelberg: Springer, 2017, S. 1-16.

Ulrich, H., Die Unternehmung als produktives soziales System, Bern, Stuttgart: Haupt, 1968.

Ulrich, H., Der allgemeine Systembegriff, In: Baetge, J. (Hrsg.), In: Grundlagen der Wirtschafts- und Sozialkybernetik - Betriebswirtschaftliche Kontrolltheorie, Wiesbaden: VS Verlag für Sozialwissenschaften, 1975, S. 33-39.

Ulrich, H., Management, Bern, Stuttgart: Haupt, 1984.

Ulrich, H.; Probst, G. J. B., Anleitung zum ganzheitlichen Denken und Handeln - Ein Brevier für Führungskräfte, 4., unveränd. Aufl., Bern: Haupt, 1995.

Ulrich, K., The role of product architecture in the manufacturing firm, In: Research Policy, Jg. 24 Nr. 3, 1995, S. 419-440.

Ulrich, P.; Hill, W., Wissenschaftstheoretische Grundlagen der Betriebswirtschaftslehre (Teil I), In: Wirtschaftswissenschaftliches Studium: Zeitschrift für Ausbildung und Hochschulkontakt, Jg. 5 Nr. 7, 1976, S. 304-309.

Verein Deutscher Ingenieure (VDI), VDI 2222 - Blatt 1 Beuth Verlag Berlin: 1997

Verein Deutscher Ingenieure (VDI), VDI 2221 - Blatt 1 Beuth Verlag Berlin: 2019

Verein Deutscher Ingenieure (VDI), VDI 2803 Beuth Verlag Berlin: 2019

Vester, F., Die Kunst vernetzt zu denken - Ideen und Werkzeuge für einen neuen Umgang mit Komplexität; ein Bericht an den Club of Rome, 10. Aufl., München: Deutscher Taschenbuch-Verlag, 2015.

Vogel, W., Complexity management in variant-rich product development, Dissertation, TU Dresden, 2019.

Vogel, W.; Lasch, R., Complexity drivers in manufacturing companies: a literature review, In: Logistics Research, Jg. 9 Nr. 1, 2016, S. 1-66.

Völker, O., Erbringungsorganisation hybrider Leistungsbündel, Aachen: Shaker Verlag, 2012.

vom Brocke, J., Referenzmodellierung, 2., unveränderte Aufl., Berlin: Logos Verlag, 2002.

vom Brocke, J.; Simons, A.; Niehaves, B.; Riemer, K.; Cleven, A., Reconstructing the Giant - On the Importance of Rigour in Documenting the Literature Search Process, In: Information systems in a globalising world - Challenges, ethics and practices; ECIS 2009, 17th European Conference on Information Systems, 8 - 10 June 2009, Verona, Italy, Verona: S.n, 2009, S. 2206-2217.

Voss, C.; Hsuan, J., Service Architecture and Modularity, In: Decision Sciences, Jg. 40 Nr. 3, 2009, S. 541-569.

Wassmus, A., Serviceorientierung als Erfolgsfaktor und Komplexitätstreiber beim Angebot hybrider Produkte, Wiesbaden: Springer Fachmedien, 2014.

Weber, H., Konzept eines Modells zur Produktentwicklung, Berlin: IPK, 1998.

Wegehaupt, P., Führung von Produktionsnetzwerken, Aachen: Apprimus Verlag, 2004.

Wernerfelt, B., A resource-based view of the firm, In: Strategic Management Journal, Jg. 5 Nr. 2, 1984, S. 171-180.

Westphal, J. R., Komplexitätsmanagement in der Produktionslogistik - Ein Ansatz zur flussorientierten Gestaltung und Lenkung heterogener Produktionssysteme, Gabler Edition Wissenschaft, Wiesbaden: Deutscher Universitäts-Verlag, 2001.

Wiendahl, H.-P.; Lutz, S., Production in Networks, In: CIRP Annals, Jg. 51 Nr. 2, 2002, S. 573-586.

Wildemann, H., Komplexitätsmanagement durch Prozess- und Produktgestaltung, In: Adam, D. (Hrsg.), In: Komplexitätsmanagement - Schriften zur Unternehmensführung Band 61, Wiesbaden: Gabler, 1998, S. 47-68.

Wildemann, H.; Voigt, K.-I., Komplexitätsindex-Tool: Entscheidungsgrundlagen für die Produktprogrammgestaltung bei KMU, München: TCW-Transfer-Centrum-Verlag, 2011.

Windt, K.; Philipp, T.; Böse, F., Complexity cube for the characterization of complex production systems, In: International Journal of Computer Integrated Manufacturing, Jg. 21 Nr. 2, 2008, S. 195-200.

Winkler, H.; Slamanig, M.; Kaluza, B., Bewertung, Auswahl und Entwicklung relevanter Partnerunternehmen bei der Bildung strategischer Wertschöpfungsnetzwerke, In: Becker, J.; Knackstedt, R.; Pfeiffer, D. (Hrsg.), In: Wertschöpfungsnetzwerke - Konzepte für das Netzwerkmanagement und Potenziale aktuelle Informationstechnologien, Heidelberg: Physica-Verlag, 2008, S. 87-106.

Wirtz, B. W., Business Model Management - Design - Instrumente - Erfolgsfaktoren von Geschäftsmodellen, 1. Aufl., Wiesbaden: Gabler, 2010.

Woratschek, H.; Roth, S., Kooperationen: Erklärungsperspektive der Neuen institutionsökonomie, In: Zentes, J.; Swoboda, B.; Morschett, D. (Hrsg.), In: Kooperationen, Allianzen und Netzwerke - Grundlagen - Ansätze - Perspektiven, Wiesbaden: Gabler, 2003, S. 141-166.

Zeleweski, S., Grundlagen, In: Corsten, H.; Reiß, M. (Hrsg.), In: Betriebswirtschaftslehre - Grundlagen, internes Rechnungswesen, externes Rechnungswesen, Beschaffung, Produktion und Logistik, Marketing, Investition und Finanzierung, 4., vollst. überarb. und wesentl. erw. Aufl.; München: Oldenbourg, 2008, S. 1-97.

Zollenkop, M., Geschäftsmodellinnovation - Initiierung eines systematischen Innovationsmanagements für Geschäftsmodelle auf Basis lebenszyklusorientierter Frühaufklärung, 1. Aufl., Wiesbaden: Gabler/GWV Fachverlage, 2006.

Zott, C.; Amit, R.; Massa, L., The Business Model: Recent Developments and Future Research, In: Journal of Management, Jg. 37 Nr. 4, 2011, S. 1019-1042.

Zou, W.; Brax, S.; Rajala, R., Complexity in Product-Service Systems: Review and Framework, In: Procedia CIRP, Jg. 73, 2018, S. 3-8.

A Anhang

A.1 Vorgehen der Analogiebetrachtung

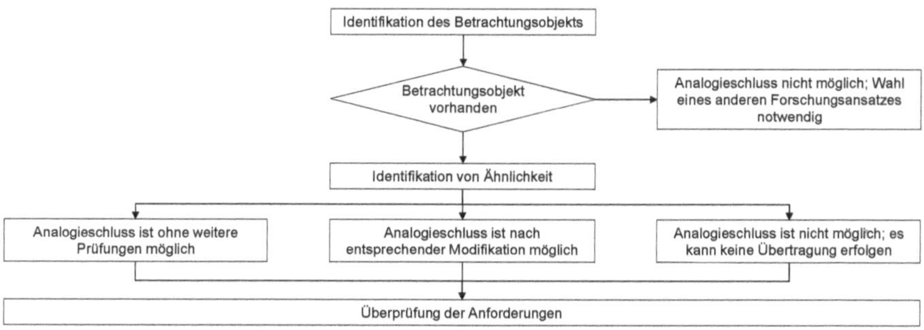

Abbildung A-1: Vorgehen zur Analogiebetrachtung nach GILL[628]

Nachfolgend soll kurz beschrieben werden, wie der Analogieschluss bei bestehenden wissenschaftlichen Ansätzen zur Anwendung gekommen ist:

GILL[629] nutzt den Analogieansatz im Rahmen der Entwicklung einer Architektur für das Service Engineering. Hierzu überträgt er die CAD-Architektur für die computergestützte Entwicklung von technischen Sachgütern, bestehend aus dem Konstruktionsprozessmodell, dem Produktbeschreibungsmodell, Konstruktionsmethoden, lokalem Wissensspeicher sowie einem Steuerungsmodell, auf den Kontext von technischen Dienstleistungen. KUSTER[630] verwendet den Analogieschluss zur Entwicklung eines Ansatzes zur Modularisierung technischer Dienstleistungen durch einen Analogieschluss zum „Software Engineering“. Seiner Auffassung nach weist das Software Engineering ähnliche Eigenschaften und Funktionen entlang der Prozess-, Potenzial- und Ergebnisorientierung auf, sodass eine Übertragung des Modularitätsansatzes aus dem Software Engineering in Bezug auf die Systembündelung technischer Dienstleistungen ermöglicht wird. BURR[631] entwickelt seinen Ansatz zur Modularisierung singulärer

[628] Vgl. Gill (2004), Architektur für das Service Engineering, S. 58.
[629] Vgl. Gill (2004), Architektur für das Service Engineering, S. 57ff.
[630] Vgl. Kuster (2004), Systembündelung technischer Dienstleistungen, S. 75ff.
[631] Vgl. Burr (2016), Service Engineering bei technischen Dienstleistungen, S. 162ff.

technischer Dienstleistungen aus dem Analogieschluss zur Modularisierung von Sachgütern. Der Schwerpunkt des Ansatzes liegt auf der Dekomposition der Dienstleistung in Teilprozesse und Aufgaben, um diese zu harmonisieren und die Ableitung standardisierter Module zu ermöglichen, die wiederum zu organisatorischen Einheiten innerhalb der Unternehmens zugewiesen werden können. Eine Betrachtung und Ausarbeitung einer Dienstleistungsstruktur, im Verständnis der Zielsetzung der vorliegenden Arbeit, wird jedoch nicht explizit forciert.

A.2 Systematische Literaturrecherche von Komplexitätstreibern

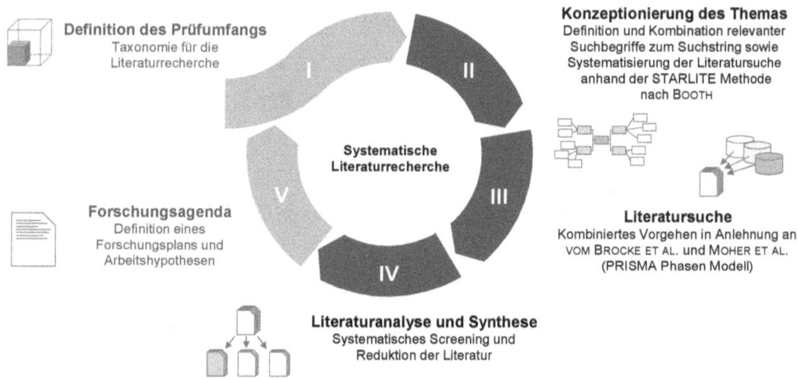

Abbildung A-2: Sammlung von Komplexitätstreibern mittels Literaturrecherche[632]

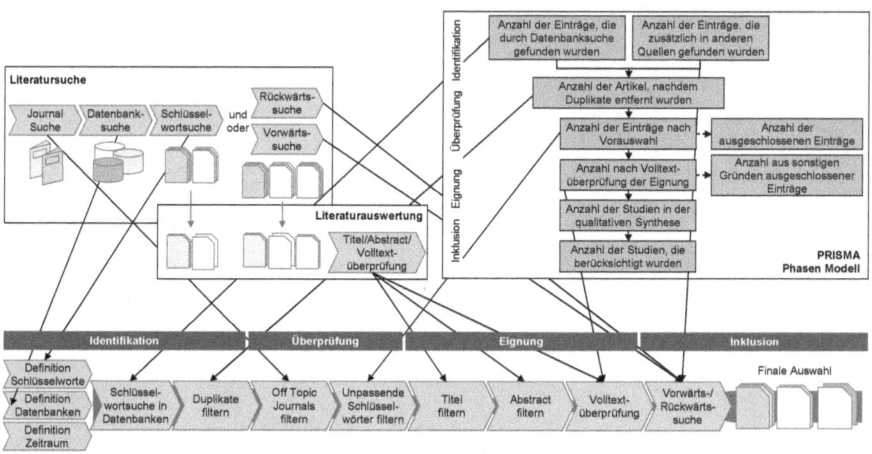

Abbildung A-3: Systematische Vorgehensweise der Literatursuche und -synthese[633]

---

632 In Anlehnung an vom Brocke et al. (2009), Reconstructing the Giant, S. 7f.

633 In Anlehnung an vom Brocke et al. (2009), Reconstructing the Giant, S. 8f.; Moher et al. (2009), The PRISMA statement, S. 2f.

Tabelle A-1: Relevante Veröffentlichungen als Ergebnis der Literaturanalyse

Jahr	Autoren	Titel
2020	Riesener et al. (2020)	Methodology for the Assessment of Complexity in Corporate Value Networks
2020	Piya et al. (2020)	An approach for analysing supply chain complexity drivers through interpretive structural modelling
2018	Leang et al. (2018)	The impact of manufacturing complexity drivers on performance - a preliminary study
2017	Kohr et al. (2017)	Identifying Complexity Drivers in Discrete Manufacturing and Process Industry
2017	Piya et al. (2017)	Supply chain complexity drivers and solution methods
2016	Vogel et al. (2016)	Complexity drivers in manufacturing companies: A literature review
2016	Birkie et al. (2016)	Understanding dynamism and complexity factors in engineer-to-order and their influence on lean implementation strategy
2013	Serdarasan (2013)	A review of supply chain complexity drivers
2013	Brexendorf (2013)	Komplexität in Kooperationen: Eine empirisch basierte Analyse unter der Anwendung des Sensitivitätsmodells
2012	Benedettini et al. (2012)	Complexity in services: An interpretative framework
2011	Rieck (2011)	Qualitätsprüfung komplexer Dienstleistungen: Ein ergebnisorientierter und kennzahlenbasierter Ansatz
2010	Kampker et al. (2010)	Komplexitätsorientierte Gestaltung von Unternehmensnetzwerken
2010	Blockus (2010)	Komplexität in Dienstleistungsunternehmen: Komplexitätsformen, Kosten- und Nutzenwirkungen, empirische Befunde und Managementimplikationen
2009	Scherrer-Rathje et al. (2009)	A generic model to handle complexity in collaborative networks
2007	Meyer (2007)	Integration des Komplexitätsmanagements in den strategischen Führungsprozess der Logistik
2007	Burianek et al. (2007)	Typologisierung hybrider Produkte: Ein Ansatz basierend auf der Komplexität der Leistungserbringung
2000	Bliss (2000)	Management von Komplexität: Ein integrierter, systemtheoretischer Ansatz zur Komplexitätsreduktion

A.3 Komplexitätstreiber hybrider Leistungsangebote

Tabelle A-2: Identifikation von Komplexitätstreibern

Ergebnisdimension			
Nr.	Quelle	Ergebnis nach Strukturierung (Zusammenfassung von Synonymen und Reduktion um Duplikate)	Ergebnis nach Eingrenzung (Anwendung des MECE-Prinzips und Berücksichtigung der Systemgrenze)
1	Meyer (2007)	Kopplung mit Serviceleistungen	Immaterialität des Leistungsergebnisses des Leistungsmoduls
2	Burianek et al. (2007)	Art des Kundennutzens	Immaterialität des Leistungsergebnisses des Leistungsmoduls
3	Meyer (2007), Piya et al. (2020)	Breite des Leistungsangebotes	Umfang des Leistungsergebnisses des Leistungsmoduls
4	Meyer (2007), Riesener et al. (2020), Benedettini et al. (2012), Serdarasan (2013), Blockus (2010), Kohr et al. (2017), Vogel et al. (2016), Burianek et al. (2007)	Heterogenität der Leistungskomponenten	Umfang des Leistungsergebnisses des Leistungsmoduls
5	Riesener et al. (2020), Rieck (2011), Benedettini et al. (2012), Serdarasan (2013), Blockus (2010), Kohr et al. (2017), Vogel et al. (2016), Burianek et al. (2007)	Anzahl der Leistungselemente	Umfang des Leistungsergebnisses des Leistungsmoduls
6	Kohr et al. (2017), Piya et al. (2020)	Vielzahl der Kundenanforderungen	Umfang des Leistungsergebnisses des Leistungsmoduls
7	Burianek et al. (2007)	Umfang des Leistungsangebotes	Umfang des Leistungsergebnisses des Leistungsmoduls
8	Meyer (2007), Benedettini et al. (2012), Rieck (2011), Burianek et al. (2007)	Individualisierung	Individualisierungsgrad des Leistungsmoduls
9	Meyer (2007), Blockus (2010)	Kundenindividuell wählbare Bestandteile	Individualisierungsgrad des Leistungsmoduls
10	Kampker et al. (2010)	Zahlreiche kundenspezifische Varianten	Individualisierungsgrad des Leistungsmoduls
11	Riesener et al. (2020), Kohr et al. (2017), Vogel et al. (2016)	Anzahl der Inderdependenzen	Integrationsgrad des Leistungsmoduls
12	Meyer (2007), Rieck (2011), Benedettini et al. (2012), Burianek et al. (2007), Blockus 2010)	Integration der Leistungskomponenten	Integrationsgrad des Leistungsmoduls
13	Rieck (2011)	Möglichkeit des Erwerbs einzelner Teilleistungen	Integrationsgrad des Leistungsmoduls
14	Vogel et al. (2016)	Modularität der Leistungskomponenten	Integrationsgrad des Leistungsmoduls
15	Meyer (2007), Benedettini et al. (2012), Serdarasan (2013), Kohr et al. (2017), Vogel et al. (2016)	Änderungsvielfalt der Kundenanforderungen	Veränderlichkeit des Leistungsmoduls
16	Meyer (2007), Riesener et al. (2020), Kampker et al. (2010), Kohr et al. (2017)	Dynamik der Leistung	Veränderlichkeit des Leistungsmoduls
17	Serdarasan (2013), Kampker et al. (2010), Piya et al. (2020)	Neue Technologien	Veränderlichkeit des Leistungsmoduls
18	Rieck (2011)	Dauer der Leistungserbringung/ Leistungsnutzung	Veränderlichkeit des Leistungsmoduls

Weiter Tabelle A-2:

Prozessdimension			
Nr.	Quelle	Ergebnis nach Strukturierung (Zusammenfassung von Synonymen und Reduktion um Duplikate)	Ergebnis nach Eingrenzung (Anwendung des MECE-Prinzips und Berücksichtigung der Systemgrenze)
19	Meyer (2007), Vogel et al. (2016)	Mangelnde Transparenz	Informationsbedarf und -austausch zwischen Kunde und Anbieter
20	Benedettini et al. (2012)	Kundenspezfischer Informationsbedarf	Informationsbedarf und -austausch zwischen Kunde und Anbieter
21	Serdarasan (2013)	Informationslücken	Informationsbedarf und -austausch zwischen Kunde und Anbieter
22	Meyer (2007), Piya et al. (2020), Vogel et al. (2016)	Informationsasymmetrie	Informationsbedarf und -austausch zwischen Kunde und Anbieter
23	Meyer (2007), Benedettini et al. (2012), Serdarasan (2013)	Ausmaß der Prozessverknüpfung	Integrationsgrad in die Wertschöpfungsdomäne des Kunden
24	Benedettini et al. (2012), Burianek et al. (2007)	Integration in die Wertschöpfung des Kunden	Integrationsgrad in die Wertschöpfungsdomäne des Kunden
25	Meyer (2007)	Anzahl der an einer Auftragserfüllung beteiligten Mitarbeiter	Einfluss des Kunden auf das Leistungsergebnis des Leistungsmoduls
26	Serdarasan (2013), Rieck (2011), Vogel et al. (2016), Blockus (2010)	Prozessunsicherheit	Einfluss des Kunden auf das Leistungsergebnis des Leistungsmoduls
27	Birkie et al. (2016)	Vielfalt an Kundeninput	Einfluss des Kunden auf das Leistungsergebnis des Leistungsmoduls
28	Rieck (2011)	Auswirkung des externen Faktors auf das Ergebnis	Einfluss des Kunden auf das Leistungsergebnis des Leistungsmoduls
29	Rieck (2011), Vogel et al. (2016)	Unsicherheiten auf Seiten des Anbieters	Einfluss des Kunden auf das Leistungsergebnis des Leistungsmoduls
30	Vogel et al. (2016)	Abhängigkeit vom Kunden	Einfluss des Kunden auf das Leistungsergebnis des Leistungsmoduls
31	Benedettini et al. (2012), Vogel et al. (2016)	Anzahl der erforderlichen Kundeninteraktionen	Interaktionsintensität mit dem Kunden
32	Benedettini et al. (2012), Vogel et al. (2016), Blockus (2010)	Grad der Kooperation zwischen Kunde und Anbieter	Interaktionsintensität mit dem Kunden
33	Benedettini et al. (2012), Birkie et al. (2016), Piya et al. (2020), Vogel et al. (2016)	Interdependenzen in den Prozessen zwischen Anbieter und Kunde	Interaktionsintensität mit dem Kunden
34	Serdarasan (2013), Kampker et al. (2010), Vogel et al. (2016)	Anzahl und Vielfalt der Prozesse	Interaktionsintensität mit dem Kunden
35	Birkie et al. (2016), Rieck (2011)	Beteiligungsgrad von Anspruchsgruppen	Interaktionsintensität mit dem Kunden
36	Vogel et al. (2016)	Veränderlichkeit der Prozesse	Dynamik der Interaktion mit dem Kunden
37	Burianek et al. (2007)	Zeitliche Dynamik der Leistungserbringung	Dynamik der Interaktion mit dem Kunden
38	Blockus (2010)	Veränderlichkeit des externen Faktors	Dynamik der Interaktion mit dem Kunden

Weiter Tabelle A-2:

Nicht Teil des definierten Systems - Potenzialdimension			
Nr.	Quelle	Ergebnis nach Strukturierung (Zusammenfassung von Synonymen und Reduktion um Duplikate)	Ergebnis nach Eingrenzung (Anwendung des MECE-Prinzips und Berücksichtigung der Systemgrenze)
39	Meyer (2007), Birkie et al. (2016), Vogel et al. (2016)	Grad der externen Zusammenarbeit	Außerhalb der Systemgrenze - Netzwerkfokus
40	Riesener et al. (2020), Benedettini et al. (2012), Brexendorf (2013), Vogel et al. (2016)	Abhängigkeit von Netzwerkpartnern	Außerhalb der Systemgrenze - Netzwerkfokus
41	Riesener et al. (2020), Scherrer-Rathje et al. (2009), Vogel et al. (2016)	Interdependenzen zwischen Partnern	Außerhalb der Systemgrenze - Netzwerkfokus
42	Benedettini et al. (2012)	Ausmaß der Prozessverknüpfung	Außerhalb der Systemgrenze - Netzwerkfokus
43	Meyer (2007), Piya et al. (2020), Vogel et al. (2016)	Informationsasymmetrie	Außerhalb der Systemgrenze - Netzwerkfokus
44	Riesener et al. (2020), Scherrer-Rathje et al. (2009), Brexendorf (2013)	Missverständnisse in der Kommunikation	Außerhalb der Systemgrenze - Netzwerkfokus
45	Riesener et al. (2020), Scherrer-Rathje et al. (2009), Brexendorf (2013)	Ineffizienter Informationsfluss	Außerhalb der Systemgrenze - Netzwerkfokus
46	Riesener et al. (2020), Brexendorf (2013)	Ineffizientes Wissensmanagement	Außerhalb der Systemgrenze - Netzwerkfokus
47	Riesener et al. (2020), Scherrer-Rathje et al. (2009), Brexendorf (2013)	Ineffizienz im Prozessmanagement	Außerhalb der Systemgrenze - Netzwerkfokus
48	Meyer (2007), Vogel et al. (2016)	Mangelnde Transparenz	Außerhalb der Systemgrenze - Netzwerkfokus
49	Riesener et al. (2020), Scherrer-Rathje et al. (2009), Brexendorf (2013)	Fehlendes Vertrauen	Außerhalb der Systemgrenze - Netzwerkfokus
50	Birkie et al. (2016), Vogel et al. (2016)	Zuverlässigkeit der Netzwerkpartner	Außerhalb der Systemgrenze - Netzwerkfokus
51	Kohr et al. (2017)	Unsicherheit der Lieferqualität	Außerhalb der Systemgrenze - Netzwerkfokus
52	Kohr et al. (2017)	Unsicherheit der Termintreue	Außerhalb der Systemgrenze - Netzwerkfokus
53	Scherrer-Rathje et al. (2009), Brexendorf (2013)	Strategische Inkompatibilität	Außerhalb der Systemgrenze - Netzwerkfokus
54	Benedettini et al. (2012)	Interessenskonflikte	Außerhalb der Systemgrenze - Netzwerkfokus
55	Piya et al. (2020)	Ungeeignetes Lieferantennetzwerk	Außerhalb der Systemgrenze - Netzwerkfokus
56	Vogel et al. (2016)	Unterschiedliche Ziele	Außerhalb der Systemgrenze - Netzwerkfokus
57	Meyer (2007), Vogel et al. (2016)	Dauer der Zusammenarbeit	Außerhalb der Systemgrenze - Netzwerkfokus
58	Meyer (2007), Vogel et al. (2016)	Wertschöpfungstiefe	Außerhalb der Systemgrenze - Netzwerkfokus
59	Meyer (2007), Benedettini et al. (2012), Serdarasan (2013); Piya et al. (2020), Vogel et al. (2016)	Anzahl Netzwerkpartner	Außerhalb der Systemgrenze - Netzwerkfokus
60	Riesener et al. (2020), Brexendorf (2013)	Ineffizienz Netzwerkmanagement	Außerhalb der Systemgrenze - Netzwerkfokus
61	Vogel et al. (2016)	Koordinationsaufwand	Außerhalb der Systemgrenze - Netzwerkfokus

A.4 IGTA-Clusteralgorithmus

Zur Bestimmung der hybriden Leistungsmodule wird der IGTA-plus Algorithmus verwendet. Zur Clusterbildung und damit zur Bestimmung der hybriden Leistungsmodule wird eine Quantifizierung der Kosten zugrunde gelegt, die durch die Interaktion von Elementen verursacht werden. Interaktionen zwischen Elementen innerhalb eines Clusters verursachen hierbei geringere Kosten als Interaktionen zwischen Elementen aus verschiedenen Clustern. Durch ein iteratives Vorgehen bei dem die Elemente und ihre Clusterzuordnung festgelegt wird, wird die Minimierung der Gesamtkosten des Systems angestrebt. Das Ablaufschema des IGTA-Algorithmus mit seinen wesentlichen Schritten ist in Abbildung A-4 dargestellt und wird nachfolgend kurz erläutert.

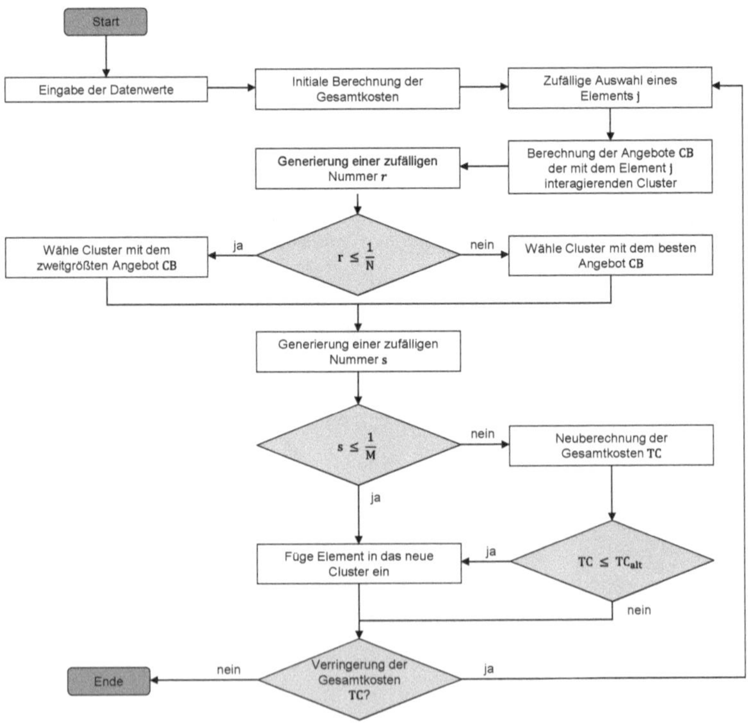

Abbildung A-4: Ablaufschema des IGTA-Algorithmus nach BORJESSON ET AL.[634]

[634] Borjesson und Hölttä-Otto (2012), Improved Clustering Algorithm for Design Structure Matrix, S. 923.

Den Ausgangspunkt des Algorithmus stellt die Design Structure Matrix mit den bewerteten Wechselwirkungen zwischen den enthaltenen Elementen dar (vgl. Abbildung 5-17). Nachfolgend werden zunächst die Gesamtkosten TC (Total Cost) berechnet, welche sich wiederum aus den internen Kosten innerhalb eines Clusters (Intra Cluster Cost) sowie den externen Kosten zwischen den Elementen verschiedener Cluster (Extra Cluster Cost) zusammensetzen. Mittels Formel A.4.1 lassen sich die Gesamtkosten wie folgt berechnen:[635]

$$TC = \sum ICC + \sum ECC \tag{A.4.1}$$

mit:

TC	Gesamtkosten des DSM (Total Cost)
ICC	Interne Kosten eines Clusters (Intra Cluster Cost)
ECC	Externe Kosten eines Clusters (Extra Cluster Cost)

Die internen Kosten lassen sich nach Formel A.4.2 berechnen[636] und setzen aus der Summe der Interaktionen zwischen den Elementen aus Cluster j und k sowie der Größe des zusammengesetzten Clusters zusammen:

$$ICC = \left(DSM_{j,k} + DSM_{k,j}\right) * CS_{j,k}^{powcc} \tag{A.4.2}$$

mit:

ICC	Interne Kosten eines Clusters (Intra Cluster Cost)
j	Cluster j
k	Cluster k
$DSM_{j,k}$	Summe der Interaktionen zwischen Elementen aus j und k
$DSM_{k,j}$	Summe der Interaktionen zwischen Elementen aus k und j
$CS_{j,k}$	Clustergröße der zusammengesetzten Cluster j & k (Cluster Size)
$powcc$	Gewichtung zur Betonung der Clustergröße der Kosten

Zu Beginn bildet jedes Element innerhalb des DSM ein eigenes Cluster, womit interne Kosten nicht existent sind und sich die Gesamtkosten lediglich durch die externen Kosten zusammensetzen.[637] Die externen Kosten berechnen sich aus den Interaktionen der Elemente der Cluster j und k sowie der Größe der DSM mittels Formel A.4.3:

$$ECC = \left(DSM_{j,k} + DSM_{k,j}\right) * DSM_{Size}^{powcc} \tag{A.4.3}$$

---

[635] Vgl. Thebeau (2001), Knowledge Management of System Interfaces, S. 29; Borjesson und Hölttä-Otto (2012), Improved Clustering Algorithm for Design Structure Matrix, S. 923.

[636] Vgl. Thebeau (2001), Knowledge Management of System Interfaces, S. 28; Borjesson und Hölttä-Otto (2012), Improved Clustering Algorithm for Design Structure Matrix, S. 923.

[637] Vgl. Gutierrez Fernandez (1998), Integration analysis of product architecture, S. 38.

mit:

ECC	Externe Kosten eines Clusters (Extra Cluster Cost)
j	Cluster j
k	Cluster k
$DSM_{j,k}$	Summe der Interaktionen zwischen Elementen aus j und k
$DSM_{k,j}$	Summe der Interaktionen zwischen Elementen aus k und j
DSM_{Size}	Größe der DSM
$powcc$	Gewichtung zur Betonung der Clustergröße der Kosten

Nach der initialen Berechnung der Gesamtkosten wird iterativ eine Minimierung der Gesamtkosten verfolgt. Hierzu wird zufällig ein Element aus einem Cluster ausgewählt und überprüft, ob durch eine Zuordnung des Elements zu einem anderen Cluster ein besserer „Fit" gewährleistet werden kann. Hierzu werden Angebote, sog. Cluster Bids (CB) formuliert, welche durch die Integration des Elements zu einem anderen Cluster entstehen. Für das ausgewählte Element werden für alle Cluster Angebote berechnet, mit denen das Element Interaktionen aufweist. Ein Angebot berechnet sich aus der Summe der Interaktionen zwischen dem ausgewählten Element und den Elementen des Clusters k, zu welchem das Element alternativ zugeordnet werden könnte, sowie der Größe des Clusters j zu welchem das Element ursprünglich zugeordnet ist. Es ergibt sich nachfolgende Formel A.4.4 zur Berechnung des Angebots.[638]

$$CB_{j,k} = \frac{(DSM_{j,k} + DSM_{k,j})^{powdep}}{(CS_j)^{powbid}} \tag{A.4.4}$$

mit:

$CB_{j,k}$	Angebot von Cluster j an Cluster k (Cluster Bid)
j	Cluster j
k	Cluster k
$DSM_{j,k}$	Summe der Interaktionen zwischen Elementen aus j und k
$DSM_{k,j}$	Summe der Interaktionen zwischen Elementen aus k und j
$powdep$	Gewichtung zur Betonung der Interaktionen
CS_j	Clustergröße des Cluster j
$powbid$	Gewichtung zur Betonung der Angebotsclustergröße

[638] Vgl. Gutierrez Fernandez (1998), Integration analysis of product architecture, S. 38.

Zur fallspezifischen Anpassung des Angebots CB wird auf die Verwendung von Exponenten zurückgegriffen. Während mittels des Exponenten powdep die Sensitivität unterschiedlicher Interaktionsgrade gesteuert ist, wird unter zur Hilfenahme des Exponenten powbid eine Gewichtung der Clustergröße gewährleistet.[639]

Zur Sicherstellung des optimalen Ergebnisses ist eine Änderungssimulation im Algorithmus vorgesehen. Diese verfolgt das Ziel einen Abbruch des Algorithmus ein einem lokalen Optimum zu verhindern, wenn ein globales Optimum vorliegen könnte (vgl. Abbildung A-4). Diese Änderungssimulation sieht vor, dass nicht immer das höchste Angebot, sondern zufällig in einem von N Durchführungen das zweithöchste Angebot ausgewählt wird. Des Weiteren wird das per Zufall ausgewählte Element in einem von M Durchführungen dem neuen Cluster zugeordnet, ohne das überprüft wird, ob eine Zuordnung die Gesamtkosten senken würde. Kommt es zur Bestimmung einer neuen Clusterzusammensetzung, müssen die Gesamtkosten (TC) neu berechnet werden. Wird eine Reduktion der Gesamtkosten festgestellt, wird erneut per Zufall ein neues Element ausgewählt und der beschriebene Prozess durchlaufen. Wenn keine Minimierung der Gesamtkosten mehr erreicht wird, wird der Algorithmus beendet.[640]

Trotz der beschriebenen Möglichkeiten des IGTA-Algorithmus weist er einige Schwächen auf, die seinem Einsatz im Rahmen der vorliegenden Arbeit entgegenstehen. Zunächst kann der Algorithmus durch die zufällige Auswahl eines zu untersuchenden Elements und der Änderungssimulation unterschiedliche Ergebnisse generieren.[641] Dies hat zur Folge, dass im Rahmen der Methodik die Bestimmung der hybriden Leistungsmodule unterschiedlich ausfallen kann. Aus diesem Grund muss der Algorithmus mehrmals durchgeführt werden und die Lösungen müssen anschließend miteinander verglichen werden. Sollte es zu größeren Abweichungen kommen, muss im Anwendungskontext entschieden werden, welche Lösung initial sinnvoll erscheint und andere Lösungen mithilfe von sachlogischen Zusammenhängen geprüft werden.[642] Darüber hinaus besteht die Möglichkeit, das Elemente mehreren Clustern gleichzeitig zugeordnet werden können. Diese Sachverhalte widerstreben dem inhaltlichen Zweck der Bündelung von Leistungskomponenten zu hybriden Leistungsmodulen zu ihrer

---

[639] Vgl. Gutierrez Fernandez (1998), Integration analysis of product architecture, S. 35; Diels (2017), Ermittlung agil zu entwickelnder Produktumfänge, S. 250.

[640] Vgl. Thebeau (2001), Knowledge Management of System Interfaces, S. 27f.

[641] Vgl. Diels (2017), Ermittlung agil zu entwickelnder Produktumfänge, S. 125.

[642] Vgl. Diels (2017), Ermittlung agil zu entwickelnder Produktumfänge, S. 125f.

Erbringung durch Partner innerhalb des Wertschöpfungsnetzwerks, da selbstverständlich eine Leistungskomponente nur durch einen Partner erbracht werden soll. Um dies zu verhindern, wurde das Zuordnen eines Elements zu mehreren Clustern durch die Entwickler zwar mit einer Kostenprämie belegt, jedoch kann dies dadurch nicht vollumfänglich verhindert werden.[643] Um die beschriebenen Nachteile des IGTA-Algorithmus auszugleichen, wird im Rahmen dieser Arbeit der von BORJESSON UND HÖLTTÄ-OTTO zum IGTA-plus-Algorithmus[644] weiterentwickelte Clusteralgorithmus verwendet. Die grundsätzliche Vorgehensweise sowie die beschriebenen Zusammenhänge bleiben auch im IGTA-plus-Algorithmus bestehen. Die maßgeblichen Unterschiede zum Ursprungsalgorithmus äußern sich dadurch, dass eine Zuordnung zu mehreren Clustern nicht mehr möglich ist. Darüber hinaus wird bei der Auswahl eines zufälligen Elements garantiert, dass nur Elemente ausgewählt werden können, die noch nicht geprüft worden sind. Somit kann kein Abbruch des Algorithmus erfolgen, wenn noch nicht alle verfügbaren Elemente geprüft worden sind. Abschließend kann als weiterer wichtiger Unterschied angeführt werden, dass die Berechnung im IGTA-Algorithmus mehrfach durchgeführt wird, um das optimale Ergebnis der Kostenberechnung zu finden.[645] Um den Algorithmus zu beschleunigen ist die Berechnung der Kosten im IGTA-plus-Algorithmus angepasst worden, wodurch sich folgende formelmäßige Zusammenhäng für die Kostenberechnungen ergeben (vgl. Formel A.4.5 – A.4.8).[646] Die Kostenberechnung nach dem IGTA-plus-Algorithmus ersetzt damit die ursprünglichen Berechnungsvorschriften der Kosten (vgl. Formel A.4.1 – A.4.3) und sind für die vorliegende Arbeit als bindend anzusehen. Für weitere Hintergrund- und Detailinformationen sei an dieser auf die zugrundeliegende Literatur verwiesen.

$$TC = IO_{intra} + IO_{extra} \tag{A.4.5}$$

$$IO = CM * DSM * CM^T \tag{A.4.6}$$

$$IO_{intra} = \sum_{k=1}^{n_{clusters}} IO_{kk} * CS_k^{powcc} \tag{A.4.7}$$

$$IO_{extra} = \left(\sum_{i=1}^{n_{clusters}} \sum_{j=1}^{n_{clusters}} IO_{ij} - \sum_{k=1}^{n_{clusters}} IO_{kk} \right) * DSM_{Size}^{powcc} \tag{A.4.8}$$

---

643 Vgl. Thebeau (2001), Knowledge Management of System Interfaces, S. 43.

644 Vgl. Borjesson und Hölttä-Otto (2012), Improved Clustering Algorithm for Design Structure Matrix.

645 Vgl. Borjesson und Hölttä-Otto (2012), Improved Clustering Algorithm for Design Structure Matrix, S. 924.

646 Vgl. Borjesson und Hölttä-Otto (2012), Improved Clustering Algorithm for Design Structure Matrix, S. 924.

mit:

TC	Gesamtkosten des DSM (Total Cost)
CM	Cluster Matrix
DSM	Design Structure Matrix
IO_{intra}	Interne Kosten der DSM
IO_{extra}	Externe Kosten der DSM
IO_{kk}	Interdependenzen der Elemente in Cluster k
CS_k	Clustergröße des Clusters k
$powcc$	Gewichtung zur Betonung der Clustergröße
IO_{ij}	Interdependenzen zwischen den Elementen in Clustern i und j
DSM_{size}	Größe der DSM

A.5 Analyse der Wechselwirkungen zwischen den Komplexitätstreibern

Die Aktivität berechnet sich als Quotient der Aktiv- und Passivsumme nach Formel A.5.1 und gibt Aufschluss darüber, wie stark ein Komplexitätstreiber die Komplexität des Systems beeinflusst.[647]

$$Aktivität_{kt} = \frac{Aktivsumme_{kt}}{Passivsumme_{kt}} \quad \text{(A.5.1)}$$

mit:

$Aktivität_{kt}$	Aktivität des Komplexitätstreibers kt (mit kt = 1, ..., 10)
$Aktivsumme_{kt}$	Zeilensumme des Komplexitätstreibers kt (mit kt = 1, ..., 10)
$Passivsumme_{kt}$	Spaltensumme des Komplexitätstreibers kt (mit kt = 1, ..., 10)

Die Kritikalität berechnet sich als Produkt aus der Aktiv- und Passivsumme nach Formel A.5.2 und gibt Aufschluss darüber, wie der jeweilige Komplexitätstreiber im System vernetzt ist, also inwieweit er von Veränderungen im System betroffen ist bzw. selbst eine Änderung am System hervorrufen kann.[648]

$$Kritikalität_{kt} = Aktivsumme_{kt} \times Passivsumme_{kt} \quad \text{(A.5.2)}$$

mit:

$Kritikalität_{kt}$	Kritikalität des Komplexitätstreibers kt (mit kt = 1, ..., 10)

[647] Vgl. Lindemann (2009), Methodische Entwicklung technischer Produkte, S. 75f.

[648] Vgl. Lindemann (2009), Methodische Entwicklung technischer Produkte, S. 76.

$Aktivsumme_{kt}$	Zeilensumme des Komplexitätstreibers kt (mit kt = 1, …, 10)
$Passivsumme_{kt}$	Spaltensumme des Komplexitätstreibers kt (mit kt = 1, …, 10)

Die Bewertung der Wirkungsbeziehungen zwischen den Komplexitätstreibern ist in Abbildung A-5 dargestellt.

Einfluss von … / auf … (Legende: Intensität der Wirkbeziehung: 0 keine, 1 gering, 2 mittel, 3 stark)	KT 1 - Immaterialität des Leistungsergebnisses des Leistungsmoduls	KT 2 - Umfang des Leistungsergebnisses des Leistungsmoduls	KT 3 - Individualisierungsgrad des Leistungsmoduls	KT 4 - Integrationsgrad des Leistungsmoduls	KT 5 - Veränderlichkeit des Leistungsmoduls	KT 6 - Informationsbedarf und -austausch zwischen Kunde und Anbieter	KT 7 - Integrationsgrad in die Wertschöpfungsdomäne des Kunden	KT 8 - Einfluss des Kunden auf das Leistungsergebnis des Leistungsmoduls	KT 9 - Interaktionsintensität mit dem Kunden	KT 10 - Dynamik der Interaktion mit dem Kunden	**Aktivsumme**	**Aktivität**	**Kritikalität**
KT 1 - Immaterialität des Leistungsergebnisses des Leistungsmoduls		2	1	2		1	2	2	3	1	14	7,00	**28**
KT 2 - Umfang des Leistungsergebnisses des Leistungsmoduls	2		2			2	3	2	3	1	15	2,50	**90**
KT 3 - Individualisierungsgrad des Leistungsmoduls		1				2	2	2		3	10	1,25	**80**
KT 4 - Integrationsgrad des Leistungsmoduls			1				3	1	2	2	8	1,00	**64**
KT 5 - Veränderlichkeit des Leistungsmoduls				2		2			2	2	8	8,00	**8**
KT 6 - Informationsbedarf und -austausch zwischen Kunde und Anbieter				1			3	2	2	1	9	0,64	**126**
KT 7 - Integrationsgrad in die Wertschöpfungsdomäne des Kunden		3	1			2		3	2		11	0,73	**165**
KT 8 - Einfluss des Kunden auf das Leistungsergebnis des Leistungsmoduls				1	1	2			2	2	8	0,53	**120**
KT 9 - Interaktionsintensität mit dem Kunden						1	2	3		1	7	0,41	**119**
KT 10 - Dynamik der Interaktion mit dem Kunden			3	2		2	1		1		9	0,69	**117**
Passivsumme	2	6	8	8	1	14	15	15	17	13	-	-	-

Abbildung A-5: Einflussmatrix der Komplexitätstreiber

Zur Visualisierung der Wirkbeziehungen im Gesamtsystem können die Komplexitätstreiber in Abhängigkeit ihrer Aktiv- und Passivsumme in einem Einflussportfolio verortet werden, sodass die Rolle der Komplexitätstreiber im Gesamtsystem verdeutlicht wird.[649] Abhängig von der Platzierung der Elemente im Einflussportfolio werden nach ULRICH UND PROBST folgende vier Typen unterschieden[650]:

- **Aktive Elemente:** Beeinflussen andere Elemente, werden selber aber wenig durch andere Elemente beeinflusst
- **Passive Elemente:** Werden von anderen Elementen stark beeinflusst, beeinflussen andere Elemente jedoch nur im geringen Maße
- **Kritische Elemente:** Beeinflussen andere Elemente stark, werden gleichzeitig jedoch von anderen Elemente auch stark beeinflusst

[649] Vgl. Lindemann (2009), Methodische Entwicklung technischer Produkte, S. 76.

[650] Vgl. Ulrich und Probst (1995), Anleitung zum ganzheitlichen Denken, S. 145.

- **Träge Elemente:** Beeinflussen andere Elemente nur im geringen Maße und werden gleichzeitig von anderen Elementen auch nur im geringen Maße beeinflusst

Die Anwendung des Einflussportfolios auf die identifizierten Komplexitätstreiber liefert unter Berücksichtigung der eruierten Wirkbeziehungen und ihrer Intensität nachfolgendes Einflussportfolio der Komplexitätstreiber (vgl. Abbildung A-6).

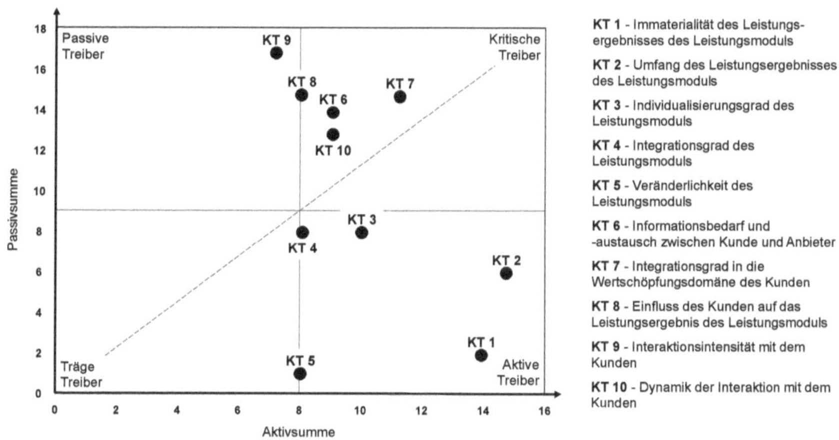

Abbildung A-6: Einflussportfolio der Komplexitätstreiber

Die Auswertung der Einflussmatrix und des Einflussportfolios zeigt, dass die Mehrheit der Komplexitätstreiber als tendenziell kritische Treiber eingestuft werden können. Sie weisen einen hohen Kritikalitätswert auf, wodurch sie durch eine hohe Vernetzung im System charakterisiert sind. Ihr Einfluss auf die Gesamtkomplexität des hybriden Leistungsmoduls ist demnach von hoher Bedeutung. Darüber hinaus ist festzuhalten, dass Komplexitätstreiber der Ergebnisdimension (Komplexitätstreiber 1-5) einen tendenziell aktiven, also das System beeinflussenden Charakter aufweisen. Komplexitätstreiber der Prozessdimension (Komplexitätstreiber 6-10) hingegen werden tendenziell durch diese beeinflusst, beeinflussen jedoch auch das Gesamtsystem, sodass sie nicht als passive, sondern kritische Komplexitätstreiber klassifiziert werden können. Abschließend sei angemerkt, dass keine Komplexitätstreiber als passive oder träge eingestuft werden. Die dargelegte Kategorisierung der Komplexitätstreiber in Verbindung mit den berechneten Werten der Kritikalität bildet die Ausgangsbasis zur Bestimmung einer Gewichtung der Komplexitätstreiber, welche bei der Bestimmung eines quantitativen Komplexitätswerts für hybride Leistungsmodule Berücksichtigung finden soll.

A.6 Ähnlichkeitsanalyse mittels multidimensionaler Skalierung

	Skalenniveau der Merkmalsvariablen		
	Metrisch (Intervall)	Nominal (Häufigkeiten)	Binär (0/1)
Distanzmaße	Euklidische Distanz Minkowski Metrik Block-Metrik Tschebyscheff-Metrik	Chi-Quadrat-Maß Phi-Quadrat-Maß	(Binäre) Euklidische Distanz Lance-Williams-Maß Binäre Form-Differenz Größendifferenz Varianz

Abbildung A-7: Gebräuchliche Distanzmaße nach BACKHAUS ET AL.[651]

A.7 „Rucksackproblem" und Greedy-Algorithmus

Die wissenschaftliche Literatur befasst sich seit Jahren intensiv mit Lösungsansätzen und der dazugehörigen Ermittlung optimaler Anordnungsvarianten für Anordnungs-, Packungs- und Zuschnittsprobleme, die im Englischen unter „allocation, packing und cutting problems" bekannt sind. Im Kontext der in der vorliegenden Arbeit zu entwickelten Methodik ist insbesondere das Rucksackproblem von Bedeutung, welches ein Optimierungsproblem darstellt.[652] BEIER UND VÖCKING verdeutlichen das Rucksackproblem anhand des nachfolgenden anschaulichen Beispiels: „Wir stellen uns vor, dass wir einen Rucksack haben, der höchstens ein bestimmtes vorgegebenes Gewicht T trägt. T wird als Gewichtsschranke bezeichnet. Neben dem Rucksack gibt es eine Menge von n Objekten (Gegenständen), die jeweils ein Gewicht und einen Profit haben. Wir suchen eine Teilmenge der Objekte, die wir in den Rucksack packen können, ohne die Gewichtsschranke T zu verletzen, so dass der Gesamtprofit möglichst groß ist, also die Summe der Profite der eingepackten Objekte maximiert wird"[653].

Das Rucksackproblem gehört der Klasse der NP-schwierigen Probleme an.[654] Dies impliziert, dass für das Auffinden der optimalsten Lösung die Anzahl der zu durchsuchenden Teilmengen um den Faktor 2^n wächst, wobei „n" die einzubeziehenden Objekte (vgl. oben genanntes Beispiel) beschreibt.[655] Dies hat zur Folge, dass die aktuelle Forschung zum derzeitigen Stand davon ausgeht, dass mit großer Wahrscheinlichkeit kein

---

[651] Backhaus et al. (2018), Multivariate Analysemethoden, S. 441.
[652] Vgl. Beier und Vöcking (2008), Das Rucksackproblem, S. 405.
[653] Beier und Vöcking (2008), Das Rucksackproblem, S. 405.
[654] Vgl. Scheithauer (2008), Zuschnitt- und Packungsoptimierung, S. 19.
[655] Vgl. Herrmann und Schumny (1984), Greedy-Methoden, S. 47.

Algorithmus zur Lösung des Rucksackproblems vorliegend ist, um das Rucksackproblem mit polynomialem Aufwand zu lösen.[656] Darüber hinaus werden grundsätzlich zwei Kategorien Rucksackproblemen unterschieden: Fraktionale Rucksackprobleme, bei denen die betrachteten Objekte beliebig geteilt werden können und 0/1-Rucksackprobleme, bei denen die Objekte nicht teilbar sind und deshalb nur ganz oder gar nicht eingepackt werden können.[657] Im Rahmen der vorliegenden Arbeit wird das Rucksackproblem auf die Allokation von hybriden Leistungsmodulen auf Partner übertragen, welche die zu betrachtenden Objekte darstellen. Diese sollen als Ganzes von einem Partner erbracht werden, sodass ein 0/1-Rucksackproblem vorliegend ist.

Auswahl eines geeigneten Lösungsverfahrens für das vorliegende Rucksackproblem

Grundsätzlich kommen zur Lösung eines 0/1-Rucksackproblems verschiedene Lösungsverfahren in Betracht, weshalb nachfolgend die gängigsten Verfahren kurz erläutert werden. Zur Auswahl eines geeigneten Lösungsverfahrens, welches im Kontext der vorliegenden Arbeit zur Anwendung kommen soll, werden drei Bewertungskriterien in Anlehnung an PATZAK definiert (vgl. auch Kapitel 4.2.2)[658]:

- Die **Zweckbezogenheit** wird sichergestellt, wenn das Lösungsverfahren aus Anwenderperspektive inhaltlich und formal brauchbar ist und Antworten auf spezifische Fragestellungen liefert.
- Die **Handhabbarkeit** wird sichergestellt, wenn das Lösungsverfahren in der Praxis leicht anwendbar und die Interpretierbarkeit der abgeleiteten Aussagen geben ist.
- Die **Wirksamkeit** wird sichergestellt, wenn Aufwand und Nutzen der Verfahrenserstellung und -anwendung in einem sinnvollen Verhältnis zueinanderstehen.

Darüber hinaus soll das Bewertungskriterium Qualität der Lösung herangezogen werden, welches wie folgt definiert ist:

- Die **Qualität der Lösung** wird sichergestellt, wenn das Lösungsverfahren eine eindeutige und optimale Lösung für das vorliegende Problem liefert.

---

[656] Vgl. Scheithauer (2008), Zuschnitt- und Packungsoptimierung, S. 19; Herrmann und Schumny (1984), Greedy-Methoden, S. 47.

[657] Vgl. Logofătu (2014), Grundlegende Algorithmen mit Java, S. 40; Scheithauer (2008), Zuschnitt- und Packungsoptimierung, S. 20.

[658] Vgl. Patzak (1982), Systemtechnik, S. 309f.

Drei verbreitete Lösungsverfahren, die im Kontext der vorliegenden Arbeit zur Lösung des Optimierungsproblems zum Einsatz kommen könnten, werden nachfolgend kurz erläutert:

Brute-Force-Methode

Die Brute-Force-Methode, auch unter dem Synonym „Erschöpfende Suche" bekannt, verfolgt die Zielsetzung durch systematisches Probieren die optimalste Lösung aus allen Lösungsmöglichkeiten zu finden. Mit „roher Gewalt" (engl. brute force) wird dabei jede Lösungsmöglichkeit durchgespielt, um schlussendlich die optimalste Lösung zu finden.[659] Dadurch, dass alle Lösungsmöglichkeiten durchgespielt werden, ist das Verfahren bei eher kleinen Probengrößen anwendbar. Dies gilt insbesondere in Bezug auf das Rucksackproblem, da die Anzahl der zu untersuchenden potenziellen Lösungsmöglichkeiten mit der Anzahl der Objekte exponentiell zunimmt. Hierdurch stößt das Verfahren an seine Grenzen.[660] Als Vorteil der Brute-Force-Methode ist im Gegenzug zu erwähnen, dass sie als Ergebnis die optimalste Lösung aus allen existierenden Lösungsmöglichkeiten darstellt.

Backtracking-Verfahren

Das Backtracking-Verfahren zählt zu den bekanntesten und am weitesten verbreiteten Verfahren zur Lösung unterschiedlichster Optimierungsprobleme.[661] Wie auch bereits die Brute-Force-Methode als dessen Weiterentwicklung es gilt, beruht es auf der systematischen Untersuchung aller möglichen Lösungen. Im Vergleich zur Brute-Force-Methode schließt es allerdings potenzielle Lösungen bereits auf dem Weg zur Ermittlung der Lösung aus, sobald sich herausstellt, dass diese nicht optimal sein wird.[662] Durch dieses Vorgehen untersucht das Backtracking-Verfahren den Lösungsraum im Vergleich zur Brute-Force-Methode in einer effizienteren Art und Weise, wobei jedoch auch hier festzuhalten ist, dass der Aufwand zur Findung der optimalen Lösung mit der Anzahl der zu berücksichtigenden Objekte exponentiell ansteigt.[663]

---

[659] Vgl. Nebel und Wild (2018), Entwurf und Analyse von Algorithmen, S. 399.

[660] Vgl. Nebel und Wild (2018), Entwurf und Analyse von Algorithmen, S. 408.

[661] Vgl. Logofătu (2014), Grundlegende Algorithmen mit Java, S. 165.

[662] Vgl. Ottmann (1997), Prinzipien des Algorithmenentwurfs, S. 25; Nebel und Wild (2018), Entwurf und Analyse von Algorithmen, S. 498f.

[663] Vgl. Logofătu (2014), Grundlegende Algorithmen mit Java, S. 171.

Greedy-Algorithmus

Greedy-Algorithmen (engl. Greedy = gierig) zeichnen sich dadurch aus, dass sie die Lösung von Optimierungsproblemen durch eine Reihe nacheinander ablaufenden Entscheidungen finden, indem sie immer die beste Alternative bei jeder Entscheidung auswählen.[664] Im Gegensatz zur Brute-Force-Methode und dem Backtracking-Verfahren ist zur Befähigung dieser Entscheidungskette daher eine Bewertung der Objekte notwendig. Die Bewertung der Objekte erfolgt mittels dem Greedy-Index, welche in Abhängigkeit der vorliegenden Problemstellung und im Kontext des Optimierungsproblems definiert wird. Grundsätzlich sind die „gierigen" Algorithmen dadurch charakterisiert, dass durch sie gegenüber der Brute-Force-Methode oder dem Backtracking-Verfahren durch die Verkettung bestmöglicher Entscheidungen zum jeweiligen Entscheidungszeitpunkt zwar schnell und effizient arbeiten, dabei jedoch nicht immer die beste – allerdings gute – Lösungen finden.[665]

Bezogen auf das Rucksackproblem werden bei der Anwendung des Greedy-Algorithmus den Objekten zunächst Gewichte und Werte zugewiesen. Nachfolgend wird der Greedy-Index als Verhältnis von Wert zu Gewicht der einzelnen Objekte bestimmt. Auf dessen Basis wiederum werden die Objekte hierarchisiert, sodass eine Rangfolge der Objekte hinsichtlich ihres Wert-Gewicht-Verhältnisses vorliegend ist. Bei der Befüllung des Rucksacks wird immer das Objekt mit dem höchsten Greedy-Index ausgewählt und dem Rucksack hinzugefügt, bis die Gewichtsgrenze erreicht ist.[666] Durch diese systematische Vorgehen wird sichergestellt, dass die „attraktivsten" Objekte, also diejenigen Objekte mit den besten Wert-Gewicht-Verhältnissen, dem Rucksack hinzugefügt werden. Das Vorgehen des Greedy-Algorithmus ist zusammenfassend anhand eines Beispiels in Abbildung A-8 visualisiert.

[664] Vgl. Chen (2008), A Greedy Algorithm with Forward-Looking Strategy, S. 2; Nebel und Wild (2018), Entwurf und Analyse von Algorithmen, S. 418.

[665] Vgl. Struckmann und Wätjen (2016), Mathematik für Informatiker, S. 148ff.

[666] Vgl. Herrmann und Schumny (1984), Greedy-Methoden, S. 47f.; Struckmann und Wätjen (2016), Mathematik für Informatiker, S. 149.

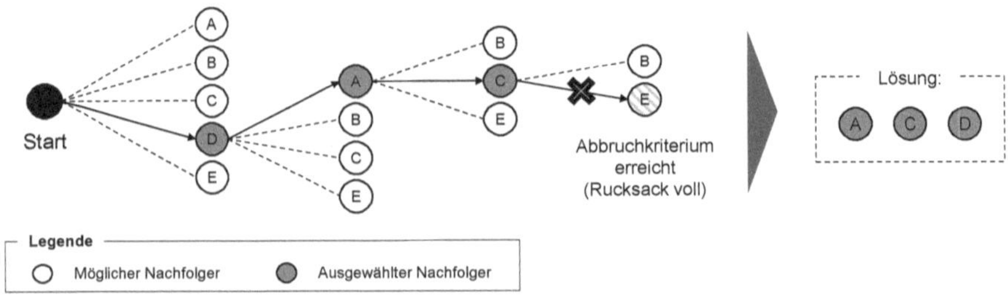

Abbildung A-8: Beispielhaftes Vorgehen des Greedy-Algorithmus[667]

Im in Abbildung A-8 dargestellten Beispiel stehen die Objekte A bis E zur Auswahl, die in den Rucksack gepackt werden können. In einem ersten Schritt wählt der Greedy-Algorithmus Objekt D aus, welches den höchsten Greedy-Index aufweist. In einem zweiten Schritt, wird Objekt A dem Rucksack hinzugefügt, da es von den verbleibenden Objekten A, B, C und E den höchsten Greedy-Index aufweist. Als letztes wird Objekt C dem Rucksack hinzugefügt, bevor die Gewichtsgrenze des Rucksacks durch das Hinzufügen von Objekt E überschritten werden würde und es zum Abbruch des Algorithmus kommt. Die Objekte E und B können nicht mehr hinzugefügt werden.

Vergleich und Bewertung der Verfahren

Innerhalb der Beschreibung der drei Verfahren ist bereits angeklungen, dass die Verfahren unterschiedliche Vor- und Nachteile aufweisen, welche folgend zusammenfassend kurz auf die vier eingangs definierten Bewertungskriterien bezogen werden. In Bezug auf die **Zweckbezogenheit** kann festgehalten werden, dass der Greedy-Algorithmus schnell zu einer Lösung kommt und damit den anderen beiden Verfahren grundsätzlich überlegen ist. Die Brute-Force-Methode und das Backtracking-Verfahren liefern hingegen eine optimalere, wenn auch aufwendigere Lösung.[668] Für die Anwendung der Algorithmen im Rahmen der Allokation der Leistungsmodule ist das Finden der optimalsten Lösung jedoch von sekundärer Bedeutung. Für die verfolgte Zielsetzung der Ableitung einer Entscheidungsunterstützung und strategischen Empfehlung für das fokale Unternehmen ist eine gute, wenn auch nicht optimalste Lösung ausreichend, sodass der Mehraufwand der Lösungsfindung der Brute-Force-Methode und des Backtracking-Verfahren nicht gerechtfertigt ist. Bezüglich der **Handhabbarkeit** und **Wirksamkeit** ist der Greedy-Algorithmus den anderen beiden Verfahren ebenfalls vorzuziehen. Der Greedy-Algorithmus ist leicht zu verstehen und durchzuführen, wo-

[667] In Anlehnung an Chen (2008), A Greedy Algorithm with Forward-Looking Strategy, S. 2.

[668] Vgl. Nebel und Wild (2018), Entwurf und Analyse von Algorithmen, S. 408.

bei nicht zwingend Programmierkenntnisse des Anwenders notwendig sind. Hierdurch kann er leichter implementiert werden als die Brute-Force-Methode und das Backtracking-Verfahren, wodurch ein gutes Aufwand-Nutzen-Verhältnis der Verfahrenserstellung und -anwendung vorliegt. Hinzu kommt, dass die Laufzeiten der Brute-Force-Methode und des Backtracking-Verfahrens mit zunehmender Anzahl der Objekte exponentiell ansteigen, da sich auch der zu durchsuchende Lösungsraum exponentiell erweitert.[669] Das Backtracking-Verfahren ist der Brute-Force-Methode dabei leicht überlegen, da einzelne Teilmengen des Lösungsraums bereits bei der Lösungsfindung ausgeschlossen und nicht weiter verfolgt werden.[670] Sowohl bei der Brute-Force-Methode als auch beim Backtracking-Verfahren existieren zudem keine Abbruchkriterien, welche jedoch im Kontext der Anwendung im Rahmen der vorliegenden Arbeit von zentraler Bedeutung sind, da die Anzahl der zu erbringenden Leistungsmodule pro Partner aus strategischen Gründen zu begrenzen ist. Im Hinblick auf die **Qualität der Lösung** liefern sowohl die Brute-Force-Methode als auch das Backtracking-Verfahren die optimalste Lösung und sind damit dem Greedy-Algorithmus überlegen, der eine gute, aber nicht zwangsläufig die optimalste Lösung hervorbringt.[671] Die Bewertung der drei Verfahren zur Lösung des Rucksackproblems ist in Abbildung A-9 dargestellt.

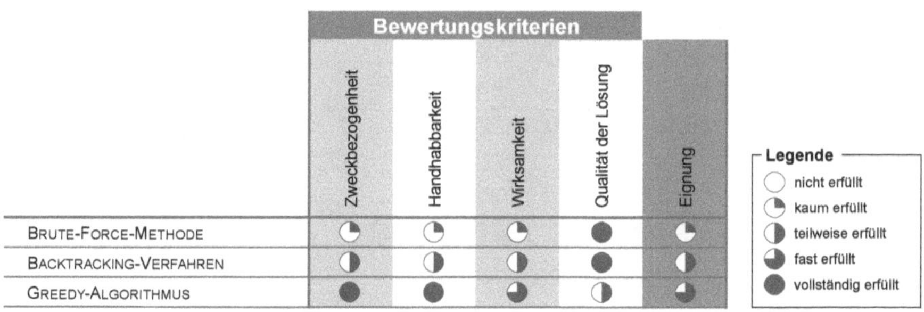

Abbildung A-9: Bewertung der Verfahren zur Lösung des Rucksackproblems

Aufgrund der erörterten Bewertung und der Vorteile des Greedy-Algorithmus im Vergleich mit den anderen Verfahren wird der Greedy-Algorithmus zur Allokation der Leistungsmodule auf Partner in Kapitel 5.4.2 der vorliegenden Arbeit herangezogen.

[669] Vgl. Logofătu (2014), Grundlegende Algorithmen mit Java, S. 171.

[670] Vgl. Ottmann (1997), Prinzipien des Algorithmenentwurfs, S. 25; Nebel und Wild (2018), Entwurf und Analyse von Algorithmen, S. 498f.

[671] Vgl. Logofătu (2014), Grundlegende Algorithmen mit Java, S. 39.

A.8 Validierung der Methodik

Tabelle A-3: Leistungskomponenten des hybriden Leistungsangebots

Nr.	Leistungskomponente	
1	Konfiguration nach Kundenanforderungen	DLK
2	Anlieferung	DLK
3	Erstaufstellung, Inbetriebnahme und Abnahme	DLK
4	Laser-Bearbeitungszentrum	SLK
5	Kundendienst	DLK
6	Hotline	DLK
7	Erstellen eines individuellen Trainingskonzepts	DLK
8	Trainings vor Ort beim Kunden	DLK
9	Trainings im Trainingscenter	DLK
10	Virtuelle Schulungen	DLK
11	Kundenindividuelle Umbauten	SLK
12	Webshop mit Bestellhistorie, Tracking von Teilen und sichere Wartungsplanung	DLK
13	Ferndiagnose, Störungsanalyse und -beseitigung via RDS (Remote Diagnostic Services)	DLK
14	Online-Störungsanalyse	DLK
15	Fernbedienung (Externer Zugriff auf Maschinenfunktionen)	DLK
16	Datentransfer (Übertragung von diagnoserelevanten Daten)	DLK
17	Konferenzschaltung mit einem Spezialisten	DLK
18	Software- oder Parameteranpassung Online	DLK
19	Offline-Störungsdiagnose	DLK
20	Automatische Alarmbenachrichtigung per E-Mail/SMS	DLK
21	Ereignisbezogenes Anlegen von Alarmkonfigurationen und -benachrichtigungen	DLK
22	Maschinenbezogene Servicefall- und Ereignishistorie auf zentralem Server	DLK
23	Netzwerk- und Internetzugang sowie Verkabelung zur Maschine	DLK
24	Virenschutz-Softwarelizenz	DLK
25	Antritt Service-Techniker	DLK
26	Ersatzteilanlieferung	DLK
27	Jährliche Inspektion, Zustandsbericht mit Reparaturempfehlungen	DLK
28	Upgrade-Vorschläge	DLK
29	Halbjahres- und Jahreswartung	DLK
30	Verschleißteilpaket (Filter-Medienpakete und Abstreifer-Paket)	SLK
31	Einbau von weiteren Verschleißteilen	DLK
32	Condition Dependent Services (zustandsorientierte Instandhaltung)	DLK
33	Software zur Zustandsüberwachung	DLK
34	Service zur Behebung qualitätsrelevanter Veränderungen	DLK
35	Virenschutz-Softwarelizenz	DLK
36	Firewall-Nachrüstung	DLK
37	Komponentenreparatur	DLK
38	Umsetzung ungeplanter Instandsetzungsmaßnahmen (inkl. Verschleiß- und Ersatzteile)	DLK
39	Hardware für Prozess- und Leistungsoptimierung	SLK
40	Steuerungssoftware	DLK
41	SSD-Festplatte	SLK
42	Austausch Festplatte (alle 5 Jahre)	DLK
43	NC-Speichererweiterung	SLK
44	EES-Funktion (Abarbeiten von Teileprogrammen aus externen Speichern)	DLK
45	Steuerungsmodernisierungspaket	SLK

Weiter Tabelle A-3 (Teil 2 von 3):

Nr.	Leistungskomponente	
46	Programmierung für Prozess- und Leistungsoptimierung	DLK
47	Software (3D Konstruktion und Maschinenprogrammierung)	DLK
48	Freigabe Netzlaufwerk (für direkten, sicheren Zugriff auf Serverdaten)	DLK
49	Unicom Anschluss (Übertragung und Speicherung von Daten auf externen Rechnern)	SLK
50	Automatisiertes Abschalten von Nebenaggregaten, wenn diese nicht benötigt werden (Luft, Beleuchtung, Kühlaggregate, ...)	DLK
51	Big Data Client zur zeitsynchronen Auskopplung von Echtzeitdaten ins Internet	DLK
52	Cloud als Analyse- und Speicherplattform	DLK
53	Kundeninterne "Private Cloud"	DLK
54	Internetbasierte "Public Cloud"	DLK
55	Betriebsdatenerfassung (ermöglicht Anschluss an kundenseitige MDE/BDE-Systeme)	DLK
56	Software zur Angebotserstellung (Kalkulation zu erwartender Zeit/Kosten)	DLK
57	Softwaremodul Quickjob (Nachkalkulation, Teile-, Material- und Nebenkosten für Maschine und Bediener)	DLK
58	Software zur Fertigungsplanung	DLK
59	Produktionsplanungs- und Steuerungssystem (PPS) Schnittstelle für Software	DLK
60	Modul Storage (Bestandsmanagement und -optimierung)	DLK
61	Laufzeit- und Mengenerfassung (Übertragung der Zustände auf externe Systeme)	DLK
62	Nutzungszeitzähler (erfasst Nutzlaufzeit der Maschine)	SLK
63	Palettenauftragszähler (erfasst Palettenwechsel)	SLK
64	Kamerasystem für die Fertigung	SLK
65	Automatischer Rüst- und Abrüstablauf	DLK
66	Beseitigen von Fehlfunktionen und Störungen (Scanner und Sensoren)	DLK
67	Pflege von Scannern und Sensoren	DLK
68	Einstellen und Justieren von Sensoren	DLK
69	VisionLine Sensor zur optischen Bauteilerkennung	SLK
70	CalibrationLine Sensor zur Überprüfung von Fokuslage und Laserleistung am Bauteil	SLK
71	Upgrade Steuerungshardware	SLK
72	Kollisionserkennung	DLK
73	Netzausfallüberbrückung	SLK
74	Bedienerorientierte Benutzeroberfläche für Werkzeugmaschine	SLK
75	Touch-Bedienung im Bereich des Werkzeug-/Werkstück-Rüstplatzes	SLK
76	Kundenspezifische Programme in Web-Umgebung	DLK
77	Services-Interface	DLK
78	Web-Browser-Lösung für Transparenz in Fertigungs-, Instandhaltungs- und Wartungsprozessen über gesamten Lebenszyklus der Maschine	DLK
79	Statistikprogramm zur Auswertung	DLK
80	Visualisierung ausgewählter Informationen aus der Cloud zu allen Maschinen des Maschinenparks	DLK
81	Software zur Fertigungsoptimierung	DLK
82	Softwaremodul zur Verwaltung und Steuerung aller Produktionsaufträge	DLK
83	Softwaremodul zur Integration von Arbeitsvorgängen	DLK
84	Softwaremodul zur Analyse von Maschinendaten, Stillständen und Fehlermeldungen	DLK
85	App zur Visualisierung von Maschinen- und Auftragsstatus	DLK
86	App zur Steuerung der Maschine über Interface zum Bedienpult	DLK
87	Track&Trace Indoor Lokalisierungssystem (Vermeidung von teuren Suchzeiten)	SLK
88	Sorting Guide (KI-gestütze Hilfe für manuelles Absortieren an Laserschneidmaschine)	SLK
89	Purchase Software zur Steuerung von Einkaufsprozessen	DLK
90	Customer Software zur Verwaltung von Kundenaufträgen	DLK

Weiter Tabelle A-3 (Teil 3 von 3):

Nr.	Leistungskomponente	
91	Beratungsleistungen zur Optimierung von Fertigungsketten	DLK
92	Beratung Verfahrensoptimierung	DLK
93	Produktionsbegleitung für Fertigungsanlauf	DLK
94	Beratung für vernetzte Fertigung	DLK
95	Überwachung der gesamten Prozesskette	DLK
96	Einkauf von Ersatzteilen, Ressourcen und Produktionsmaterialien	DLK
97	Steuerung und Überwachung der Transportkette	DLK
98	Lagerung von Ersatzteilen, Ressourcen und Produktionsmaterialien	DLK
99	Software für Lagerautomatisierung und Bestandsoptimierung	DLK
100	Materialhandhabungs- und -transportsysteme	SLK
101	Autonome Transportsysteme	SLK
102	Materialwirtschaftslösung zur Verwaltung von Instandhaltungs-, Reparatur- und Betriebsmaterialien	DLK
103	Anlagenverwaltung (Betreiben der Maschinen)	DLK
104	Persönliche Beratung und Vertragsgestaltung	DLK
105	Leasingvertrag	DLK
106	Darlehensvertrag	DLK
107	Mietkaufvertrag	DLK
108	Mietvertrag	DLK
109	Nutzungsabhängige Ratenzahlung mit flexibler Laufzeit	DLK
110	Rücknahme der Maschine nach Vertragsende	DLK
111	Maschinenversicherung: Absicherung gegen Maschinenbruch	DLK
112	Verfügbarkeitsgarantie: Entschädigung der Ausfallkosten im Falle eines Maschinenstillstands	DLK
113	Performancegarantie: Übernahme von Mitverantwortung für zu erreichende KPIs des Kunden	DLK
114	Lagerturm	SLK
115	Regalbediengerät	SLK
116	Erweiterungsmodule	SLK

Tabelle A-4: Identifizierte Funktionen

Ebene	Hauptfunktionen und Teilfunktionen
1	**Bauteile herstellen**
2	Maschine bereitstellen
3	Maschine konfigurieren
3	Maschine in Betrieb nehmen
2	Bauteile schneiden und Qualität sicherstellen
3	Bauteile schneiden
3	Qualitätsmängeln vorbeugen
2	Maschinenverfügbarkeit erhöhen
3	Ausfälle melden
3	Ausfällen vorbeugen
3	Ausfälle beheben
2	Bearbeitungsflexibilität ermöglichen
2	Prozesssicherheit gewährleisten
2	Maschinenzustand überwachen
3	Kritische Zustände erkennen
3	Wartungsbedarf erkennen
1	**Produktion betreiben**
2	Transparenz über Prozesse und Zustände ermöglichen
2	Maschinen vernetzen
2	Materialeinsatz reduzieren
2	Beratungsleistungen erstellen
2	Mitarbeiter schulen
2	Maschinen warten
2	Maschinen reparieren
2	Kundenaufträge verwalten
2	Datensicherheit gewährleisten
1	**Logistik betreiben**
2	Material bestellen
3	Bedarfe ermitteln
3	Material automatisiert bestellen
2	Material lagern
3	Lager automatisieren
3	Bestände verwalten
2	Material bereitstellen
3	Bereitstellungsprozess planen
3	Bereitstellungsprozess überwachen
3	Transportmittel bereitstellen
1	**Risiko absichern**
2	Schäden absichern
2	Produktionsausfälle kompensieren
1	**Finanzierung übernehmen**
2	Finanzierung der Laserschneidmaschine
2	Finanzierung weiterer Leistungskomponenten

Tabelle A-5: Leistungsmodule mit jeweiligen Leistungskomponenten

Nr.	Leistungsmodule mit jeweiligen Leistungskomponenten		
1	**Kundenberatung**		
	5	Kundendienst	DLK
	6	Hotline	DLK
2	**Maschinenlieferung, -installation und -rücknahme**		
	2	Anlieferung	DLK
	3	Erstaufstellung, Inbetriebnahme und Abnahme	DLK
	110	Rücknahme der Maschine nach Vertragsende	DLK
3	**Kundenindividuelle Maschinenkonfiguration und Umbauten**		
	1	Konfiguration nach Kundenanforderungen	DLK
	11	Kundenindividuelle Umbauten	SLK
4	**Laser-Bearbeitungszentrum**		
	4	Laser-Bearbeitungszentrum	SLK
5	**Anlagenverwaltung**		
	103	Anlagenverwaltung (Betreiben der Maschinen)	DLK
6	**Trainingsangebote**		
	7	Erstellen eines individuellen Trainingskonzepts	DLK
	8	Trainings vor Ort beim Kunden	DLK
	9	Trainings im Trainingscenter	DLK
	10	Virtuelle Schulungen	DLK
7	**Ferndiagnose, Störungsanalyse und -beseitigung**		
	13	Ferndiagnose, Störungsanalyse und -beseitigung via RDS (Remote Diagnostic Services)	DLK
	14	Online-Störungsanalyse	DLK
	15	Fernbedienung (Externer Zugriff auf Maschinenfunktionen)	DLK
	16	Datentransfer (Übertragung von diagnoserelevanten Daten)	DLK
	17	Konferenzschaltung mit einem Spezialisten	DLK
	18	Software- oder Parameteranpassung Online	DLK
8	**Kundenspezifische Programme in Web-Umgebung (Wartungs-, Instandhaltungs- und Fertigungsplanung)**		
	12	Webshop mit Bestellhistorie, Tracking von Teilen und sichere Wartungsplanung	DLK
	76	Kundenspezifische Programme in Web-Umgebung	DLK
	77	Services-Interface	DLK
	78	Web-Browser-Lösung für Transparenz in Fertigungs-, Instandhaltungs- und Wartungsprozessen über gesamten Lebenszyklus der Maschine	DLK
9	**Maschinenbezogene Offline-Störungsdiagnose**		
	19	Offline-Störungsdiagnose	DLK
	20	Automatische Alarmbenachrichtigung per E-Mail/SMS	DLK
	21	Ereignisbezogenes Anlegen von Alarmkonfigurationen und -benachrichtigungen	DLK
	22	Maschinenbezogene Servicefall- und Ereignishistorie auf zentralem Server	DLK
10	**Serviceleistungen**		
	25	Antritt Service-Techniker	DLK
	27	Jährliche Inspektion, Zustandsbericht mit Reparaturempfehlungen	DLK
	28	Upgrade-Vorschläge	DLK
	29	Halbjahres- und Jahreswartung	DLK
	31	Einbau von weiteren Verschleißteilen	DLK
	37	Komponentenreparatur	DLK
	38	Umsetzung ungeplanter Instandsetzungsmaßnahmen (inkl. Verschleiß- und Ersatzteile)	DLK
11	**Ersatz- und Verschleißteile**		
	26	Ersatzteilanlieferung	DLK
	30	Verschleißteilpaket (Filter-Medienpakete und Abstreifer-Paket)	SLK

Weiter Tabelle A-5 (Teil 2 von 4):

Nr.	Leistungsmodule mit jeweiligen Leistungskomponenten		
12	**Zustandsorientierte Serviceleistungen**		
	32	Condition Dependent Services (zustandsorientierte Instandhaltung)	DLK
	33	Software zur Zustandsüberwachung	DLK
	34	Service zur Behebung qualitätsrelevanter Veränderungen	DLK
	24	Virenschutz-Softwarelizenz	DLK
	36	Firewall-Nachrüstung	DLK
13	**Hardwareaufrüstung Laserbearbeitungszentrum**		
	39	Hardware für Prozess- und Leistungsoptimierung	SLK
	41	SSD-Festplatte	SLK
	42	Austausch Festplatte (alle 5 Jahre)	DLK
	43	NC-Speichererweiterung	SLK
	45	Steuerungsmodernisierungspaket	SLK
	48	Freigabe Netzlaufwerk (für direkten, sicheren Zugriff auf Serverdaten)	DLK
	49	Unicom Anschluss (Übertragung und Speicherung von Daten auf externen Rechnern)	SLK
	50	Automatisiertes Abschalten von Nebenaggregaten, wenn diese nicht benötigt werden (Luft, Beleuchtung, Kühlaggregate, ...)	DLK
	55	Betriebsdatenerfassung (ermöglicht Anschluss an kundenseitige MDE/BDE-Systeme)	DLK
	71	Upgrade Steuerungshardware	SLK
	73	Netzausfallüberbrückung	SLK
	23	Netzwerk- und Internetzugang sowie Verkabelung zur Maschine	DLK
14	**Programmierung Laserbearbeitungszentrum**		
	40	Steuerungssoftware	DLK
	44	EES-Funktion (Abarbeiten von Teileprogrammen aus externen Speichern)	DLK
	46	Programmierung für Prozess- und Leistungsoptimierung	DLK
	47	Software (3D Konstruktion und Maschinenprogrammierung)	DLK
15	**Cloud-Services**		
	51	Big Data Client zur zeitsynchronen Auskopplung von Echtzeitdaten ins Internet	DLK
	52	Cloud als Analyse- und Speicherplattform	DLK
	53	Kundeninterne "Private Cloud"	DLK
	54	Internetbasierte "Public Cloud"	DLK
16	**Statistikprogramm zur Analyse**		
	79	Statistikprogramm zur Auswertung	DLK
17	**Software für das Auftrags- und Fertigungsmanagement**		
	57	Softwaremodul Quickjob (Nachkalkulation, Teile-, Material- und Nebenkosten für Maschine und Bediener)	DLK
	58	Software zur Fertigungsplanung	DLK
	59	Produktionsplanungs- und Steuerungssystem (PPS) Schnittstelle für Software	DLK
	81	Software zur Fertigungsoptimierung	DLK
	82	Softwaremodul zur Verwaltung und Steuerung aller Produktionsaufträge	DLK
	83	Softwaremodul zur Integration von Arbeitsvorgängen	DLK
	84	Softwaremodul zur Analyse von Maschinendaten, Stillständen und Fehlermeldungen	DLK
18	**Einkauf von Ersatzteilen, Ressourcen und Produktionsmaterialien**		
	96	Einkauf von Ersatzteilen, Ressourcen und Produktionsmaterialien	DLK
19	**Software zur Angebotserstellung**		
	56	Software zur Angebotserstellung (Kalkulation zu erwartender Zeit/Kosten)	DLK
	90	Customer Software zur Verwaltung von Kundenaufträgen	DLK
20	**Software für Einkauf und Beschaffung**		
	89	Purchase Software zur Steuerung von Einkaufsprozessen	DLK

Weiter Tabelle A-5 (Teil 3 von 4):

Nr.	Leistungsmodule mit jeweiligen Leistungskomponenten		
21	**Modul Storage (Bestandsmanagement und -optimierung)**		
	60	Modul Storage (Bestandsmanagement und -optimierung)	DLK
22	**Erfassung der Maschinennutzung und Produktivität**		
	61	Laufzeit- und Mengenerfassung (Übertragung der Zustände auf externe Systeme)	DLK
	62	Nutzungszeitzähler (erfasst Nutzlaufzeit der Maschine)	SLK
	63	Palettenauftragszähler (erfasst Palettenwechsel)	SLK
23	**Sensorik Laserbearbeitungszentrum**		
	65	Automatischer Rüst- und Abrüstablauf	DLK
	66	Beseitigen von Fehlfunktionen und Störungen (Scanner und Sensoren)	DLK
	67	Pflege von Scannern und Sensoren	DLK
	68	Einstellen und Justieren von Sensoren	DLK
	69	VisionLine Sensor zur optischen Bauteilerkennung	SLK
	70	CalibrationLine Sensor zur Überprüfung von Fokuslage und Laserleistung am Bauteil	SLK
	72	Kollisionserkennung	DLK
	64	Kamerasystem für die Fertigung	SLK
	87	Track&Trace Indoor Lokalisierungssystem (Vermeidung von teuren Suchzeiten)	SLK
24	**Benutzeroberflächen Laserbearbeitungszentrum**		
	74	Bedienerorientierte Benutzeroberfläche für Werkzeugmaschine	SLK
	75	Touch-Bedienung im Bereich des Werkzeug-/Werkstück-Rüstplatzes	SLK
25	**Apps zur Informationsbereitstellung und -visualisierung**		
	80	Visualisierung ausgewählter Informationen aus der Cloud zu allen Maschinen des Maschinenparks	DLK
	85	App zur Visualisierung von Maschinen- und Auftragsstatus	DLK
	86	App zur Steuerung der Maschine über Interface zum Bedienpult	DLK
26	**Sorting Guide (KI-gestützte Hilfe für manuelles Aussortieren an Laserschneidmaschine)**		
	88	Sorting Guide (KI-gestütze Hilfe für manuelles Absortieren an Laserschneidmaschine)	SLK
27	**Beratungsleistungen Produktionsmanagement**		
	91	Beratungsleistungen zur Optimierung von Fertigungsketten	DLK
	92	Beratung Verfahrensoptimierung	DLK
	93	Produktionsbegleitung für Fertigungsanlauf	DLK
28	**Beratungsleistungen für Fertigungsvernetzung**		
	94	Beratung für vernetzte Fertigung	DLK
29	**Überwachung der gesamten Prozesskette**		
	95	Überwachung der gesamten Prozesskette	DLK
30	**Steuerung und Überwachung der Transportkette**		
	97	Steuerung und Überwachung der Transportkette	DLK
31	**Lagerung von Ersatzteilen, Ressourcen und Produktionsmaterialien**		
	98	Lagerung von Ersatzteilen, Ressourcen und Produktionsmaterialien	DLK
32	**Software für Lagerautomatisierung und Bestandsoptimierung**		
	99	Software für Lagerautomatisierung und Bestandsoptimierung	DLK
33	**(Autonome) Materialhandhabungs- und -transportsysteme**		
	100	Materialhandhabungs- und -transportsysteme	SLK
	101	Autonome Transportsysteme	SLK
34	**Materialwirtschaftslösung zur Verwaltung von Instandhaltungs-, Reparatur- und Betriebsmaterialien**		
	102	Materialwirtschaftslösung zur Verwaltung von Instandhaltungs-, Reparatur- und Betriebsmaterialien	DLK

Weiter Tabelle A-5 (Teil 4 von 4):

Nr.	Leistungsmodule mit jeweiligen Leistungskomponenten		
35	**Finanzierungsleistungen**		
	104	Persönliche Beratung und Vertragsgestaltung	DLK
	105	Leasingvertrag	DLK
	106	Darlehensvertrag	DLK
	107	Mietkaufvertrag	DLK
	108	Mietvertrag	DLK
	109	Nutzungsabhängige Ratenzahlung mit flexibler Laufzeit	DLK
36	**Versicherungsleistungen**		
	111	Maschinenversicherung: Absicherung gegen Maschinenbruch	DLK
	112	Verfügbarkeitsgarantie: Entschädigung der Ausfallkosten im Falle eines Maschinenstillstands	DLK
	113	Performancegarantie: Übernahme von Mitverantwortung für zu erreichende KPIs des Kunden	DLK
37	**Flexibles Universallager**		
	114	Lagerturm	SLK
	115	Regalbediengerät	SLK
	116	Erweiterungsmodule	SLK

$$E_{lm} = \frac{\sum_{k\in M_{lm}} min(\frac{KS^{ist}_{k}}{KS^{soll}_{k,lm}};1)}{\sum_{k\in M_{lm}} 1}$$

#	Leistungsmodule	K1 Expertenwissen über Laser-Bearbeitungszentrum	K2 Transport- und Logistikkompetenzen	K3 Didaktische Methodenkompetenz für Schulung und Weiterbildung	K4 Individuelle Konzeption von Trainingskonzepten	K5 Wartung von Hardware	K6 Wartung von Elektrik und Elektronik	K7 Wartung von Software	K8 App-Konzipierung, Design und Programmierung	K9 Fehlerursache- und Wirkungsanalyse Laser-Bearbeitungszentrum	K10 Konzeptionierung und Absicherung/ Versicherung finanzieller Risiken	K11 Konzeptionierung und Absicherung/ Versicherung operativer Risiken	K12 Konzeptionierung und Umsetzung von Finanzdienstleistungen	K13 Anbahnung und Gestaltung von Verträgen	K14 Abwicklung nutzungsabhängige Ratenzahlung	K15 Buchhaltung und Rechnungswesen	K16 Abwehr von Schadsoftware und Hackerangriffen	K17 Einfache Instandhaltungs- und Wartungsaufgaben (Verschleißteile)	K18 Konzeptionierung und Gestaltung von Webshops	K19 Automatisierung von Lagerlogistiksystemen	K20 Auslegung und Betrieb von Lagersystemen
1	Kundenberatung	9	0	1	0	0	0	0	0	0	0	0	0	1	0	0	0	0	0	0	0
2	Maschinenlieferung, -installation und -rücknahme	3	1	0	0	0	0	0	0	0	0	0	0	0	0	0	0	0	0	0	0
3	Kundenindividuelle Maschinenkonfiguration und Umbauten	9	0	0	0	0	0	0	0	0	0	0	0	1	0	0	0	0	0	0	0
4	Laser-Bearbeitungszentrum	9	0	0	0	3	3	1	0	3	0	0	0	0	0	0	0	0	0	0	0
5	Anlagenverwaltung	9	0	0	0	3	3	1	0	0	0	0	0	0	0	0	0	3	0	0	0
6	Trainingsangebote	1	0	9	9	0	0	0	0	0	0	0	0	0	0	0	0	0	0	0	0
7	Ferndiagnose, Störungsanalyse und -beseitigung	1	0	0	0	0	0	3	9	3	0	0	0	0	0	0	0	0	0	0	0
8	Kundenspezifische Programme in Web-Umgebung (Wartungs-, Instandhaltungs- und	3	0	0	0	0	0	0	3	0	0	0	0	0	0	0	0	0	9	0	0
9	Maschinenbezogene Offline-Störungsdiagnose	3	0	0	0	1	3	1	0	9	0	0	0	0	0	0	0	1	0	0	0
10	Serviceleistungen	3	0	0	0	3	9	1	0	3	0	0	0	0	0	0	0	3	0	0	0
11	Ersatz- und Verschleißteile	3	1	0	0	3	3	0	0	0	0	0	0	0	0	0	0	9	0	0	0
12	Zustandsorientierte Serviceleistungen	3	0	0	0	0	0	1	0	0	0	0	0	0	0	0	3	1	0	0	0
13	Hardwareaufrüstung Laserbearbeitungszentrum	9	0	0	0	9	9	3	0	3	0	0	0	0	0	0	0	3	0	0	0
14	Programmierung Laserbearbeitungszentrum	3	0	0	0	0	0	3	3	1	0	0	0	0	0	0	0	0	0	0	0
15	Cloud-Services	0	0	0	0	0	0	0	0	0	0	0	0	0	0	0	9	0	0	0	0
16	Statistikprogramm zur Analyse	0	0	0	0	0	0	3	3	0	0	0	0	0	0	0	9	0	0	0	0
17	Software für das Auftrags- und Fertigungsmanagement	0	0	0	0	0	0	3	9	0	0	0	0	0	0	0	0	0	1	0	0
18	Einkauf von Ersatzteilen, Ressourcen und Produktionsmaterialien	0	3	0	0	0	0	0	0	0	0	0	0	0	0	0	0	0	0	3	1
19	Software zur Angebotserstellung	0	0	0	0	0	0	3	9	0	0	0	0	0	0	0	0	0	1	0	0
20	Software für Einkauf und Beschaffung	0	0	0	0	0	0	3	9	0	0	0	0	0	0	0	0	0	0	0	0
21	Modul Storage (Bestandsmanagement und -optimierung)	0	3	0	0	0	0	0	0	0	0	0	0	0	0	0	0	0	0	3	9
22	Erfassung der Maschinennutzung und Produktivität	1	0	0	0	0	0	9	0	0	0	0	0	0	0	0	0	0	0	0	0
23	Sensorik Laserbearbeitungszentrum	3	0	0	0	3	3	9	0	9	0	0	0	0	0	0	0	3	0	0	0
24	Benutzeroberflächen Laserbearbeitungszentrum	3	0	0	0	0	0	3	3	1	0	0	0	0	0	0	0	0	0	0	0
25	Apps zur Informationsbereitstellung und -visualisierung	3	0	0	0	0	0	0	9	0	0	0	0	0	0	0	0	0	3	0	0
26	Sorting Guide (KI-gestützte Hilfe für manuelles Aussortieren an Laserschneidmaschine)	1	0	0	0	0	0	3	9	0	0	0	0	0	0	0	0	0	0	0	0
27	Beratungsleistungen Produktionsmanagement	1	1	0	0	0	0	0	0	1	0	0	0	0	0	0	0	0	0	1	0
28	Beratungsleistungen für Fertigungsvernetzung	1	1	0	0	0	0	0	0	1	0	0	0	0	0	0	0	0	0	1	0
29	Überwachung der gesamten Prozesskette	1	3	0	0	0	0	0	0	3	0	0	0	0	0	0	0	0	0	1	0
30	Steuerung und Überwachung der Transportkette	0	9	0	0	0	0	0	0	0	0	0	0	0	0	0	0	0	0	9	3
31	Lagerung von Ersatzteilen, Ressourcen und Produktionsmaterialien	0	9	0	0	0	0	0	0	0	0	0	0	0	0	0	0	0	0	3	9
32	Software für Lagerautomatisierung und Bestandsoptimierung	0	3	0	0	0	0	9	3	0	0	0	0	0	0	0	0	0	0	3	3
33	(Autonome) Materialhandhabungs- und -transportsysteme	0	9	0	0	0	0	0	0	0	0	0	0	0	0	0	0	0	0	9	1
34	Materialwirtschaftslösung zur Verwaltung von Instandhaltungs-, Reparatur- und Betriebsmaterialien	0	3	0	0	0	0	0	0	0	0	0	0	0	0	0	0	0	0	1	1
35	Finanzierungsleistungen	0	0	0	0	0	0	0	0	0	0	0	9	9	3	9	0	0	0	0	0
36	Versicherungsleistungen	0	0	0	0	0	0	0	0	0	9	9	1	9	0	1	0	0	0	0	0
37	Flexibles Universallager	0	3	0	0	0	0	0	0	0	0	0	0	0	0	0	0	0	0	3	9
	Ist-Kompetenzprofil fok. UN	9	1	3	1	3	3	3	0	9	0	0	1	1	1	3	3	9	1	0	3

#	Leistungsmodule	K21 Kundenberatung online	K22 Kundenberatung offline	K23 Datenspeicherung und -sicherung vor unbefugtem Zugriff	K24 Analyse von Nutzungs- und Betriebsdaten	K25 Analyse und Optimierung von Produktionsprozessen	K26 Controlling von Roh-, Hilfs-, und Betriebsstoffen und Verbrauchsvorhersage	K27 Bestandsmanagement und -optimierung im Produktionsprozess	K28 Vernetzung einzelner Leistungskomponenten	K29 Lagerbestands- und Verbrauchsoptimierung	K30 Auslegung und Betrieb von Transportsystemen	K31 Programmierung und Optimierung von Softwareschnittstellen	K32 Analyse und Visualisierung von Fertigungsprozessen	K33 Analyse und Visualisierung von Bestell- und Einkaufsprozessen	K34 Konstruktion und Design	K35 Maschinenprogrammierung	K36 Prädiktive Datenanalyse (Maschinelles Lernen, Künstliche Intelligenz etc.)	K37 Remote Diagnostik	K38 Konzeptionierung, Programmierung und Umsetzung digitaler Tools und Software	K39 Vermittlung von Leistungskomponenten für second-use	K40 Produktionsplanung- und Steuerung	Erfüllungsgrad	Erbringung möglich?
1	Kundenberatung	9	9	0	0	0	0	0	0	0	0	0	0	0	0	0	0	0	0	0	0	1,00	Ja
2	Maschinenlieferung, -installation und -rücknahme	0	0	0	0	0	0	0	0	0	0	0	0	0	0	0	0	0	0	0	0	1,00	Ja
3	Kundenindividuelle Maschinenkonfiguration und Umbauten	3	3	0	0	0	0	0	0	0	0	0	0	0	0	0	0	0	0	0	0	1,00	Ja
4	Laser-Bearbeitungszentrum	0	0	0	0	0	0	0	0	0	0	0	0	0	9	1	0	0	0	0	0	0,93	Ja
5	Anlagenverwaltung	0	0	0	0	0	0	0	0	0	0	0	0	0	0	0	0	0	0	0	0	1,00	Ja
6	Trainingsangebote	1	1	0	0	0	0	0	0	0	0	0	0	0	0	0	0	0	0	0	0	0,69	Nein
7	Ferndiagnose, Störungsanalyse und -beseitigung	1	0	3	9	3	0	3	1	3	0	9	1	0	0	0	9	9	3	0	1	0,73	Nein
8	Kundenspezifische Programme in Web-Umgebung (Wartungs-, Instandhaltungs- und	3	0	0	0	0	0	0	0	0	0	0	0	0	0	0	0	0	9	0	0	0,49	Nein
9	Maschinenbezogene Offline-Störungsdiagnose	1	0	0	1	0	0	0	0	0	0	0	0	0	0	0	0	0	0	0	0	1,00	Ja
10	Serviceleistungen	3	3	0	1	0	0	0	0	0	0	0	0	0	0	1	0	0	0	0	0	0,93	Ja
11	Ersatz- und Verschleißteile	0	3	0	0	0	0	0	0	0	0	0	0	0	0	0	0	0	0	0	0	1,00	Ja
12	Zustandsorientierte Serviceleistungen	3	0	1	9	3	0	1	0	0	0	1	1	0	0	0	9	9	0	0	0	0,84	Nein
13	Hardwareaufrüstung Laserbearbeitungszentrum	1	0	0	0	0	0	0	0	0	0	0	0	0	1	9	0	0	0	0	0	0,85	Ja
14	Programmierung Laserbearbeitungszentrum	0	0	1	3	0	0	0	0	0	0	1	0	0	0	9	0	0	9	0	3	0,77	Nein
15	Cloud-Services	1	1	9	3	0	0	0	0	0	0	0	0	0	0	0	0	0	0	0	0	0,60	Nein
16	Statistikprogramm zur Analyse	0	0	9	9	1	0	0	0	0	0	9	0	0	0	0	0	0	0	0	0	0,44	Nein
17	Software für das Auftrags- und Fertigungsmanagement	1	0	3	9	9	0	3	1	3	0	9	9	3	0	0	9	1	9	0	9	0,59	Nein
18	Einkauf von Ersatzteilen, Ressourcen und Produktionsmaterialien	0	0	0	0	0	9	3	0	3	0	0	0	9	0	0	1	0	0	0	1	0,57	Nein
19	Software zur Angebotserstellung	1	0	3	3	1	0	0	1	0	0	9	0	0	0	0	3	1	9	0	0	0,75	Nein
20	Software für Einkauf und Beschaffung	1	0	3	1	0	0	9	1	0	0	9	0	9	0	0	3	1	9	0	3	0,70	Nein
21	Modul Storage (Bestandsmanagement und -optimierung)	0	0	0	3	0	9	3	0	9	0	0	0	3	0	0	3	0	0	0	3	0,48	Nein
22	Erfassung der Maschinennutzung und Produktivität	0	0	0	9	0	0	0	0	0	0	0	0	0	1	0	0	1	0	0	0	0,69	Nein
23	Sensorik Laserbearbeitungszentrum	1	0	0	0	0	0	0	3	0	0	9	0	0	1	3	0	0	0	0	0	0,88	Ja
24	Benutzeroberflächen Laserbearbeitungszentrum	0	0	1	3	0	0	0	0	0	0	1	0	0	0	9	0	0	9	0	0	0,76	Nein
25	Apps zur Informationsbereitstellung und -visualisierung	1	0	0	0	0	0	0	0	0	0	0	0	0	0	0	0	0	9	0	0	0,53	Nein
26	Sorting Guide (KI-gestützte Hilfe für manuelles Aussortieren an Laserschneidmaschine)	1	0	1	9	0	0	0	1	0	0	3	0	0	0	0	1	1	3	0	1	0,84	Nein
27	Beratungsleistungen Produktionsmanagement	9	9	0	1	9	0	3	1	3	0	0	9	0	0	0	1	0	1	0	9	0,78	Nein
28	Beratungsleistungen für Fertigungsvernetzung	9	9	0	1	9	0	3	3	3	0	0	9	0	0	0	1	0	1	0	9	0,78	Nein
29	Überwachung der gesamten Prozesskette	1	1	0	1	9	0	3	1	0	0	0	1	0	0	0	0	0	0	0	9	0,78	Nein
30	Steuerung und Überwachung der Transportkette	0	0	0	9	3	0	0	0	0	0	3	0	0	0	0	3	0	0	0	3	0,65	Nein
31	Lagerung von Ersatzteilen, Ressourcen und Produktionsmaterialien	0	0	0	0	0	9	3	0	9	0	0	0	3	0	0	0	0	0	0	0	0,32	Nein
32	Software für Lagerautomatisierung und Bestandsoptimierung	0	0	0	9	3	3	9	0	3	0	9	0	3	0	0	3	3	3	0	3	0,57	Nein
33	(Autonome) Materialhandhabungs- und -transportsysteme	0	0	0	3	3	0	1	0	3	9	0	0	0	0	0	0	0	0	0	0	0,47	Nein
34	Materialwirtschaftslösung zur Verwaltung von Instandhaltungs-, Reparatur- und Betriebsmaterialien	0	0	0	0	0	3	9	0	3	0	0	0	3	0	0	1	0	0	0	3	0,59	Nein
35	Finanzierungsleistungen	3	3	0	0	0	0	0	0	0	0	0	0	0	0	0	0	0	0	0	0	0,48	Nein
36	Versicherungsleistungen	1	1	0	0	0	0	0	0	0	0	0	0	0	0	0	0	0	0	0	0	0,59	Nein
37	Flexibles Universallager	0	0	0	0	3	0	1	0	9	9	0	0	0	0	0	0	1	0	0	0	0,47	Nein
	Ist-Kompetenzprofil fok. UN	9	9	3	1	3	3	3	3	1	0	3	3	1	3	9	3	3	3	3	9		

Abbildung A-10: Kompetenzmatrix

Leistungsmodul	LM	Ergebnisdimension					Prozessdimension					Betrag des Komplexitätsvektors	normierter Komplexitätswert
Komplexitätstreiber		Immaterialität des Leistungsergebnisses des Leistungsmoduls	Umfang des Leistungsergebnisses des Leistungsmoduls	Individualisierungsgrad des Leistungsmoduls	Integrationsgrad des Leistungsmoduls	Veränderlichkeit des Leistungsmoduls	Informationsbedarf und -austausch zwischen Kunde und Anbieter	Integrationsgrad in die Wertschöpfungsdomäne des Kunden	Einfluss des Kunden auf das Leistungsergebnis des Leistungsmoduls	Interaktionsintensität mit dem Kunden	Dynamik der Interaktion mit dem Kunden		
KT		KT1	KT2	KT3	KT4	KT5	KT6	KT7	KT8	KT9	KT10		
g_{kt}		0,58	0,77	0,74	0,69	0,52	0,88	1	0,86	0,86	0,85		
Kundenberatung	1	3	3	6	0	0	3	0	0	0	0	11,1	0,4
Maschinenlieferung, -installation und -rücknahme	2	9	0	3	0	0	3	0	0	3	0	12,7	0,6
Kundenindividuelle Maschinenkonfiguration und Umbauten	3	3	3	9	3	3	6	6	0	3	9	35,9	3,4
Laser-Bearbeitungszentrum	4	0	0	6	6	3	3	3	3	3	0	20,9	1,6
Anlagenverwaltung	5	9	6	3	0	0	9	9	9	9	6	49,6	5,0
Trainingsangebote	6	3	3	6	0	3	3	0	6	3	3	23,0	1,8
Ferndiagnose, Störungsanalyse und -beseitigung	7	9	6	3	6	6	9	6	3	0	3	38,4	3,7
Kundenspezifische Programme in Web-Umgebung (Wartungs-, Instandhaltungs- und Fertigungsplanung)	8	3	6	9	0	6	3	0	6	3	6	31,6	2,9
Maschinenbezogene Offline-Störungsdiagnose	9	9	9	3	0	3	6	3	0	0	0	24,2	2,0
Serviceleistungen	10	3	3	3	0	0	3	3	0	0	0	11,9	0,5
Ersatz- und Verschleißteile	11	0	3	0	0	0	0	0	0	3	3	7,4	0,0
Zustandsorientierte Serviceleistungen	12	6	3	3	3	9	6	3	3	0	0	25,6	2,2
Hardwareaufrüstung Laserbearbeitungszentrum	13	0	3	0	3	3	3	0	0	0	0	8,6	0,1
Programmierung Laserbearbeitungszentrum	14	3	3	3	0	3	3	3	0	3	3	18,6	1,3
Cloud-Services	15	9	3	0	3	6	0	0	0	3	3	17,9	1,2
Statistikprogramm zur Analyse	16	3	3	0	0	3	0	0	3	0	0	8,2	0,1
Software für das Auftrags- und Fertigungsmanagement	17	6	9	6	3	6	6	9	6	3	3	44,6	4,4
Einkauf von Ersatzteilen, Ressourcen und Produktionsmaterialien	18	9	6	3	0	3	9	9	3	6	3	40,8	4,0
Software zur Angebotserstellung	19	0	3	0	0	3	6	6	3	0	3	20,3	1,5
Software für Einkauf und Beschaffung	20	0	3	0	0	3	3	3	0	0	0	9,5	0,2
Modul Storage (Bestandsmanagement und -optimierung)	21	6	6	0	0	3	6	6	3	6	3	31,2	2,8
Erfassung der Maschinennutzung und Produktivität	22	6	9	3	3	3	6	3	3	0	3	29,7	2,6
Sensorik Laserbearbeitungszentrum	23	6	6	3	3	6	3	3	3	6	3	31,4	2,8
Benutzeroberflächen Laserbearbeitungszentrum	24	0	0	3	0	3	0	3	0	0	3	9,3	0,2
Apps zur Informationsbereitstellung und -visualisierung	25	6	6	6	0	9	9	6	6	3	6	44,0	4,3
Sorting Guide (KI-gestützte Hilfe für manuelles Aussortieren an Laserschneidmaschine)	26	9	3	3	0	6	6	3	3	0	3	26,3	2,2
Beratungsleistungen Produktionsmanagement	27	3	9	6	0	0	6	6	9	9	9	47,5	4,8
Beratungsleistungen für Fertigungsvernetzung	28	3	9	6	0	0	6	6	9	9	9	47,5	4,8
Überwachung der gesamten Prozesskette	29	9	6	3	0	3	9	6	6	9	3	43,0	4,2
Steuerung und Überwachung der Transportkette	30	9	6	3	0	3	6	6	3	9	3	37,8	3,6
Lagerung von Ersatzteilen, Ressourcen und Produktionsmaterialien	31	9	6	0	0	0	3	3	3	0	0	18,1	1,3
Software für Lagerautomatisierung und Bestandsoptimierung	32	6	3	3	0	6	6	6	6	6	3	35,3	3,3
(Autonome) Materialhandhabungs- und -transportsysteme	33	3	0	6	3	9	6	6	3	6	6	37,1	3,5
Materialwirtschaftslösung zur Verwaltung von Instandhaltungs-, Reparatur- und Betriebsmaterialien	34	3	3	0	0	3	3	3	3	3	3	19,0	1,4
Finanzierungsleistungen	35	9	3	6	0	3	6	9	6	0	6	38,1	3,6
Versicherungsleistungen	36	9	3	6	0	6	6	9	6	0	6	39,6	3,8
Flexibles Universallager	37	3	0	0	0	3	3	3	3	0	0	11,5	0,5

Abbildung A-11: Komplexitätsbewertung der Leistungsmodule

		3	5	6	7	8	12	14	15	16	17	18	19	20	21	22	24	25	26	27	28	29	30	31	32	33	34	35	36	37
Kundenindividuelle Maschinenkonfiguration und Umbauten	3																													
Anlagenverwaltung	5	7																												
Trainingsangebote	6	15	16																											
Ferndiagnose, Störungsanalyse und -beseitigung	7	23	24	25																										
Kundenspezifische Programme in Web-Umgebung (Wartungs-, Instandhaltungs- und Fertigungsplanung)	8	15	16	18	23																									
Zustandsorientierte Serviceleistungen	12	16	17	20	15	20																								
Programmierung Laserbearbeitungszentrum	14	16	16	19	21	14	19																							
Cloud-Services	15	16	17	18	23	19	17	19																						
Statistikprogramm zur Analyse	16	21	21	23	19	23	18	21	12																					
Software für das Auftrags- und Fertigungsmanagement	17	28	28	29	17	25	23	23	28	24																				
Einkauf von Ersatzteilen, Ressourcen und Produktionsmaterialien	18	17	18	19	25	20	21	20	19	23	28																			
Software zur Angebotserstellung	19	19	20	21	14	15	19	15	20	17	18	22																		
Software für Einkauf und Beschaffung	20	23	23	25	19	20	24	19	24	22	19	20	13																	
Modul Storage (Bestandsmanagement und -optimierung)	21	20	20	22	24	22	21	22	21	24	27	12	24	25																
Erfassung der Maschinennutzung und Produktivität	22	16	15	18	20	19	14	16	17	17	25	19	18	23	20															
Benutzeroberflächen Laserbearbeitungszentrum	24	13	13	16	20	12	16	5	16	18	23	18	13	19	20	13														
Apps zur Informationsbereitstellung und -visualisierung	25	15	15	18	21	9	20	13	19	22	23	20	12	17	22	18	11													
Sorting Guide (KI-gestützte Hilfe für manuelles Aussortieren an Laserschneidmaschine)	26	16	17	19	14	16	15	14	17	15	20	20	11	18	21	12	11	12												
Beratungsleistungen Produktionsmanagement	27	20	23	24	27	23	22	24	24	27	23	24	25	27	24	24	23	24	24											
Beratungsleistungen für Fertigungsvernetzung	28	20	23	24	27	23	23	24	24	27	23	24	26	27	24	24	23	24	24	2										
Überwachung der gesamten Prozesskette	29	16	17	19	23	19	19	18	19	22	23	18	21	23	20	18	17	19	19	15	15									
Steuerung und Überwachung der Transportkette	30	20	20	21	22	22	17	20	20	20	25	19	21	25	18	17	18	22	17	23	24	17								
Lagerung von Ersatzteilen, Ressourcen und Produktionsmaterialien	31	21	21	23	27	23	24	24	23	26	31	13	25	26	8	23	21	23	23	26	26	22	19							
Software für Lagerautomatisierung und Bestandsoptimierung	32	23	23	24	16	23	19	21	23	19	20	20	18	17	19	16	19	22	16	25	25	21	18	22						
(Autonome) Materialhandhabungs- und -transportsysteme	33	19	20	21	25	21	21	22	21	24	29	18	23	26	19	20	19	21	20	24	24	18	13	18	22					
Materialwirtschaftslösung zur Verwaltung von Instandhaltungs-, Reparatur- und Betriebsmaterialien	34	15	15	17	22	18	18	18	17	22	26	11	20	18	14	17	15	18	18	21	21	14	18	15	17	17				
Finanzierungsleistungen	35	18	19	21	27	21	22	22	21	25	31	22	23	27	24	21	20	21	21	24	25	21	24	25	26	23	20			
Versicherungsleistungen	36	18	19	20	27	21	22	21	20	24	31	21	23	26	24	20	19	21	21	25	25	21	23	24	26	23	19	18		
Flexibles Universallager	37	19	20	21	25	21	22	22	21	25	29	19	23	26	15	21	20	21	22	24	24	20	19	15	23	13	17	23	23	

Abbildung A-12: Distanzmatrix

Tabelle A-6: Leistungsbündel der potenziellen Kooperationspartner

Nr.	Leistungsmodule	Strat. Beitrag des Leistungsmoduls	Komplexität des Leistungsmoduls	Erfüllungsgrad (Kompetenzen)	Profitabilitätsindex
	Lasermaschinen AG				
1	Kundenberatung	1,70	0,44	1,00	
2	Maschinenlieferung, -installation und -rücknahme	0,29	0,62	1,00	
4	Laser-Bearbeitungszentrum	3,86	1,60	0,93	
9	Maschinenbezogene Offline-Störungsdiagnose	2,25	1,99	1,00	
10	Serviceleistungen	3,80	0,53	0,93	
11	Ersatz- und Verschleißteile	2,81	0,00	1,00	
23	Sensorik Laserbearbeitungszentrum	4,80	2,85	0,88	
13	Hardwareaufrüstung Laserbearbeitungszentrum	4,90	0,14	0,85	
	Summe:	**24,42**			
	Partner 1: Softwareentwickler/IT-Dienstleister 1				
16	Statistikprogramm zur Analyse	2,56	0,09	0,44	28,70
24	Benutzeroberflächen Laserbearbeitungszentrum	1,14	0,22	0,76	5,09
20	Software für Einkauf und Beschaffung	1,22	0,25	0,70	4,98
15	Cloud-Services	4,47	1,24	0,60	3,62
14	Programmierung Laserbearbeitungszentrum	3,94	1,32	0,77	2,97
12	Zustandsorientierte Serviceleistungen	4,18	2,16	0,84	1,94
34	Materialwirtschaftslösung zur Verwaltung von Instandhaltungs-, Reparatur- und Betriebsmaterialien	2,45	1,37	0,59	1,79
8	Kundenspezifische Programme in Web-Umgebung (Wartungs-, Instandhaltungs- und Fertigungsplanung)	4,27	2,87	0,49	1,49
	Summe:	**24,22**			
	Partner 2: Softwareentwickler/IT-Dienstleister 2				
7	Ferndiagnose, Störungsanalyse und -beseitigung	5,00	3,67	0,73	1,36
32	Software für Lagerautomatisierung und Bestandsoptimierung	2,45	3,30	0,57	0,74
25	Apps zur Informationsbereitstellung und -visualisierung	2,97	4,34	0,53	0,68
17	Software für das Auftrags- und Fertigungsmanagement	2,15	4,41	0,59	0,49
19	Software zur Angebotserstellung	0,45	1,52	0,75	0,29
22	Erfassung der Maschinennutzung und Produktivität	0,42	2,64	0,69	0,16
26	Sorting Guide (KI-gestützte Hilfe für manuelles Aussortieren an Laserschneidmaschine)	0,00	2,24	0,84	0,00
	Summe:	**13,43**			
	Partner 3: Beratungsgesellschaft/Produktionsdienstleister				
29	Überwachung der gesamten Prozesskette	2,93	4,22	0,78	0,69
28	Beratungsleistungen für Fertigungsvernetzung	2,45	4,76	0,78	0,52
5	Anlagenverwaltung	2,29	5,00	1,00	0,46
27	Beratungsleistungen Produktionsmanagement	1,72	4,76	0,78	0,36
	Summe:	**9,39**			
	Partner 4: Logistik- und Lagerlösungen				
37	Flexibles Universallager	2,00	0,48	0,47	4,13
30	Steuerung und Überwachung der Transportkette	3,47	3,60	0,65	0,96
33	(Autonome) Materialhandhabungs- und -transportsysteme	1,00	3,51	0,47	0,29
	Summe:	**6,47**			
	Partner 5: Roh,- Hilfs- und Betriebsstoffhändler				
31	Lagerung von Ersatzteilen, Ressourcen und Produktionsmaterialien	1,29	1,26	0,32	1,02
18	Einkauf von Ersatzteilen, Ressourcen und Produktionsmaterialien	1,71	3,96	0,57	0,43
21	Modul Storage (Bestandsmanagement und -optimierung)	1,08	2,82	0,48	0,38
	Summe:	**4,07**			
	Partner 6: Wartung und Instandsetzung Hardware				
3	Kundenindividuelle Maschinenkonfiguration und Umbauten	1,56	3,37	1,00	0,46
	Summe:	**1,56**			
	Partner 7: Betriebliche Fort- und Weiterbildung				
6	Trainingsangebote	1,24	1,84	0,69	0,67
	Summe:	**1,24**			
	Partner 8: Versicherer				
36	Versicherungsleistungen	0,42	3,82	0,59	0,11
	Summe:	**0,42**			
	Partner 9: Kreditinstitut				
35	Finanzierungsleistungen	0,41	3,64	0,48	0,11
	Summe:	**0,41**			

Lebenslauf

Persönliche Angaben

Name	Julian Maximilian Kreß
Geburtsdatum	19.08.1991

Ausbildung

2002 – 2011	Anno-Gymnasium, Siegburg
2011 – 2018	Studium des Wirtschaftsingenieurwesens Fachrichtung Maschinenbau an der Rheinisch-Westfälischen Technischen Hochschule Aachen
2018 – 2022	Promotionsstudium an der Rheinisch-Westfälischen Technischen Hochschule Aachen

Berufliche Erfahrung

2011	Praktikum, BPW Bergische Achsen KG, Wiehl
2012 – 2015	Studentische Hilfskraft und Praktikum, Streetscooter GmbH, Aachen
2015 – 2018	Werkstudent, e.GO Mobile AG, Aachen
2017	Praktikum, Fraunhofer Center for Manufacturing Innovation (CMI), Boston, USA
2018 – 2022	Trainer, Complexity Management Academy, Aachen
2018 – 2022	Wissenschaftlicher Mitarbeiter, Lehrstuhl für Produktionssystematik, Werkzeugmaschinenlabor WZL der RWTH Aachen
Seit 2022	Referent der Geschäftsführung, WIRTGEN Group, Windhagen

In der Reihe **Ergebnisse aus der Produktionstechnik** zuletzt erschienen:

Kreß, Julian Maximilian:
Erbringung hybrider Leistungsangebote in Wertschöpfungsnetzwerken
ISBN: 978-3-98555-128-6
Erscheinungsdatum: 24.01.2023

Bickendorf, Philipp:
Tribologische und geometrische Auslegung von additiv hergestellten Werkzeug-einsätzen zur Feinblech-umformung
ISBN: 978-3-98555-133-0
Erscheinungsdatum: 24.01.2023

Wenning, Marius:
Kontextabhängige Anomaliedetektion zur visuellen Hinderniserkennung für automatisierte PKW im End-of-Line-Bereich
ISBN: 978-3-98555-121-7
Erscheinungsdatum: 19.12.2022

Schlegel, Peter:
Bewertung und Optimierung der Vollständigkeit von Betriebsdaten im Kontext der Fehlerprädiktion
ISBN: 978-3-98555-120-0
Erscheinungsdatum: 18.11.2022

Kiesel, Raphael:
Techno-Economic Evaluation of 5G Technology for Latency-Critical Applications in Production
ISBN: 978-3-98555-115-6
Erscheinungsdatum: 19.10.2022

Behrens, Jan:
Selbstkalibrierung von 5-Achs-Bearbeitungszentren mit Dreh-/Schwenktisch
ISBN: 978-3-98555-124-8
Erscheinungsdatum: 24.01.2023

Vierschillung, Sebastian Patrick:
Automatisierung der Standortauswahl in der Fabrikplanung
ISBN: 978-3-98555-134-7
Erscheinungsdatum: 09.01.2023

Helbig, Jens:
Typisierung und Auswahl von Referenzstrategien für den Werkzeugeinkauf
ISBN: 978-3-98555-122-4
Erscheinungsdatum: 19.12.2022

Kukla, Christian:
Prozesstemperaturregelung in der laserunterstützten Verarbeitung von faserverstärkten thermoplastischen Verbundkunststoffen
ISBN: 978-3-98555-116-3
Erscheinungsdatum: 19.10.2022

Hahn, Viviane:
Bewertung der Wandlungsfähigkeit in der automatisierten Fabrikplanung
ISBN: 978-3-98555-102-6
Erscheinungsdatum: 10.10.2022

Edition Wissenschaft
Apprimus

Schäkel, Martin:
Adaptiver laserunterstützter Tapewickelprozess für die Herstellung von Druckbehältern aus endlosfaserverstärkten Thermoplasten
ISBN: 978-3-98555-107-1
Erscheinungsdatum: 12.08.2022

Elser, Hannes:
Fähigkeit von Bluetooth Low Energy zur signalstärkebasierten Rückverfolgung von Bauteilen in der Einzel- und Kleinserienfertigung
ISBN: 978-3-98555-099-9
Erscheinungsdatum: 12.08.2022

Busch, Max:
Intelligente Produktionsplanungsprozesse im Werkzeugbau
ISBN: 978-3-98555-095-1
Erscheinungsdatum: 14.07.2022

Fölling, Carsten:
Komplexitätsbeherrschung durch hybride Montageplanung
ISBN: 978-3-98555-090-6
Erscheinungsdatum: 30.06.2022

Ays, Johanna:
Kontextbasierte Integration agiler und plangetriebener Entwicklungsprozesse
ISBN: 978-3-98555-087-6
Erscheinungsdatum: 23.06.2022

Maslo, Semir:
Simulation of the Dynamic Vibration Behaviour and Spindle Speed Optimization During the Milling Process of Turbomachinery Components
ISBN: 978-3-98555-082-1
Erscheinungsdatum: 25.05.2022

Solf, Mareike:
Modellierung der Schleifkraft beim Kegelradschleifen
ISBN: 978-3-98555-106-4
Erscheinungsdatum: 12.08.2022

Henkel, Jérôme
Strategien zur Steigerung der Flächeneffizienz von Fabriken im urbanen Umfeld ISBN
ISBN: 978-3-98555-098-2
Erscheinungsdatum: 27.07.2022

Eßer, Bastian:
Analyse des Betriebsverhaltens von Kugelgewindetrieben unter statischen axialen Betriebslasten
ISBN: 978-3-98555-065-4
Erscheinungsdatum: 11.07.2022

Schulz, Martin:
Optimierung des Temperaturfeldes beim Laserstrahlhärten
ISBN: 978-3-98555-078-4
Erscheinungsdatum: 23.06.2022

Ebade Esfahani, Matthias:
Ontologie der Fabrikplanung mit Hilfe von Building Information Modeling (BIM)
ISBN: 978-3-98555-084-5
Erscheinungsdatum: 07.06.2022

Schmitz, Seth:
Datenbasierte Beschreibung der Prozessperformance in der Auftragsabwicklung
ISBN: 978-3-98555-079-1
Erscheinungsdatum: 19.05.2022

Edition Wissenschaft
Apprimus

FSC
www.fsc.org
MIX
Papier | Fördert gute Waldnutzung
FSC® C083411

Zeitfracht Medien GmbH
Ferdinand-Jühlke-Straße 7
99095 Erfurt, Deutschland
produktsicherheit@kolibri360.de